全国电力行业
监理从业人员岗位资格培训教材

DIANLI JIANSHE ZONGJIANLI GONGCHENGSHI SHIWU

电力建设
总监理工程师实务

（第二版）

中国电力建设企业协会　编

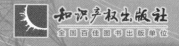

知识产权出版社
全国百佳图书出版单位

图书在版编目（CIP）数据

电力建设总监理工程师实务/中国电力建设企业协会编 . —2 版 .
—北京：知识产权出版社，2014. 12
全国电力行业监理从业人员岗位资格培训教材
ISBN 978 - 7 - 5130 - 3218 - 6

Ⅰ. ①电…　Ⅱ. ①中…　Ⅲ. ①电力工程 - 监管制度 - 技术培训 - 教材　Ⅳ. ①TM7

中国版本图书馆 CIP 数据核字（2014）第 283394 号

内容简介

本书是在 2007 年版《全国电力行业监理工程师培训教材——电力建设总监理工程师实务》基础上，结合目前电力建设工程监理的发展，适应《建设工程监理规范》GB50319—2013 及《电力工程监理从业人员岗位资格管理办法》（2013 版）的要求，并加入了最新的电力建设工程监理相关政策法规、标准、规程和规范，既考虑与《注册监理工程师选修课培训教材——电力工程》（第二版）、《全国电力行业监理工程师培训教材——电力建设监理工程师实务》（第二版）相联系和相结合，又与之相区别，可以作为系列教材使用。

本书包括监理规范及电力新技术、监理法律责任及防范、总监理工程师的工作及管理艺术、电力工程项目管理、工程创优中的监理工作、施工安全监理实务、建设工程合同管理、建设工程造价控制和电力工程档案管理等内容，可供从事电力建设工程监理的从业人员使用，也可供其他从事电力建设的工程技术人员及管理人员参考。

责任编辑：陆彩云　吴晓涛

全国电力行业监理从业人员岗位资格培训教材
电力建设总监理工程师实务（第二版）
中国电力建设企业协会　编

出版发行：知识产权出版社 有限责任公司	网　　址：http：//www.ipph.cn
电　　话：010 - 82004826	http：//www.laichushu.com
社　　址：北京市海淀区马甸南村 1 号	邮　　编：100088
责编电话：010 - 82000860 转 8533	责编邮箱：sherrywt@126.com
发行电话：010 - 82000860 转 8101/8029	发行传真：010 - 82000893/82003279
印　　刷：北京富生印刷厂	经　　销：各大网上书店、新华书店及相关专业书店
开　　本：787mm×1092mm　1/16	印　　张：30
版　　次：2014 年 12 月第 2 版	印　　次：2014 年 12 月第 1 次印刷
字　　数：750 千字	定　　价：98.00 元
ISBN 978 - 7 - 5130 - 3218 - 6	

前　　言

《全国电力行业监理工程师培训教材——电力建设总监理工程师实务》（第一版）于2007年出版，用于电力行业总监理工程师岗位培训，效果良好。7年来，电力监理行业得到了长足的发展，国家相关法律法规及政策相继更新、出台，特别是《建设工程监理规范》GB 50319—2013于2014年4月1日开始实施，因此原书必须更新以适应新的要求。

中国电力建设企业协会于2013年12月在南京组织召开电力工程监理培训工作会议，确定修订《电力建设总监理工程师实务》，并同时确定修订大纲，组织编写。

本书总结并吸收了上一版的经验，结合目前电力建设工程监理的发展，适应《建设工程监理规范》GB 50319—2013及《电力工程监理从业人员岗位资格管理办法》（2013版）的要求，并加入了最新的电力建设工程监理相关政策法规、标准、规程和规范，既考虑与《注册监理工程师选修课培训教材——电力工程》（第二版）、《全国电力行业监理工程师培训教材——电力建设监理工程师实务》（第二版）相联系和相结合，又与之相区别，可以作为系列教材使用。

本书共分九章。第一章由广东创成建设监理咨询有限公司的高来先（第一节）、上海斯耐迪工程咨询监理有限公司的刘培林（第二节）、中国电力建设工程咨询公司的韩力刚（第三节）、江苏省宏源电力建设监理有限公司的董其国（第四节）编写；第二章由河南立新监理咨询有限公司的庞江水编写；第三章由庞江水（第一、五节）、高来先（第二、三、四节）编写；第四章由韩力刚（第一节）、西北电力建设集团公司的潘大民（第二节）、湖北中南电力工程建设监理有限责任公司的夏应宽（第三节）编写；第五章由中国电力建设企业协会的专家杨棨（第一、二、四节）、中国电力建设企业协会的专家王海龙（第三节）、江苏省宏源电力建设监理有限公司的方可行（第三节）及广东创成建设监理咨询有限公司的沈海涛、张建宁、张永炘（第五、六节）编写；第六章由广东创成建设监理咨询有限公司的周鹏飞（第一、二、四节）、杨棨（第三、五节）编写；第七章、第八章由东北电力建设监理有限公司的陈明、常学君编写；第九章由中国电力建设企业协会的专家王黎平编写；全书由高来先汇总、统稿。

本书除供从事电力建设工程监理的从业人员使用之外，也可供其他从事电力建设的工程技术人员及管理人员参考。

本书得到了广东创成建设监理咨询有限公司、上海斯耐迪工程咨询监理有限公司、中国电力建设工程咨询公司、东北电力建设监理有限公司、河南立新监理咨询有限公司、西北电力建设集团公司、江苏省宏源电力建设监理有限公司、湖北中南电力工程建设监理有限责任公司的大力支持，在此表示诚挚谢意。江苏省宏源电力建设监理有限公司裴爱根、倪建荣、丁卫华，山东诚信工程建设监理有限公司黄怀忠，内蒙古康远工程建设监理有限责任公司韩忠才、张晖，湖南电力建设监理咨询有限责任公司陈继军、焦鸿文，贵州电力工程建设监理公司李林高，河南立新监理咨询有限公司王棣、徐忠友、赵海滨，上海斯耐迪工程咨询监理有限公司刘国涛、山东联诚工程建设监理有限公司史纪进、郭峰对本书提出了许多有益的修改意见和建议，广东创成建设监理咨询有限公司黄佩雯对本书进行了排版整理工作，在此一并感谢。

限于水平，书中难免有不足之处，恳请同行及读者斧正。谢谢！

第一版前言

从 2000 年以来，电力行业即开展了电力建设总监理工程师的培训工作，取得了良好的效果。

为了使电力行业总监理工程师的培训工作更加适应电力工程建设发展的需要，与时俱进；也为了提高电力行业总监理工程师的管理能力和管理水平，拓宽知识面；同时适应与国际接轨的需要，中国电力建设企业协会组织编写了本书，以利于今后的电力行业总监理工程师的培训工作。本书在编写过程中注意突出总监理工程师在工作中所用到的知识体系及工作实践，特别通过案例突出电力建设工程监理的实践性。

全书共八章，内容包括：第一章总监理工程师，由河南立新电力建设监理有限公司的王心宽编写；第二章工程项目合同管理，由武汉大学水利水电学院的周瑾如编写；第三章工程项目管理模式及应用，由华北电力大学工商管理学院的易涛编写；第四章工程项目信息化管理，由华北电力大学工商管理学院的李存斌编写；第五章总监理工程师领导艺术，由广东创成建设监理咨询有限公司的高来先编写；第六章建设工程监理相关法律法规规范规定，由广东天安工程监理有限公司的马海堂编写；第七章电力工程建设投资确定与控制，由西北电力建设工程监理有限责任公司的郭浩编写；第八章电力建设工程监理案例，第一、三、四节由高来先编写，第二节由马海堂编写，第五节由中国超高压输变电建设公司的朱伟编写，第六节由武汉大学水利水电学院刘锋编写，第七节由周瑾如编写。

本书是电力行业总监理工程师培训教材，除适用于总监理工程师以外，可供从事各行业工程建设的监理人员、业主人员、设计人员、施工人员以及相关技术、管理人员使用。

本书得到了武汉大学水利水电学院、华北电力大学工商管理学院、河南立新电力建设监理有限公司、广东创成建设监理咨询有限公司、广东天安工程监理有限公司、西北电力建设工程监理有限责任公司、中国超高压输变电建设公司的大力支持，在此表示诚挚的谢意。

由于作者水平有限，加之编写时间仓促，书中难免存在不足之处，恳请读者和同行批评指正，以臻完善。

编委会

2007 年 5 月

目　录

第一章　监理规范及电力新技术

第一节　《建设工程监理规范》的修订介绍

《建设工程监理规范》GB/T 50319—2013 于 2013 年 5 月 13 日发布，自 2014 年 3 月 1 日起实施。

一、修订依据

《建设工程监理规范》修订的主要依据是：《建筑法》《建设工程质量管理条例》《建设工程安全生产管理条例》《建设工程监理与相关服务收费管理规定》（发改价格 [2007] 670 号）等有关法律法规及政策；《建设工程监理合同（示范文本)》GF－2012－0202，并综合考虑了九部委联合颁布的《标准施工招标文件》（第 56 号令）中通用合同条款的相关内容。

二、修订的基本原则

《建设工程监理规范》的修订遵循与时俱进、协调一致、专业通用、各方参与、易于操作等原则。

（1）与时俱进原则。修订后的《建设工程监理规范》力求反映法规政策相关规定，例如：增加安全生产管理的监理工作内容；增加相关服务内容；调整监理人员资格等。

（2）协调一致原则。修订后的《建设工程监理规范》与《建设工程监理与相关服务收费管理规定》（发改价格 [2007] 670 号）、《建设工程监理合同（示范文本)》GF－2012－0202 在工程监理的定位、工程监理与相关服务的内涵和范围等方面协调一致。

（3）专业通用原则。修订后的《建设工程监理规范》适用于各类建设工程，尽量考虑各类工程的共性问题，不仅仅适用于房屋建筑工程和市政工程。

（4）各方参与原则。参与修订《建设工程监理规范》的专家来自政府主管部门、行业协会、建设单位、监理单位、施工单位、高等院校等。

（5）易于操作原则。修订后的《建设工程监理规范》更多地考虑了实用性和可操作性，细化了有关条款。

三、修订的主要内容

本次修订的主要内容包括以下几个方面。

（一）增加了相关服务专章

按照工程监理定位，工程监理是指工程监理单位受建设单位委托，在工程施工阶段进行"三控两管一协调"，并履行建设工程安全生产管理的法定职责。除此之外，工程监理单位受建设单位委托，按照建设工程监理合同约定，在建设工程勘察、设计、保修等阶段提供的服务活动均称为相关服务。为了与《建设工程监理与相关服务收费管理规定》（发改价格〔2007〕670号）和《建设工程监理合同（示范文本）》GF—2012－0202相配套，修订后的《建设工程监理规范》增加了第9章相关服务。

（二）调整了章节结构和名称

原《建设工程监理规范》包括总则、术语、项目监理机构及其设施、监理规划及监理实施细则、施工阶段的监理工作、施工合同管理的其他工作、施工阶段监理资料的管理、设备采购监理与设备监造等8章及附录——施工阶段监理工作的基本表式。为增强《建设工程监理规范》的逻辑性，并体现新增内容，修订后的《建设工程监理规范》包括9章内容及附录：总则；术语；项目监理机构及其设施；监理规划及监理实施细则；工程质量、造价、进度控制及安全生产管理的监理工作；工程变更、索赔及施工合同争议；监理文件资料管理；设备采购与设备监造；相关服务；附录A、B、C——建设工程监理基本表式。

（三）增加了术语的数量

将术语从原来的19个增加到24个，增加了"工程监理单位""建设工程监理""相关服务""监理日志""监理月报""工程延期""工期延误""监理文件资料"8个术语，删除了"工地例会""工程计量"和"费用索赔"3个常用术语，并按工程建设标准编制要求，给出了每一个术语的英文名称。此外，还在"总监理工程师""总监理工程师代表""专业监理工程师""监理员"等术语中明确了相应监理人员的任职条件。

（四）增加了安全生产管理工作内容

修订后的《建设工程监理规范》不仅监理规划中明确了安全生产管理职责，而且按《建设工程安全生产管理条例》的规定，明确要求项目监理机构要审查施工组织设计中的安全技术措施、专项施工方案是否符合工程建设强制性标准，特别是增加了5.5节"安全生产管理的监理工作"，明确了专项施工方案的审查内容、生产安全事故隐患的处理以及监理报告的表式。

（五）强化了可操作性

例如：原《建设工程监理规范》中仅要求项目监理机构审查施工单位报送的施工组织设计、施工方案、施工进度计划；修订后的《建设工程监理规范》不仅要求项目监理机构审查施工单位报送的施工组织设计、（专项）施工方案、施工进度计划等文件，而且明确了上述文件的审查内容。再有，修订后的《建设工程监理规范》进一步明确了监理规划应包括的内容，即工程质量、造价、进度控制，合同与信息管理，组织协调以及安全生产管理职责。此外，还明确了工程质量评估报告、监理日志等文件应包括的内容等。

（六）修改了不够协调一致的部分内容

例如，原《建设工程监理规范》要求总监理工程师应"主持编写项目监理规划"，而专业监理工程师的职责中并未涉及监理规划的编制；修订后的《建设工程监理规范》则明确要求总监理工程师应"组织编制监理规划"，而专业监理工程师应"参与编制监理规划"。再如：原《建设工程监理规范》中，总监理工程师不得将与总监理工程师的职责不一致的工作内容委托给总监理工程师代表。修订前的《建设工程监理规范》中要求总监理工程师应"审查分包单位的资质，并提出审查意见"，专业监理工程师职责中则无此要求；修订后的《建设工程监理规范》则明确要求总监理工程师要"组织审核分包单位的资格"，而专业监理工程师要"参与审核分包单位资格"。又如：原《建设工程监理规范》要求专业监理工程师、监理员均应做好监理日记；修订后的《建设工程监理规范》只要求专业监理工程师应填写监理日志，记录建设工程监理工作及建设工程实施情况，并说明不能将监理日志等同于监理人员的个人日记。

四、主要内容简介

（一）监理的定位

修订后的《建设工程监理规范》对建设工程监理和相关服务都给出了定义，这个定义实际上也就给出了监理的定位。

建设工程监理的定义是"工程监理单位受建设单位委托，根据法律法规、工程建设标准、勘察设计文件及合同，在施工阶段对建设工程质量、进度、造价进行控制，对合同、信息进行管理，对工程建设相关方的关系进行协调，并履行建设工程安全生产管理法定职责的服务活动。"

相关服务的定义是"工程监理单位受建设单位委托，按照建设工程监理合同约定，在建设工程勘察、设计、保修等阶段提供的服务活动。"

从定义可以看出，监理工作仍然是在施工阶段，也即监理的定位仍然是在施工阶段，即与国家现行的《建筑法》《建设工程质量管理条例》法律法规等相一致，也就是说，与国家的强制监理仍然只是在施工阶段相一致。

在履行建设工程安全生产管理的监理职责方面，回归《建设工程安全生产管理条例》，不回避、不扩大，只是"履行建设工程安全生产管理法定职责"。

但是相关服务定义又指出，监理的发展应该是向两端延伸，向两端扩展出路。从中也可看出，施工阶段的监理仍然是目前监理单位的立足之本，只有做好了施工阶段的监理工作，才有可能向两端延伸。实际上也就是说，目前许多的监理单位所谈的转型升级也必须是建立在做好施工阶段监理工作的基础之上，高标准地做好施工阶段的监理工作就是升级，转型一定只是少数监理企业去做，这样才能避免同质化发展，也即差异化发展，这才是监理单位的出路。

（二）专业监理工程师职责的调整

专业监理工程师的职责由原《建设工程监理规范》的十条调整为十二条，重点调整是在与总监理工程师的职责相匹配上。例如，总监理工程师的职责中有"组织编写监理规划、组织审核分包单位资格"，就必然有参与编制监理规划、参与审核分包单位资格的人员，因此专业监理工程师的职责中就有"参与编制监理规划、参与审核分包单位资格"。

将"组织编写监理日志"调整为专业监理工程师的单独职责。原《建设工程监理规范》中专业监理工程师的职责有"根据本专业监理工作实施情况做好监理日记"，监理员的职责有"做好监理日记和有关的监理记录"。这就意味着按照新规范监理日志只需由专业监理工程师组织编写，无须监理员编写。

而且，修订后的《建设工程监理规范》对监理日志也给出了定义，是"项目监理机构每日对建设工程监理工作及施工进展情况所做的记录"，在条文说明中更加明确："监理日志是项目监理机构在实施建设工程监理过程中每日形成的文件，由总监理工程师根据实际情况指定专业监理工程师负责记录。监理日志不等同于监理日记。监理日记是每个监理人员的工作日记。"也就是说，监理日志是在监理日记的基础上编制而成的。

对于电力建设工程监理，根据其特殊性，可以要求每个监理人员均记录监理日记，然后由专业监理工程师按专业编制监理日志。

从上面描述可以看出，归档的监理文件资料里只有监理日志而没有监理日记。

（三）监理工作内容的调整

1. 监理规划内容的调整

原《建设工程监理规范》监理规划的编写内容是：①工程项目概况；②监理工作范围；③监理工作内容；④监理工作目标；⑤监理工作依据；⑥项目监理机构的组织形式；⑦项目监理机构的人员配备计划；⑧项目监理机构的人员岗位职责；⑨监理工作程序；⑩监理工作方法及措施；⑪监理工作制度；⑫监理设施。修订后的《建设工程监理规范》调整为：①工程概况；②监理工作的范围、内容、目标；③监理工作依据；④监理组织形式、人员配备及进退场计划、监理人员岗位职责；⑤监理工作制度；⑥工程质量控制；⑦工程造价控制；⑧工程进度控制；⑨安全生产管理的监理工作；⑩合同与信息管理；⑪组织协调；⑫监理工作设施。

从上可以看出，调整后的监理规划新增了"工程质量控制""工程造价控制""工程进度控制""安全生产管理的监理工作""合同与信息管理""组织协调"等内容，这样就与监理工作的内容统一、匹配起来了。

另外，原《建设工程监理规范》除要求有"项目监理机构的人员配备计划"外，还要求作出"监理人员的进退场计划"。也就是说，监理人员是随着工程的进展，不断地进场和退场，以满足工程的需要。也就意味着监理单位在投标时必须注意监理人员的配备计划与工程的进度计划相一致。

2. 增加"安全生产管理的监理工作"章节

本节内容完全按照《建设工程安全生产管理条例》编写。只需将"安全生产管理的监理工作内容、方法和措施"纳入监理规划及监理实施细则即可并只需"履行建设工程安全生产管理的监理职责"。

对于"施工单位拒不整改或者不停止施工的，项目监理机构应及时向有关主管部门报送监理报告"，这体现了监理单位应该履行的社会职责。

（四）修改监理服务原则

将原监理服务"公正、独立、自主"的原则修订为监理与相关服务"公平、独立、诚信、科学"的原则。

（五）监理日志不同于监理日记

监理日志的定义是项目监理机构每日对建设工程监理工作及施工进展情况所做的记录。

在条文说明中更明确为：监理日志是项目监理机构在实施建设工程监理过程中每日形成的文件，由总监理工程师根据工程实际情况指定专业监理工程师负责记录。监理日志不等同于监理日记。监理日记是每个监理人员的工作日记。

因此，每个监理人员均必须填写监理日记。对于电力工程监理，可以按照专业由专业监理工程师填写监理日志。对于规模较小的工程则可以不分专业。

（六）基本表式在正文中均有对应引出

基本表式共23张，其中，A类表8张，B类表14张，C类表3张，在正文中均用条款专门引出。例如，5.1.5条"项目监理机构应协调工程建设相关方的关系。项目监理机构与工程建设相关方之间的工作联系，除另有规定外宜采用工作联系单形式进行。工作联系单应按本规范表C.0.1的要求填写。"用监理的协调职责，引出"工作联系单"。

（七）明确开工令签发流程

例如，5.1.8条"总监理工程师应组织专业监理工程师审查施工单位报送的开工报审表及相关资料，同时具备下列条件时，应由总监理工程师签署审查意见，并应报建设单位批准后，总监理工程师签发工程开工令。"明确工程开工令是由总监理工程师签发，但是必须有建设单位的批准，实际上也是暗示建设单位必须具备自身的开工条件，但是建设单位开工条件的审查由自己把握，无须监理单位审查。

第二节　核电发展趋势及质保规定

一、核电发展趋势

中国地大物博、资源丰富，但人均能源资源严重不足，不能满足人民日益增长的生活需要。能源短缺将成为我国实现经济增长和社会发展宏伟目标的重要障碍。我国将面临严重的一次能源和电力短缺以及与能源利用相关的环境问题，因此发展新能源与可再生能源、开辟新的能源供应渠道成为必然。可持续发展能源战略的核心是：尽可能将各种一次能源洁净、高效地转化为电力使用，以提高电力在终端能源中的比例。无论从环境还是从增加能源供应的角度，加快发展核电都是不可替代的战略选择。

我国大陆共有秦山一期、秦山二期、秦山三期、广东大亚湾、广东岭澳、广东岭澳二期、江苏田湾、福建宁德、福建福清、辽宁红沿河、广东阳江等11座核电站，目前在运核电机组总数达到20台，总装机容量为1807万kW。截至2013年底，全球共有435台在役核电机组，总净装机容量为37410.8万kW。其中我国在役核电机组数量位列世界第八，排在韩国、印度等国后面（前7个国家分别是美国、法国、日本、俄罗斯、韩国、印度、加拿大）。我国核电另有在建机组28台，在世界各国在建机组中是最多的。图1-1为中国核电站分布图。

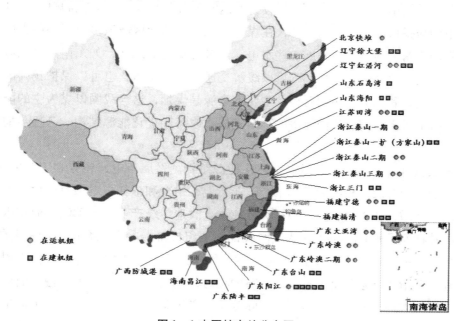

图 1-1 中国核电站分布图

世界核电开发运行的实践证明，核电是一种安全、清洁、经济、可靠的能源。国际能源机构的最新统计数字显示，目前全球核设施发电量占全球发电总量的 14%。如果能把这一比例在 2050 年前增加到 25%，全球二氧化碳的排放量将可减少 50%。用核电替代部分化石燃料发电，不但可以将化石燃料保留下来长期使用，还有利于保护环境和减少大量的燃料运输，对实施可持续发展战略大有益处。正因为核电有多方面的优势和特点，不少发达国家和一些发展中国家和地区，已把核电放在优先发展的地位，尤其是那些缺乏化石燃料或水力资源的国家，更是坚定不移。我国是较早拥有核技术的国家，但是，与世界核电发展现状相比，目前我国的核电规模偏小，核电仅占总发电量的 1.3%，大大低于世界 17% 的比重。

促进国民经济又好又快发展，必须加快转变经济发展方式，推进经济结构调整，推动产业结构优化升级。坚持走中国特色新型工业化道路，即科技含量高、经济效益好、资源消耗低、环境污染少、人力优势得到充分发挥的新型工业化路子。大力培育资源消耗低、辐射带动力强、发展前景广阔的新兴产业。

能源是国民经济的基础产业，是制约我国经济持续快速发展的重要环节。目前能源的缓解是暂时的，我国人均电量比发达国家、甚至一些发展中国家少得多。随着国民经济的发展，人民生活水平和环保要求的提高，对能源的需求将不断增加，对能源质量的要求也将越来越高，因而，增加能源建设，尤其是清洁能源，如核电、气电、水电等的建设，是完全必要的，我们要未雨绸缪。

我国的能源分布很不平衡，煤炭资源主要集中在山西、内蒙古西部和陕西，水力资源主要集中在西南。我国经济较为发达的东南沿海地区则缺乏常规能源。因此，发展电力应采取因地制宜的方针，在煤炭资源丰富的地区应该多发展一些火电，在水力资源丰富的地区要多发展一些水电，二者都缺乏的地区，如东南沿海地区，则应该多发展一些核电。这样，既可以缓解交通运输的压力，也可以保护我国的生态环境。当前，我国大气污染严重，主要污染源是煤烟，这与我国以煤为主的能源结构有直接的关系。随着我国经济的不断发展，改善和优化能源结构，已逐步提到日程上来。

发展核电，它的意义远不仅是优化能源结构。发展核电，还有利于扩大内需，促进产业结构升级。核电涉及几十个工业行业，结合和依托核电项目建设，不仅可以拉动经济增长，而且有助于利用高新技术，改造传统产业，推动制造业技术创新和高科技产业进程。核技术作为高科技的重要组成部分，是综合国力的重要体现。发达的核能高科技工业，将是 21 世纪发达国家的重要标志之一。提高自主创新能力，建设创新型国家，是国家发展战略的核心，是提高综合国力的关键。面对世界科技发展的大势，面对日趋激烈的国际竞争，必须紧紧抓住新一轮科技革命带来的战略机遇，提高原始创新能力和关键技术创新能力，加快重大科技成果产业化，并向现实生产力转化。

核电关键技术不能受制于人。中国核电领域的重大自主创新成果——中国第一座快中子反应堆，即中国实验快堆（CEFR）首次成功临界，这意味着中国第四代先进核能系统技术实现了重大突破。中国实验快堆是国家"863"计划重大项目，该堆采用的是已在美、法、俄、日等国家有多堆运行经验的钠冷快堆技术，其成功临界说明我国"压水堆—快堆—聚变堆"核能"三步走"战略，获得了突破性的进展，不仅推动了我国第四代核电发展，也从根本上为破解铀资源短缺和核废料处理难题提供了可能。推进核电技术装备国产化是国家战略，必须加强顶层设计，整合相关资源，重点突破关键核心技术，"像航天领域那样，集中优势兵力打歼灭战"。

日本大地震导致的核泄漏事故，将核电安全再一次推到风口浪尖。核电专家分析其原因有三个：一是设备老化，技术落后；二是设计有漏洞，核反应堆建在地震海啸高危区；三是监管缺位，事故频发。过去，中国核电发展规划就在确保安全的问题上，做了扎实的考虑和周密的安排。福岛核危机发生时，国务院立即作出对中国核设施进行全面安全检查、切实加强正在运行核设施的安全管理、全面审查在建核电站、严格审批新上核电项目四项决定；提出要用"最先进的标准"进行安全评估，不符合安全标准的立即停止建设。日本福岛第一核电站发生核泄漏事件之后，会更加强化核电发展在安全性上的完善。国家将进一步完善核电发展和安全政策，方向是更安全的三代核电，发展三代核电技术顺应了世界核电发展趋势。

新一代更安全、更经济的核电技术，契合了人类寻找安全、清洁、高效能源的理念与需求，成为发展低碳经济、应对气候变化的一个理性选择。正如交通安全隐患的存在并不代表我们不再开车一样，核安全隐患是一直存在的，但这不代表应当停止或放缓核电建设。相比煤炭等传统能源，核电可以说是一种不排放二氧化碳、二氧化硫和氮氧化物等污染物的清洁能源，基本上是"零排放"能源。由于作为清洁能源的核电不像风电、太阳能那样受制于自然地理条件，每千瓦时成本又较火电低20%，所以在细化与完善核电规划和标准后，核电产业发展的好趋势不会改变。

国际原子能机构数据显示，中国是目前全球核能发展势头最强的国家，全球40%的核能在建项目在中国进行。核能发电比风电更稳定，也没有火电的减排压力，从投入到产出周期短、效益高。此外，核电站还对地方经济社会的发展有着推动和促进的作用。因此，巨大的经济拉动作用助推地方核电建设热，内陆十几省欲建核电站，尤其是江西、湖南、湖北，正在争建内陆第一座核电站。

空间布局方面，我国核电站主要分布在江苏、浙江、福建、广东等东南沿海经济发达地区。核电选择在沿海，一是为了满足冷却水需求；二则便于放射性物质的排放。一个核电站仅选址就需要10～20年时间，不能轻易动工。在核电站大规模推进过程中，必须考虑地震、战争等外力影响。选址还得考虑地质、气象、水文、交通等综合因素。核电布局向内陆转移，还必须考虑环保问题。核反应产生的废液有放射性，必须向外排放。内陆建核电站较之沿海有更多的不确定性，必须慎之又慎，绝不能遍地开花、一哄而上。根据国家要求，内陆要建更安全、更先进的核电厂，即要采用第三代AP1000技术。

核电是我国能源战略的重要选择。加速发展核电是满足我国能源发展需要的现实途径，也是解决我国能源环境污染、实现温室气体减排目标的重要途径。按照长期规划，我国核电战略将"坚持发展百万千瓦级先进压水堆核电技术路线，按照热中子反应堆（热堆）—快中子反应堆（快堆）—受控核聚变堆三步走的战略开展工作"，并"坚持核燃料闭合循环的技术路线"。

开发清洁能源、可再生能源，发展循环经济和低碳经济，是一种新的经济增长方式和经济发展模式的选择。统筹人与自然和谐发展，大力推进科技进步和创新，增强自主创新能力，推动我国经济从资源依赖型转变为创新驱动型，继续保持经济平稳、较快和可持续增长，以实现国民经济又好又快的发展。

二、《核电厂质量保证安全规定》

我国核设施质量保证法规《核电厂质量保证安全规定》（以下简称《质保规

定》）是国家核安全局根据国际原子能机构制定的 IAEA 50 – C – QA. Code on the Safety of Nuclear Power Plants：Quality Assurance 翻译并加以修改而成的。此法规（第 1 版）于 1986 年 7 月 7 日由国务院授权国家核安全局颁布实施，编号为 HAF0400（86）；1991 年修订（第 2 版），编号为 HAF0400（91），并将该法规的适用范围扩大到"也适用于其他核设施"；1998 年，核实纠正了约 20 处翻译不妥的地方后重新出版，编号为 HAF003（91）。

《质保规定》提出了核电厂的质量保证必须满足的基本要求，其原则也适用于其他核设施。此法规是国务院授权国家核安全局颁布的属于强制性执行的法规，因此，核设施营运单位（包括监理单位）和各承（分）包单位都必须遵照执行。

《质保规定》的基本结构（框架）如图 1 – 2 所示。它包括引言（即第 1 章"总则"的内容）和 12 个方面的保证质量的措施（称为核设施质量保证体系的 12 个基本"要素"）。其中，有的是组织管理措施，有的是技术管理措施。这 12 个方面（第 2 章～第 13 章）的排列顺序符合一般工程工作实施的先后顺序。

（1）为了预先规划本单位的质量保证工作，必须制定质量保证大纲、大纲程序和工作（作业）程序。所以在"质量保证大纲"这一章中，对质保大纲和其他质保文件如何制定提出了基本要求。

（2）每个单位都必须要建立质量保证组织，明确各部门、人员的职责，才能各负其责地实施质量保证工作，所以，《质保规定》中"组织"这一章，提出了对质量保证组织结构的基本要求。

（3）由于任何工作都必须按照预先制定的文件做，所以，其后几章：先从"文件控制"开始；然后设计是先行，就规定了"设计控制"；设计完成后进行采购，采购要进行控制（"采购控制"）；采购来的物项要控制（"物项控制"）；承（分）包单位开始工作，这时就要对工艺过程进行控制（"工艺过程控制"）；对工作中应做的监督与检验和试验进行控制（"检查和试验控制"）。

（4）由于在活动中可能会产生质量不符合要求的物项，所以有"对不符合项的控制"这一章；对有损于质量的情况必须进行鉴别和纠正，对于严重的有损于质量的情况必须查明起因和采取纠正措施，以防止其再次发生，所以有"纠正措施"这一章。

（5）实施各种质量保证工作时都要将实施情况记录下来，记录是重要的客观证据，要对记录进行控制，所以，又在下面规定了"（质保）记录"一章。

（6）对所建立的质量保证体系的实施情况，也就是这套保证质量的措施是否切实有效地实施了，要有专门的部门、人员进行监查。而如何进行这种监查，在最后一章"（质保）监查"中做出了规定。

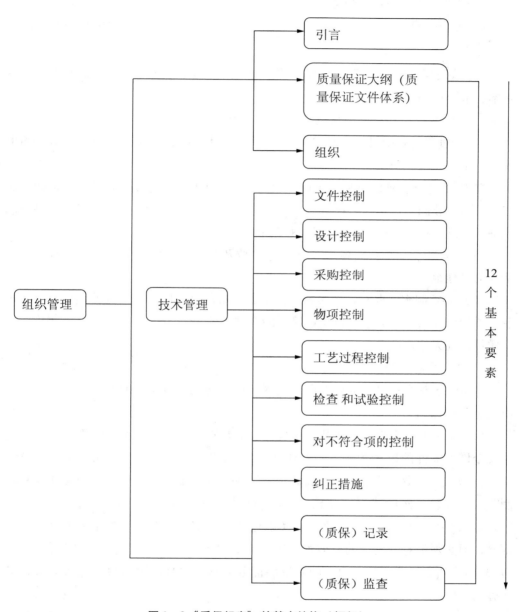

图 1-2 《质保规定》的基本结构（框架）

《质保规定》（HAF003）共 13 章，各章中规定的基本要求（内容，下同）如下。

（一）"引言"中规定的基本要求

《质保规定》（HAF003）第 1 章"引言"（即总则）中规定了下列四个方面的基本要求。

（1）《质保规定》的适用范围。《质保规定》"提出了（质量保证）必须满足的基本要求"（1.1.1），它适用于：

1）"核电厂"和"其他核设施"（1.1.1 和 1.1.2）；

2）全过程的各阶段（包括"厂址选择、设计、制造、建造、调试、运行和退役"）（1.2）；

3）"对安全重要物项和对质量有影响的各种工作（活动），如设计、采购、加工、制造、装卸、运输、贮存、清洗、土建施工、安装、试验、调试、运行、检查、维护、修理、换料、改进和退役"（1.2）；

4）核设施营运单位、各承（分）包单位及其人员，以及参与对质量有影响的活动的其他组织及其人员（1.2）。

（2）必须制定并要有效地实施一套质量保证大纲（1.1.3）。也就是说，要通过制定质量保证大纲，对本单位质量保证的全部工作进行总体规划，并有效实施。这套质量保证大纲包括两种：

1）"核设施（的）质量保证（总）大纲"（1.1.3、1.3.1、1.3.2 和 2.1.1）。

这是对于整个核设施的质量保证大纲，它"必须对核设施的有关工作的控制作出规定"（2.1.1）。

根据《中华人民共和国民用核设施安全监督管理条例》的实施细则之一《核电厂安全许可证件的申请和颁发》HAF001/01 的规定，核设施质量保证总大纲分为"设计与建造""调试""运行"和"退役"四个阶段制定；由核设施营运单位负责制定（1.3.2），然后"报国家核安全部门审核（审评）"（1.3.1），认可后实施。"核设施营运单位可以委托其他单位（承包者）制定和实施大纲的全部或其中的一部分，但必须仍对总大纲的有效性负责，同时又不减轻承包者的义务或法律责任"（1.3.2）。所以它要审评承包者的质量保证分大纲，并且通过监督和监查来验证其实施的有效性。

2）"每一种工作（如厂址选择、设计、制造、建造、调试、运行和退役）的质量保证（分）大纲"（1.1.3）。

这是对于承担核设施某方面的工作单位的质量保证大纲。由承担核设施有关工作的单位分别负责制定，然后报核设施营运单位（核安全设备活动单位的质量保证大纲还要报国家核安全部门）审核（审评），认可后实施。

质量保证大纲是实施核设施全部质量保证工作（质量保证总大纲）或每一个单位实施其全部质量保证工作（质量保证分大纲）的总体规划、总体描述的纲领性文件。两种质量保证大纲都要按照《质保规定》的基本要求制定，并且要"有效实施"（1.1.3 和 2.1.2）。

（3）由质量管理来确保达到质量要求的基本办法是（1.1.6）：

1）首先，透彻分析要完成的任务中所有影响质量的活动（包括验证活动）有哪些。

2）然后，对每项影响质量的活动提出和确保下列 5 个方面的要求：

①确定所要求的技能，确定所需人员及其职责，选择和培训出合适（合格）的人员；

②使用适当的（指适用的、合格的）设备（工装和工器具）；

③创造良好的工作环境；

④使用合格的物项（指合格的设备、部件和材料）；

⑤制定工作（作业）程序（在工艺操作用的作业程序中应包括技术要求、质保要求、操作安全要求和环境条件要求），并按照经审、批的工作（作业）程序实施工作。

一般而言，影响每项活动质量的直接因素就这 5 个方面，这 5 个方面得到了保证，则活动的质量就能保证。

（4）《质保规定》有 10 个导则，是对《质保规定》的"说明和补充"（1.2）。

（二）对质量保证文件体系的基本要求

质量保证文件是实施质量保证工作所用的文件。核设施质量保证特别强调一切活动（工作）必须按照预先制定并经审、批的文件实施。这样，就不至于在活动（工作）实施中因临时决定如何做而产生差错。

《质保规定》第 2 章"质量保证大纲"中规定了下列对质量保证文件的基本要求。质量保证文件包括三个层次：第一层次文件是质量保证大纲；第二层次文件是一套质量保证大纲程序；第三层次文件包括作业（工作）程序（即质量活动程序）、细则、图纸等实施质量活动的依据文件。

（1）质量保证总大纲和质量保证分大纲分别是一个核设施和一个单位实施其全部质量保证工作的总体规划、总体描述的纲领性文件，它应包括：

1）核设施和本单位质量保证方面要做的工作包括："必须对核电厂（核设施）有关工作（如厂址选择、设计、制造、建造、调试、运行和退役）的控制作出规定"（2.1.1）；"必须确定质量保证大纲所适用的物项、服务和工艺"（2.1.5）；"根据已确定的物项对安全的重要性，所有大纲必须相应地制定出控制和验证影响该物项质量活动的规定"（2.1.5）；"必须对所有影响质量的活动提出要求及措施"

（1.1.6），特别是：

①"为使物项或服务达到相应的质量所必需的活动；验证所要求的质量已达到所必需的活动；包括产生上述活动的客观证据所必需的活动"（1.1.5）。

②质量活动的管理方面和技术方面的相应要求："质量保证大纲必须周密制定，便于实施，并保证技术性的和管理性的工作两者充分地结合"（1.1.7）；"大纲的制定必须考虑要进行的各种活动的技术方面。大纲必须包括有关规定，以保证认可的工程规范、标准、技术规格书和实践经验经过核实并得到遵守。除了管理性方面的控制之外，质量保证要求还应包括阐述需达到的技术目标的条款"（2.1.4）。

2）各项质量保证工作各由哪个部门实施："所有大纲必须确定负责计划和执行质量保证活动的组织结构，必须明确规定各有关组织和人员的责任和权力"（2.1.3）。

3）各项质量保证工作如何实施：①"质量保证大纲必须对所有影响质量的活动提出要求及措施，包括验证需要验证的每一种活动是否已正确地进行，是否采取了必要的纠正措施。质量保证大纲还必须规定产生可证明已达到质量要求的文件证据"（1.1.6）。②"必须确定质量保证大纲所适用的物项、服务和工艺。对这些物项、服务和工艺必须规定相应的控制和验证方法或水平"（2.1.5）。③"所有大纲必须为完成影响质量的活动规定合适的控制条件，这些规定要包括为达到要求的质量所需要的适当的环境条件、设备和技能等"（2.1.6）。④"所有大纲还必须规定对从事影响质量活动的人员的培训"（2.1.7）。

上述三个方面，对"有哪些质量保证工作要做"（What）、"谁来做"（Who）和"如何做"（How）都作出了明确规定，如果缺少任何一方面，就无法实施。

这就是说，制定质量保证大纲有两个依据：一是要根据本单位承担的任务中的全部质量保证工作；二是要按照《质保规定》各章中提出的有关基本要求。而且，质量保证大纲要按照这两个依据写明如何实施其质量保证工作（包括有哪些要实施、哪个部门实施和如何实施），而不是照抄《质保规定》中的有关条文。

（2）质量保证大纲必须"周密制定"和"便于实施"（1.1.7）。就是说，上述三方面中"有哪些质量保证工作要做"方面应写得全面、明确；由哪个部门实施，即"谁来做"方面，应将全部质量保证工作分配到各相关部门，并写明是组织、负责、协助还是参加，接口关系要清晰，不要产生有的工作没有部门做或有的工作由几个部门担负同样的职能，也不要产生分配的工作与该部门职能不相符的情况；"各项质量保证工作如何实施（或采取哪些控制措施、办法）"方面要规定齐全、恰当，写明确。

《质保规定》中还规定了，"所有大纲必须规定文件的语种。必须采取措施保证行使质量保证职能的人员对书写文件的语言具有足够的知识。文件的翻译必须由合格的人员进行审查，必须验证是否与原文件相一致"（2.1.9）。这就要求在质量保证大纲中应规定质量保证文件的语种，是用国语或和其他语言，并对不熟悉的语言要进行培训，以及翻译本要由合格人员审核。

（3）对所适用的物项、服务和工艺"必须规定相应的控制和验证的方法或水平"（2.1.5）。

这就是说，不能对核设施的各种物项和活动采用同样的控制和验证方法或严格程度，而要根据其对安全的重要性等因素，对物项和活动进行质保分级（可查看质保导则 HAD003/01 2.2.1 中的规定）；对不同质保等级的物项和活动采用不同的控制和验证方法或严格程度（可查看质保导则 HAD003/01 的 2.2.2），并体现到例如"质量控制、监督的计划"（简称"质量计划"）的监督点选择、监造方式、设计验证方式、验收方式等控制和验证工作中实施。

在进行核有关的质保分级时，可以分为质保 1、2、3 三个等级（非核级常规物项和活动的质量保证或质量管理也可进行适当的分级）。

除了在承担的任务中《质保规定》的某些要素不适用（这时可以对某些要素进行必要的删除），否则，在确定不同质保等级采用不同的控制和验证的方法或严格程度时，不能因质保等级不同而去掉质保规定中 12 个方面的质量管理措施（要素）中的任何一个，因为如果去掉其中任何一个方面的保证质量的措施（要素），就说明这个方面不要控制，换句话说就可以随意，而哪一个方面不受到控制都会使物项或活动的质量发生问题。

（4）各单位及其各部门必须"按照工程进度有效地执行（实施）（所制定的）质量保证大纲"（2.1.2）。

这就是说，所制定的质量保证大纲不是应付上级检查的，而是必须切实执行。因为质量保证大纲是保证质量采取的管理措施，所以也只有切实执行，才会真正起到确保物项和活动质量的作用。

（5）制定质量保证大纲后，还要制定和实施质量保证大纲程序。"必须遵循本规定所确定的原则，制定详细的执行程序"（1.1.7）；"从事各项活动的单位，必须制定有计划地、系统地实施核电厂工程各个阶段的质量保证大纲的程序并形成文件。编写的程序必须便于使用，包括所需的专业技能，内容清楚、准确"（2.2.2）。

由于质量保证大纲是本单位质量保证工作的总体规划、总体描述的纲领性文件，为便于实施质量保证工作，就必须对质量保证大纲中各个方面的保证质量的措施分别用质量保证大纲程序具体描述。

质量保证大纲程序是对质量保证大纲中各个方面的保证质量措施的进一步具体阐述。在质量保证大纲程序中，对相应的控制要素要具体写明如何操作，在程序后面应附有实施中所用到的记录和报告的格式。

（6）《质保规定》要求质量保证大纲"保证技术性的和管理性的工作两者充分地结合"（1.1.7）。"所有大纲必须规定，凡影响核电厂质量的活动（包括核电厂运行期间的活动）都必须按适用于该活动的书面程序、细则或图纸来完成。为确定各种重要的活动是否已满意地完成，程序、细则和图纸必须包括适当的定性和（或）定量的验收准则"（2.2.1）。所以，在质量活动实施前必须制定相应的作业（工作）程序（即质量活动程序）、细则、图纸等第三层次文件。第三层次文件是实施质量活动的具体文件，操作性很强，应写得很具体，其中还应有定性和（或）定量的验收准则，包括实施中所用到的记录和报告的格式。必须按照所制定的作业（工作）程序、细则和图纸等实施相应的质量活动。

作业（工作）程序是具体实施质量活动的程序，一般应包括技术要求、质保要求、操作安全和操作所需环境条件等四个方面的内容。在《质保规定》中虽然只讲到质量活动要制定作业（工作）程序，实际上，验证活动也应预先制定工作程序，并要按照这些程序实施验证活动。

（7）必须根据需要定期对所有质量保证大纲、质量保证大纲程序和工作（作业）程序进行评价、审查和必要的修订，使其适时、完善和便于实施。《质保规定》中要求："必须定期地对所有大纲进行评价和修订"（2.1.8）；"必须根据需要定期对程序进行审查和修订，以便保证所有影响质量的活动都得到考虑而无遗漏"（2.2.2）。

这是因为核设施在各阶段内都会发生各种情况的变动，例如，组织结构的变动，承担的任务中质量活动的具体内容的变动。此外，还可能有不完善、不适时、不便于实施之处。所以，不能"一劳永逸"，必须定期地对所有质量保证大纲、质量保证大纲程序和工作（作业）程序进行评价、审查，对发现的问题及时修订，使之适时和完善，"保证所有影响质量的活动都得到考虑而无遗漏"（2.2.2），并便于实施。

（8）"所有大纲必须规定，参与实施大纲的单位管理部门要对其负责的那部分质量保证大纲的状况和适用性定期进行审查。当发现大纲有问题时，必须采取纠正措施"（2.3）。

一个单位对质量负全面责任的第一把手，应对保证质量采取的质量管理措施（即质量保证大纲）的制定和有效实施负全面责任，并必须直接领导质量保证工作（3.1.3）。因此，他一般每年要亲自组织和主持一次由本单位管理层和各部门负责人参加的管理部门审查会议，对本单位的质保大纲的适用性（是否完善和适用）和实施的有效性进行审查，对发现的问题分析其产生的根本原因，并提出纠正要求，必要时组织修订质保大纲，以确保其适用性和持续有效实施。

为此，预先应制定管理部门审查程序，包括审查的频度、审查前的准备、审查会议议程、审查记录、审查报告的制定，以及发现问题的纠正和后续验证与关闭等。

管理部门审查方式一般主要通过正式会议来进行，在会议期间应采用汇报讨论、查阅文件和资料，必要时去现场观察。审查必须着重下列方面：

1）重大的质量保证活动及其完成情况；

2）大纲监查的结果；

3）质量问题及其建议；

4）大纲中的缺陷；

5）纠正措施状态；

6）质量趋势、事故和故障；

7）人员资格培训、质量教育和证书的颁发；

8）是否需要修订大纲。

（三）对质量保证组织结构的基本要求

《质保规定》第3章"组织"中规定了下列对质量保证组织结构建立方面的基本要求。

（1）"为管理、指导和实施质量保证大纲，必须建立一个（实施质量保证职能的）有明文（书面）规定的组织结构，并（应）明确规定（本单位的各部门的）职责、权限等级及内外联络渠道"（3.1.1）；"所有大纲必须确定负责计划和执行质量保证活动的组织结构，必须明确规定各有关组织和人员的责任和权力"（2.1.3）；"在考虑组织结构和职能分工时，必须明确实施质量保证大纲的人员，既包括活动的从事者，也包括验证人员，而不是单一方面的责任范围。组织结构和职能分工必须做到：

"1）由被指定负责该工作的人员来实现其质量目标，包括由完成该工作的人员所进行的检验、校核和检查；

"2）当有必要验证是否满足规定的要求时，这种验证只能由不对该工作直接负责的人员进行"（3.1.1）。

"必须对负责实施和验证质量保证的人员与部门的权限及职能作出书面规定。上述人员和部门行使下列质量保证职能：

"1）保证制定和有效地实施相应适用的质量保证大纲；

"2）验证各种活动是否正确地按规定进行"（3.1.2）。

只有这样，各部门和人员才能按规定的职责、权限及内外联络渠道实施自己的质量保证工作。为此，应该画出本单位实施质量保证大纲的组织结构图。组织结构图中应涵盖：对实施和验证质量保证大纲实施情况有责任（有质量保证工作职责）的各部门，包括"活动的从事者和验证人员"；并且要注明他们内部和与外部的联系线（包括领导关系线、对质量控制活动进行监督的关系线和质保监查关系线）。

另外，还要用文字描述或用"质量保证工作职责分配一览表"（表1-1）的形式规定各部门、各种人员的质量保证工作职责、权限及内各种外联络渠道。各部门、各种人员的质量保证工作职责必须满足《质保规定》中3.1.1和3.1.2的规定要求。

表1-1 质量保证工作职责分配一览表

要素名称〔注〕	要素的主要要求	本单位领导和各部门名称											
		总经理	副总经理	总工程师	质保部	质检部	试验室	工程部	采购部	生产部	××车间	××车间	档案部	仓库

注："要素"，即是《质保规定》或质量保证大纲中每一章的保证质量的措施，如第2章"质量保证大纲"。

实践证明，采用"质量保证工作职责分配一览表"简称"一览表"的方式，可以清楚地、简要地描述从领导到各部门的质量保证工作职责、权限及内外联络渠道，而且容易检查出是否产生职责空缺、重叠、矛盾等问题；有利于各部门、各种人员一目了然地查看自己的质量保证工作职责、权限及内外联络渠道；也有利于监查人员从"职责"规定入手，提出监查问题。具体做法是：先列出"一览表"，检查有无职责空缺、重叠或矛盾之处后，再按"一览表"中所填写的职责写入质量保证大纲各项职责中；也可以先写质量保证大纲中各项职责，再把这些职责填入"一览表"中，并检查有无职责空缺、重叠或矛盾之处，如有，再调整质量保证大纲中的相关职责。

"实施质量保证大纲的人员既包括活动的从事者，也包括验证人员，而不是单一方面的责任范围"（3.1.1）。具体来讲，与质量保证大纲相关的人员包括本单位领导（管理部门）、活动的从事者和验证人员，质量保证大纲对这些人员都规定有质量保证职责，都要实施质量保证大纲中的相关质量保证工作，都是实施质量保证大纲的人员。

实施质量保证大纲要靠在质量保证大纲中规定有质量保证职责的本单位的从第一把手到各部门人员一起实施质量保证工作。"在完成某一特定工作中，对要达到的质量负主要责任的是该工作的承担者，而不是那些验证质量的人员〔即（质量控制）监督人员、检验和试验人员，以及质保监查人员〕"（1.1.4）。

"当有必要验证是否满足规定的要求时，这种验证只能由不对该工作直接负责的人员进行"（3.1.1）。验证人员必须具有组织独立性，才能不受被验证的活动从

电力建设监理工程师实务 第二版

18

事者和被验证部门的影响，而独立实施验证工作。为了确保组织独立性，必须做到：

1）验证人员必须是不被验证的（质量控制）活动（过程和结果）、被监查的质保工作承担责任的人员，以保证验证活动和监查活动中提出的问题具有客观性；

2）验证人员可以在验证时随意进入任何需验证的部门和部位，并查看被验证活动的实施情况及其记录；

3）验证人员可以不受限制地参加任何与（质量控制）活动和质量问题有关的会议；

4）验证人员对（质量控制）活动和质量问题提出的纠正要求或制止下一步工作（暂停工作）的决定，被验证部门和人员必须执行。

（2）本单位负责质量保证职能的人员和部门应被授予下列"足够的权力和组织独立性"（3.1.2 下部分和 3.1.3 上部分）：

1）"能鉴别质量问题"。

2）"建议、推荐或提供解决办法"。

3）"不受经费和进度的约束"，以及"对不符合、有缺陷或不满足规定要求的物项采取行动，以制止进行下一步工序、交货、安装或使用，直至做出适当的安排"（即必要时具有停工权）。

4）"必须向级别足够高的管理部门上报，以保证上述必需的权力和足够的组织独立性"；最低限度，质量保证部门的级别也应处于"必须能直接向为有效地实施质量保证大纲所必需的级别足够高的管理部门（本单位第一把手）报告工作"。

5）质保部门应是单位的一个重要部门，而且应由本单位第一把手直接领导，而不应像 ISO 9000 质量管理那样可委托第一把手以下的管理者代表领导，更不应该隶属于其他部门或其他领导之下。只有这样，才能做到"直接向级别足够高的管理部门报告工作"（3.1.3）；本单位第一把手应直接主管质量保证工作，只有这样，才能确保质保部门客观地发现质量问题，而不受主管生产、进度、成本部门的约束或干扰，才能保证其从事质保工作所必需的权力和足够的组织独立性。

（3）应采取适当的措施保证单位间及其部门间工作的接口和协调，并明确各自的责任，保证联络和交流。《质保规定》规定了"在有多个单位的情况下，必须明确规定每个单位的责任，并采取适当的措施以保证各单位间工作的接口和协调。必须对参与影响质量活动的单位和小组之间的联络作出规定。主要信息的交流必须通过相应的文件。必须规定文件的类型，并控制其分发"（3.2）。

由于核设施是一个庞大的、系统很复杂的设施，在设计与建造、调试、运行、退役中会涉及许多单位和部门参与，例如：在设计与建造阶段，参与的单位有营运单位、各设计单位、各制造单位和土建、安装单位等，它们之间的工作都是有关联的。所以，它们之间工作的接口很重要。如果这些单位及其内部的部门在实施各自的工作时相互之间的衔接口和协调不当，就会出现问题，就不能将整个核设施的设计与建造、调试、运行、退役工作顺利搞好。

1）上述规定中的接口、协调和联络应包括分工、工作衔接和信息资料交流。它有管理方面的（如进度要求的衔接、讨论相关问题、交流相关的信息资料），也有技术方面的（如采用的规范、标准）的衔接。

2）责任、接口、协调、联络和交流的事项与措施"必须通过相应的文件"作出规定，并"必须规定文件的类型""并控制其分发"（3.2）。一般采用的文件类型有接口管理程序和各种工作联系单等。应针对不同的单位和其内部的各部门，分别制定相应的接口管理程序。控制文件分发的要求应能确保相应的文件及时分发到所需的单位、部门和人员。

应注意，除同类型工作（如设计）的单位或部门之间要接口和协调外，不同类型工作（如设计与制造、设计与土建或安装、土建与安装、制造与安装）之间也应有接口和协调。而且，因为制造、土建和安装都是按照设计文件和图纸的要求施工的，如果设计文件和图纸不合格或没有向施工人员交底，就很容易在施工中产生质量问题。因此，这种接口特别重要。例如，从设计单位与安装单位来讲，设计单位应向安装单位作设计交底，这是一种确保相互之间接口，从而确保顺利安装和安装质量的措施；安装中遇到设计变更时，也必须通过营运单位与设计单位进行接口。

还特别要注意质检与监查之间的接口和联系，使这两种验证工作能及时沟通发现的问题，从而共同针对发现的问题从各自的职责事促进责任部门纠正，并有的放矢地加强自己的验证工作。

质保组织机构图举例，如图1-3所示。

（4）在《质保规定》第3章中提出了关于"人员配备与培训"的要求。

1）"为了挑选和培训从事影响质量的活动的人员，必须制定相应的计划。该计划必须反映出工作进度，以便留出充足的时间，用以指定或挑选以及培训所需的人员"（3.3.1）。这就是说，质量活动的从事者和验证人员均应经过挑选，并且必须按工作进度提前足够的时间制定挑选计划。

2）"必须根据从事特定任务所要求的学历、经验和业务熟练程度，对所有影响质量的活动的人员进行资格考核。必须制定培训大纲和程序，以便确保这些人员达到并保持足够的业务熟练程度。在某些情况下，必须酌情颁发资格证书，以证明达到和保持的业务水平"（3.3.2）。这就是说，所有影响质量的活动的人员均应接受培训。必须按工作进度提前足够时间制订和实施培训计划、培训大纲和培训程序，以确保这些人员达到并保持足够的业务熟悉程度，必要时还要进行资格考核并颁发资格证。

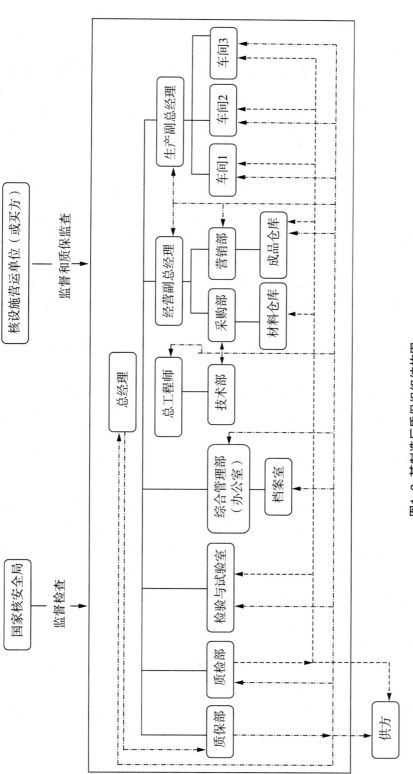

图1-3 某制造厂质保组织结构图

注：（1）——领导关系线；--质保监查关系线；--质检关系线。
（2）总经理也可指定授权人组织对质保部的监查。

● 第一章 监理规范及电力新技术

必须取得核级资质的人员有监查人员、核电厂操纵人员、民用核安全设备无损检验人员，以及民用核安全设备焊工和焊接操作工。

培训时应注意：除技术方面应做培训外，还应进行质保方面的培训，让他们知道自己的质保职责和质保要求；并培训良好的核安全文化，确保牢牢树立质保意识和核安全文化意识。为了"保持足够的业务熟悉程度"（3.3.2），一般还需要进行定期的、有针对性的再培训和资格再考核（换证考核）。

（四）对文件控制的基本要求

《质保规定》第 4 章"文件控制"中规定了下列对文件控制的基本要求。

（1）"必须对工作的执行和验证需要的文件（如程序、细则及图纸等）的编制、审核、批准和发放进行控制"（4.1）。这样才能确保文件的质量和及时分发到使用者手中。文件可以是纸质文件，也包括电子文件。

为了确保文件编、审、批的质量，必须采取下列两个控制措施（4.1）：

1）"应明确负责编制、审核、批准和发放有关影响质量的活动文件的人员和单位（或部门）"；

2）"负责审核和批准的单位或个人有权查阅作为审核和批准依据的有关背景材料"。

这就是说，对所有与质量有关的文件都要进行编、审、批；而且应该由熟悉该文件的相关人员进行编、审、批；审、批者不能是随便签个名就算审、批了，而应该查阅背景材料，确保审、批质量。

（2）对文件的发布和分发必须进行控制，以确保文件发布和分发的正确。为此，要采取下列两个控制措施（4.2）：

1）"必须按最新的分发清单建立文件发布和分发系统"。这就是说：应预先确定文件的分发清单；如文件的接收人员有变动，则应及时修订分发清单；应规定文件的发布和分发的系统（渠道），并按所建立的文件发布和分发系统进行文件的发布和分发，明确由哪个部门负责，而不能由任何人随便发布和分发。

2）应"使参与活动的人员能够了解并使用完成该项活动所需的正确、合适的文件"。

这就是说，文件应"受控分发"给所有需要的人员；发新文件时，应及时收回原有的旧文件。分发的文件既包括本单位内部产生的文件，也包括外来文件（外单位的来文以及需用的法规和标准等）在本单位内部的转发。

（3）文件变更（修改）时，为确保变更文件的质量和防止使用过时的或不合适的文件，要控制其变更（修改）和分发。为此，必须采取下列 3 个控制措施（4.3）：

1）"变更文件必须按明文规定的程序进行审核和批准，或者由其专门指定的其他单位审核和批准"。

2）"审、批单位有权查阅作为批准依据的有关背景材料，并必须对原文件的要求和意图有足够的了解"。

3）"必须把文件的修订及其实际情况迅速通知所有有关的人员和单位"，变更文件要及时发放，并要注意同时收回原有的旧文件，以防止使用作废的（过时的或不合适的）文件。

编制文件的人员应对所编的文件是否齐全和是否适用实施定期审查，发现问题及时变更（修改）。

（五）对设计控制的基本要求

《质保规定》第 5 章 "设计控制" 中规定了下列对设计控制的基本要求。设计控制包括要对设计活动（工作）、设计接口、设计验证和设计变更等 4 个方面进行控制，并采取相应的控制措施，以保证这 4 个方面的质量。

1. 设计活动（工作）的控制

设计活动（工作）的控制措施包括下列 5 项：

（1）应 "把规定的相应的设计（输入）要求（例如，国家核安全部门的要求，设计基准、规范和标准等）都正确地体现在技术规格书、图纸、程序或细则中"（5.1.1）。

（2）"设计（输出）文件中规定的叙述合适的质量标准的条款" 以及 "对规定的设计要求和质量标准的变更和偏离"（5.1.1）。

（3）"对构筑物、系统或部件的功能起重要作用的任何材料、零件、设备和工艺进行选择，并审查其适用性"（5.1.1）。

（4）"所有设计活动必须形成文件，使未参加原设计的技术人员能进行充分的评价"（5.1.3）。

（5）特别要在下列方面按照上述要求进行设计控制："辐射防护；人因；防火；物理和应力分析；热工、水力、地震和事故分析；材料相容性；在役检查、维护和修理的可达性，以及检查和试验的验收准则等"（5.1.2）。

2. 设计接口的控制

设计接口的控制措施包括下列 3 项：

（1）"设计质保导则" 规定，当整个核电厂的设计由几个单位共同负责进行时，责任单位必须制定出总的设计质量保证大纲，以规定各单位之间必需的协调。

（2）在有多个设计单位和单位内有多个设计部门时，"必须书面（一般就是接口程序）规定它们的内部和外部接口"（5.2）。

（3）接口程序中应规定（5.2）：

1）"每一个单位和组成部门的责任"。

2）"接口文件的编制、审核、批准、发布、分发和修订（的措施）"。

3）"设计接口的设计资料（包括设计变更）交流的方法""资料交流必须用文件记载并予以控制"。

3. 设计验证的控制

设计验证的控制措施包括下列4项（5.3.1）：

（1）"必须为验证设计（活动）和（采用的）设计方法是否恰当作出规定"。

（2）"必须由设计单位确定（采用哪种）验证方法"，设计验证有下列3种方法：

1）"设计审查"；

2）"使用其他计算方法"；

3）"执行适当的试验大纲（进行试验验证）"。

"当用一个试验大纲代替其他验证或校核方法来验证具体设计特性是否适当时，必须包括适当的原型试验件的鉴定试验。这个试验必须在受验证的具体设计特性的最苛刻设计工况下进行。当不能在最苛刻设计工况下进行试验时，如果能把结果外推到最苛刻设计工况，并且试验结果能验证具体设计特性时，则允许在其他工况下做试验"（5.3.2）。

（3）"设计验证必须由未参加原设计的人员或小组进行"（5.3.1）。

（4）"必须用文件给出设计验证结果"（5.3.1）。

注意：营运单位也应对设计单位进行总体设计审查和抽样（如抽几个系统）。做较详细的设计审查，是对设计单位监督的一种方式。

4. 设计变更控制

设计变更通常包括设计单位提出的设计变更和制造与安装单位提出的现场设计变更。可见，对不涉及设计的制造单位和安装单位，在核设备制造和核设施安装期间，在设计控制方面也有现场设计变更控制，同时也会有与此相关的设计接口的控制。设计变更的控制措施包括下列5项（5.4）：

（1）"必须采用与原设计相同的设计控制措施"；并"必须制定设计变更（包括现场变更）的程序"。

（2）设计变更时"必须仔细地考虑变更（对其他相关的）所产生的技术方面（带来）的影响"；"（对于所产生的影响而）要求采取的措施要用文件记录"。

（3）"设计变更文件必须由审核和批准原设计文件的同一小组或单位审核和批准""在指定其他单位时，必须根据其是否已掌握有关的背景材料，是否已证明能胜任有关的具体设计领域的工作，以及是否足够了解原设计的要求及意图等条件来确定"。

设计单位的设计变更文件的编、审、批人员应是原设计文件的编、审、批人员。

但在特殊情况下，例如，原设计编、审、批人员已调离，在指定其他单位或人员进行设计变更的编、审、批时，必须根据是否"已掌握有关的背景材料""是否已证明能胜任有关的具体设计领域的工作"，以及"足够了解原设计的要求及意图"等条件来确定，而且还应授权。

（4）设计变更也必须形成文件。设计变更文件有设计变更申请及其审、批单，设计变更图纸或变更的技术规格书等。

（5）"必须把有关（设计）变更资料及时发送到所有有关人员和单位"。设计变更的有关资料应及时分发到原来持有该设计文件的所有人员，而且要在分发设计变更文件时，同时回收应替换的原设计文件，以防误用。

（六）对采购控制的基本要求

《质保规定》第6章"采购控制"中规定了下列对采购控制的基本要求。

1. 制定采购计划

核设施需要采购的物项和服务的种类和数量相当多，所以必须制订采购计划。有计划地采购物项和服务，以满足工程进度的需要。采购包括物项采购和服务采购。

2. 制定采购要求（文件）

只有预先把采购的物项和服务按与质量相关的要求形成完整的书面文件，并按照这个书面文件采购，才能保证采购物项和服务的质量。《质保规定》中明确："为保证质量，采购要求必须包括（但根据情况不仅限于）下列四个方面（的要求）"：

（1）"供方承担的工作范围的说明"（6.1.2）。

供方承担的工作范围的说明可以包括承担工作的名称、工作的量、供货期限、交货地点和交货方式等。

（2）技术要求，包括：

1）"根据条例、法规、规范、标准、程序、细则和技术规格书等文件（包括其修订版）对物项或服务所规定的技术要求"（6.1.2）；"国家核安全部门有关的要求"（6.1.1）（例如，根据国家核安全部门对核安全设备活动单位取证要求，对国内核安全设备的采购只能向取得国家核安全部门颁发的相应资格证的单位采购）；"设计基准、标准和技术规格书"（6.1.1）。

2）"试验、检查和验收要求以及任何有关这些活动的专用细则和要求"（6.1.2）。

（3）质量保证要求，包括：

1）"确定适用于物项或服务采购的质量保证要求和质量保证大纲条款。并不要求所有的供方都要有符合本规定条款的质量保证大纲，但采购文件必须根据需要的程度，要求承包者或分包者提出符合本规定有关条款的质量保证大纲"（6.1.2）；对制定与采购物项或服务相适应的质量保证大纲和质量保证大纲程序的要求，或要求供方遵守的质量保证要求。例如，对于供货时间长的或与安全相关的重要物项和服务，应要求其制定质量保证大纲和质量保证大纲程序；对于供货时间短的或与安全无关的物项和服务，可只要求供方遵守《质保规定》中某些质量保证要求，或只要求其制定有关的质量保证大纲程序。

2）"当需要到源地进行检查和监查时，为此目的而进入供方设施、查阅记录的规定"（6.1.2）（例如，监督的方式，监查的频度，以及供方为此提供方便方面的要求）。

3）"对处理不符合项进行报告和批准的要求"（6.1.2）（即处理前提供不符合项处理方案进行审查的要求）。

4）对验收方式的要求。

5）"确定所需要的文件，例如编写并提交买方审核或认可的程序、细则、技术规格书、检查和试验记录以及其他质量保证记录"（6.1.2）；"有控制地分发、保存、维护和处置质量保证记录的规定"（6.1.2）；"提交文件限期的规定"（6.1.2）。

（4）"把有关的采购文件的要求扩展到下一层次分包者和供方的规定，包括买方便于进入设施和查阅记录的规定"（6.1.2）。

但要注意：不允许通过中间商（即"皮包公司"）采购，也不允许层层转包。因为如果这样，买方就无法了解直接生产单位的能力及其生产的物项和服务的质量。

3. 对供方进行评价

因为只有有能力的供方才能提供符合质量要求的物项和服务，所以不能随意指定供方，而必须预先对供方的能力进行评价。对核安全设备的采购只能在已取得国家核安全局颁发的相应资格许可证的单位内评价和选择。

为确定有能力的供方，应在供方评价时采取下列控制措施（6.2.1和6.2.2）：

（1）"必须将被评价的供方按照采购文件的要求提供物项或服务的能力作为选择供方的基本依据"（6.2.1）。这就是说，必须按照采购文件中的要求逐项评价。

（2）评价的方法要根据情况采用下列几种方法之一或几种方法（6.2.2）：

1）评价"表明其（供方）以往类似采购活动的质量的资料"；

2）评价"供方新近的且可供客观评价的成文的（书面的）、定性或定量的质量保证记录"；

3）"到源地评价供方的技术能力和质量保证能力"；

4）"利用抽查产品进行评价"。

一般，对于未采购其同类物项或服务的新供方，应采用上述四种评价方法相结合；而对于已采购过其同类物项或服务的供方，可采用评价新近的质量保证记录或抽查新近类似产品质量的评价方法。

4. 应从合格供方中选择、确定供方（6.2.1）

（1）供方应是按采购文件要求逐项评价合格的；

（2）根据对几个供方评价结果的比较，选定其中最好的作为选定供方。

5. 对所购物项和服务的控制

买方必须对所购物项和服务在其生产过程中进行验证，"以保证（质量活动）符合采购文件的要求"（6.3.1）。验证的措施有："控制包括由承包者提供质量客观证据、对供方进行源地检查和监查以及物项和服务的交货检验等措施"（6.3.1）；必要时"必须在双方同意的地点，对规定的材料样品保存一段规定的时间并加以控制，以便提供作为进一步检验的手段"（6.3.2）。一般可以根据物项或服务质保等级的不同，采用其中某种或全部措施。

应注意：买方验证或监造人员必须是熟悉相关专业的人员；如果实施生产过程中验证有困难，就要特别加强交货时的检验，以便真正弄清物项的内在质量和功能。

6. 物项和服务的验收

对重要的物项与服务项目，买方应编制该项目的验收大纲，并成立验收小组。根据物项或服务的不同性质，验收小组由有关职能部门的工作人员和有关领域（如设计、制造、建造、运行、检修和质量保证）的专家组成。然而，买方对某一物项或服务的验收并不意味着减轻买方和供方之间事前商定的合同义务或担保。

买方用于验收供方所提供物项或服务的方法包括源地验收、收货检查、核查供方提供的合格证、安装后的试验或这些方法的组合。

（1）源地验收。对于安全重要、交货后难以验证其质量特性以及设计、制造或试验复杂的物项应采用源地验收的方式。源地验收活动应包括（但不限于）下列方面：

1）文件（包括材料以及检查和试验的验证文件）经批准后按要求提交买方或有关单位；

2）按照经批准的加工程序和工艺过程实施，并具备资格考核、工艺评审、过程记录和鉴定等文件；

3）各零部件已按要求检查、检验和试验，并具备检查、试验及鉴定等记录；

4）不符合项已按规定的要求处理；

5）如可能，对某些重要特性进行抽检或复验。

买方采取源地验收方式时，源地验收的证明文件必须发往收货现场；在收货现场应进行收货检查，以便同已完成的源地验收相对照和确认物项在运输过程中未受损伤。

（2）收货检查。当物项具备下列属性时，可以采用收货检查的验收方式：

1）物项的设计、制造和试验都比较简单，或者是标准化的；

2）物项的质量特性，可在交货后采取标准或自动化检查和/或试验的方式进行验证；

3）收货检查中不会进行有损于物项完整性、功能或清洁度的操作。

买方进行收货检查时应注意核对和审查供方随货（或收货检查前）提供的文件资料。供方提供的文件资料可包括材料合格证书、定型试验证书、试验结果、规定的检查资料、标定证书、产品符合规定要求的供方声明、产品放行证书和不符合项报告。

通过源地验收合格的物项也必须经过收货检查。

（3）按供方提供的合格证验收。当物项或服务比较简单，仅涉及标准的材料、工艺和试验时，可采用按供方提供的合格证验收的方式。如果采购文件中要求提供特殊的补充文件（如材料合格证明或试验报告等），补充文件应与合格证一起提交买方验收。

合格证最低限度应满足下列要求：

1）标明所购的材料或设备；

2）标明该物项满足特定的采购要求，如规范、标准和其他技术条件等；

3）附有阐明经批准的各项变更、放弃要求、偏离和不符合项处理的文件；

4）合格证必须由供方质量管理部门负责人签字认可；

5）合格证填写、审核和批准的管理程序须经买方有关部门认可。

无论采取何种验收方法，均要包括合格证验收。

（4）安装后试验验收。某些物项（如主泵、控制棒驱动机构、汽轮机和发电机等）的特性在安装和使用前难以整体验证，必须进行全系统试验、与其他物项一并进行试验或在使用中方能证实，则应通过现场安装后的试验进行验收。

（5）仅涉及服务的验收。对仅涉及服务的采购（如供方提供的检查、无损检验、工程服务、咨询、安装、修理和维护等工作），除上述任何一种适用的方式外，买方应在采购文件中规定服务的验收准则，并通过下列方式进行验收：

1）对所产生的数据或者试验/检查的记录进行技术验证；

2）对服务活动进行检查和监督；

3）对用作符合采购文件要求的证明文件和记录进行审查。

（6）文字证据与物项和服务的提交。"证明所购物项和服务符合采购文件（中的全部）要求的文件证据（用于物项和服务验收的文件包）必须在安装或使用前送到核电厂现场"（6.3.3）。接收时，应检查该文字证据的真实性和是否能"足以证明该物项和服务满足（采购文件中的）所有要求"（6.3.3）。"文字证据可以采用注明该物项或服务已满足各项要求的合格证书形式，但必须能够证明这些证书的真实性"（6.3.3）。

根据上述采购控制的要求，应注意遵守以下两个原则：

第一个原则是"谁采购，谁负责到底"。例如，营运单位采购的物项或服务，当交给承包单位安装时，如果发现质量问题，安装单位应报告营运单位，由营运单位向供方交涉而不应由安装承包单位直接与供方交涉。因为，安装承包单位与供方无合同关系，不应该与供方直接联系，即使与供方直接联系，也是解决不了问题的。又例如，营运单位委托安装单位采购材料时，负责对材料供方评价的应该是被委托采购的安装单位，安装单位完成供方评价后，可以征求营运单位的意见，但不应由营运单位包办评价或选定供方后指定被委托采购的安装单位接受。

第二个原则是对核设施这种大型工程，应加强源地收货时的质量验收，以便检查和弄清物项的内在质量和功能。只有这样，才能确保不符合项限制在源地处理而不运入现场。

此外，部分物项可能会直接从市场采购或者通过供方的产品样本来采购，在这种情况下，买方未对供方的质量保证体系作评价。对市售物项采购时应注意下列事项：

（1）与安全（和可用率）无关的物项。如所购物项与安全或可用率无关，满足下列条件即可直接选用：

1）供方有良好的工业生产实践；

2）产品的特性（以前）已经过验证；

3）分析和后来的试验表明该产品适用于预期的功能。

（2）与安全（和可用率）有关的物项。如所购物项与安全（和可用率）有关，采购物项必须满足采购文件的要求。具体的措施如下：

1）对该产品的复杂性和安全性进行全面的技术评价，以确定其关键的功能特性是否满足要求，并将这些关键的功能特性编入技术规格书、鉴定试验大纲和验收准则中。

2）按照采购文件的要求进行鉴定试验（如功能试验以及环境和抗震鉴定试验），以证明关键的功能特性已经达到。在采购过程中，买方应进行技术分析、编制采购文件、参与试验的监督和见证、组织验收和对试验及验收报告进行审查。

另外，核电厂的营运单位在采购某物项的时候，还应考虑采购该物项的备品、备件或更换件。备件不仅应满足原物项同样的技术和质量保证要求，有时还需附加一些要求，以保证该备件能长期贮存而不变坏或变质。对备件或更换件的采购应注意：

（1）在确定备件的数量时应考虑的因素如下：

1）易失效的备件数量及安全性；

2）制造厂的建议和运行的经验；

3）贮存期限；

4）备件供应的不确定性；

5）供方的远近或进口的限制；

6）制造过程的特性影响交货的周期。

（2）得到备件或更换件的渠道：

1）原供方，或者用原规格书从其他供方采购；

2）现场制造或者修理/修整原零部件；

3）将商品级物项按采购文件进行鉴定，以满足备件的要求。

（3）采购条件不能确定时应采取的措施。在运行阶段备件或更换件的采购时可能会出现下列情况：

1）不一定能按采购原物项所用的相同技术条件和规范来采购物项。在这种情况下，必须按相当于原设备所规定的要求，或按经过认真审查和批准的修订要求来采购。

2）不一定能确定原规定的质量要求和质保要求。在这种情况下，必须由合格人员进行评价，制定新的质量要求和质保要求并形成文件，且必须考虑接口和互换性。

（七）对物项控制的基本要求

《质保规定》第 7 章"物项控制"规定了下列对物项控制的基本要求。

1. 物项的标识控制和可追溯性

《质保规定》第 7 章中要求："必须按照制造、装配、安装和使用要求，制定标识物项（包括部分加工的组件）的措施"（7.1.1）。这就是说，必须对材料、零件和部件制定标识控制措施，并按照规定进行标识（身份标识），使得物项保持可追溯性，以保证"在各种场合下防止使用不正确的或有缺陷的材料、零件和部件"（7.1.2）。

除此之外，在《质保规定》第 9 章中还要求对物项的检查、试验和运行状态的显示（状态标识），以及对设备、仪表、工器具标定（检定）的标识（状态标识）；在第 10 章中还要求对产生的不符合项进行标识（状态标识）。标识的控制措施包括：

（1）"必须按照制造、装配、安装和使用要求，制定标识物项的措施（并按照规定进行标识）"（7.1.1）。

（2）标识的内容应表达出物项的特征或状态，可"根据要求，通过把批号、零件号、系列号或其他适用的标识方法"（7.1.1）；"标识和控制物项所需要的文件，必须在整个建造过程中都能随时查阅"（7.1.1）。

（3）标识和保持可追溯性的方法有："直接标识在物项上或记载在可以追查到

物项的记录上"（7.1.1）；"必须最大可能地使用实体标识（在物项实体上直接标识）"；"在实际不可能（或不能满足规定要求）的情况下，必须采用实体分隔（存放）、程序控制或其他适当的方法，以保持标识"（7.1.2）；也可采用在物项实体上挂标识牌的方式进行标识。

（4）"在使用标记的情况下，标记必须清楚，不能含混和易被擦掉。在使用这种方法时，不得影响物项的功能。标记不得被表面处理或涂层所遮盖，否则必须用其他的标记方法代替"（7.1.3）。

（5）"当把物项分成几部分时，每一部分都必须保持原标识"（7.1.3）。

（6）"保证在整个制造、装配和安装以及使用期间保持标识"（7.1.1）。也就是说，在整个制造、装配和安装以及使用期间（全过程）均应保持物项标识。

对于质量会随时间变化的物项，必须做出明显的标记，以表明其使用寿命。如在加工过程中需将标记去掉，则应重新标记（即标记转移）。在物项控制程序中应明确规定只有授权人员才能进行物项标识或标识转移工作；在程序中还应规定授权人员的职责、权限、工作范围以及标识的方法。

在材料、零件和部件发放、加工、组装、运输和安装之前，应对标识进行验证，有关的记录应该是可追查的。标识和控制物项所需要的文件必须在物项整个建造过程中随时都能查阅。

2. 物项装卸、贮存和运输的控制

《质保规定》第 7 章中要求："必须制定措施并形成文件，以控制装卸、贮存和运输"（7.2.1）；"以防止物项的损伤、变质和丢失"（7.2.1）。这就是说，必须对物项的装卸、贮存和运输制定控制措施，并进行控制。控制措施应包括如下：

（1）"按照已制定的程序、细则或图纸对材料和设备进行清洗、包装、装卸、运输和保管以防损伤、变质和丢失"（7.2.1）。

为了做好物项的包装、装卸、贮存和运输工作，供方应采取如下控制措施：

1）编制控制有关活动的作业指导书或说明书（如吊装说明书、清洁度要求、环境控制要求等）；

2）按规程、作业指导书或说明书实施；

3）正确选用和维护装卸、贮存和运输中所用的设备和场地；

4）选用经培训和考核的合格人员。

根据物项本身对环境条件的敏感程度，通常可以将核电厂物项的包装、装卸、贮存和运输的要求分为 A、B、C、D 四个等级。

A 级。A 级物项要求对下列一种或多种效应采取特殊防护措施：温度超出所要求的限值，温度突变，湿度和蒸汽，重力的作用，实体损伤和气载污染物（如雨、雪、尘土、污物、盐雾、烟雾等）。

B级。B级物项要求对极端的温度条件、湿度和蒸汽、重力作用、实体损伤和气载污染物的影响采取防护措施。

C级。C级物项要求具有防止暴露于环境、气载污染物及遭受重力作用和实体损伤的保护措施。

D级。D级物项要求对自然力、气载污染物和实体损伤采取防护措施。

总之，A级物项对环境条件特别敏感，B级、C级和D级物项对环境条件的敏感程度依次递减。然而，在每一个级别内可以有不同的控制范围和不同的保护/管理程度，对安全或可用率重要物项的保护和管理程度应超过一般物项。

（2）"当特定物项需要时，必须规定和提供专用覆盖物、专用装卸设备及特定的保护环境，并验证是否具备这些措施"（7.2.1）。

3. 安全重要物项的维护

《质保规定》第7章中要求："安全重要物项的维护，必须保证其质量相当于该物项原来所规定的质量"（7.3）。这就是说，在制造、建造和安装期间，对安全重要物项的维护应确保物项原有的质量不致发生变化。如果物项没有得到恰当的维护，将对其质量产生影响。

（八）对工艺过程控制的基本要求

《质保规定》第8章"工艺过程控制"中规定了下列对工艺过程控制的基本要求。

（1）"对核电厂的设计、制造、建造、试验、调试和运行中所使用的影响质量的工艺过程必须进行控制"（8.1），一般来讲，对这些工艺过程均要预先制定作业程序。作业程序中应包括实施该工艺过程的技术要求、质保要求、操作安全要求和场地环境要求等四方面的要求。

（2）"当所达到的质量取决于所使用的工艺过程，且不能通过对成品的检查来验证时（如在焊接、热处理和无损检验中使用的工艺），必须根据有关的规范、标准、技术规格书、准则的要求或其他特殊要求，制定一些措施并形成文件，以保证这些工艺由合格的人员、按照认可的程序和使用合格的设备，按现有标准来完成"（8.1）。这就是说，特殊工艺过程（如铸造、锻造、焊接、表面处理、热处理、涂漆、混凝土浇灌、注塑、电气端接、电气绝缘的浸渍和无损检验等）中任何一个环节失控都会直接影响最终产品的质量，所以必须对特殊工艺进行全过程控制，严格控制每个工艺操作。通常采取下列控制措施：

1）特殊工艺过程应由考核合格的人员使用鉴定合格的设备，严格地按照工艺评定形成的工艺规程进行；

2）还应对工艺过程（或工序）进行监督，以确保特殊工艺过程的正确进行和产品的质量；

3）必要时还应在工艺过程的实施过程中做见证件。

（3）"对于现有规范、标准、技术规格书和准则尚未包括的工艺或质量要求超出这些文件的情况，必须对人员资格、程序或设备的鉴定要求另行作出规定"（8.1）。这就是说，对该类工艺应预先做工艺试验和评审，并且对人员资格、所用程序或设备的鉴定要有专门要求。

（九）对检查和试验控制的基本要求

本部分包括四个方面的内容：检查，试验，测量和试验设备的标定，检查、试验和运行状态的显示。

《质保规定》第9章"检查和试验控制"中规定了下列对检查和试验控制的基本要求。

这里的"检查"，是指通过检验（包括测量）、观察、质量控制、监督等手段，确定材料、零件、部件、系统、构筑物及工艺和程序是否符合规定要求的活动。检查人员进行的"检查"工作是通过"检查"的办法，"为了验证物项、服务和影响其质量的各项活动（工作）是否符合已形成书面程序、细则及图纸的要求"（9.1.1）。

1. 检查控制

对于检查必须进行控制，并应采取下列控制措施：

（1）"对安全重要的检查必须由未参加被检查活动的人员进行"（9.1.1）。这样才能保证检查结果的客观性、公正性和置信度。

（2）为进行这种检查，"必须由从事这些活动的单位或由其他单位为该单位制定并实施关于这些物项、服务和影响其质量活动的检查大纲"（9.1.1）。也就是说，必须事先制定"检查大纲"（和程序），并按照检查大纲和程序实施检查活动。

（3）"检查大纲"中应包括：

1）检查的项目和步骤。检查的项目必须包括"对保证质量所必需的每一个工作步骤都进行检查"（9.1.1）。

2）检查的方式。检查的方式有：对已加工完的物项作检查或试验；"如果不能对已加工的物项进行检查或要求附加的工艺监视，大纲必须规定间接控制措施，例如通过对加工方法、设备和人员的监视等"（9.1.2）；"当检查和工艺监视缺一就不能充分控制时，必须同时进行检查和工艺监视"（9.1.2），即同时进行上述两种方式。

3）"如果要求在停工待检点进行检查或见证这种检查时，必须在适当的文件中注明这些停工待检点。未经指定的单位批准，不得进行停工待检点以后的工作。如果进行规定的停工待检点以后的工作，则必须在开始该工作之前，以文件形式批准"（9.1.3）。这就是说，在"检查大纲"或适当的文件（如质量计划）中应规定

"监督点",如停工待检点 H 点、见证点 W 点和记录审查点 R 点。未经指定的(即设置 H 点的)单位书面批准,不得进行"停工待检点"后的活动。

(4)"必须为已建成的构筑物、系统和部件制定和执行所需要的在役检查大纲,必须对照(役前检查等的)基准数据评价其结果"(9.1.4)。

2. 试验控制

对于试验必须进行控制,并采取下列控制措施:

(1)"必须制定试验大纲,以确定试验工作,保证其执行并形成文件"(9.2.1),并按照试验大纲列出的试验项目进行试验。

(2)试验大纲中必须包括:"为证明构筑物、系统和部件将能满意地工作所需的所有试验"(9.2.1);"(例如)程序的鉴定试验以及设备的鉴定试验、样机鉴定试验、安装前的复核试验、调试试验和运行阶段的监测试验等"(9.2.1)。

(3)对各项试验,必须预先制定书面试验程序,并"必须按书面试验程序做试验"(9.2.2)。

(4)"试验过程"中必须包括(9.2.2):

1)"试验的先决条件";

2)从事试验的人员是"由受过适当训练的人员"、试验设备"已标定合格"和试验的"合适的环境条件"的要求;

3)"设计文件中规定的要求";

4)"验收限值"。

(5)"试验结果必须以文件形式(一般包括试验记录和试验报告)给出并加以评定,以保证满足规定的试验要求"(9.2.2)。

3. 对测量和试验设备的标定

检验和试验中用的测量和试验设备的特性参数将直接影响测试结果,如果未标定或标定不正确,将直接影响对物项的检验和试验结果的正确性。为此,要对检验和试验用的测量和试验设备的标定采取下列控制措施,以确保其经过正确的标定:

(1)"为了确定是否符合验收准则,必须制定一些措施,以保证所使用的工具、量具、仪表和其他检查、测量、试验设备和装置都具有合适的量程、型号、准确度和精度"(9.3.1)。这就是说,对测量和试验用的设备、装置、仪表、工器具、量具必须经标定合格后才能使用;而且应标定其量程、准确度、精度(等影响测试结果的特性参数)的合格性。

(2)"为了使准确度保持在要求的限值内,在规定的时间间隔或在使用之前,对影响质量的活动中所使用的试验和测量设备必须进行标定和调整"(9.3.2)。这就是说,必须按照规定对测量和试验设备进行周检,或者在其使用前进行标定;

用作标定的参照基准和转换基准必须可追溯到公认的国家基准。在没有国家基准时，必须为所选用的标定标准提出可接受的技术依据；

对测量和试验设备的标定状态应作记录（如标定时间、下次标定的预定日期、设备状态以及标定的组织等）。

（3）"当发现偏差超出规定限值时，必须对以前测量和试验的有效性进行评价，并重新评定已试验物项的验收"（9.3.2）。这就是说，当发现测量和试验设备失准时，除了对该测试设备进行适当处理（如重新标定、维修或报废等）外，应采取下列措施：

1）按照程序规定对以前用该测试设备测量和试验结果的有效性进行评价，判断其结果是否符合要求；

2）对评价后发现测试结果有问题或有怀疑的，必须对已测试物项重新进行测试。

（4）"必须制定控制措施，以保证适当地装卸、贮存和使用已标定过的设备"（9.3.2）。这就是说，应制定测试设备的装卸、贮存和使用程序，以防止由于测量和试验的装卸、贮存和使用不当而失准或损坏。

4. 检查、试验和运行状态的显示

为了将是否经过检查和试验的以及经检查和试验后是否可接受或属于不符合项的物项区分开，必须对"核电厂各物项的试验和检查状态"进行标识（9.4.1），并应采取下列控制措施：

（1）标识的方法应采用（9.4.1）：

1）在物项实体上"标记、打印、标签、签条"；

2）将标记记入"工艺卡、检查记录"中；

3）设置"实体位置"，即将同类的物项分别存放在规定的标识区（箱）内；

4）"其他合适的方法"。

（2）"必须在物项的整个制造、安装和运行中按需要保持检查和试验状态的标识，以保证只能使用、安装或运行已通过了所要求的检查和试验的物项"（9.4.1）。

物项的检查和试验状态一般分为"待检""合格""不合格"和"待确定"4种状态。

同时，"必须制定一些措施，以显示核电厂系统和部件的运行状态，例如在阀门和开关上挂上标示牌，以防止误操作"（9.4.2）。

（十）对不符合项控制的基本要求

《质保规定》第10章"对不符合项的控制"中规定了下列对不符合项控制的基本要求。

所谓不符合项，其定义是"性能、文件或程序方面的缺陷，因而使某一物项的质量变得不可接受或不能确定"。也就是由于种种原因（如工作文件或程序内容不合适、材料性能不合格等），使生产出来的物项的质量不可以接收，或可接收但不能确定。这种物项就称为"不符合项"。

按照不符合项的定义，只有物项不符合才能称为不符合项，设计等服务只能称为"偏差"，或"不符合"，不能称为不符合项。

《质保规定》要求："为防止误用或误装不符合要求的物项，必须对不符合项进行控制"（10.1）。对不符合项控制应采取下列措施。

（1）"为了保证对不符合要求的物项的控制，在实际可行时必须用标记、标签或实体分隔的方法来标识不符合要求的物项"（10.1）。

（2）"必须为不符合要求的物项或带有缺陷的物项制定控制下一步工序、交货或安装的措施，形成文件并予以实施"（10.1）；这就是说，如果不符合项未得到适当的处理，就不能对其进行下一步的加工、交货和安装。

（3）"必须按文件规定的程序对不符合要求的物项进行审查，并确定是否不加修改地接受、拒收、修理或返工"（10.2）。这就是说，为确定不符合项的分类和处理方式，必须对不符合项进行审查。为此，要预先制定进行审查和处理的程序。这个程序中应规定"审查的责任"和"处理不符合项的权限"。处理的方式有不加修改地接受，拒收，修理或返工。

1）不加修改地接受（也称为"照用"）：当证实该不符合项不影响质量时，接收该物项并按原目的使用。

2）返工：通过完善、再加工、再装配或其他纠正方法，使得不符合项符合原规定的要求。

3）修理：是指把一个不符合项恢复到一种状态的过程，虽然在这种状态下该物项仍不符合原来的技术要求，但它可靠、安全地执行其功能的能力未受损害。

4）拒收或报废：该不符合项不适合于使用目的。

对于以照用或返工处置的不符合项，其技术上的可接受理由应形成文件。对于偏离设计要求的不符合项以照用或返工处置时，应受到与用于原设计同等的控制措施的控制。必要的竣工记录应反映照用或返工的条件。

（4）为了确定经过修理和返工的物项是否符合要求，"必须按合适的程序，对经修理和返工的物项重新进行检查"（10.2）。

（5）"对已经接受的不符合要求（包括偏离采购要求）的物项，必须通知采购人员，必要时，向指定的机构报告"（10.2），以便进行下一步工作。

（6）"对已接受的变更，放弃要求或偏差的说明都必须形成文件，以指明不符合要求的物项的'竣工'状态"（10.2），并存入档案，以便今后需要时可以查阅相关情况，例如，该物项今后产生问题时，查阅当时的接受变更、放弃要求或偏差是否是产生问题的原因。

（十一）对纠正措施控制的基本要求

《质保规定》第11章"纠正措施"中规定了下列对纠正措施控制的基本要求。

"质量保证大纲必须规定采取适当的措施，以保证鉴别和纠正有损于质量的情况，例如故障、失灵、缺陷、偏差、有缺陷或不正确的材料和设备及其他方面的不符合项。对于严重的有损于质量的情况或虽不严重但多次发生的情况，大纲必须对查明起因和采取纠正措施作出规定，以防止其再次出现。对于严重的有损于质量的情况，必须用文件阐明其鉴别、起因和所采取的纠正措施，并向有关各级的管理部门报告"。

1. 有损于质量的情况

对有损于质量的情况应予以识别并形成文件。有损于质量的情况包括故障、失灵、缺项、物项缺陷、不正确的材料和设备以及其他方面的不符合项。

凡被确定为有损于质量的情况，就应评价与之相关的物项和活动受到影响的程度，从而可以采取适当的措施，若有必要，包括控制任何受到影响的正在进行中的工作。

应审查有损于质量的情况，以确定其发展趋势，并对它进行分类，以决定是否必须采取进一步的行动。

应对其他能给出有损于质量的情况信息进行审查和评价，这些信息可能来自监查、检验、试验、设计审查、个别的观察、有害趋势、运行事件和维修活动相关的报告。

对有损于质量的情况应进行原因分析，如果原因清楚，问题简单，则应按规定程序进行"纠正"。

2. 严重有损于质量的情况

（1）原因分析。应制定措施以确定严重有损于质量情况的根源（根本原因）。根源可能是有损于质量的主要的隐蔽原因，当这种情况得到纠正时，再次发生的条件可能消除。典型的根本原因的种类包括：

1）不合适的管理或监督；

2）不合适的人员能力或技能；

3）程序不当或错误；

4）执行人员的培训或资格不够；

5）设备不正常或者不合适；

6）不切实际的要求或验收标准；

7）不合理的日程安排；

8）工人疲劳。

（2）纠正措施。对于严重有损于质量的情况，还应针对根本原因采取纠正措施，以防止其重复发生。防止严重有损于质量的情况重复发生的措施，包括研究、模拟、调研、实验、倾向和趋势分析以及人员访谈等。纠正措施应形成文件，并包括：

1）明确须采取的预防措施；

2）考虑通用推断的决定；

3）防止重复出现而采取措施的决定。

（3）跟踪。应验证对严重有损于质量的情况采取纠正措施的执行情况，并应评审其效果。

对纠正措施的状况须进行监督。只有当有损于质量的状态的纠正措施，包括防止重复发生的纠正措施已完成并形成了文件时，才能证明纠正措施完成。

当纠正措施由于长时间拖延而得不到验证时，管理部门应作出延期的变更。

在纠正措施完成得到验证以后，应进行跟踪审查、监督、或者监查，以决定已经采取的行动是否有效和是否持续有效。当纠正措施无效时，应作进一步分析，找出引起这种情况的原因并纠正。

（4）管理部门参与。适当级别的管理部门须参与纠正措施过程。应规定管理部门在纠正措施方面的责任。此外，当判定为严重有损于质量的情况时，纠正措施的活动须立即通知其管理部门，必要时应报告国家核安全局。

（十二）对（质保）记录控制的基本要求

《质保规定》第12章"（质保）记录"中规定了下列对（质保）记录控制的基本要求。

质量保证记录是质量保证工作实施情况的客观证据以及出现问题时查阅的依据，因此，必须对记录进行控制，以保证质量保证记录的正确性和可追溯性。

（1）"必须在质量保证大纲实施中编写足够使用的质量保证记录。记录中必须有质量的客观证据，包括审查、检查、试验、监查、工作执行情况的监视、材料分析等的结果；电厂运行日志以及与（质量）密切相关的资料，如人员（的考核）、程序和设备的鉴定资料、所作的必要的修正和其他有关的文件"（12.1）。因此，每个单位应列出本单位要产生的质量保证记录一览表。

记录表式应作为质量保证大纲程序和工作（作业）程序的组成部分。因此，在编制程序时，应充分考虑所需的记录表式并设计好记录表式和需填写的栏目，放在程序的后面，并与程序的正文一起审批。这点是必须引起重视的。因为有的单位编制的程序后面没有所需的记录表式，有的记录表式不适合，有的程序中要求填写的栏目在记录表式中没有列出相应的栏目，因而，造成实施这些程序时没有留下完整的记录。

（2）对质量保证记录的填写要求包括：

1）必须是"质量的客观证据"（12.1）。这就是说，应该是实事求是的记录，而不能是为了满足质量标准的要求而假造的记录。

2）记录必须"字迹清楚"（12.1）。这就是说，字迹不能潦草，不能涂改，也不允许用白色的涂改液涂改后再写（必须修改时要将错误部分划掉后，在旁边另写，并签上修改人姓名和修改日期）。另外，按照档案规定的要求，不能用铅笔、圆珠笔、红色或蓝色墨水笔填写，而只允许用黑色墨水笔填写，以便墨迹可以长期保存而不褪色。

3）记录的内容"必须完整"（12.1）。这就是说，记录表式中应该填的内容都必须填写，如确实没有的，应该把该栏目划掉而不应该空着；记录的数据有计量单位的应填上计量单位；记录的编号、记录人和审核人的姓名等也必须填上和签名；记录中涉及人员签名的要一一对应签名，不能几个人连在一起签或签姓不签名。

4）记录必须"与记述的物项或服务相对应"（12.1）。这就是说，记录的编号和内容应是所记述的物项或服务的唯一、可以迅速查到的记录。

5）记录必须及时和正确地填写。这就是说，要将有关内容及时、正确地记录，不允许追记，以免产生差错或遗忘；注意不要读错数据，或虽读对了但记错了。

近年来大量质保监查结果表明，质量保证记录不符合上述填写要求的情况时有发生，必须重视纠正，确保规范地填写质量保证记录，以确保质量保证记录的正确性和可追溯性。

（3）质量保证记录必须收集完整，并贮存和保管好。为此，"必须按书面程序和细则建立并执行质量保证记录制度"（12.2.1）。该制度应达到：

1）"必须能保存足够的记录，以便提供影响质量的活动的证据和说明物项运行前状况的基准数据"（12.2.1）。

2）"必须为记录的鉴别、收集、编入索引、归档、贮存、保管和处置做出规定"（12.2.1）。产生记录的部门负责鉴定和收集记录后，交归档部门按照本单位质量保证记录汇总表鉴别，然后进行立卷、编入索引、归档、贮存、保管和处置等工作。

3）"记录的贮存方式必须便于检索，并将记录保存在适当的环境中，以尽量减少变质或损坏和防止丢失"（12.2.1）。为此，记录一般贮存在铁柜中，房间内要有防潮、防尘、防雨、防晒、防霉、防虫、防盗等措施。

用特殊方法形成的记录，如射线底片、照片、缩微胶卷、磁带、磁盘、光盘以及那些对光、压力、湿度、温度、灰尘和磁场敏感的记录，应按照生产厂家推荐的、符合适用标准的方法进行包封和贮存。对某些试验材料和样品也应考虑其包装和贮存方面的特殊要求。

4）"必须以文件的形式对质量保证记录、有关的试验材料和样品的保存时间做出规定"（12.2.2）。记录的保存时间应按下列要求划分：

①"正确地标明核电厂物项"竣工"状态的记录，必须在该物项从制造直到贮存、安装及运行的有效寿期内，由营运单位或由其指定的部门保存"（12.2.2）。这类记录为"永久性记录"。永久性记录一般包括：证明安全运行能力的记录，使物项的维修、返工、修理、更换或修改得以进行的记录，确定物项发生事故或动作失常的原因的记录，为在役检查提供所需要的基准数据的记录，以及便于退役的记录等，如检验报告、试验报告、不符合项报告。

②"对于不需要全寿期保存的记录，必须根据该记录的类别规定相应的保存时间"（12.2.2）。这类记录为"非永久性记录"。非永久性记录是为证明工作已按规定要求完成的，但又不需要满足永久性记录要求的记录，如监查记录。

5）"必须根据书面程序处置记录"（12.2.2）。即质量保证记录的处置要按照预先制定的相应程序办理。

（十三）对质量保证监查的基本要求

《质保规定》第13章"监查"中规定了下列对质量保证监查的基本要求。

（1）"必须采取措施验证质量保证大纲的实施及其有效性"（13.1）。

本单位和供方制定的质量保证大纲及其支持性程序（质量保证大纲程序）的有效实施是确保物项和活动质量的关键之一，所以，要对本单位和供方制定的质量保证大纲（包括质量保证大纲程序）的各个方面是否实施及其有效性进行验证。这种验证活动在《质保法规》中称为"（质量保证）监查"。

（2）"必须根据需要执行有计划的、有文件规定的内部及外部监查制度，以验证是否符合质量保证大纲的各个方面，并确定质量保证大纲实施的有效性"（13.1）。

要求"有计划的"，就是每年要制订监查计划，安排对本单位内部各部门进行内部监查和对外部供方进行外部监查的计划。

要求"有文件规定的"，就是要预先制定"监查程序"和"监查项目表（提问单）"。每次"监查必须根据书面程序和监查项目表（提问单）进行"（13.1）。

（3）"负责监查的单位必须选择和指定合格的监查人员。参加监查的人员必须是对所监查的活动不负任何直接责任的。在内部监查时，对被监查的活动的实施负有直接责任的人，不得参与挑选监查小组的工作"（13.1）。参加监查的人员应经质保知识和监查技术的培训，并取得监查员证。如果要对质保部门实施质保大纲中的职责的有效性进行监查，则必须由非质保部门中有监查员资质的人员进行，而且由单位的主管质量保证工作的领导来组织。

（4）监查分为两种："内部监查"（对本单位各部门、领导层人员的监查）和"外部监查"（如营运单位对承包单位、承包单位对分包单位的监查）。

（5）制订监查计划应遵守如下原则：

1）内部监查的总要求是要确保质量保证大纲的各个方面（即各个要素），以及负有质量保证工作职责的各个部门和领导层人员，包括质保部门都被监查到。

一般来讲，每年的内部监查计划应该确保一年内对本单位质量保证组织结构图中各个部门、领导层人员和质量保证大纲中各要素的实施情况至少系统地监查一遍。

注意：由于质保部门也实施质保职责，所以，它在质保大纲中相关职责相应要素的实施有效性也应被监查。而有的单位不对这个部门进行监查是不合适的。

2）监查计划"必须根据（质量控制）活动情况（例如，从时间上要根据质量控制活动实施先后和过去存在的问题）及其重要性安排"（13.2）。

3）"在出现下列一种或多种情况时必须进行监查"（13.2）：

①"有必要对大纲实施的有效性进行系统和部分的评价时"（13.2）；

②"在签订合同或发给订货单前，有必要确定承包者执行质量保证大纲的能力时"（13.2）；

③"已签订合同并在质量保证大纲执行了足够长的一段时间之后，有必要检查有关部门在执行质量保证大纲、有关的规范、标准和其他合同文件中是否行使所规定的职能时"（13.2）；

④"对质量保证大纲中规定的职能范围进行重大变更（如机构的重大改组或程序的修订）时"（13.2）；

⑤"在认为由于质量保证大纲的缺陷会危及物项或服务的质量时"（13.2）；

⑥"有必要验证所要求的纠正措施的实施情况时"（13.2）。

此外，还可根据实际需要进行专项质保监查，例如，针对某单位一个新实验室的组建情况是否符合质保要求，实施专项质保监查。

（6）"监查人员必须用文件给出监查结果"（13.1）。所以，监查人员在监查中要及时作出监查记录，根据监查记录写出监查报告。

"必须由对被监查的领域负责的机构对监查中所发现的缺陷进行审核和纠正"（13.1）。这就是说，应由被监查单位或部门负责对监查中发现的问题进行调查、研究和分析，并进行纠正。

（7）"必须采取后续行动，以验证纠正措施的实施"（13.1）。所以，"监查"后还有下列后续工作要做：

1）监查报告要送给被监查部门，由被监查部门的负责人对监查中发现的缺陷（不符合）进行核对、认可和按照纠正措施要求进行纠正。

2）在被监查部门采取纠正措施后，监查部门要验证监查中发现的缺陷（不符合）是否已按照纠正要求全部进行了纠正。只有全部纠正了，才可以签字关闭该次监查。

第三节 火力发电新技术介绍

我国一次能源利用主要以煤炭为主，其中，火电机组使用超过 2/3 的煤炭总量，虽然多数机组已经安装脱硫、脱硝、除尘等环保设施，但是大量的二氧化碳、二氧化硫和烟尘排放，还是加重了对大气环境的污染，给我国带来了一系列生态环境保护问题。为此，当今世界广泛开展洁净煤燃烧技术的开发，研究燃煤机组的高效率和低排放。超超临界机组、大型 CFB（循环流化床锅炉）、PFBC（增压流化床燃气—蒸汽联合循环）、IGCC（整体煤气化燃气—蒸汽联合循环）、GTCC（燃气—蒸汽联合循环）等火力发电新技术，因其高效率和优越的环保性能，在世界发达国家得到了广泛应用。我国也开展了大量的研发和应用工作，特别是洁净煤燃烧技术已成为目前我国火力发电机组的热门技术。

为了降低环境污染物排放量，火电设备发展趋势和目标为：以高效率、低污染、低能耗、低造价的发电设备和新型的清洁煤燃烧发电技术为开发重点，结合碳捕捉和封存技术（CCS），实现 2050 年，将火电机组温室气体排放是降低 50%。

为了实现上述目标，目前可行和正在攻关的工作方向如下：

（1）大力发展高参数高效超超临界机组（蒸汽温度 620℃，二次再热机组），降低单位发电量燃煤消耗。高效超超临界燃煤发电是当前最可行的高效节能技术，目前的超超临界机组效率已经达到 45%，碳氧化物排放量低于 740g（CO_2）/（kW·h）。世界各国正在研究进一步提高火电机组初参数，在今后的 10 ~ 15 年，研制、开发出 700 ~ 720℃、30 ~ 35MPa 水平的超超临界机组，届时机组的热效率将达到 50% ~ 55%，碳氧化物排放量低于 700g（CO_2）/（kW·h）。而我国计划研发的 700℃超超临界发电机组发电效率将超过 51%，单位标煤耗则可以降低到 241g/（kW·h）。一台 600MW 机组，年利用小时数按照 5500h 计算，700℃超超临界机组每年的耗煤量比 600℃超超临界机组的减少 9.9 万 t。

（2）发展循环流化床机组以降低火电机组污染物排放。由于循环流化床中等温度燃烧和炉内污染物处理的特性，使得 CFB 锅炉技术实现了低污染物排放量和燃料灵活性，并且随着锅炉参数的逐步提高，超（超超）临界 CFB 锅炉技术也逐渐成熟。

（3）研究整体煤气化联合循环（IGCC）技术，作为清洁煤燃烧技术的代表。燃煤气化、燃烧前碳捕捉和燃气—蒸汽联合循环发电将是提高发电效率、大幅降低污染物排放最有前景的技术之一。为了进一步提高 IGCC 机组的效率，国外已经开始研制运行温度达到 1700℃的重型燃机，将单机发电效率提高到 60%，同时碳氧化物排放下降到 670g（CO_2）/（kW·h）以下。

随着近年工程实践，大量适应国家高效和减排政策的火电机组涌现。各种新技术、新材料应用于工程实践，如变频技术的大量采用、高位冷却塔、低温省煤器、汽机十级抽汽、前置蒸汽冷却器等技术。与之同步改变的是机组的新工法和新调试技术，例如：深化深度调试应用、机组调试过程控制、超超临界机组稳压吹管、启动节能技术、全过程化学指标监督以及自动控制相关的新技术等。

下面介绍几种火力发电新技术。

一、700℃超超临界燃煤发电机组

提高汽轮发电机组的初参数是当前提高发电设备效率的主要手段，相比同等容量的亚临界机组，超临界机组效率提高了2%，超超临界机组又在此基础上提高3%~4%。超超临界机组具有明显的高效、节能和排放的优势，为全世界工业化国家广泛采用，已经是商业化的成熟机组。

燃煤发电机组主蒸汽和再热蒸汽温度一般为600℃以上，700℃超超临界燃煤发电机组是超超临界发电技术的发展前沿。在超临界与超超临界状态，水由液态直接成为汽态，即由湿蒸汽直接成为过热蒸汽、饱和蒸汽，热效率较高，因此，超超临界机组具有煤耗低、环保性能好和技术含量高的特点，且温度越高，热效率越高，煤耗越少。例如，与600℃超超临界发电技术相比，700℃超超临界燃煤发电技术的供电效率将提高至50%以上，每千瓦时煤耗可再降低近70g，二氧化碳排放减少14%，采用700℃超高参数火电机组是我国实现 CO_2 减排目标的最重要措施之一。该技术的实施将使我国掌握700℃超超临界燃煤发电主要设备及部件高温材料冶炼工艺、加工制造、焊接及检测等关键技术，进而形成700℃超超临界燃煤发电机组的自主设计、开发和制造能力，全面提升我国冶金、机械和电力企业的核心竞争力。

当然，燃煤电厂蒸汽参数达到700℃，仍需要解决一系列的技术问题：如高温材料的研发及长期使用的性能；大口径高温材料管道的制造及加工工艺；高温材料大型铸、锻件的制造工艺；锅炉、汽轮机设计、制造技术；高温部件焊接材料研发及焊接工艺；高温材料的检验技术；机组初参数选择、系统集成设计及减少高温管道用量的紧凑型布置设计。

1. 世界各国700℃超超临界燃煤发电机组的研发计划

700℃超超临界燃煤发电技术将全面提升燃煤发电设备的设计和制造水平，为制造厂和电厂换来巨大的经济效益。为此，欧盟、日本和美国均采取由政府组织电力用户、毛坯和原材料的供应商及设备制造公司联合开发的方式，制定了长期的700℃超超临界发电技术和设备的发展计划，使超超临界机组朝着更高参数的技术方向发展。目前，国际上700℃超超临界燃煤发电机组研发计划主要有三个：欧洲AD700的17年计划（1998—2014年）；日本的 A – USC 的 9 年计划（2008—2016

年）；美国的 A－USC 的 15 年计划（2001—2015 年）。

（1）欧盟 AD700 计划。欧盟在确定洁净燃煤发电节能减排的发展战略中，偏重于燃煤火力发电，因此，早在 1998 年就开始执行由丹麦 ELSAM 电力公司负责，组织欧盟 45 家公司参加的 700℃ 超超临界 AD700 发展计划，计划在 2013 年完成。关键部件将采用镍基合金，热效率由目前最好的 47% 提高到预期的 52%～55%，CO_2 排放降低 15%。项目要解决的主要问题是研发满足运行条件的成熟高温材料，并通过优化设计降低建造成本。AD700 项目分六个阶段实施，计划在 2014 年欧洲建立第一个参数为 35MPa、700℃/720℃ 的示范电厂。AD700 发展计划是目前世界上进展最快，并唯一有示范电厂的 700℃ 超超临界发电计划。

（2）日本 A－USC 计划。日本在 2008 年 G8 会议之后，针对 2050 年 CO_2 减排50% 的目标，提出了"冷地球计划"，列出重点发展的 21 个技术领域，洁净燃煤发电技术列为六个能源供给技术中的一个。随后于 2008 年日本推出了 700℃ 超超临界发电技术和装备的九年发展计划——"先进的超超临界压力发电（A－USC）"（2008—2016 年）项目。由日本政府组织材料研究、电力及制造厂联合进行 700℃ 超超临界装备的研发工作，明确在 2015 年达到 35MPa、700℃/720℃ 以及 2020 年实现 750℃/700℃ 超超临界产品的开发目标。项目内容包括系统设计，锅炉、汽轮机、阀门技术开发、材料长时性能试验和部件的验证等。为了实现 CO_2 减排要求，对现有大量超临界机组，日本提出 25MPa 不变，采取 700℃ 的一次再热 USC＋AUSC 改造方案，实现整个日本燃煤电厂的升级换代。

（3）美国 AD760 计划。美国于 2001 年启动 700℃ 超超临界机组研究项目——AD760。为了与 IGCC 竞争，美国 AD760 计划采取的起步参数比欧洲和日本更高，定为 37.9MPa、732℃/760℃，热效率将达到 47% 左右。其设定的蒸汽参数目标显著高于欧洲的 700℃，其原因是该参数更适合美国的高硫煤种。AD760 研究内容包括概念设计与经济性分析、先进合金的力学性能、蒸汽侧氧化腐蚀性能、焊接性能、制造工艺性能、涂层、设计数据和方法等。目前，美国已完成 732℃/760℃、35MPa/7.5MPa 的 750MW 机组的可行性分析，两次再热机组为 52%，美国 700℃ 超超临界发电技术和设备的研发时间表定为：2015 年完成各项研究项目，2017 年建设示范电厂。

2. 中国 700℃ 超超临界燃煤发电机组的研发计划

中国已是世界上 1000MW 超超临界机组发展最快、数量最多、容量最大和性能最先进的国家。通过 600℃ 超超临界机组的技术研发及工程实践，除锅炉、汽轮机部分高温材料及部分泵和阀门尚未实现国产化外，其他已基本形成了 600℃ 超超临界机组整体设计、制造和运行能力，建立起了完整的设计体系，拥有了相应的先进制造设备及加工工艺，这些为我国 700℃ 超超临界燃煤发电机组的发展奠定了良好的基础。

近年来，国内企业和相关科研院所也开展了相关研究。例如，材料制造方面已开展镍基合金转子材料的研究，现已完成原料采购和试验成分的选择，下一步开始冶炼小钢锭的研究。设备制造方面已开展"更高参数 1000MW 等级超超临界锅炉设计技术研究"课题，主要研究 31.5MPa、703℃/703℃ 等级超超临界锅炉的初步方案设计。在此基础上，我国也于 2010 年 7 月成立启动了 700℃ 超超临界燃煤发电技术创新联盟，开展 "700℃ 超超临界燃煤发电关键设备研发及应用示范"项目，主要参加单位为上海电气集团、中国电力工程顾问集团、清华大学、中国科学院材料研究所等单位。根据 700℃ 超超临界发电技术的难点及与国外差距，目前，已形成我国 700℃ 超超临界发电技术发展路线图（2010—2015 年）。路线图分综合设计、材料应用技术、高温材料和大型铸锻件开发、锅炉关键技术、汽轮机关键技术、部件验证试验、辅机开发、机组运行和示范电厂建设 9 个部分进行。路线图目标参数：压力≥35MPa、温度≥700℃、机组容量≥600MW，机组循环效率达到 50%～55%。中国 700℃ 超超临界燃煤发电机组热力系统如图 1-4 所示。

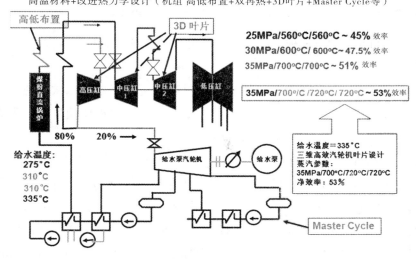

图 1-4　中国 700℃ 超超临界燃煤发电机组热力系统

3. 700℃ 超超临界机组的材料研发情况

金属材料是提升机组性能的主要制约因素，过热器/再热器管材是关键技术之一，目前大量使用的耐热钢（T91、TP347H、Super304H 等）的最高使用温度为 650℃，不能满足 700℃ 使用要求。

欧美正在研发过热器/再热器管材用高温合金，主要材料是镍基高温合金 IN617

或 IN617 改型，如 IN740、IN617、IN617mod、N263。新的超级奥氏体钢（"super" austenite Sanicro 25）和镍基管材 IN740 已达到目标要求，正在取得质量证书的过程中。

我国目前正在研究的过热器/再热器管材用高温合金材料有 GH2984 铁镍基高温合金等，主要性能与 In740 处于同一水平。需要作进一步的试验，主要是管材的焊接工艺、合金的最佳热处理温度、合金的典型力学性能及化学性能、长期(达3万h)组织性能稳定性等。可以作为 700℃ 超超临界机组用高温材料储备。

近年来，国内企业和相关科研院所也开展了相关研究。例如，材料制造方面已开展镍基合金转子材料的研究，现已完成原料采购和试验成分的选择，下一步开始冶炼小钢锭的研究。材料研发是工业发展的基础，需要长时间、巨大的人力和物力的投入，在历次的技术转让中，材料的性能数据始终是作为机密，被排除在转让范围之外。与欧盟、日本和美国等相比，我国缺乏自主产权的高温材料基础数据，这成为约束 700℃ 超超临界发电技术发展的瓶颈。虽然近年来，在国内钢铁生产公司、锅炉制造企业及相关研究院所的联合攻关下，在模拟国外高温材料的基础上，基本实现锅炉用高温材料的国产化，但与欧盟、日本和美国等相比，材料研究的差距仍很大。

二、汽轮机组分轴高低位布置的二次再热机组

虽然二次再热机组已属成熟技术，但其推广的瓶颈在于投资太大，而且投入产出不合理。

进一步发展更高参数的机组，耐热合金是基础。对于单轴二次再热汽轮机组，其中主蒸汽管道、高温一次再热管道和高温二次再热管道需要使用耐高温合金钢，且单根高温再热管道的管长度均需 160m 左右。

目前超超临界 600℃ 等级的合金钢，价格已达人民币 12 万元/t，而下一代 700℃ 等级的超级镍基合金钢，估计价格可高达人民币 80 万元/t。以目前 600℃ 参数等级的一次再热 2×1000MW 超超临界机组为例，总投资约 70 亿元人民币，其中"四大管道"的价格约 3 亿元人民币。若将参数提高至 700℃ 等级，其"四大管道"的总价格可能上升至 25 亿元人民币以上，加之锅炉及汽轮机的造价亦将相应上升，仅以 5%～6% 的相对效率的提高，其代价太大，必然令投资者望而却步而无法推广。因此，进一步提高蒸汽参数和采用二次再热来进一步提高发电效率的主要问题是用造价极高的高温耐热合金制成的主蒸汽和再热蒸汽管道系统距离太长，阻力很大而成本太高，造成投入产出比无法接受的大瓶颈。

在现有的技术条件下，与一次再热相比，两次再热将会大幅增加设备造价，其获得的效率收益尚不能补偿投入的增加，无法大规模推广，因此，各国基本上都倾

向于建造一次再热 600℃ 等级的超超临界机组。目前世界上效率最高的超超临界机组是丹麦 Nordjyllandsværket 电厂的 3 号机组，容量为 400MW，是两次再热的超超临界燃煤机组，其蒸汽参数为 29MPa、580℃/580℃/580℃，机组的供电效率为 42.94%。

解决二次再热方案造价过高的有效手段就是最大限度地缩短锅炉过热/再热器出口至汽轮机的距离。目前提出了"汽轮机组分轴高地位布置"技术方案（图 1−5、图 1−6），这项创新技术既能突破当前超超临界机组的发展瓶颈，又可为亚临界、超临界机组的升级改造提供新的思路。该技术 2010 年底通过了中国电力工程顾问集团公司的设计评审，认为该方案可达到世界领先水平。这一项目已获得国家专利授权并正在申请国际专利。

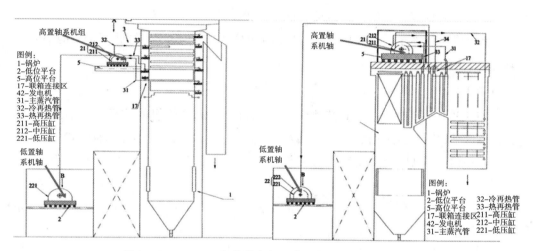

图 1−5　1350MW 汽轮发电机组高、低配置锅炉示意图

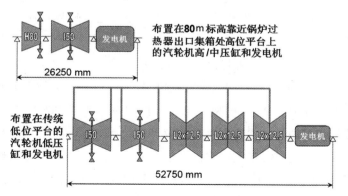

图 1−6　1350MW 汽轮发电机组高、低配置双轴系示意图

第一章　监理规范及电力新技术

（一）主要优点

（1）根据西门子所做的热平衡计算表明，若采用600℃等级蒸汽参数及二次再热方案，其汽轮发电机的热耗水平相对目前一次再热常规布置方案可再降低5%。

（2）采用了双轴高低布置方案，其单机容量的瓶颈也被打开，按目前的技术水平，单机容量可达1500MW。

（3）大大降低了绝大部分高温高压蒸汽管道的阻力损失，增加了汽轮机发电机组的做功能力，这种优点对于双再热机组更为明显。

（4）可降低绝大部分的高参数、高价格的管道及相应的支吊架、保温材料等的投资成本。

（5）可减少有害蒸汽容积，极大地提高了汽轮发电机组的调节性能。

（6）可简化由于高温高压管道布置所需的厂房结构设计，降低了相应的地基载荷，降低了相应的土建成本。

（二）应用前景

（1）对于双再热机组，其造价将与一次再热同温度等级的超超临界机组相当，与600℃等级的超超临界机组，其热效率可望超过48%。一个两台1000MW机组的双再热超超临界电厂，若改为双轴系高、低错落布置设计，节煤将超过20万t/年，节约运行成本8000万元/年。

（2）可为下一代700℃/720℃/720℃等级高效超超临界机组的发展消除了最主要的在经济上无法接受的制约因素，为目前的超超临界机组提供了一条可行的进一步提高效率的"升级"之路。

（3）如采用双轴系错落布置的设计，对于下一代700℃/720℃/720℃等级双再热机组，由于大大减少了镍基合金钢的用量，因而大大降低了成本，具有无可比拟的优势，它将可能是700℃/720℃/720℃等级双再热超超临界机组能够被市场接受的唯一选择。

（4）应用本技术的原理，可将原4×300MW或2×600MW的亚临界机组就地改建成2×（770~800）MW的新型汽轮发电机组。其新增的容量相当于零能耗发电，其商业价值及减排价值均极其可观。这对于我国现有约300000MW容量的300~600MW亚临界机组的改造，具有重大的意义。

（5）双轴系高、低错落布置在造价上基本上与一次再热同温度等级的超超临界机组相当，从而可使现有600℃超超临界机组采用两次再热设计，将理论净效率提高6%，达到48%，也就是用600℃超超临界一次再热材料和造价，基本实现700℃超超临界两次再热原布置方案的效率。

三、低温省煤器

电站锅炉排烟热损失是锅炉运行中最重要的一项热损失，电站锅炉的排烟温度通常为 120～150℃，相应的热损失相当于燃料热量的 5%～12%，占锅炉热损失的 60%～70%。我国火力发电厂的很多锅炉排烟温度都存在超过设计值的情况，为了降低排烟温度，减少排烟热损失，提高电厂的经济性，低温省煤器这一提高烟气余热利用效率的手段已得到了火电行业的广泛关注。

（一）国外烟气余热回收技术现状

在国外，低温省煤器较早就得到了应用。最初，苏联为了减少排烟损失而改装锅炉机组时，在锅炉对流竖井的下部装设低温省煤器供加热热网水之用。目前国外烟气余热回收技术和工程应用以德国和日本为代表领先。

1. 德国烟气余热回收技术和工程应用

德国锅炉烟气余热回收技术和工程应用主要分为 3 种类型：

（1）回收烟气余热加热凝结水。以德国黑泵（Schwaree Pumpe）电厂为代表，低温省煤器烟气侧布置在电除尘器和脱硫塔之间的烟道上，烟气流过低温省煤器，烟气温度从 170℃降低到 130℃后进入脱硫塔；水侧布置在汽轮机低压抽汽回热系统加热凝结水。德国 Schwaree Pumpe 电厂锅炉低温省煤器和暖风器系统如图 1-7 所示。

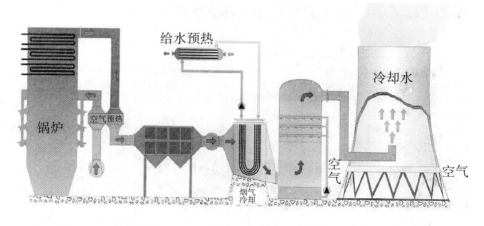

图 1-7 德国 Schwaree Pumpe 电厂锅炉低温省煤器和暖风器系统

（2）回收烟气余热加热锅炉进风（低温省煤器和暖风器组合）。以德国（梅隆）Mehrum 电厂为代表，德国 Mehrum 电厂一台 712MW 烟煤锅炉应用这一系统。低温省煤器烟气侧布置在电除尘器和脱硫塔之间的烟道上，烟气流过低温省煤器，烟气温度从 150℃降低到 90℃后进入脱硫塔；循环水侧冷端进入低温省煤器、热端进入锅炉暖风器，将锅炉进风温度由25℃提高到64℃。德国 Mehrum 电厂锅炉低温省煤器和暖风器系统如图1－8所示。

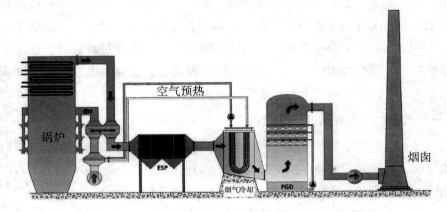

图1－8　德国 Mehrum 电厂锅炉低温省煤器和暖风器系统

（3）旁路高温省煤器和低温省煤器组合（加热高压与低压给水）。以德国科隆 Niederaussem（950MW 机组）电厂为代表。德国科隆 Niederaussem（950MW 机组）电厂在空气预热器旁路烟道系统内设置高温省煤器，加热汽轮机高/低压抽汽回热系统的凝结水；在电除尘器和脱硫塔之间的烟道上布置低温省煤器，烟气流过低温省煤器，烟气温度从160℃降低到100℃后进入脱硫塔；循环水侧冷端进入低温省煤器、热端进入锅炉暖风器，将锅炉进风温度由25℃提高到120℃。德国 Niederaussem 电厂高温省煤器和低温省煤器系统如图1－9所示。

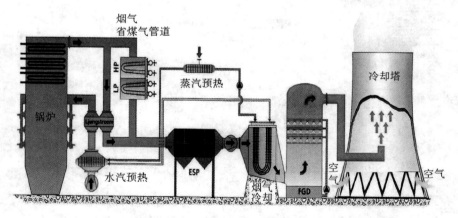

图1－9　德国 Niederaussem 电厂高温省煤器和低温省煤器系统

上述三种系统比较全面地覆盖了锅炉烟气余热回收技术和应用方式。

2. 日本烟气余热回收技术和工程应用

日本由于烟气排放的要求比较高，所以一般都安装有 GGH（GAS GAS Heater，烟气换热器）。烟气放热段的 GGH 布置在电除尘器上游，烟气被循环水冷却后进入低温除尘器（烟气温度在 90～100℃），烟气加热段的 GGH 布置在烟囱入口，由循环水加热烟气。脱硫后的净烟气被加热到 80℃ 以上再排向大气。

（二）国内烟气余热回收技术现状

近年来，国内低温省煤器技术研发、设计、制造也逐渐发展起来，能满足电厂工程实施的应用要求。国内已有电厂进行了低温省煤器的改造工作，如外高桥电厂三期 2×1000MW 机组工程建设时采用预留方式，并在机组大修时进行了低温省煤器改造安装，低温省煤器布置在引风机后脱硫装置前，现省煤器已投运两年半左右时间，运行情况较好；漕泾电厂一期在除尘器入口和引风机出口设置两级低温省煤器，回收热量加热凝结水的同时，除尘器入口烟温降低，飞灰比电阻降低，提高除尘效率。

玉环电厂等部分工程也正在实施设置低温省煤器改造。

（三）低温省煤器典型布置方式

在欧洲，除个别项目由于烟气量大，空预器利用的烟气热量有限，设计了空预器旁路，将部分锅炉排烟用于加热给水外，其他大部分采用低温省煤器的项目均设置在脱硫装置前。日本则是采用水媒式 GGH 方案，部分项目在除尘器前和脱硫装置后分别设置水媒式 GGH，采用热媒水在前后两级 GGH 之间进行换热。

对于我国燃用烟煤的大容量机组而言，综合起来可采用的低温省煤器设置方案主要有以下布置方式：

（1）布置在空预器与除尘器之间；

（2）布置在引风机与脱硫塔之间；

（3）分段布置，第一级低温省煤器布置在空预器与除尘器之间，第二级低温省煤器布置在引风机与脱硫塔之间。

（四）优缺点分析

低温省煤器布置在引风机后、脱硫装置前，这种布置方式在欧洲采用较多，我国近年逐渐应用的低温省煤器基本上采用这种方案。

1. 优点

（1）脱硫旁路取消后，引风机与脱硫增压风机合并，使得合并风机的轴功率大，烟气通过引风机温升一般约为 10℃，可充分利用引风机温升，提高烟气余热利用率。

（2）电除尘器、引风机可采用国内常规设计，技术成熟、可靠。

（3）经过除尘器收尘，低温省煤器工作环境含尘少，对换热管道的磨损较小，积灰少，低温省煤器吹灰次数可以大大减少，运行风险大为降低。

（4）对于湿法脱硫，由于脱硫装置入口烟温降低，蒸发水分少，可节约脱硫用水。

2. 缺点

（1）无法利用烟气温降带来的提高电除尘器收尘效率、减少引风机功率的好处。

（2）低温省煤器布置在引风机后、脱硫装置前，离主厂房相对稍远，用于回收热量的凝结水管（或水煤管）和用于吹灰的水管（或蒸汽管）稍长，相关水泵需克服的管道阻力也略高一些。

（五）应用前景

为了充分利用烟气余热，提高电厂热经济性，并利用烟气温度降低对除尘效率和引风机电耗产生的好处，可考虑将低温省煤器分段布置。这种布置方式设置两级低温省煤器，第一级低温省煤器布置在空预器与除尘器之间，第二级低温省煤器布置在引风机与脱硫塔之间。这种布置方式的优点是充分利用了锅炉尾部烟气余热（包括引风机温升）；同时，由于烟温降低，烟气体积减小，设计中可采用较小规格的除尘器、烟道及引风机，除尘器和引风机的电耗也会降低。

目前国内 1000MW 燃煤机组已实施的低温省煤器方案中，如神华重庆万州电厂、安庆电厂等新建的百万机组，其在锅炉效率达到设计要求时的计算经济性收益一般均在发电煤耗 1.3g/（kW·h）左右（排烟温度为设计值），采用低温省煤器的节能技术将在国内新建的超超临界燃煤发电机组中被广泛采用。

四、高位冷却塔

（一）高位收水冷却塔技术的起源与发展

20 世纪 70 年代末，为减少采用二次循环的核电机组循泵功率，由法国电力公司和比利时哈蒙冷却塔公司研发出一种冷却塔高位收水装置，该装置装设在常规冷却塔淋水填料下部，可将淋水填料底部流出的循环水截留收集，通过管沟送至循泵房的高位吸水井，再经过循环水泵房送回至冷却塔，这样就避免了循环水从冷却塔填料下部直接滴落至冷却塔水池造成的能量浪费，从而达到减少循环水泵扬程的目的，同时还可取消常规冷却塔的集水池，后来就把这种带高位收水装置的冷却塔称为高位收水冷却塔。20 世纪 80 年代中期，这种塔开始在法国核电厂中采用，总体运行情况良好，目前由哈蒙公司建造的最高的法国贝尔维尔核电厂高位塔已安全运行近 25 年。

在国内，江西彭泽核电站在 2009 年已与哈蒙公司签订合同，拟建高位收水自然通风冷却塔，塔高达 215m，目前已完成设计工作，该塔建成后将成为世界上最高的冷却塔。江西彭泽核电高位塔设计资料见表1-2。

表1-2　江西彭泽核电高位塔设计资料

用户名称	中电投
项目地点	江西彭泽
合同签署日期	2009
电厂类型	核电
冷却塔尺寸（高×直径）	215m×168.7m
流量	217664 m³/h
进水温度/出水温度/湿球温度	31.75℃/23℃/14.5℃
结构形式	混凝土
填料类型	Cleanflow +
130m 的噪声	55 dB（A）

（二）高位收水冷却塔的特点

1. 工艺结构特点

哈蒙公司逆流式自然通风湿式冷却塔的主要特点是采用悬吊式安装方式，即在塔内只设置一层梁系，收水器搁置在梁上、配水管捆绑在梁下，填料采用悬吊装置悬吊在喷溅装置下方，从而可减少塔内结构，减少通风阻力，使冷却塔达到更好的降温性能。

哈蒙高位收水冷却塔的除水器、配水系统及淋水填料的布置与常规冷却塔相同，从上至下分层布置，填料以下则增加了高位收水装置，收水装置占据了塔进风口以上、填料底面以下高约3m的塔内空间，在进风口高度范围内，沿塔径方向布置有一条中央集水槽，高位收水装置搜集的落水通过收水槽自流至中央集水槽。

高位收水装置主要由斜板梁、收水斜板、防溅垫层及收水槽等组成，收水斜板采用PVC波型板制成，在斜板上铺设一层防溅装置，防溅装置为PVC片粘接组装成的蜂窝块，起到防溅、防冲和减噪作用。收水板下方为收水槽，采用玻璃钢制造，负责将落水排至塔中央的集水槽。

高位收水冷却塔塔芯布置示意图如图1-10所示。高位收水冷却塔中央集水槽示意图如图1-11所示。一般来说，高位收水装置利用金属框架固定在填料下方，框架采用不锈钢绳悬吊在梁上，每个收水板下方的收水槽采用法兰连接。

 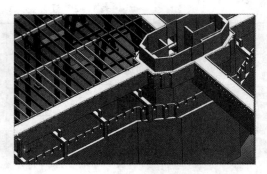

图 1-10　高位收水冷却塔塔芯布置示意图　　　图 1-11　高位收水冷却塔中央集水槽示意图

2. 性能特点

高位收水冷却塔的主要优点是可以减少冷却塔的供水高度，从而减少循泵电耗，因此它是一种节能型的冷却塔。与根据相关的资料对比，2×1000MW 机组高位收水塔系统循环水泵静扬程减少 9.8m，每台机组循泵电动机功率减少约 3400kW。两台机组年上网电量可增加 2720（万 kW·h）/年。由于雨区跌落高度降低，高位塔比常规塔的噪声可减小 8~10dB，从而可大幅减少噪声治理费用。高位收水冷却塔具有较明显的节能效果及一定的降噪效果，可降低循环水泵功率约 33%，符合国家节能环保的政策。

五、大容量超临界循环流化床

循环流化床锅炉是新型、高效、低污染的清洁燃烧技术，这项技术在电站锅炉、工业锅炉和废弃物处理利用等领域已得到广泛应用。循环流化床可以燃用低热值燃料，而且 850℃ 左右是石灰石颗粒吸收二氧化硫的最佳反应温度，实现了低成本的脱硫；同时氮氧化物生成量大幅度降低，直接排放可以满足环保要求。

目前已经投入运行的超临界循环流化床机组有俄罗斯的 300MW 机组和波兰的 460MW 机组；2013 年 4 月，我国自主研发的 600MW 循环流化床超临界示范机组在四川内江白马电厂正式投产，成为目前全世界容量最大的循环流化床超临界机组；2011 年，Forster Wheeler 公司与韩国 Samcheok Green 电力公司签订合同，计划 2015 年实现世界首台 800MW CFB 超超临界机组商业运行。世界首台 800MW CFB 超超临界机组示意图如图 1-12 所示。

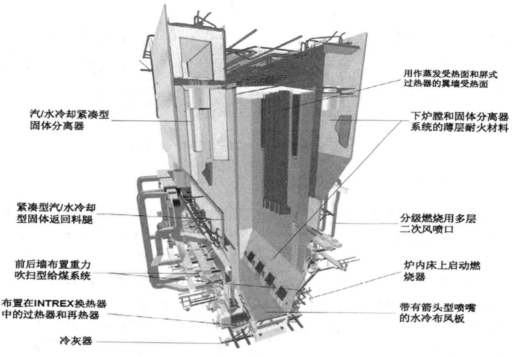

用作蒸发受热面和屏式
过热器的翼墙受热面

汽/水冷却紧凑型
固体分离器

下炉膛和固体分离器
系统的薄层耐火材料

紧凑型汽/水冷却
型固体返回料腿

分级燃烧用多层
二次风喷口

前后墙布置重力
吹扫型给煤系统

炉内床上启动燃
烧器

布置在INTREX换热器
中的过热器和再热器

带有箭头型喷嘴
的水冷布风板

冷灰器

图 1 – 12　世界首台 800MW CFB 超超临界机组示意图

六、整体煤气化联合循环（IGCC）

IGCC 是有机集成煤气化和燃气—蒸汽联合循环发电的洁净煤的发电技术。IGCC 系统中，煤经过气化产生合成煤气（主要成分是一氧化碳和氢气）。合成煤气经除尘、水洗、脱硫等净化处理后形成净煤气，净煤气被引入燃气轮机燃烧，驱动燃气轮机组发电，燃气轮机组的高温排气在余热锅炉中产生蒸汽，驱动汽轮机组发电。IGCC 实现了能量的梯级利用，发电机组的效率较常规燃煤机组效率高 5% ~ 7%。IGCC 被公认是最具发展前景的洁净煤发电技术之一。

由于燃料在燃烧前进行净化，IGCC 电厂的污染物排放量远远低于国际上先进的环保标准。IGCC 的煤种适应性广泛，可以燃用我国储量丰富、限制开采的高硫煤，烟台 IGCC 示范工程在燃用劣质高硫煤（含硫量接近 4%、含灰量大于 25%）情况下，经计算，其供电效率仍可达 43%，并且污染物排放达标。2012 年底，我国首台 250MW 级 IGCC 示范工程在天津投产，成为世界上第六台商业运行的 IGCC 机组。整体煤气化联合循环（IGCC）示意图如图 1 – 13 所示。

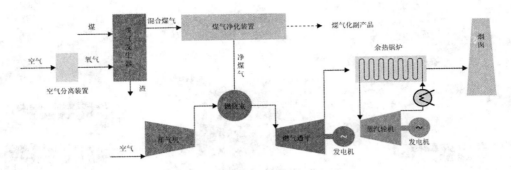

图 1 – 13　整体煤气化联合循环（IGCC）示意图

七、低低温静电除尘器

低低温电除尘器是将通过电除尘的烟气温度，通过低温省煤器等换热手段，从常规的 130℃ 左右降低至 90℃ 左右，以大幅度降低粉尘的比电阻，使得电除尘器的除尘效率得到显著提高，达到 30mg/m³ 或者更低的除尘器出口粉尘浓度排放标准。

低低温电除尘器的入口烟气温度一般 90℃ 左右，低于烟气酸露点温度，这样可使烟气中的大部分 SO_3 气液转化，且被烟尘中的碱性物质吸收、中和，烟气粉尘的比电阻大大降低，粉尘特性得到很大改善。这种方法可大幅提高除尘效率，同时可以去除烟气中部分的 SO_3。由于烟气温度低、相应的烟气体积流量小，可降低引风机的功率和电耗，缩小静电除尘器的设备体积，从而减少占地面积。低低温除尘器系统示意图如图 1 – 14 所示。

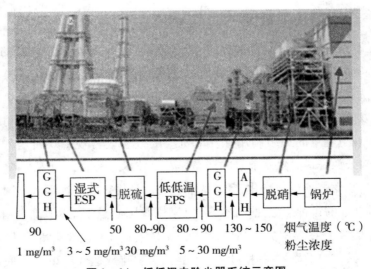

图 1 – 14　低低温电除尘器系统示意图

低低温静电除尘器在日本得到了广泛的应用，目前大唐国际福建宁德电厂已经投运此类型的静电除尘器（除尘器入口烟温为 95 ~ 100℃）。

八、国产 100% 容量小汽轮机

100% 容量小汽轮机具有效率高、投资费用低、系统简单、布置面积小等优点。1×100% 容量气泵方案（小汽轮机国产、泵进口）在 THA 工况下较 2×50% 气泵方案（小汽轮机及泵国产，芯包进口）的小汽轮机效率约高 3.5%，可降低热耗 15kJ/（kW·h）、煤耗 0.6g/（kW·h）左右。目前在 350MW、600MW 级超临界、超超临界机组中已广泛采用。对于 1000MW 机组，进口 100% 容量小汽轮机在国内有投运业绩，国产 100% 容量小汽轮机尚无投运业绩，但国内杭州汽轮机厂、上海汽轮机厂、东方汽轮机厂等小汽轮机厂均已有订货业绩。

杭州汽轮机厂从 20 世纪 70 年代开始全套引进德国西门子积木块、反动式工业汽轮机技术，对原引进的技术系列进行了升级和补充，并在 90 年代，通过与西门子合作生产一系列机组，进一步完善和发展了该系列工业汽轮机技术。2007 年 12 月已率先出口 1000MW 机组驱动 50% 容量锅炉给水泵汽轮机至美国、韩国等国家。

杭州汽轮机厂采用双分流汽轮机作为机型方案，继承了西门子反动式工业汽轮机产品型式。特点为中间进汽，蒸汽向两边均匀分流，分别通过两端的低压级组扭叶片排入冷凝器，汽缸的两端和内部的通流部分为镜面对称，其结构特点类似于大汽轮机的双分流低压缸。

杭州汽轮机厂已有大唐三门峡三期、华能铜川二期 1000MW 一次再热 100% 全容量小汽机订货业绩，也有华能莱芜电厂 1000MW 二次再热 2×50% 容量小汽机订货业绩。对 1000MW 机组 100% 容量小汽机，最大出力满足给水泵轴功率需要，出力可到 45MW，选型工况效率为 86.9%，额定运行工况效率为 86.2%。

上海汽轮机厂给水泵汽轮机继承主汽轮机设计理论，均为引进 SIEMENS 汽轮机技术，也为反动式工业汽轮机产品形式。上海汽轮机厂已有神华神东万州、神华国华寿光 1000MW 一次再热 100% 全容量小汽机订货业绩，汽轮机机型为双缸凝汽式，最大出力满足给水泵轴功率需要，最高出力可到 45MW，选型工况效率 86.01%，额定运行工况效率 85.38%。

关于小汽轮机出力要求，即使采用 1000MW 二次再热机组，100% 容量给水泵轴功率需求比一次再热 100% 容量泵高 10%，达到约 43MW，国产小汽轮机完全可以满足 1000MW 机组 100% 容量给水泵的需求。

九、1000MW 机组变频电源技术

火电厂辅助设备的选型一般按照 100% 的负荷来确定的，因此辅助设备在机组低负荷时也要消耗大量的电能，运行工况的匹配则通过调节风门挡板或阀门开度等节流方式调节。为了降低系统低负荷运行时的节流损失和效率损失，常规方法多采

用变频技术，即系统阀门、挡板保持大开度，通过变频器改变转动机械转速进行工况调节，这要求每台电机独立配备一套变频装置，投入成本较高，所以该技术也只能针对个别设备进行改造。

利用单独设置的调速汽轮机带动发电机提供变频厂用电，依据负荷变化调节变频汽轮机转速，从而实现厂用电变频，大幅降低系统低负荷运行的节流损失及辅机效率损失，达到节能目的。这种方式突破了传统变频技术及理念，创新性提出集中式变频供电系统技术，辅机设备投资将大幅度降低，变频运行的可靠性将大幅度提高。其优势表现在以下两方面：

（1）变频汽轮发电机可工频运行，提高机组的发电量。

（2）增加机组整体排汽面积，可提高机组经济性，1000MW 机组可降低 $1g/(kW \cdot h)$ 煤耗。

第四节　电网新技术介绍

一、未来电网技术主导发展方向和特征

（一）特高压和坚强统一智能电网的建设与完善

特高压和坚强统一智能电网的建设与完善，必将加快全国电力联网和提高长距离供电可靠性的进程，最大限度地满足社会发展的用电需求。

（二）高可靠的输配电系统

随着电力系统规模的扩大，负荷密度和用户重要性的增加，电力系统事故后果的严重，对输配电系统的可靠性须不断提高。未来的输配电系统必须满足环境保护的要求，把线路和变电站可能产生的电磁干扰、静电感应、噪声、电磁场的生态效应以及对景观的影响降低到最低限度。

（三）优质的电能质量和个性化服务

随着计算机、微电子设备等敏感设备的广泛采用，用户对电能质量的要求越来越高。如生产大规模集成电路的工厂，即使是电压的瞬时下降或升高，也可导致严重的后果。未来输配电系统必须满足重要用户对电能质量的要求。

（四）灵活、开放的输配电系统

电力行业面临着"放松管制"的改革。政策法令允许实行竞售托送，发电厂和电力用户可以根据协议通过电网售受电力。电网作为电力市场的物质载体，即发电厂和电力用户间电力交易的渠道，需要满足对电力潮流灵活调节控制的要求。由于大范围的电力交易，使线路的负载普遍增加，有的线路的负载已接近稳定极限，需

要在强化电网、提高系统稳定性的同时，提高电网的灵活性和开放性。

（五）储能技术

储能技术主要分为物理储能、化学储能和电磁储能三大类。储能技术的特点是储能密度大、变换损耗小、运行费用低、维护较容易、不污染环境。根据各种储能技术的特点，飞轮储能、超导电磁储能和超级电容器储能适合于需要提供短时较大的脉冲功率场合，如应对电压暂降和瞬时停电、提高用户的用电质量、抑制电力系统低频振荡、提高系统稳定性等；而抽水储能、压缩空气储能和电化学电池储能适合于系统调峰、大型应急电源、可再生能源并入等大规模、大容量的应用场合。压缩空气储能是另一种能实现大规模工业应用的储能方式。利用这种储能方式，在电网负荷低谷期将富余电能用于驱动空气压缩机，将空气高压密封在山洞、报废矿井和过期油气井中，在电网负荷高峰期释放压缩空气推动燃汽轮机发电。由于压缩空气储能具有效率高、寿命长、响应速度快等特点，且能源转化效率较高（约为75%），因而是具有发展潜力的储能技术之一。

（六）微电网技术

微电网（Micro – Grid）是一种新型网络结构，是一组微电源、负荷、储能系统和控制装置构成的系统单元。微电网是大电网的有力补充，是智能电网领域的重要组成部分，在工商业区域、城市片区及偏远地区有广泛的应用前景。随着微电网关键技术研发进度加快，预计微电网将进入快速发展期。

二、融合传统技术的电网新技术

（一）灵活交流输电技术

基于硅片的大规模集成电路是现代信息社会的基础，被称为"硅片引起的第一次革命"；基于硅片的电力电子器件向高电压、大功率方向发展，将使电力系统发生重大变革，被称为"硅片引起的第二次革命"。

灵活交流输电（FACTS）是基于电力电子技术与现代控制技术，对交流输电系统的阻抗、电压、相位实施灵活快速调节的输电技术。它可以用来对系统的有功和无功潮流进行灵活控制，以达到大幅度提高线路输送能力、阻尼系统振荡、提高系统稳定水平的目的。

（二）集成化电力设备

为了实现电气设备紧凑化、模块化的目标，出现了不同电气设备集成和强电设备、弱电设备集成的倾向。集成电力设备具有占地小、结构简单、可以减少变电站投资、缩短安装周期、减少环境影响的优点。

由于绝缘材料、光纤测量技术和制造工艺的进步，现在已研究出包括断路器、隔离开关、接地开关、电压及电流互感器、传感器及控制保护设备在内的紧凑化、模块化的智能开关设备，它可以视为 GIS 和敞开式设备以及控制设备的集成。这些设备有的称为 PASS，有的称为 COMPASS，集成的程度有所差别，但设计思想是相同的。绝缘材料的进步，特别是电缆技术的进步，促进了发电机和变压器的集成。国外公司最近研制成功"电力发生器"（Power former），实质上是超高压发电机。由于电缆技术的进步，可以用电缆来代替原来发电机定子中的矩形截面的导线，使电机的绝缘耐压成数量级的提高。发电机出口的电压可以提高到 400kV，不需要升压变压器就直接连接到架空线路。电力发生器的优点，除了使升压变电站大大简化以外，还有电机散热性能好、短路电流小、便于检修等。

（三）燃料电池

燃料电池是把燃料的化学能直接转换为电能的装置，是一种很有发展前途的洁净和高效的发电方式，被称为 21 世纪的分布式电源。

燃料电池的工作原理颇似电解水的逆过程。通常，完整的燃料电池发电系统由电池堆、燃料供给系统、空气供给系统、冷却系统、电力电子换流器、保护与控制及仪表系统组成。其中，电池堆是核心。低温燃料电池还应配备燃料改质器（又称燃料重整器）。高温燃料电池具有内重整功能，无须配备重整器。

磷酸型燃料电池（PAFC）被称为第一代燃料电池，目前已实现商业化运行，能生产大容量加压型 11MW 的设备以及便携式 250kW 等各种设备；第二代燃料电池的熔融碳酸盐电池（MCFC），工作在高温（600～700℃）下，重整反应可以在内部进行，可用于规模发电，现在正在进行 MW 级的验证试验；第三代燃料电池是固体电解质燃料电池（SOFC）。由于电解质是氧化锆等固体电解质，未来可用于煤基燃料发电。质子交换膜燃料电池则是最有希望的电动车电源。

燃料电池的特点如下：

（1）效率高，其理论发电效率可达 100%。实际发电效率可达 60%。通过热电联产或联合循环综合利用热能，燃料电池的综合热效率可望达到 80% 以上。燃料电池发电效率与规模基本无关，小型设备也能得到高效率。

（2）处于热备用状态的燃料电池跟随负荷变化的能力非常强，可以在 1s 内跟随 50% 的负荷变化。

（3）噪声低；省水；可以实现实际上的零排放。

（4）安装周期短，安装位置灵活，可省去新建输配电系统的投资。

燃料电池商业化的技术关键是电池性能、寿命、大型化和价格等项目，主要涉及新的电解质材料和催化剂。例如，磷酸燃料电池（PAFC）采用高浓度磷酸为电解质。高浓度磷酸在电池工作温度下腐蚀性很强，要求电池的组成材料有良好的导电性能和耐腐蚀性，电极载体用碳，催化剂则采用铂系金属。为保持电极防水性，将部分碳颗粒用防水性很好的聚四氟乙烯薄膜包埋，即以催化剂颗粒、载体碳粒和表面覆有聚四氟乙烯的碳颗粒为材料制备电极。成本是实现 PAFC 大规模应用的主要障碍之一。现在 PC-25 机组的设备费为 3000 美元/kW，比常规的火电设备费高出许多。研究的方向在于降低成本，通过开发廉价催化剂或减少催化剂用量，以及开发新的电解质以取代腐蚀性强的磷酸。

（四）灵活、可靠的智能配电系统

灵活、可靠的智能配电系统是一种灵活、可靠性高、可提供多品质电力的电能流通系统。它相当于用户附近的一个电力改质中心。改质中心产生多种品质的电能，通过静止开关可与高压侧配电线和低压侧配电线灵活地连接。另一方面，通过连接的光缆网，改质中心还进行信息处理和交换。它的重要功能是：

（1）通过电力电子开关和分散信息处理，构成灵活的供电系统，能应付平常、事故和作业停电等各种情况；

（2）利用分布式电源和电能贮存设备，做到基本不停电的，高可靠性供电；

（3）用户可自由选择电力品质、种类和供电者；

（4）改善双向信息服务和用户服务；

（5）可以实现用户侧控制。

（五）先进的配电管理系统

配电管理系统是配电技术中更新最快的一个领域，其内容通常包括 SCADA 系统、馈线自动化系统、地理信息和设备管理系统 GIS、故障报修应答系统、负荷管理系统、自动抄表系统等。这些系统通常有不同的组合，并可与离线的管理信息系统集成。未来的配电自动化系统发展的趋势是：发展建立在开放式计算机平台上的综合配电自动化系统，以实现配电系统的数据采集监视、无功自动调节、故障隔离、设备管理、负荷控制、用电管理等功能。同时，还可以与其他离线的管理系统和信息系统交换、共享信息资源。

（六）先进的表计系统和电力线通信系统

先进仪表（Advanced Metering）是未来配电自动化系统的重要组成部分。现代电能表计系统，除电能计量的功能外，还具有负荷调查（实现所谓的"不打扰的调查"）、实时电价、电价区间指示、电能质量监控的功能，此外还具有双向通信、用户访问、自诊断及警报、误差软件补偿等重要的功能。许多公司正在研究电力线通信（Power Line Telecommunication），即用配电线路传送多媒体信息，主要是着眼利用电力线通道的宝贵资源。已经有一些公司声称取得了成功，但由于配电网的拓扑结构极其复杂，要获得高质量的多媒体信息传送，还有许多技术困难有待克服。

传统电力技术结合电子信息技术、电力电子技术、先进控制理论及技术等高新技术的进步，并结合我国实际的具体研究开发目标和应用，为面向 21 世纪的先进电力系统技术目标的实现提供了坚实、可靠的基础。

三、电网新技术重点发展项目

下面以交/直流特高压输电技术、坚强统一智能电网的建设、灵活交流输电系统（FACTS）为例做简单介绍。

（一）交/直流特高压输电技术

1. 概述

特高压（UHV），我国是指交流 1000kV、直流 ±800kV 及以上的电压等级。特高压输电是世界上最先进的输电技术。由于电功率是电压和电流的乘积，所以要想得到长距离、大功率的输电，就必须加大电压或电流，而电流太大会引起输电导线发热、损耗增大，于是只能采取不断升高电压的办法来提高输电的效率。

我国的煤炭储藏主要在西北，如山西、陕西、内蒙古东部、宁夏以及新疆部分地区，中东部省份煤炭储藏量很少。水力资源主要分布在西部地区和长江中上游、黄河上游以及西南的雅砻江、金沙江、澜沧江、雅鲁藏布江等。而我国的电力重负荷主要集中在中东部及沿海地区。如何将电力远距离从一次能源集中地输送到符合集中地，就有赖于特高压输电技术了。

2004 年我国就开始规划建设 1000kV 的输电工程，2008 年底建成了第一个试验示范工程（从山西的晋东南到河南南阳，再到湖北荆门），如图 1－5 所示。1000kV 特高压交流试验示范工程，实现了具有里程碑意义的创新和突破。该工程是世界上目前商业化运营的、电压等级最高的输变电工程，验证了特高压输电技术的可行性、设备可靠性、运行安全性、环境友好性和相关设备生产供应的现实可行性，为特高压输电技术在世界范围内更广泛的应用积累了有益的经验。

继晋东南—南阳—荆门特高压交流试验示范工程取得成功之后，2010 年 7 月 8 日成功投运的向家坝—上海特高压直流输电示范工程也是我国特高压发展中具有里程碑意义的重大创新成果，标志着我国全面进入了特高压交、直流混合电网时代，对推动我国大规模发展远距离输电工程、促进电力资源由传统的就地平衡转变为全国统筹平衡将发挥重大作用。

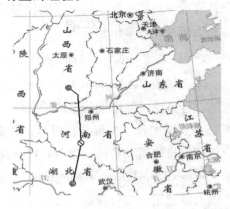

图 1－15　晋东南—南阳—荆门特高压
交流试验示范工程线路图

2. 特高压交流输电技术介绍

特高压交流输电是指 1000kV 及以上电压

等级的交流输电工程及相关技术。特高压交流输电技术具有远距离、大容量、低损耗、节约土地占用和经济性等特点。目前，对特高压交流输电技术的研究主要集中在线路参数特性和传输能力、稳定性、经济性，以及绝缘与过电压、电晕及工频电磁场等方面。

（1）特点。

1）输电能力。1000kV输电线路的输电能力为500kV输电能力的4倍以上，但产生的容性无功也为500kV输电线路的4.4倍及以上。因此，特高压输电线路的输送功率较小时，送、受端系统的电压将升高。为抑制特高压线路的工频过电压，需要在线路两端并联电抗器以补偿线路产生的容性无功。

2）线路参数特性。特高压输电线路单位长度的电抗和电阻一般分别为500kV输电线路的85%和25%左右，但其单位长度的电纳可为500kV输电线路的1.2倍。

3）稳定性。特高压输电线路的输电能力很大程度上是由电力系统稳定性决定的。对于中、长距离输电（300km及以上），特高压输电线路的输电能力主要受功角稳定的限制（包括静态稳定、动态稳定和暂态稳定）；对于中、短距离输电（80～300km），则主要受电压稳定性的限制；对于短距离输电（80km以下），主要受热稳定极限的限制。

4）功率损耗。输电线路的功率损耗与输电电流的平方成正比，与线路电阻成正比。在输送相同功率的情况下，1000kV输电线路的线路电流约为500kV输电线路的1/2，其电阻约为500kV线路的25%。因此，1000kV特高压输电线路单位长度的功率损耗约为500kV超高压输电的1/16。

5）经济性。同超高压输电方式相比，特高压输电方式的输电成本、运行可靠性、功率损耗以及线路走廊宽度方面均优于超高压输电方式。

（2）存在的问题。特高压交流线路产生的充电无功功率约为500kV输电线路的5倍。为了抑制工频过电压，线路须装设并联电抗器。当线路输送功率变化，送、受端无功将发生大的变化。如果受端电网的无功功率分层分区平衡不合适，特别是动态无功备用容量不足，在严重工况和严重故障条件下，电压稳定可能成为主要的稳定问题。

3. 特高压直流输电技术介绍

直流输电也是目前世界上电力大国解决高电压、大容量、远距离送电和电网互联的一个重要手段。直流输电将交流电通过换流器变换成直流电，然后通过直流输电线路送至受电端并通过换流器变成交流电，最终注入交流电网。相比交流输电，直流输电具有输送灵活、损耗小、能够节约输电走廊、能够实现快速控制等优点。

我国拟建设 15 回特高压直流项目，具体情况见表 1 - 3。

表 1 - 3 我国拟建设的特高压直流输电工程

电源	外送容量/GW	特高压直流输电线路回	拟投产年份
金沙江水电	41.0	6	2012—2018
四川水电	10.8	1	2014
云南水电	25.0	4	2009—1015
呼盟—北京	6.4	1	2020
哈密—郑州	6.4	1	2020
俄罗斯水电	6.4	1	2020
哈萨克火电	6.4	1	2020

其中，云南水电第一回特高压直流工程（云—广直流）是我国建成投产的第一个特高压直流工程，也是世界上第一个特高压直流输电工程。该工程西起云南楚雄换流站，经过云南、广西、广东三省，东止广东增城穗东换流站，额定输电电压为±800kV，输送容量为 5GW，在 2009 年建成投运。

（1）优点。

1）经济性。由于直流输电线路的造价和运行费用比交流输电低，而换流站的造价和运行费用均比交流变电所要高。因此，对于同样输电容量，输送距离越远，直流比交流的经济性越好。当输电距离大于等价距离时，直流输电的经济性优势便可以体现出来，并且输电距离越远，其经济性越好。在实际应用中，对于架空线路，此等价距离为 600 ~ 700km；对于电缆线路，等价距离则可以降低至 20 ~ 40km。另一方面，直流输电系统的结构使得其工程可以按照电压等级或级数分阶段投资建设。这也同样体现了高压直流输电经济性方面的特点。

2）互联性。交流输电能力受到同步发电机间功角稳定问题的限制，且随着输电距离的增大，同步机间的联系电抗增大，稳定问题更为突出，交流输电能力受到更大的限制。相比之下，直流输电不存在功角稳定问题，可在设备容量及受段交流系统允许的范围内，大量输送电力。交流系统联网的扩展，会造成短路容量的增大，许多场合不得不更换断路器，而选择合适的断路器又十分困难。而采用直流对交流系统进行互联时，不会造成短路容量的增加，也有利于防止交流系统的故障进一步扩大。因此对于已经存在的庞大交流系统，通过分割成相对独立的子系统，采用高压直流互连，可有效减少短路容量，提高系统运行的可靠性。

直流输电所连的两侧电网无须同步运行，原因是直流输电不存在传输无功问题，两侧的系统之间没有无功交换，也不存在交流系统中频率的问题。由于直流输电的这一特性，它可实现电网的非同步互连，进而也可实现不同频率交流电网的互连，起到频率变换器的作用。

3）控制性。直流输电另一个重要特点是潮流快速可控，可由于锁链交流系统的稳定与频率控制。直流输电的换流器是基于电力电子器件构成的电能控制电路，因此其对电力潮流的控制迅速且精确。对于双端直流输电而言，可迅速实现潮流的反转。潮流反转有正常运行中所需要的慢速潮流反转和交流系统发生故障需要紧急功率支援时的快速潮流反转。其迅速的潮流控制对于所连交流系统的稳定控制，应对交流系统正常运行过程中负荷随机波动的频率控制及故障状态下的频率变动控制都能发挥重要作用。

（2）缺点。

1）直流输电换流站设备多、结构复杂、造价高、损耗大、运行费用高、可靠性差。

2）直流输电换流站的工作过程中会产生大量谐波，处理不当而流入交流系统的谐波就会对交流电网的运行造成一系列问题。因此，必须通过设置大量、成组的滤波器消除谐波。

3）传统的电网换相直流输电在传送有功功率的同时，会吸收大量无功功率，可达有功功率的 50% ~60% 。需要大量的无功功率补偿设备及其相应的控制策略。

4）直流输电的接地极问题、直流断路器问题，都还存在一些没有很好解决的技术难点。当受端交流系统的短路容量与直流输送容量之比小于 2 时，称为弱受端系统，这时为了控制受端电压的稳定性，保证直流输送的可靠运行，通常要增设调相机、静止无功功率补偿器或静止无功发生器，且应实现 HVDC 与这些补偿设备的协调控制。

（3）特点。我国对特高压直流输电经过 20 多年的科学研究，为特高压直流输电提供了有力的技术支撑，保障了特高压直流电网的建设。在建设过程以及建成投运后，仍需要进一步加深对特高压直流问题的研究，要结合实际运行经验，逐步实现标准化。

1）特高压直流输电系统中间不落点，可点对点、大功率、远距离直接将电力输送至负荷中心；

2）特高压直流输电系统控制方式灵活、快速，可以减少或避免大量过网潮流，按照送、受两端运行方式变化而改变潮流；

3）特高压直流输电系统的电压高、输送容量大、线路走廊窄，适合大功率、远距离输电；

4）在交、直流混合输电的情况下，利用直流有功功率调制可以有效抑制与其并列的交流线路的功率振荡，包括区域性低频振荡，提高交流系统的动态稳定性；

5）当发生直流系统闭锁时，UHVDC两端交流系统将承受很大的功率冲击。

（4）直流输电适用的领域。

1）海底电缆输电。从世界范围来看，直流输电工程中约有1/3为海底电缆送电，这是基于降低容性电流等影响的考虑。

2）长距离架空线输电。有研究工作表明，对于输送10GW、300km的电力，直流架空线路输送已开始占有优势，依据这一分析报告，适用直流架空线路的输电容量将占到全球总输电容量的26%以上。

3）BTB方式。BTB方式工程约占全世界直流工程的40%，主要用于在不增加交流电网短路容量的情况下，实现功率的融通和紧急功率支援。以其应用可分为交流系统互连或不同频率交流系统互连，如我国的灵宝工程（一般交流系统互连）和日本国内工程（不同频率交流系统互连）。

（5）需要关注的技术问题。

1）过电压和绝缘问题。出现绝缘故障带来的损失和系统扰动问题将很严重，因此过电压保护以及绝缘配合将是特高压直流输电的最根本性问题。另外，我国西部水电资源位于高海拔地区，存在较严重的污秽、履冰等问题，合理优化的过电压保护和绝缘配合将为系统安全稳定提供有利的保障。

2）电磁环境问题。电磁环境指的是输电线路的电磁环境，包括线路下方电场效应、无线电干扰和可听噪声等几方面的内容，是工程设计、建设以及运行中必须考虑的关键问题。随着电压等级从±500kV提高到±800kV，电磁环境问题将更加突出。目前我国已经过研究论证给出了推荐方案。

3）控制保护问题。直流工程的核心就是控制保护。控制保护的关键技术有软硬件平台技术、直流控制保护系统设计、阀触发控制、直流保护。

4）安全、稳定问题。随着我国1000kV特高压交流网架与±800kV特高压直流网架的建设，我国会逐渐形成1000kV交流与±800kV直流的大联网，因此，保证交、直流联网就能够安全、稳定，防止大停电将是一个十分重要的问题。

4. 特高压工程系统示例

向家坝—上海±800kV特高压直流线路工程起于四川复龙换流站，途经四川、重庆、湖南、湖北、安徽、浙江、江苏、上海八省市，止于上海奉贤换流站。全长约2000km，4次跨越长江，如图1-16所示。

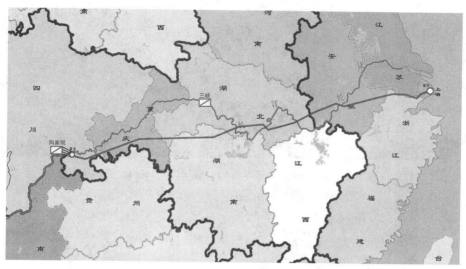

图 1-16 向家坝—上海 ±800kV 特高压直流线路示意图

（1）特高压站部分工程设备现场图片如图 1-17 所示。

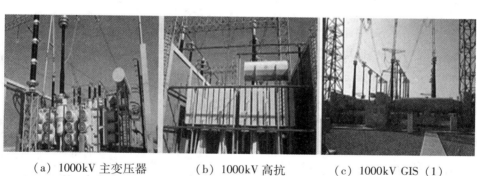

（a）1000kV 主变压器　　（b）1000kV 高抗　　（c）1000kV GIS（1）

（d）1000kV GIS（2）　　（e）110kV 电容　　（f）110kV 电抗

图 1-17 特高压站部分工程设备现场图片

（2）1000kV 线路杆塔如图 1-18 所示。

（a）1000kV 酒杯形直塔　（b）1000kV 千字形耐张塔　（c）1000kV 分体式耐张塔

（d）1000kV 酒杯形直塔　　　（e）1000kV 千字形耐张塔

图 1-18　1000kV 线路杆塔

（3）汉江大跨越铁塔。汉江大跨越主跨档距 1650m，是特高压交流试验示范工程中最大的档距；导线横担重量为 91t，是特高压工程中最重的横担；单件构件最重达 8t，也是特高压工程中最重的单件构件；直线跨越塔单基质量为 1100t，塔高 181.8m，根开 39.06m，为特高压交流试验示范工程最高、最重、最大根开铁塔，如图 1-19 所示。

图 1-19　汉江大跨越铁塔

（4）黄河大跨越铁塔。黄河大跨越铁塔位于黄河南岸，跨越塔 N3 的酒杯形窗口高度达 40m，横担全长 71m，单基塔全重 465t、安装高度达 122.8m，是国内单次吊重最大、就位难度最大的跨越塔。采用耐—直—直—直—耐的跨越方式，主跨档距 1220m，单回路架设，跨越耐张段总长 3651m，如图 1-20 所示。

图 1-20　黄河大跨越铁塔

（5）特高压调压补偿变。由于长治站变压器为变磁通调压方式，为了保证低压侧电压恒定，在调压变压器中还装设有低压补偿变压器，用于补偿低压侧电压的波动，故调压变中有调压器和补偿器两部分。调压变、补偿变两个器身共用一个油箱，通过管母与主变压器连接。

特高压1000kV#1调压补偿变如图1-21所示。

图1-21　特高压1000kV#1调压补偿变

（6）特高压高抗。长南Ⅰ线高抗采用自然油循环强迫风冷冷却方式，共4台，其中1台备用，单台容量为320Mvar，总重350t，高压套管由ABB公司生产，高18.7m。中性点装设一台110kV电压等级的中性点小电抗。特高压高抗如图1-22所示。

图1-22　特高压高抗

（7）并联电抗器。并联电抗器是为了减弱"工频电压升高"效应，常在远距离输电线路的中途或末端装设。1000kV特高压输电线路容升效应及过电压是由于线路容性充电功率的存在，将引起一种"长线的电容效应"而导致"工频电压升高"的现象产生，即由于容性无功使电压升高，使得线路的末端电压反而超过首端电压，依靠电抗器的感性无功来补偿线路上的容性充电功率，从而达到减低工频电压升高的目的。

（8）特高压GIS组合电器。特高压GIS组合电器布置为双断路器并联接线。GIS组合电器包括断路器、电流互感器、隔离开关、接地开关、避雷器、母线、波纹管、套管和汇控柜等设备，现场一字型排列，安装在1000kV GIS区域，每相21个气室。1000kV GIS断路器采用双断口结构，通过大功率液压操动机构的带动进行分闸、合闸及自动重合闸操作，如图1-23、图1-24所示。特高压GIS组合电器现场布置模型图如图1-25所示。

图 1-23　1000kV GIS 断路器

图 1-24　1000kV GIS 母线

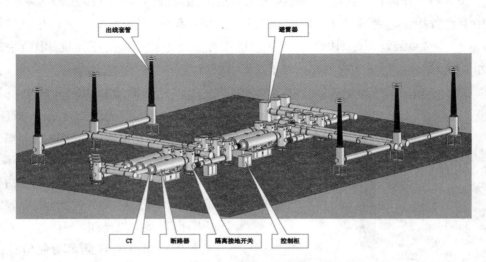

图 1-25　特高压 GIS 组合电器现场布置模型图

（二）坚强统一智能电网

1. 定义

坚强智能电网是指电网的智能化，它是建立在集成的、高速双向通信网络的基础上，通过先进的传感和测量技术、先进的设备技术、先进的控制方法以及先进的决策支持系统技术的应用，其目标是实现电网安全稳定运行，提高电网资产的利用率，有效利用电力能源的资源，降低大规模停电的风险，提高用户用电的效率、可靠性和电能质量；激励节约用电，向用户提供充分的分时电价信息、提供满足 21 世纪用户需求的电能质量、具有多种方案和电价可供用户选择，提供分布式电源补充和容许各种不同发电形式的接入，可实现电网智能化与资产管理软件深度的集成，可在系统发生故障时减少停电影响实现自愈，可在恐怖攻击或自然灾害时实现快速恢复供电等。

目前，国内外对智能电网的叫法并不统一，我国称为"坚强统一智能电网"，欧洲称为"超级智能电网"，美国使用的是"统一智能电网"。尽管叫法不一，但实质性的内涵基本差不多。

智能电网涵盖了电网的发、输、变、配、用电各个环节。以与电力用户直接相关联的配电网为例，它首先是一种集成化的自动化系统，其范围包括以10kV（20kV）馈线自动化为主，覆盖了400V低压配电台区自动化，并延伸到用户集中抄表系统；在在线实时状态下，能够监控、协调、管理配电网各个环节的设备优化控制。例如，美国科罗拉多州的博尔德在2008年成为了全球第一个智能电网城市。该市的每个家庭都安装了智能电表，人们可以直观地了解即时电价，把洗衣服、烫衣服、热水器加温等事情安排在电价低的时间段，帮助人们优先使用风电和太阳能等清洁能源，配电站可以收集到每家每户的用电情况，一旦有问题出现，可以重新配备电力。

2. 特征

坚强智能电网以坚强网架为基础，以通信信息平台为支撑，以智能控制为手段，包含电力系统的发电、输电、变电、配电、用电和调度各个环节，覆盖所有电压等级，实现"电力流、信息流、业务流"的高度一体化融合，是坚强可靠、经济高效、清洁环保、透明开放、友好互动的现代电网。

坚强智能电网能够有效提高线路输送能力和电网安全稳定水平，具有强大的资源优化配置能力和有效抵御各类严重故障及外力破坏的能力；能够适应各类电源与用户便捷接入、退出的需要，实现电源、电网和用户资源的协调运行，显著提高电力系统运营效率；能够精确高效集成、共享与利用各类信息，实现电网运行状态及设备的实时监控和电网优化调度；能够满足用户对电力供应开放性和互动性的要求，全面提高用电服务质量，实现信息化、数字化、自动化、互动化。

3. 发展

（1）智能电网概念发展的3个里程碑。

1）2006年美国IBM公司提出了"智能电网"解决方案，主要是解决电网安全运行、提高可靠性。在我国发布的《建设智能电网创新运营管理—中国电力发展的新思路》白皮书主要包括以下几个方面：一是通过传感器连接资产和设备以提高数字化程度；二是数据的整合体系和数据的收集体系；三是进行分析的能力，即依据已经掌握的数据进行相关分析，以优化运行和管理。该方案提供了一个大的框架，通过对电力生产、输送、零售的各个环节的优化管理，为相关企业提高运行效率及可靠性、降低成本描绘了一个蓝图。这是IBM一个市场推广策略。

2）奥巴马上任后提出的美国能源计划，将着重集中对每年要耗费1200亿美元的电路损耗和故障维修的电网系统进行升级换代，建立美国横跨四个时区的统一电网；发展智能电网产业，最大限度地发挥美国国家电网的价值和效率，将逐步实现新能源的统一入网管理；全面推进分布式能源管理，创造世界上最高的能源使用效率。

3）我国提出的互动电网是在开放和互连的信息模式基础上，通过加载系统数字设备和升级电网网络管理系统，实现发电、输电、供电、用电、客户售电、电网分级调度、综合服务等电力产业全流程的智能化、信息化、分级化互动管理，再造电网的信息回路，构建用户新型的反馈方式，推动电网整体转型为节能基础设施，提高能源效率，降低客户成本，减少温室气体排放，创造电网价值的最大化。

（2）国外智能电网发展概况。就在中国对智能电网定义争论不休、普罗大众对此既新鲜又陌生之际，美国人已经付诸行动了。

在北美"统一智能电网"启动的同时，欧洲也开始了一项超级智能电网的工程，最前沿地分析认为，"智能电网"将重塑世界经济和能源格局。

美国政府下令尽快构建一个新的"智能电网"的法案，同时委任了一名专家担任首任智能电网互动操作全国协调员，并且美国目前至少有 15 家机构在协同制定智能电网标准。

（3）国内智能电网发展概况。我国坚强统一智能电网的发展目标的三个阶段如图 1 – 26 所示。

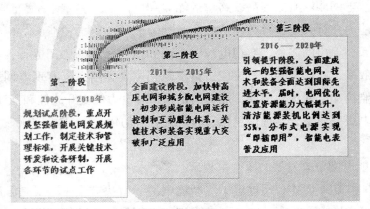

图 1 – 26 我国坚强统一智能电网的发展目标的三个阶段

我国建设坚强统一智能电网的发展主要是基于未来几十年将是我国全面建设小康社会，向工业化、城镇化、信息化和现代化深入推进的重要发展时期，经济社会将继续保持平稳较快发展。这一时期，也是我国加强节能减排，建设"资源节约型、环境友好型"社会，实现能源与经济社会和谐发展的关键时期。同时，对电网发展的要求更高、更多，主要体现在：大范围能源资源配置和可再生能源的大规模集中接入要求电网结构更加坚强合理，控制管理更加灵活便利；"两型"社会建设要求电网在确保安全可靠的前提下，着重提升其运行效率和灵活管理能力；现有电网的输送能力、电能质量和优质服务需要适应形势的发展；能源结构优化和提高能源效率是我国提升国际竞争力和实现可持续发展的重要内容。

（三）灵活交流输电系统（FACTS）

1. 定义

灵活交流输电系统（FACTS）的英文表达为 Flexible Alternative Current Transmission Systems，又称为基于电力电子技术的柔性交流输电系统，是由美国著名的电力专家 N. G. Hingorani 于 1986 年首次提出的。IEEE 及国际大电网会议（CIGRE）于 1995 年共同认定的定义是："一类以电力电子技术为基础并具有其他静止控制器的交流输电设备，它们能增强可控能力，并增大输电容量"。因此，柔性交流输电技术就是基于电力电子变换器技术，并直接作用于输电系统的一些快速控制设备的集合群。

FACTS 是综合电力电子技术、微处理和微电子技术、通信技术和控制技术而形成的用于灵活快速控制交流输电的新技术。

2. 作用

FACTS 通过控制电力系统的基本参数来灵活控制系统潮流，使电力传输容量更接近线路的热稳定极限。从这一意义来讲，FACTS 是目前提高供电可靠性和提高输电系统传输容量的最有效措施。

FACTS 是电力电子技术在电力系统中应用的重要方面。作为在交流输电系统中引入的可控制的一次设备，FACTS 装置的应用可实现对交流输电功率潮流的灵活控制，大幅度提高电力系统的稳定水平，实现电力系统动态过程中相量角度的控制，为未来电力系统动态和稳定性控制的新策略提供了必要手段。

电力电子器件的快速发展使 FACTS 的设想成为现实。近十年来，可控整流器、可关断器件的开断能力不断提高。目前，100mm 直径的晶闸管的耐压已达到 6 ~ 10kV 的水平，通过电流已达到 6kA 以上，6kV、6kA 的可关断晶闸管元件（GTO）已有商品。单个电力电子器件的开断能力已达到 30 ~ 40MW 的水平，使电子开关用于高电压、大功率的输配电一次系统成为可能。

在以晶闸管控制串联电容器、静止无功补偿器、可控并联电抗器、故障电流限制器为代表的第一代 FACTS 装置研究与应用方面，我国走在世界前列，关键技术和经济指标已经接近甚至超过了国外先进电气设备供应商的技术水平，并在我国电网中推广应用，获得了良好的社会效益和经济效益。

在以静止同步补偿器和静止同步串联补偿器为代表的第二代 FACTS 装置方面，我国已开展相关技术研究，其中，静止同步补偿器在输电网中已有示范应用，但在容量、电压等级和可靠性等方面与国外技术水平尚存在一定差距；静止同步串联补偿器仍然处于实验室研究阶段，还没有实际的工业装置投入运行。

以统一潮流控制器、线间潮流控制器、可转换静止补偿器为代表的第三代 FACTS 装置是对第二代 FACTS 装置的创新和发展，功能更强大，结构更加紧凑，性能大幅度提升，可以为电网提供更先进的控制手段，代表了 FACTS 技术的发展方向。

在智能电网中大规模应用 FACTS 装置，还要解决一些全局性的技术问题，例如：多个 FACTS 装置间的协调控制问题，FACTS 装置与已有常规控制、继电保护的配合问题，FACTS 装置纳入智能电网调度系统的问题等。

（1）静止无功补偿器（SVC）。静止无功补偿器是在机械投切式电容器和电感器的基础上，采用大容量晶闸管代替机械开关而发展起来的，它可以快速地改变其发出的无功功率，具有较强的无功调节能力，可为电力系统提供动态无功电源。SVC 在电网运行中可以起到提高电压稳定性、提高稳态传输容量、增强系统阻尼、缓解次同步谐振（振荡）、降低网损、抑制冲击负荷引起的母线电压波动、补偿负荷三相不平衡等作用。SVC 主要包括以下 4 种结构：晶闸管控制电抗器（TCR）、晶闸管投切电容器（TSC）、TCR + 固定电容器（FC）混合装置、TCR + TSC 混合装置。

（2）晶闸管控制串联电容器（FSC）。输电线路采用串联电容器补偿线路感抗的方式可以缩短线路的等效电气距离，减小功率输送引起的电压降和功角差，从而提高线路输送能力和系统稳定性。常规串联电容器补偿装置的补偿容抗固定，也称为固定串联电容器补偿，它不能灵活地调整补偿容抗值以适应系统运行条件的变化。晶闸管控制串联电容器（TCSC）应用了电力电子技术，利用对晶闸管阀的触发控制，实现对串联补偿容抗值的平滑调节，使输电线路的等效阻抗成为动态可调，系统的静态、暂态和动态性能得到改善。TCSC 是 FACTS 技术应用的典型装置之一，在电网中可以起到控制电网潮流分布、提高系统稳定性极限、阻尼系统振荡、缓解次同步谐振、预防电压崩溃等作用。

（3）可控并联电抗器（CSR）。可控并联电抗器是一种新型 FACTS 装置，它并联于电力系统，且其电抗值可以在线调节，在一定程度上解决电压在小负荷方式下过高或大负荷方式下过低的情况，紧急情况下可以实现强补以抑制工频过电压，配合中性点电抗器还可以抑制潜供电流、降低恢复电压。CSR 的投入运行，使双回或多回线发生 N−1 故障时，可按其最大调节范围实现动态无功补偿，提高系统的电压稳定性。同时，对于系统在各种扰动下出现的电压振荡或功率振荡也能起到一定的抑制作用，提高系统的动态稳定性。CSR 主要有磁控式并联电抗器（MCSR）和分级式可控并联电抗器（SCSR）两种。MCSR 通过晶闸管控制励磁系统电流来改变电抗器铁芯的饱和程度，可实现并联电抗值的快速、连续、大范围调节。SCSR 通过晶闸管分级投切变压器低压侧电抗器，可实现并联电抗值在有限个级别间的快速切换。

（4）故障电流限制器（FCL）。故障电流限制器是一种串联在输电线路中的FACTS装置，在系统正常运行时其阻抗为零，不对系统运行产生任何影响。当系统发生故障时，FCL通过投切或以其他的方式迅速增大串联阻抗，来达到限制线路短路电流的目的。在适当位置装设合适的FCL可使电网的互联和电源容量的增加不再受制于短路电流水平，这对于电网安全稳定的运行具有重要意义。

（5）静止同步补偿器（STATCOM）。静止同步补偿器是一种基于电压源换流器（VSC）的动态无功补偿设备，是第二代FACTS装置的典型代表。STATCOM以VSC为核心，直流侧采用电容器为储能元件，VSC将直流电压转换成与电网同频率的交流电压，通过连接电抗器或耦合变压器并联接入系统。当只考虑基波频率时，STATCOM可以看成一个与电网同频率的交流电压源通过电抗器连到电网上。由于STATCOM直流侧电容仅起电压支撑作用，所以相对于SVC中的电容容量要小得多。此外，与SVC相比，STATCOM还拥有调节速度更快、调节范围更广、欠压条件下的无功调节能力更强的优点，同时谐波含量和占地面积都大大减小。STATCOM以VSC为核心，将直流电容电压变换为与电网同频率的交流电压，通过等效连接电抗器接入系统。STATCOM可被看做一个电抗后的可控电压源，这意味着无需并联电容器或并联电抗器来产生或吸收无功功率。

（6）静止同步串联补偿器（SSSC）。静止同步串联补偿器属于第二代FACTS装置，它可以等效为串联在线路中的同步电压源，通过注入与线电流呈合适相角的电压来改变输电线路的等效阻抗，具有与输电系统交换有功功率和无功功率的能力。若注入的电压与线路电流同相，那么就可以与电网交换有功功率；若注入的电压与线路电流正交，那么就可以与电网交换无功功率。SSSC不仅调节线路电抗，还可以同时调节线路电阻，且补偿电压不受线路电流大小影响，是比TCSC更具潜力的一种FACTS装置。

（7）统一潮流控制器（UPFC）。统一潮流控制器是由并联补偿的STATCOM和串联补偿的SSSC相结合构成的新型潮流控制装置，是目前通用性最好的FACTS装置，仅通过控制规律的改变，就能分别或同时实现并联补偿、串联补偿和移相等作用。

3. 特性

柔性交流输电系统的主要特性有以下几点：

（1）能在较大范围有效地控制潮流；

（2）线路的输送能力可增大至接近导线的热极限，例如：一条500kV线路的安全送电极限为1000～2000MW，线路的热极限为3000MW，采用FACTS技术后，可使输送能力提高 50% ~ 100%；

（3）备用发电机组容量可从典型的 18% 减少到 15%，甚至更少；

（4）电网和设备故障的危害可得到限制，防止线路串级跳闸，以避免事故扩大；

（5）易阻尼消除电力系统振荡，提高系统的稳定性。

4. 功能

FACTS 系统的技术功能主要指应用技术及其控制器技术，该技术已被国内外一些权威的电力工作者确定为"未来输电系统新时代的三项支持技术之一"。这三项支持技术指的是柔性输电技术、先进的控制中心技术和综合自动化技术。

FACTS 系统能够增强交流电网的稳定性，并降低电力传输的成本。该技术通过为电网提供感应或无功功率，从而提高输电质量和效率。

5. 发展

（1）国外发展概况。作为世界领先的西门子公司的多种柔性交流输电系统已经在全球的多个项目中得到成功应用。近年来，灵活交流输电技术已经在美国、日本、瑞典、巴西等国的重要超高压输电工程中得到应用。有代表性的 FACTS 工程有美国卡因塔 230kV 可控串补工程、美国斯拉脱 500kV 可控串补工程、瑞典斯多德可控串补工程、美国 TVA 公司沙利文静止同步补偿器工程、美国 AEP 公司依乃兹统一潮流控制器工程等。

美国卡因塔 230kV 可控串补工程投运后，使这条输电线路的输送能力突破了稳定极限，收到显著的经济效益，四年就收回投资。

1999 年 1 月巴西在 500kV 的联络线上安装了两套部分可控串补设备，成功地阻尼了南北电网联络线的低频振荡。

在新的电力电子器件的研究方面也取得重要进展：一方面正在研制经济性能好的器件，以便降低设备造价；另一方面，研制开断功率更大的高性能器件。最近，国外公司宣布研制成功以碳化硅（SiC）为基片的电力电子器件。基片的耐压和热容量可大幅度提高，而元件损耗却大大降低，从而使元件开断功率可望有数量级的飞跃。这预示用固态断路器取代传统机械的高压断路器（油开关、六氟化硫开关、真空开关等），使数字化电力系统成为可能。

自 20 世纪 80 年代后期，FACTS 技术的提出、研究、开发和工程实践已取得大量成果。目前，FACTS 技术的开发和工程应用又有新的发展。具有对电压、阻抗、相位综合控制功能的统一潮流控制器（UPFC）的示范工程（并、串联装置容量各 160MVA）在美国 AEP 电力公司投运。

国外一些先进国家对柔性配电技术的研究和应用进行了大规模的投入。其中，美国电力科学研究院 EPRI、瑞典 ABB 公司、德国 Sicmens 公司已有了配电静止同步补偿器和动态电压恢复器的商业化产品，并有数十例在配电系统和特殊的用户端投入了运行。

国外已投入运行的 DFACTS 及 FACTS 系统的主要装置，见表 1 - 4。

表 1 - 4　国外已投入运行的主要 DFACTS 及 FACTS 系统的主要装置

装置名称	使用地区	应用概况	开发目标
晶闸管控制串联投切电容器（TSSC）	美国	330MV·A	增加传输功率，提高系统的稳定性
晶闸管控制串联电容器（TCSC）	美国	200MV·A	
静止同步补偿器（STAT-COM）	美国	1Mvar（1985），100Mvar（1995）	电力系统电压控制
	日本	80Mvar（1991），50Mvar（1992）	
	德国	8Mvar（1997）	
统一潮流控制器（UPFC）	美国	160MV·A×2（1997）	系统基本参数同时控制
动态电压恢复器（DVR）	美国	2MV·A、660kJ	消除或抑制电压暂降、瞬时供电中断对敏感负荷的干扰
	英国	4MV·A、800kJ	
	澳大利亚	2MV·A	
	以色列	2×22.5MV·A（ABB 提供）	

（2）国内发展概况。我国已开始对 FACTS 技术进行有系统的研究、开发和应用。其中，对 500kV 超高压输电线路 TCSC 的研究已取得阶段成果。结合伊敏—冯屯 500kV 输电线路的研究表明，采用 25% 串联补偿电容的可控串补装置，可显著提高暂态稳定水平和阻尼振荡能力。

对于我国下一步 FACTS 技术研究开发的主要目标是，首先应对 TCSC 和 STAT-COM 进行工程化研究、开发和完善，促进实际工程的实施。同时，应开展对具有综合控制功能的 UPFC 和 IPC（相间功率控制器）的研究开发。对 FACTS 的系统应用理论，应进一步开展系统建模和分析、系统控制策略等的研究。

我国由清华大学和原河南省电力局共同研制出的 20Mvar STATCOM 工业应用装置，标志着我国是继美、日、德之后，第四个掌握制造大容量 FACTS 装置核心技术的国家。该装置具有补偿动态电压、抑制系统不平衡和振荡、提高系统稳定极限等功能，也是迄今为止我国唯一具有自主知识产权的 FACTS 工业装置。

作为 FACTS 技术在配电系统应用的延伸，DFACTS 技术已成为改善电能质量的有力工具。该技术的核心器件——绝缘门极双极型晶体管（IGBT）比门极 GTO 具有更快的开关频率，并且关断容量已达 MV·A 级，因此 DFACTS 装置具有更快的响应特性，是解决电能质量问题的有效手段。目前主要的 DFACTS 装置有有源电力滤波器（Active Power Filter，APF）、动态电压恢复器（Dynamic Voltage Restorer，

DVR）、固态断路器等。其中，APF 是补偿谐波的有效工具；而 DVR 通过自身的储能单元，能够在毫秒级时间内向系统注入正常电压与故障电压之差，因此是抑制电压跌落的有效装置。

柔性配电技术及其装置的应用已逐渐成为国外先进国家电力企业和电力用户的最优选择。但国内目前在该领域的研究还刚刚起步。有必要加大投入，采取积极应对的措施，开展先进技术的引进、消化、应用研究和开发应用国产化设备的工作。

图 1-27、图 1-28 分别是 20Mvar STATCOM 装置实物图及响应曲线。

图 1-27　20Mvar STATCOM 装置

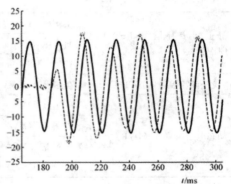

图 1-28　20Mvar STATCOM 装置响应曲线

思 考 题

1. 《建设工程监理规范》GB/T 50319—2013 修订了哪些主要内容？

2. 《建设工程监理规范》GB/T 50319—2013 对监理的定位是什么？

3. 《建设工程监理规范》GB/T 50319—2013 调整了哪些专业监理工程师的职责？

4. 《核电厂质量保证安全规定》HAF003 要求质量保证文件包括哪三个层次？

5. 如何理解火力发电新技术的应用对我国节能减排的作用？

6. 简述火力发电新技术应用推广面临的问题。

7. 未来电网技术的主导发展方向和特征是什么？

8. 特高压交流输电技术、特高压直流输电技术的优缺点有哪些？

9. 坚强统一智能电网的定义是什么？

10. 灵活交流输电系统（FACTS）的含义及作用是什么？

第二章　监理法律责任及防范

第一节　监理的法律责任

一、监理法律责任的定义

监理法律责任的定义是指从事监理服务的监理单位或监理工程师，因违反了国家有关法律、法规的规定而必须承担的法律责任，以及因不履行或不适当履行委托监理合同从而给委托人或第三方造成损失而需要承担合同责任的总称。

此定义主要包含两个方面的含义：

（1）监理法律责任的主体：监理单位和监理工程师都可能成为监理法律责任的承担主体。监理单位作为一个建筑市场的主体，必须对社会、对合同签约方负有义务；而监理工程师是义务的具体实施者，同样对社会、对接受监理服务的签约方负有义务。因此，无论是监理单位还是监理工程师个人，都是监理法律责任的承担主体。

（2）监理法律责任包括两个方面：一是法律、法规的规定，也就是法定的责任；二是合同的约定，也就是合同责任。

二、监理法律责任的分类

按照法律、法规的规定，并根据责任属性的不同，监理法律责任可以划分为如下三个大的类别：

（一）监理的行政责任

1. 监理行政责任的定义

监理行政责任是指监理的当事人实施了法律、法规所禁止的行为而引起的行政上必须承担的法律后果。也就是说，监理在提供服务时，必须履行"遵守国家有关法律、法规"的义务。例如，根据《中华人民共和国建筑法》（简称《建筑法》）及《建设工程质量管理条例》的规定，监理单位不得转让监理业务，也不得超越其资质允许的范围承接工程；监理工程师不得伪造、涂改、出卖执业证书等。如果监理违法了这些规定，则不论其行为的后果如何，政府行业主管部门都将对其进行行政处罚。

监理需承担行政责任的行为可以归纳如下：

（1）监理单位与建设单位或施工单位串通，弄虚作假、降低工程质量的；

（2）监理单位转让监理业务的；

（3）监理单位超越其资质允许的范围承接工程的；

（4）监理单位将不合格的建设工程、建筑材料、建筑构配件及设备按照合格签字的；

（5）监理单位与被监督工程的承包商或供应商有隶属关系或其他利害关系的；

（6）监理工程师因自身过错造成工程质量事故的。

2. 监理行政责任的构成要件

监理行政责任的构成要件，主要看其是否发生了违反相关法律、法规的行为，但其行为并不一定需要导致后果。因此，监理行政责任的认定相对简单，关键是看责任主体的行为是否违反了相应法律、法规的规定，若有，则依据相关的规定就要进行处罚。至于该违法行为是否产生后果，则不作为行政责任的构成要件，这是行政责任和民事责任的重要区别。

3. 承担监理行政责任的主体

在行政责任方面，除了由于监理工程师个人的过错而需要承担个人的行政责任外，上述违反行政法律、法规的行为均指监理单位，因此，监理的行政责任主要由监理单位来承担。

4. 监理行政责任的追究

《建筑法》第69条 工程监理单位与建设单位或者建筑施工企业串通，弄虚作假、降低工程质量的，责令改正，处以罚款，降低资质等级或者吊销资质证书；有违法所得的，予以没收；造成损失的，承担连带赔偿责任；构成犯罪的，依法追究刑事责任。工程监理单位转让监理业务的，责令改正，没收违法所得，可以责令停业整顿，降低资质等级；情节严重的，吊销资质证书。

总之，不论是监理单位还是监理工程师本人出现了行政法律、法规所禁止的行为都要受到行政处罚，追究行政法律责任。

（二）监理的民事责任

1. 监理民事责任的定义

监理民事责任是指按照民法的规定，民事主体履行自身义务所应承担的法律后果。以产生民事责任的法律为标准，民事责任又可以分为侵权责任和违约责任。

（1）监理的侵权责任。监理的侵权责任是指责任主体侵犯他人的财产权、名称权或人身权时所应承担的责任。根据我国的民法通则，监理可能承担侵权责任的行为包括：

1）泄露业主的商业机密；

2）盗用他人名义发表文章；

3）未经他人同意，采用他人的有关资料；

4）对他人进行诽谤、中伤，诋毁他人名誉。

监理的侵权责任和一般的民事侵权责任并无原则上的不同，主要看其是否存在侵权的行为且该行为是否造成了被侵权一方事实上的损害。

（2）监理的履约责任。履约是一种法律行为，针对监理行为的特点，其履约的具体方式可以归纳为如下几种：

1）建议。根据法律的规定、合同的授权，监理工程师可以向业主、承包商、设计人或其他有关各方提出自己的专业建议。例如，对业主提出选择工程总承包商的建议；对工程设计中的技术问题，例如发现设计图纸有问题或不合理的地方，按照安全和优化的原则，可以通过业主向设计人提出改进的建议；对于设计方案、施工方案，监理工程师也可以提出自己的专业意见和要求；在施工安全、施工组织等方面，监理工程师同样可以提出自己的建议。因此，提出建议是监理工程师的一种重要工作方式。

2）指令。监理工程师根据业主的委托，在工程质量、进度和投资方面代表业主进行监督管理。因此，对工程目标、内容及要求等就需要通过指令的形式对承包商提出。工程实践中，指令采用书面形式，特殊情况下也可以采用口头形式。例如，监理工程师可以根据情况签发开工、停工、复工、变更等有关指令。

3）检查。检查是监理的重要工作职责，也是一种重要的履约方式。监理工程师的检查，包括对原材料、构配件及设备使用前的查验，对施工工序质量的检查，对工程实体质量的检查等。检查可以采用目测、借助检查工具进行实际量测，也可以运用一定的设备进行检验、试验。同时，监理工程师在进行这一类的检查时，可以视情况的需要采用抽查、平行检验等方式进行，当然也可以在工程的某一个阶段或时刻进行全面的检查。

4）监督。监督也是监理的重要工作职责和履约方式。毫无疑问，监督的方式应该根据被监督内容的特点和积极性有所区别。例如，对于工程施工过程中重要的部位和工序、工程施工完成后难于检查或出现问题后难于处理的关键工序和部位等，监理工程师应该对其施工的过程进行旁站监督，确保施工作业处于监控之下，做到心中有数；对于那些不是十分关键的工序或部位，监理工程师可以采取定期或不定期巡视的方法进行监督。

5）确认。确认包括三个主要方面的内容：一是对技术文件的确认，监理工程师可以采取审核、审批的方式进行，如造价文件审核，施工组织设计、施工方案审批，材料的进场审批等；二是对施工过程中完成的分项工程、重要工序、隐蔽工程等施工质量进行确认，监理工程师可以在检查结果的基础上采用签认承包商施工记录的方式进行；三是对施工完成的重要分部工程和最终的工程项目实体，监理工程师通过组织工程验收来对其进行确认。

6）协商，组织协调、合同管理是监理工程师十分重要的职责，其工作量是十分巨大的，包括工程有关各方的人、财、物、时间、地点的协调，也包括变更、索赔、争议等问题的解决，这些工作职责往往通过主持协商或参与协商的方式来履行。当然，监理工程师必须牢记，协商必须以合同为基础，独立、公平、科学地进行。

值得指出的是，为了保证监理能很好地履行合同约定的职责，有关的法律及监理委托合同明确授予了监理工程师相应的工作权力，如上述的建议权、指令权、检查权、监督权、审核权、确认权、主持协调权等，监理工程师在监理实践中，应正确利用这些权力，根据情况采用适当的方式来履行自身的合同义务。若不能正确运用这些权力履行职责，则构成违约。

（3）监理的违约责任。监理的违约责任是指监理违反了监理合同的约定，造成业主或第三方的损失而应该承担的民事赔偿责任，违约责任也可以理解为合同责任。按其违约方式表现为失职和越权两种。

1）失职：是指以不作为的方式违约，即在监理过程中，监理不履行或不适当履行合同义务。按照我国现行的法律法规和委托监理合同，监理的失职行为可以概括为：

①未能为业主提供与其水平相应的咨询意见。例如，当承包商未按照合同的要求来组织施工，以至于可能对工程的质量、造价或进度产生不良的影响，而监理又没能及时提出预控的意见，从而给业主造成损失。（合同责任）

②该检查验收的不检查验收或不按照规定检查验收，该返工的未要求返工，不合格的按合格进行了验收，或者该及时进行检查验收的超过了合同的时限，影响了正常施工，从而造成业主不应有的损失。（法定责任、合同责任）

③该审批的不审批或盲目审批，对进度款支付申请、签证、价格调整等定夺不准，从而造成业主的损失。（合同责任）

④该巡视的未巡视，该旁站的未进行旁站，对本应该发现的问题未能及时发现，从而造成业主的损失。（法定责任、合同责任）

⑤不按规定签发指令或签发错误的指令，从而造成业主的经济损失。（合同责任）

2）越权：是指以作为的方式违约，即监理的这种作为超出合同授权的范围，或者监理利用自身的影响力来影响他人履行正常的义务。

2. 监理民事责任的构成要件

在上述的监理的民事责任中，其侵权责任还在其次，主要是违约责任。违约责任的构成要件较为复杂。

由于监理是一种基于专业技能的服务，监理合同属于有偿的委托合同，业主和监理属于委托和受托的关系。因此，根据《合同法》分则第406条规定："有偿的委托合同，因受托人的过错给委托人造成损失的，委托人可以要求赔偿损失。"在认定监理的违约责任时，应该以过错责任原则作为其归责原则。也就是只有在下列两个条件同时满足时监理才应承担违约责任：

（1）监理的违约行为直接或间接地造成了业主的损失。这有两个方面的含义：其一，要监理承担责任，首先必须判定其发生了违反委托监理合同的行为，这是能否追究监理违约责任的前提；其二，业主的损失是客观存在的，而且和监理的违约行为存在因果关系。如果监理违约行为并未造成业主的损失，或者业主的损失和监理的违约行为并无因果关系，监理也就不存在承担责任的问题。

（2）监理必须有过错。过错往往会导致违约，但违约行为并不一定就是由违约方的过错造成的，有时是由他人过错造成的，或者是由多方共同过错造成的。按照过错责任原则，没有过错就不承担责任；如果责任是由单方造成的，则由有过错的一方承担责任，如果责任是由多方造成的，则根据各自过错的程度分别承担与过错相对应的违约责任。

监理的过错是指监理工程师对自己的过错及其后果的心理状态，它包括了故意和过失两种。故意是指监理工程师明知自己的行为会引起的后果，仍然希望或放任这种结果产生。过失是指监理工程师应该认识到自己的行为可能引起的不良后果，但由于疏忽大意，没有预见或虽有预见但轻信这种结果不会发生。

监理工程师作为专业技术人员，其职责是为业主提供基于专业技能的管理及技术服务，尽管监理工程师主观上不想发生过失，但由于监理工程师本身所掌握的技能深度不同、积累的经验不同、服务的客观环境不同，客观地说，要想完全避免疏忽和过失也是不可能的，这和故意的行为完全不同。

因此，按照过错责任原则，应该将监理工程师在专业行为上的过错推定为疏忽或过失，这符合专业技术服务的行业特点，也符合国际上的惯例，除非有确凿的证据证明过错行为是故意所致。

3. 承担监理民事责任的主体

监理单位是最主要的民事责任的主体。在民事侵权责任方面，若侵权是监理工程师个人的行为，则由监理工程师个人承担侵权责任；若侵权是由单位造成的，则监理单位是其责任主体。对于违约责任来说，由于监理单位是订立委托监理合同的当事人，因此，按照《合同法》的规定，监理单位是承担违约责任的责任主体。尽管委托监理合同的履行是由具体的监理工程师来实现的，也就是说，监理单位的履约行为是通过监理工程师的职务行为来实现的，但是监理工程师的违约行为，应视为监理单位的违约行为。

（三）监理的刑事责任

1. 承担监理刑事责任的定义

刑事责任是指犯罪主体因实施犯罪的行为而应承担的法律责任。刑事责任是监理工程师可能承担的法律责任中最为强烈的一种。

2. 监理刑事责任的构成要件

根据《中华人民共和国刑法》（以下简称《刑法》）规定，建设单位、施工单位、工程监理单位违反国家规定，降低工程质量标准，造成重大安全事故的，直接责任人将被依法追究刑事责任。可能造成监理工程师承担刑事责任的行为包括：

（1）以欺骗手段获取资质证书，构成犯罪的；

（2）工程监理单位和建设单位或施工单位串通，弄虚作假、降低工程质量标准，造成重大安全事故，构成犯罪的；

（3）收受承包商贿赂，构成犯罪的；

（4）与承包商串通，提供虚假工程量以骗取业主工程款。

3. 承担监理刑事责任的责任主体

监理的刑事责任由具有管辖权的各级人民法院依据《刑法》的规定对责任进行认定和处罚，我国《建筑法》第六十九条规定："工程监理单位与建设单位或施工单位串通，弄虚作假、降低工程质量，造成重大安全事故，构成犯罪的，将依法追究刑事责任。"在这里，我们注意到：《刑法》和《建筑法》对监理刑事责任主体的规定有差异，按照《刑法》的规定，责任主体是"直接责任人"，而《建筑法》没有明确是"直接责任人"，这就隐含着如果犯罪行为是监理单位而不是个人行为时，法人有可能成为刑事责任的主体。而我国的《刑法》对法人犯罪作出了某些规定，但只是局限在工商注册、税收、法人行贿等方面，而对具体的监理活动，《刑法》中并未对法人的刑事责任作出规定，监理单位作为法人，不承担刑事责任。因此，刑事责任的主体应该是指违法犯罪的监理工程师个人。

第二节 导致监理法律责任的风险因素

从监理的工作特征来分析，导致监理工程师所承担的责任风险因素可归纳为如下六个方面。

一、监理行为导致的责任风险

监理工程师在工作中的行为导致的责任风险来自三个方面：

1. 越权导致的责任风险

是指监理工程师违反了监理合同规定的职责、义务，超出了业主委托的工作范围，从事了本不属于自身职责范围内的工作，并造成了工程的损失，监理工程师可能因此承担相应的责任。例如，对于工程中某些涉及需要由设计人或其他专业技术人员确认的内容，若监理工程师利用自身的权力或影响力单方面指令承包商进行相应的作业，这就超出了监理工程师的职责范围，若工程因此发生了损失，则监理工程师必须承担相应的责任。

2. 失职导致的责任风险

是指监理工程师未能正确地履行监理合同中规定的监理职责，在工作中发生失职行为。例如，监理工程师在工作中，明知其行为的后果，对于该实行检查的项目不做检查或不按照规定进行检查，并因此使工程留下隐患或造成损失，监理工程师就必须为此行为承担失职的责任。

3. 工作疏忽导致的责任风险

是指监理工程师在工作中发生疏忽，由于主观上的无意行为未能严格履行自身的职责并因此而造成了工程损失。例如，由于疏忽大意，对某些该实行检查或监督的项目未进行相应的检查和监督，或者虽然进行了检查和监督，却未能发现工程的隐患，并因此造成了工程的损失，监理工程师同样要对损失承担相应的责任。

二、技能导致的责任风险

由于监理工作是基于专业技能基础上的技术服务，因此，尽管监理工程师履行了监理合同中业主委托的工作职责，但由于监理工程师本身专业技能的限制，可能并不一定能取得应有的效果。例如，对于某些需要专门进行检查、验收的关键环节或部位，监理工程师按规定进行了相应检查，检查的程序和方法也符合规定，但监理工程师并未发现本应该发现的问题或隐患。其原因是监理工程师自身在某些方面的工作技能不足，可能是本身掌握的理论知识有限，也可能是相关的实践经验不足。从监理工程师的主观愿望来说，他并不希望发生这样的过错。如今的工程技术日新月异，新材料、新工艺层出不穷，并不是每一个监理工程师都能及时、准确、全面地掌握所有相关的知识和技能，因此也无法完全避免这一类的风险。

三、有限技术资源导致的责任风险

即使监理工程师在工作中并无任何行为上的过错，也仍然有可能承受由技术、资源而带来的工作上的风险。例如，在混凝土工程的施工过程中，监理工程师按照正常的程序和方法，对施工的工程进行了检查和监督，并未发现任何问题，但施工过程中有可能仍然留有隐患，如某些部位振捣不够、留有蜂窝、孔洞等缺陷，这些问题可能在施工过程中无法及时发现，甚至在今后相当长一段时间内无法发现。

众所周知，某些工程上质量隐患的暴露需要一定的时间和诱因，利用现有的技术手段和方法，并不可能保证所有的问题都能够被及时发现。另一方面，由于人力、财力和技术资源的限制，监理工程师无法，也没有必要对施工过程中的任何部位、任何环节都进行细致、全面的检查，因此，也就有可能需要面对这一方面的风险。

四、管理不规范导致的责任风险

明确的管理目标、合理的组织机构、细致的职责分工、有效的约束机制，是监理组织管理的基本保证。尽管有高素质的人才资源，但如果管理机制不健全，监理工程师仍然可能面对较大的风险，这种管理上的风险主要来自两个方面。一是监理单位和监理机构之间的管理约束机制。实践表明，总监负责制对于落实管理责任制，提高监理的工作水平起到了很好的作用。但由于监理工作的特殊性，项目监理机构往往远离监理单位本部，在日常的监理工作中，代表监理单位和工程建设有关方面打交道的是总监，总监的工作行为对监理单位的声誉和形象起到决定性的作用。一方面，监理单位必须让总监有职有权，放手工作，才能取得总监负责制应有的效果；但另一方面，监理单位对总监的工作行为进行必要的监督和管理，同样是非常重要的。也就是说，监理单位和总监之间应该建立完善、有效的约束机制。二是项目监理机构的内部管理机制。监理机构中各个层次人员的职责分工必须明确，沟通渠道必须有效，如果总监不能在监理机构内部实行有效的管理，则风险依然是无法避免的。

五、职业道德导致的责任风险

监理工程师是高素质的专业技术人才，接受过良好的教育并具有丰富的实践经验。监理工程师在运用他们的专业知识和技能时，必须十分谨慎、小心，表达自身意见必须明确，处理问题必须客观、公正。同时，监理工程师必须廉洁自律、洁身自爱，勇于承担对社会、对职业的责任，在工程利益和社会公众的利益相冲突时，优先服务社会公众的利益；在监理工程师自身的利益和工程利益不一致时，必须以工程利益为重。如果监理工程师不能遵守职业道德，自私自利，敷衍了事，回避问题，甚至为谋求私利而损害工程利益，毫无疑问，必然会因此而面对相应的风险。

六、社会环境导致的责任风险

需要指出的是，近年来，监理得到了前所未有的重视，社会对监理工程师寄予了极大的期望，这是可以理解的。这种期望，无疑会变成动力，对建设监理事业的持续发展产生积极的推动作用。但在另一方面，人们对监理的认识也产生了某些偏差和误解，有可能形成一种对监理的健康发展不利的社会环境。例如，《建筑法》第五十五条规定："建筑工程实行总承包的，工程质量由工程总承包单位负责。总承包单位将工程分包给其他单位的，应当对分包工程的质量与分包单位承担连带责任，分包单位应当接受总承包单位的质量管理。"第五十八条规定："施工企业对工程的施工质量负责。"

显而易见，承包商作为工程质量的责任主体，必须对工程质量负责。但是，现在社会上相当一部分的人士认为，既然工程实施了监理，监理工程师就应该对工程质量负责，工程出了质量问题时，首先向监理工程师追究责任。应当知道，承包商的工作属于承包性质，承包商有责任为业主提交一个质量合格的工程，而监理工程师的工作是委托性、咨询性的，主要由监理工程师来承担工程的质量责任，显然是不当的。

从另一个角度来看，监理工程师的重要职责之一，应该是及时发现工程的质量问题，处理出现的工程事故，避免工程留下质量和安全的隐患。因此，应该解除监理工程师的顾虑，大胆工作，勇于发现、揭露问题。反之，如果要求监理工程师承担过大的质量及安全责任，甚至以工程中是否出现工程质量问题或以工程实体质量的好坏来评价、衡量监理工程师的工作成效的话，则可能促使监理工程师在工作中故意掩盖、隐瞒工程质量问题，造成工程质量问题得不到及时的发现和处理，使工程真正留下质量和安全隐患。如果真是如此，可以说实行监理就毫无意义了。

第三节　监理法律责任风险的防范

监理单位和总监理工程师必须加强对监理人员风险意识的教育和培训，以提高监理人员对风险的警觉与防范意识，减少监理法律责任风险。

一、依法执业，依法履行监理职责

首先，监理单位和总监理工程师应强化项目监理部人员对工程建设监理相关的法律、法规、规章和制度的学习和领会，让大家首先做到懂法、守法；其次，还要将掌握的法律、法规应用在监理工作的实践之中，用法律来规范自己和参建单位的工程建设行为，充分发挥法律、法规赋予监理的法定权力，做到依法执业，依法履行职责。这样就能在一定程度上减少法律风险。

二、严格履行监理合同

这是防范监理行为风险的基础。监理单位和总监理工程师必须提高全体员工的履约意识，要求监理人员在合同约定的范围、权利、职责内行使监理权，对自身的责任和义务要有清醒的认识，既要做到全面地、正确地履行职责，同时又要注意履行职责时不能超出授权范围。

三、不断提高自身的技术水平

监理单位和总监理工程师通过激励等管理措施大力培养监理企业和监理团队的学习气氛，建立学习型团队，鼓励大家勤学好思，勇做技术、技能专家。监理工作实践证明，监理企业中那些技术精湛、专业权威的监理人员容易取得业主和参建单位的信任，使监理工作开展起来成效更加明显，也更容易树立监理师个人、监理单位单位和行业的形象。

四、不断提高监理人员自身的职业道德素养

监理单位和总监理工程师要不断加强对监理工程师的职业道德教育。监理工程师承担着工程建设质量、投资、进度的控制工作和安全的监督工作，承担着质量把关、工程量计量支付、工程进度控制和工程投资合理与否的审核、签认权，因此高尚的品行是保证其能否把国家和人民的利益放在首位，能否廉洁奉公地开展监理工作的大前提。因此，监理单位要重视对监理人员的职业道德教育，防范违法行为给监理企业带来相应的法律风险，影响企业的声誉和竞争力。

五、加强对监理从业人员的安全教育和继续教育培训

《建设工程安全生产管理条例》第 57 条规定："违反本条例的规定，工程监理单位有下列行为之一的，责令限期改正；逾期未改正的，责令停业整顿，并处 10 万以上 30 万以下的罚款；情节严重的，降低资质等级，直至吊销资质证书；造成重大安全事故，构成犯罪的，对直接责任人员，依照刑法有关规定追究刑事责任；造成损失的，依法承担赔偿责任：

"（一）未对施工组织设计中的安全技术措施或者专项施工方案进行审查的；

"（二）发现安全事故隐患未及时要求施工单位整改或者暂时停止施工的；

"（三）施工单位不整改或者不停止施工，未及时向有关主管部门报告的；

"（四）未依照法律、法规和工程建设强制性标准实施监理的。"

监理工作的风险突出表现在安全事故（包括由于质量隐患导致的安全事故）方面。因此，一方面，监理单位应健全安全生产规章制度，加强对监理人员的安全教育和安全技能的培训，提高监理人员的安全意识和安全管理水平，清楚自己在现场的安全监督责任究竟要做什么，怎么做，做到何种程度。另一方面，要加强安全监理力量，强化有关安全监理工作的制度、方案和措施的落实，使安全监理工作的局

面可控在控。

六、推行监理的职业责任保险

目前，人们越来越关心监理需要面对的责任风险。随之，监理职业责任保险的推行也开始列入政府主管部门的议事日程，但人们对监理职业责任的认识还不是十分清晰，不少人将其和监理法律责任混为一谈，认为监理职业责任保险就是对监理法律责任进行保险，这种看法是不正确的。

从前面的分析可知道，承担监理法律责任的主体可以是监理单位，也有可能是监理工程师，并且监理工程师的行为大多是职务行为。因此，除了少数是属于监理工程师个人的行为外，监理职业责任的责任主体是监理单位。基于上述原因，这里将监理的职业责任做如下定义：监理的职业责任是指监理单位或监理工程师在委托监理合同授权的范围内，由于自身的疏忽或过失未履行或者未适当履行委托监理合同规定的监理义务，造成委托人（即业主）或其他第三方的人身伤害或财产损失，依法应由提供监理服务的监理单位或监理工程师承担的赔偿责任。

按照这样的定义，在考虑监理职业责任的范围时，需要注意：①刑事责任不属于职业责任范畴，但职业责任有可能导致刑事责任。按照《刑法》第137条的规定，监理单位违反国家规定，降低工程质量标准，造成重大安全事故的，直接责任人将会承担刑事责任。如果违反国家规定是由于疏忽或过失造成，显然就属于职业责任的范畴。不难发现，监理的职业责任只是监理法律责任的其中一部分，对于监理职业责任风险，可以通过购买职业责任保险的方式进行风险的转移，但对于职业责任以外的监理法律责任，就不可能通过保险来进行转移了。②我国的职业责任保险和国际上的职业责任保险的区别。国际上的职业责任保险通常只考虑合同责任。但是，我国监理行业有其自身的特殊性，需要承担的社会公众责任较大，《建筑法》及《建设工程质量管理条例》将监理需要承担的合同责任部分内容上升到了法律的高度，因此，监理的职业责任保险需要将相关的法定责任也考虑在内，这是我国监理职业责任保险和国际上通行的职业责任保险的重要区别。

思 考 题

1. 什么是监理的法律责任？

2. 监理的法律责任分为哪几类？责任追究的主体分别是哪方？

3. 下列所列举的案例分别都是什么责任？

1）工程监理单位将不合格原材料、设备及构配件按照合格签字的。

2）工程监理单位与承包商存在隶属关系和利害关系的。

3）工程监理单位转让监理业务的。

4）与承包单位串通，为承包商谋取非法利益，给建设单位造成损失的。

4. 导致监理法律责任的因素有哪些？

5. 防范监理法律责任有哪些措施？

第三章　总监理工程师的工作及管理艺术

第一节　概述

一、管理的四大职能与监理工作的联系

管理就是通过计划、组织、领导和控制等环节来协调人力、物力和财力等资源，以达成组织既定目标的过程。计划、组织、领导和控制，即管理的四大职能，可以通过图 3-1 看出四大职能之间的关系。

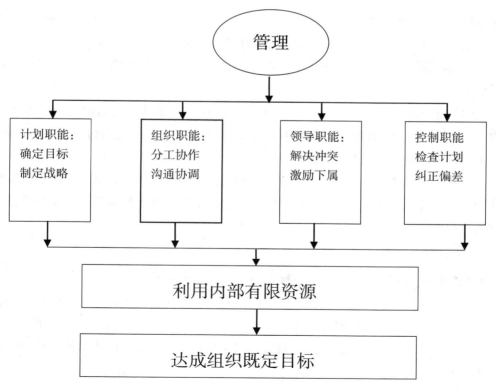

图 3-1 管理概念的示意图

管理的四大职能与监理工作的联系如下。

（一）计划职能

计划就是管理者确定目标、预测未来、制定实现这些目标的行动方针的过程。

凡事预则立，不预则废。任何事情需要进行规划，只有有了良好的规划，找对了方向，踩准点，才能最有效地把事情做好。

计划职能包括对将来趋势的预测，根据预测的结果建立组织目标，然后要制定各种方案、政策以及达到目标的具体步骤，以保证组织目标的实现。

对于监理工作而言，监理大纲、监理规划、监理实施细则及一切对监理工作进行的事前策划方案、措施等，均属于计划职能的范畴。

（二）组织职能

组织就是管理者为了实现组织目标，合理地确定组织成员、有效地安排工作任务及各项活动，并对组织资源进行合理配置的过程。

组织包括明确所需承担和完成的任务，由谁去完成任务；也包括组织机构的设置，信息指令传递渠道的建立，以及权力、职责的划分。

组织职能，一方面是指为了实施计划而建立起来的一种组织结构，这种结构在很大程度上决定着计划能否得以实现；另一方面是指为了实现计划目标所进行的组织过程，主要是根据某些原则进行分工与协作（规定组织内部各个岗位职能）、授权，建立良好的沟通渠道等。组织对完成计划任务具有保证作用。

《建设工程监理规范》GB/T 50319—2013 对项目监理机构组织机构的建立提出了如下要求：

（1）第 3.1.1 条　工程监理单位实施监理时，应在施工现场派驻项目监理机构。项目监理机构的组织形式和规模，可根据建设工程监理合同约定的服务内容、服务期限，以及工程特点、规模、技术复杂程度、环境等因素确定。

（2）第 3.1.2 条　项目监理机构的监理人员应由总监理工程师、专业监理工程师和监理员组成，且专业配套、数量应满足建设工程监理工作需要，必要时可设总监理工程师代表。

（三）领导职能

领导就是管理者指挥，激励下级，以有效地实现组织目标的行为。

领导也就是寻求从企业所拥有的所有资源中获得尽可能大的利益，引导组织达到它的目标。它包括如何确定领导的模式；如何去激励下属，引导他们实现组织的目标；如何选择有效的沟通渠道，增强人们的相互理解，以及解决组织成员之间的冲突。

领导就是影响群体实现目标的能力，就是影响员工，使他们好好工作，努力完成组织目标的一个过程。领导对于一个组织来讲，毋庸置疑是非常重要的。

对于监理工作，对于项目监理部，主要是总监理工程师的职能。它主要涉及的是组织活动中人的问题：要研究人的需要、动机和行为；要对人进行指导、训练和激励，最大限度地调动员工的工作积极性；解决监理人员之间的冲突，使大家同心协力以实现组织的目标，顺利完成监理合同约定的任务。

（四）控制职能

控制就是管理者为保证实际工作与目标一致而进行的活动。当出现与计划偏差的情况时，在问题出现前或者已经出现时，进行一定的调整，以使得计划与现实的偏差变得最小化。

控制就是注意是否一切都按拟定的计划和下达的命令进行。控制的实质就是使组织进行的各项工作尽可能地符合计划和按照计划运转，并完成计划中所指定的各项目标。它包括控制标准的设置，现场的监督与管理，收集工作进行的信息，将信息与标准进行比较，发现工作中的缺陷，及时地采取纠正措施，确保组织工作能沿着正确的轨道前进。

控制职能是与计划职能紧密相关的，它包括：制定各种控制标准；检查工作是否按计划进行，是否符合既定的标准；若工作发生偏差，要及时发出信号，然后分析偏差产生的原因，纠正偏差或制定新的计划，以确保实现组织目标。通俗地解释为：有章（标准）可依，依章（标准）而行，有偏必纠。

项目监理部的控制功能应该是监理工作的主要内容，包括以下内容：

（1）按照法律、法规和监理合同的约定，对监理部所有人员的工作进行监督管理，使其认真履行合同。

（2）制定监理部各项管理制度，并监督执行，用以规范监理人员的行为。

（3）按照法律法规、监理规划、监理实施细则、施工方案和有关的技术标准（含强条）来规范参建各方人员的质量行为，并控制工程实体的质量。

（4）按照事先设定的里程碑来控制施工进度。

（5）按照批准的概算来控制造价。

（6）按照有关的法律、法规和安全监理（施工）方案来规范参建人员的安全行为，以避免安全事故的发生。

（7）按照工程建设合同的约定来监督建设工程施工合同的履行。

二、总监理工程师的定位

根据《建设工程监理规范》GB/T 50319—2013 对总监理工程师的定义（详见本章第二节），总监理工程师应该是在签订建设工程监理合同之后，由工程监理单位法定代表人书面任命，负责建设工程监理合同的履行，主持项目监理机构工作的岗位职务。

总监理工程师这样一个岗位，领导一个项目监理部，完成监理合同所约定的监理工作，可见非常重要。

一个好的总监理工程师，应该学会调兵遣将、识人用人、精于管理、善于协调、处事灵活、服务意识强，要具有领导者的风范和权威。只有这样，才能带好监理班子，管好工程，才能更好地履行合同，使一个监理单位的形象得到充分的体现。

在项目上，总监理工程师应该这样定位：

（1）一个专业化、专家型管理团队的核心和代表；

（2）监理公司形象和利益的代表；

（3）是围绕项目所建立的参建单位管理层圈子里的导航者；

（4）是项目业主意志的体现者，业主和施工单位之间的润滑剂、"缓冲带"和协调员；

（5）国家法规和监理合同中，监理单位权利义务的主要承担者。

因此，总监理工程师能否发挥上述岗位作用，业务水平、管理能力和素质是基础，管理方法和技巧是手段，方法和手段得当，则事半功倍。

三、总监理工程师应具备的管理艺术

工程监理服务的质量是靠现场监理人员来体现的，一是靠项目监理部全员主动参与，更重要的是靠在总监理工程师有效的领导下产生的。

总监理工程师的工作就是对监理人员的管理，即通过对监理人员的管理，使项目监理部的监理人员始终保持旺盛的士气、高昂的热情，监理服务活动才能实现较好的绩效。因此，总监理工程师应通过掌握各种管理艺术、领导方法、原则，沟通、激励等措施来充分发挥监理人员的技术和才能，提高工作效率。

管理艺术是指在管理的方式、方法上表现出的创造性和有效性。通过在管理活动中的自由创造，把握规律，在规律中创造升华；通过管理的实践活动体现有效性。

管理艺术是管理者个人素质的综合反映，是因人而异的。黑格尔说过，"世界上没有完全相同的两片叶子"，同样也没有完全相同的两个人，没有完全相同的管理者和管理模式。有多少个管理者，就有多少种管理模式。

总监理工程师的管理艺术是总监理工程师基本素质的综合体现。总监理工程师的管理艺术的高低，是决定项目监理工作成功或失利的重要因素。因此，不断探讨和提高总监理工程师的管理艺术，是监理界的一个与时俱进的永恒话题。

既然总监理工程师所从事的工作是对项目监理部的全面管理工作，那么结合监理工作的特点，总监理工程师在行使自己的职权对项目监理部进行管理过程中，除了掌握管理的基本知识和四大管理职能之外，为了使管理工作更加有效，还至少应

具有以下几个与实现管理职能相辅相成的管理艺术，包括沟通艺术、激励艺术、用人艺术、用权艺术和授权艺术。

必须强调：任何管理艺术、技巧的运用，绝不是为了艺术而艺术、为了技巧而技巧。要想使管理艺术在工作实践中能发挥作用、达到效果，就必须以发自内心深处的诚挚之情，即以诚待人做前提，这个前提也是管理艺术的灵魂，它决定着管理最终的成功与失败。

第二节　总监理工程师的工作

一、总监理工程师的定义

《建设工程监理规范》GB/T 50319—2013 对总监理工程师的定义是：由工程监理单位法定代表人书面任命，负责履行建设工程监理合同、主持项目监理机构工作的注册监理工程师。其定义的含义是：总监理工程师应由工程监理单位法定代表人书面任命。总监理工程师是项目监理机构的负责人，应由注册监理工程师担任。

《建设工程监理规范》GB/T 50319—2013 同时规定：一名注册监理工程师可担任一项建设工程监理合同的总监理工程师。当需要同时担任多项建设工程监理合同的总监理工程师时，应经建设单位同意，且最多不得超过三项。

对于电力工程中的电源工程，如火电工程、风电工程、光伏发电工程、核电工程，因其工程规模巨大，一般一名注册监理工程师不宜担任多个项目的总监理工程师；对于电网工程，如500kV及以上的新建工程，一般一名注册监理工程师也不宜担任多个项目的总监理工程师，但是对于工程项目较小的，如配网工程，一般从地域上考虑，可以设片区总监理工程师，以利于监理资源的调配。

二、总监理工程师负责制

《建设工程监理规范》GB/T 50319—2013 在 1.0.7 中规定：建设工程监理应实行总监理工程师负责制。

总监理工程师负责制是指由总监理工程师全面负责建设工程监理实施工作。总监理工程师是工程监理单位法定代表人书面任命的项目监理机构负责人，是工程监理单位履行建设工程监理合同的全权代表。

因此，总监理工程师是工程项目监理的全权负责人，是监理工程师中的优秀人才。在工程项目监理中，总监理工程师受监理公司的委托，对公司负责，全面贯彻公司的方针、目标，负责项目监理机构的日常管理，代表公司履行委托监理合同中的权利和义务，公平、独立、诚信、科学地开展监理工作。

总监理工程师负责制包括以下三方面的含义。

（一）项目监理的责任主体

总监理工程师是项目监理实施的责任主体，包括项目监理机构的日常管理工作、监理工作内容的具体实施；也是项目实施法律责任的承担者，包括项目实施过程中的质量安全事故责任的承担等。

责任是总监理工程师负责制的核心，它构成了对总监理工程师的工作压力和动力，也是确定总监理工程师权力和利益的依据。所以，总监理工程师应是项目监理机构向业主和监理单位所负责任的承担者。

（二）项目监理的权力主体

总监理工程师是项目监理的权力主体。根据总监理工程师承担责任的要求，总监理工程师负责制体现了总监理工程师全面领导工程项目的建设监理工作，包括组建项目监理机构，组织编制监理规划，组织实施监理活动，对监理工作监督、评价、总结等。权力是确保总监理工程师能够承担起责任的条件与手段，所以权力的范围，必须视总监理工程师责任的要求而定。如果没有必要的权力，总监理工程师就无法对工作负责。

（三）项目监理的利益主体

总监理工程师还必须是项目监理的利益主体。利益主体的概念主要体现在监理项目中他对国家的利益负责，对业主投资项目的效益负责，同时也对所监理项目的监理效益负责，并负责项目监理机构内所有监理人员的利益分配。利益是总监理工程师工作的动力，利益的形式与利益的多少应该视总监理工程师的责任而定。如果没有一定的利益，总监理工程师就不愿负相应的责任，也不会认真行使相应的权力。

三、总监理工程师的素质要求

总监理工程师负责制确立了总监理工程师在工程项目监理中处于核心地位。这对总监理工程师的素质要求更为全面，总监理工程师应比一般的监理工程师具有更高的素质。这种素质主要体现在总监理工程师的综合能力上。

一般来说，总监理工程师的能力和素质主要体现在如下几个方面：

（一）良好的道德品质

总监理工程师在项目建设过程中处于一个核心位置，接触各方面的人，处理的事方方面面，责任和权力都很大，总监理工程师的行为直接关系到业主、承包商和各方的切身利益。因此，总监理工程师应具有廉洁奉公、为人正直和办事公道的高尚情操，具有良好的性格，善于同各方面合作共事。良好的道德品质是一个合格的总监理工程师的基本条件，也是首要条件。

总监理工程师需具备优良的思想素质，这是其他素质的前提与基础。良好的品德主要体现在以下几个方面：

（1）热爱建设事业，有为监理事业贡献力量的强烈事业心。

（2）具有科学的工作态度，实事求是的工作作风和强烈的责任心。

（3）具有廉洁奉公、为人正直、办事公道的高尚情操。

（4）有不断学习、不断探索的进取心。

（5）能听取不同意见，而且有良好的包容性。

（6）坚定的信念和敬业精神。

因此，总监理工程师应该是热爱监理事业，对监理事业充满信心，敬业守法，勤于钻研，充满活力的注册监理工程师。

（二）合理的知识结构

现代工程建设的工艺越来越先进，材料、设备越来越新颖，而且规模越来越大。应用科技门类多，需要组织多专业、多工种人员，形成分工协作、共同工作群体。即使是规模不大、工艺简单的工程项目，为了优质、高效地搞好工程建设，也需要具有较深厚的现代科技理论知识、经济管理理论知识、相关的法律知识和实践经验的人员进行组织管理。所以，总监理工程师不具备上述理论知识和实践经验就难以胜任监理岗位工作。

因此，总监理工程师应是一种复合型人才。他应该具有合理的知识结构，包括工程技术、工程管理、工程经济和相关的法律知识。

工程建设涉及的学科很多，其中主要学科就有几十种。作为一名总监理工程师，不可能学习和掌握这么多的专业理论知识。但是，起码应学习、掌握一种专业理论知识。没有专业理论知识的人员决不能胜任总监理工程师。总监理工程师还应力求了解或掌握更多的专业学科知识。无论总监理工程师已掌握哪一门专业技术知识，都必须学习、掌握一定的工程建设经济、法律和组织管理等方面的理论知识，从而达到一专多能的程度，成为工程建设中的复合型人才，使监理单位真正成为智力密集型的知识群体。

现代工程项目的复杂程度已远非以前可比，涉及的专业技术越来越广泛。作为项目的总监理工程师，虽然没有可能也没有必要成为所有专业技术的专家，但总监理工程师要想在项目上运筹帷幄，则对项目所涉及的专业知识均应有所了解，做到一专多能。

（三）丰富的实践经验

工程建设实践经验就是理论知识在工程建设中的成功应用。一般说来，一个人参与工程建设的时间越长，经验就越丰富；反之，经验则不足。不少研究指出，工程建设中出现失误，往往与经验不足有关。当然，若不从实际出发，单凭以往的经验，也难以取得预期的成效。据了解，世界各国都很重视工程建设的实际，在考核某一个单位或某一个人的能力大小时，都把实践经验作为重要的衡量尺度。英国咨询工程师协会规定，入会的会员年龄必须在 38 岁以上；新加坡有关机构规定，注册结构工程师必须有 8 年以上的工程结构设计实践经验。

工程建设中的实践经验主要包括以下几个方面：

（1）工程建设地质勘测实践经验。

（2）工程建设规划设计实践经验。

（3）工程建设设计实践经验。

（4）工程建设施工实践经验。

（5）工程建设设计管理实践经验。

（6）工程建设施工管理实践经验。

（7）工程建设构件或配件加工、设备制造实践经验。

（8）工程建设经济管理实践经验。

（9）工程建设招标投标等中介服务的实践经验。

（10）工程建设立项评估、建成使用后的评价分析实践经验。

（11）工程建设监理工作实践经验。

要求总监理工程师具有丰富的实践经验，是指总监理工程师要在工程建设的某一方面具有丰富的实践经验，若在两个或更多的方面都有丰富的实践经验更好。当然，人一生的工作年限有限，能在工程建设的某一两个方面工作多年，取得较丰富的经验已是很不容易的事，不可能在许多方面都有丰富的实践经验。因此，我国在考核监理工程师的资格中，对其在工程建设实践中的起码的工作年限作了相应的规定，即取得中级技术职称后还要有 3 年的工作实践，方可参加监理工程师的资格考试。当然，个人的工作年限不等于其工作经验，只有及时地、不断地把工作实践中的做法、体会以及失败的教训加以总结，才能升华成为经验。

在工程建设全过程中，总监理工程师每天都要处理很多关于工程实施中的设计、施工、材料等问题，一般找到总监理工程师解决的上述问题都是比较复杂的。因此，作为总监理工程师仅有一些理论知识，而缺乏工程实践经验，是不可想象的。

（四）高超的协调能力

总监理工程师是项目监理机构的最高领导者，需要有较强的领导艺术。总监理工程师对工程项目建设而言，是协调各参与单位的桥梁和纽带，需要有较强的组织协调能力。就组织协调能力来说，从管理学的角度看，又有一定的"领导"意义。在项目管理组织体系中，总监理工程师对内是领导，对外是协调。

（1）总监理工程师需要领导科学理论修养。管理科学理论范围很广，从一个方面讲，它经历经验管理、科学管理、行为科学、现代管理四个阶段。现代管理有许多学派和分支，行为科学是管理学中的重要分支领域，它以研究人、人群、调动人的积极性著称。领导科学吸收行为科学的研究成果，包含许多内容。总监理工程师只有掌握一定的领导科学理论知识，才能在工程监理实践中自如地处理好对内领导、对外协调的关系，促进工程项目建设顺利进行。

（2）总监理工程师需要榜样作用、敬业精神。总监理工程师对项目监理机构的对内领导和对外协调，都需要榜样作用与敬业精神。榜样与敬业的力量是无穷的。

（3）总监理工程师需要决策应变能力。决策是管理工作的体现，它贯穿于管理的每一环节。要想对工程建设的质量、投资、进度进行控制，总监理工程师必须在工程项目建设过程的动态中具有决策、应变能力。这种决策、应变能力比静态的更难、更复杂。例如，正确下达停工令，是动态中的决策。而恰如其分地下达停工令，使其起到有效的作用，需要审时度势。监理过程中的每一控制措施，都体现了总监理工程师的决策水平。

（4）总监理工程师需要组织指挥能力。总监理工程师对项目监理机构内的领导就需要较强的组织能力。对于参与工程建设的其他单位，由于其工作任务——"三控制、二管理、一安全生产管理的监理工作、一协调"，仍需要有组织指挥能力，这体现在"引导""帮助""做工作"之中，寄予"为业主服务"之中。

（5）总监理工程师需要协调控制能力对工程实体，总监理工程师要协调工程项目三大目标——质量、进度与造价之间的关系，以使工程建设总目标得以合理的实现；对参建单位和建设方，总监理工程师要协调各参与方之间的关系，使各方都能够为工程建设的顺利进行而协调一致地工作。协调能力是总监理工程师领导才能的重要标志。在项目开展过程中，总监理工程师必须能够联合所有力量，协调好项目内、外部的关系，共同实现项目的控制目标。

多年的实践经验表明，对总监理工程师来说，专业知识易学，协调能力难得。

（6）总监理工程师需要较强的管理能力和深厚的专业技术功底。总监理工程师是项目监理工作的策划者和组织者，较强的管理能力是开展工作的首要条件，但是如果总监理工程师没有深厚的专业技术功底，在技术上没有充分的发言权，则难于服众，难于成为项目的核心。因此，对总监理工程师应提出更高的要求：他既应该是管理专家，又应该是某专业的技术专家。

（7）总监理工程师需要较强的语言和文字表达能力。总监理工程师在工作中所处的特殊地位，必须要求自身既能"说"，又能"写"，否则，难以胜任大量的管理、协调及沟通工作。

（8）总监理工程师需要有开会的艺术。通常情况下，工程项目建设的协调会由总监理工程师主持。面对各方面人士、各种矛盾、各种复杂的需要处理的问题，总监理工程师要有把握会议，区分轻重缓急，既有团结、又有斗争，善于归纳问题、分析问题、处理问题的能力，才能使其达到预定的目标。

（五）健康的身体和充沛的精力

尽管工程建设监理是一种高智能的技术服务，以脑力劳动为主，但是，也必须具有健康的身体和充沛的精力，才能胜任繁忙、严谨的监理工作。工程建设施工阶段，由于露天作业、工作条件艰苦、工期往往紧迫、业务繁忙，更要有健康的身体，否则，难以胜任工作。

一般来说，年满 65 周岁就不宜再在现场承担监理工作。所以，年满 65 周岁的注册监理工程师就不再注册。

四、总监理工程师的职业道德与纪律

总监理工程师的职业道德与纪律是用来约束和指导总监理工程师职业行为的规范要求。参照国际惯例，总监理工程师应遵守下列职业道德和纪律。

（一）职业道德守则

（1）维护国家的荣誉和利益，按照"公平、独立、诚信、科学"的准则执业。

（2）执行有关工程建设的法律、法规、规范、标准和制度，履行监理合同规定的义务和职责。

（3）努力学习专业技术和建设监理知识，不断提高业务能力和监理水平。

（4）不以个人名义承揽监理业务。

（5）不同时在两个或两个以上监理单位注册和从事监理活动，不在政府部门和施工、材料设备的生产供应等单位兼职。

（6）不为监理项目指定承包商、建筑构配件、设备、材料和施工方法。

（7）不收受被监理单位的任何礼金。

（8）不泄露所监理工程需要保密的事项。

（9）坚持独立自主地开展工作。

（二）工作纪律

（1）遵守法律、法规。

（2）认真履行工程建设监理合同所承诺的义务和承担约定的责任。

（3）坚持公正的立场，公平地处理有关各方的争议。

（4）坚持科学的态度和实事求是的原则。

（5）坚持按监理合同的规定向业主提供技术服务。

（6）不以个人的名义在报刊上刊登、承揽监理业务的广告。

（7）不得损害他人名义。

（8）不泄露所监理的工程需要保密的事项。

（9）不在任何承建商或材料设备供应商中兼职。

（10）不擅自接受业主额外的津贴，也不接受被监理单位的任何津贴，不接受可能导致判断不公的报酬。

在国外，监理工程师的职业道德准则，由其协会组织制定并监督实施。国际咨询工程师联合会（FIDIC）于1991年在慕尼黑召开的全体成员大会上，讨论批准了FIDIC通用道德准则。该准则分别从社会和职业的责任、能力、正直性、公正性、对他人的公正等5个问题共14个方面规定了监理工程师的道德行为准则。目前，国际咨询工程师联合会的会员国家都认真地执行这一准则。

五、总监理工程师的职责

总监理工程师的职责包括以下内容：

（1）确定项目监理机构人员及其岗位职责；

（2）组织编制监理规划，审批监理实施细则；

（3）根据工程进展及监理工作情况调配监理人员，检查监理人员的工作；

（4）组织召开监理例会；

（5）组织审核分包单位资格；

（6）组织审查施工组织设计、（专项）施工方案；

（7）审查开（复）工报审表，签发工程开工令、暂停令和复工令；

（8）组织检查施工单位现场质量、安全生产管理体系的建立及运行情况；

（9）组织审核施工单位的付款申请，签发工程款支付证书，组织审核竣工结算；

（10）组织审查和处理工程变更；

（11）调解建设单位与施工单位的合同争议，处理工程索赔；

（12）组织验收分部工程，组织审查单位工程质量检验资料；

（13）审查施工单位的竣工申请，组织工程竣工预验收，组织编写工程质量评估报告，参与工程竣工验收；

（14）参与或配合工程质量安全事故的调查和处理；

（15）组织编写监理月报、监理工作总结，组织整理监理文件资料。

总监理工程师作为项目监理机构负责人，监理工作中的重要职责不得委托给总监理工程师代表。

总监理工程师不得将下列工作委托给总监理工程师代表：

（1）组织编制监理规划，审批监理实施细则；

（2）根据工程进展及监理工作情况调配监理人员；

（3）组织审查施工组织设计、（专项）施工方案；

（4）签发工程开工令、暂停令和复工令；

（5）签发工程款支付证书，组织审核竣工结算；

（6）调解建设单位与施工单位的合同争议，处理工程索赔；

（7）审查施工单位的竣工申请，组织工程竣工预验收，组织编写工程质量评估报告，参与工程竣工验收；

（8）参与或配合工程质量安全事故的调查和处理。

六、总监理工程师的工作

（一）建立项目监理机构

项目监理机构，是工程监理单位派驻工程现场负责履行建设工程监理合同的组织机构。当监理单位履行施工阶段的委托监理合同时，必须在施工现场建立项目监理机构。项目监理机构在完成委托监理合同约定的监理工作后可撤离施工现场。

项目监理机构的组织形式和规模，可根据建设工程监理合同约定的服务内容、服务期限，以及工程特点、规模、技术复杂程度、环境等因素确定。

项目监理机构的监理人员由总监理工程师、专业监理工程师和监理员组成，且专业配套、数量应满足建设工程监理工作的需要，必要时可设总监理工程师代表。

工程监理单位在建设工程监理合同签订后，应及时将项目监理机构的组织形式、人员构成及对总监理工程师的任命书面通知建设单位。

（二）明确专业监理工程师及监理员的职责

在建设工程监理实施过程中，项目监理机构还应针对建设工程实际情况，明确各岗位监理人员的职责分工，制订具体监理工作计划，并根据实施情况进行必要的调整。

1. 专业监理工程师应履行的职责

（1）参与编制监理规划，负责编制监理实施细则；

（2）审查施工单位提交的涉及本专业的报审文件，并向总监理工程师报告；

（3）参与审核分包单位资格；

（4）指导、检查监理员工作，定期向总监理工程师报告本专业监理工作的实施情况；

（5）检查进场的工程材料、构配件、设备的质量；

（6）验收检验批、隐蔽工程、分项工程，参与验收分部工程；

（7）处置发现的质量问题和安全事故隐患；

（8）进行工程计量；

（9）参与工程变更的审查和处理；

（10）组织编写监理日志，参与编写监理月报；

（11）收集、汇总、参与整理监理文件资料；

（12）参与工程竣工预验收和竣工验收。

2．监理员应履行的职责

（1）检查施工单位投入工程的人力、主要设备的使用及运行状况；

（2）进行见证取样；

（3）复核工程计量的有关数据；

（4）检查工序施工结果；

（5）发现施工作业中的问题，及时指出并向专业监理工程师报告。

（三）主持编制监理规划

监理规划是项目监理机构全面开展建设工程监理工作的指导性文件，由总监理工程师主持编制。

监理规划应结合工程实际情况，明确项目监理机构的工作目标，确定具体的监理工作制度、内容、程序、方法和措施。

监理规划是在项目监理机构详细调查和充分研究建设工程的目标、技术、管理、环境以及工程参建各方等情况后制订的指导建设工程监理工作的实施方案。监理规划应起到指导项目监理机构实施建设工程监理工作的作用，因此，监理规划中应有明确、具体、切合工程实际的监理工作内容、程序、方法和措施，并制定完善的监理工作制度。

监理规划作为工程监理单位的技术文件，应经过工程监理单位技术负责人的审核批准，并在工程监理单位存档。

1．编制及报送

监理规划可在签订建设工程监理合同及收到工程设计文件后，由总监理工程师组织编制，应在召开第一次工地会议前报送建设单位。

监理规划应针对建设工程实际情况进行编制，故应在签订建设工程监理合同及收到工程设计文件后开始编制。此外，还应结合施工组织设计、施工图审查意见等文件资料进行编制。一个监理项目应编制一个监理规划。

2．编审程序

监理规划编审应遵循下列程序：

（1）总监理工程师组织专业监理工程师编制；

（2）总监理工程师签字后由工程监理单位技术负责人审批。

3．编制依据

（1）与电力建设工程项目有关的法律、法规、规章、规范；

（2）与电力建设工程项目有关的项目审批文件、设计文件和技术资料；

（3）监理大纲、委托监理合同，以及与电力建设工程项目相关的合同文件；

（4）与工程项目相关的建设单位管理文件。

4. 监理规划的主要内容

（1）工程概况；

（2）监理工作的范围、内容、目标；

（3）监理工作依据；

（4）监理组织形式、人员配备及进退场计划、监理人员岗位职责；

（5）监理工作制度；

（6）工程质量控制；

（7）工程造价控制；

（8）工程进度控制；

（9）安全生产管理的监理工作；

（10）合同与信息管理；

（11）组织协调；

（12）监理工作设施。

5. 调整

在监理工作的实施过程中，建设工程的实施可能会发生较大变化，如设计方案重大修改、施工方式发生变化、工期和质量要求发生重大变化，或者当原监理规划所确定的程序、方法、措施和制度等需要做重大调整时，总监理工程师应及时组织专业监理工程师修改监理规划，并按原报审程序审核批准后报建设单位。

（四）审批监理实施细则

对专业性较强、危险性较大的分部分项工程，项目监理机构应编制监理实施细则。监理实施细则应符合监理规划的要求，并应具有可操作性。

监理实施细则是指导项目监理机构具体开展专项监理工作的操作性文件，应体现项目监理机构对于建设工程在专业技术、目标控制方面的工作要点、方法和措施，做到详细、具体、明确。

1. 编制及审批

监理实施细则应在相应工程施工开始前由专业监理工程师编制，并应报总监理工程师审批。

项目监理机构应结合工程特点、施工环境、施工工艺等编制监理实施细则，明确监理工作要点、监理工作流程和监理工作方法及措施，达到规范和指导监理工作的目的。

对工程规模较小、技术较简单且有成熟管理经验和措施的，可不必编制监理实施细则。

监理实施细则可随工程进展而编制，但应在相应工程开始施工前完成，并经总监理工程师审批后实施。

2. 编制依据

监理实施细则的编制应依据下列资料：

（1）监理规划；

（2）工程建设标准、工程设计文件；

（3）施工组织设计、（专项）施工方案。

3. 内容

监理实施细则应包括的主要内容如下：

（1）专业工程特点；

（2）监理工作流程；

（3）监理工作要点；

（4）监理工作方法及措施。

4. 补充、修改

在实施建设工程监理过程中，监理实施细则可根据实际情况进行补充、修改，并应经总监理工程师批准后实施。

当工程发生变化导致原监理实施细则所确定的工作流程、方法和措施需要调整时，专业监理工程师应对监理实施细则进行补充、修改。

（五）组织熟悉设计文件

总监理工程师应组织监理人员熟悉工程设计文件，并参加建设单位主持的图纸会审和设计交底会议。

总监理工程师组织监理人员熟悉工程设计文件，是项目监理机构实施事前控制的一项重要工作，其目的是通过熟悉工程设计文件，了解工程设计特点、工程关键部位的质量要求，便于项目监理机构按工程设计文件的要求实施监理。有关监理人员应参加图纸会审和设计交底会议。

监理人员应熟悉以下内容：

（1）设计主导思想、设计构思、采用的设计规范、各专业设计说明等；

（2）工程设计文件对主要工程材料、构配件和设备的要求，对所采用的新材料、新工艺、新技术、新设备的要求，对施工技术的要求，以及涉及工程质量、施工安全应特别注意的事项等；

（3）设计单位对建设单位、施工单位和工程监理单位提出的意见和建议的答复。

监理人员如发现工程设计文件中存在不符合建设工程质量标准或施工合同约定

的质量要求时，应通过建设单位向设计单位提出书面意见或建议。

（六）组织参加第一次工地会议

工程开工前，总监理工程师应组织监理人员应参加由建设单位主持召开的第一次工地会议，并组织整理会议纪要。

由建设单位主持召开的第一次工地会议是建设单位、工程监理单位和施工单位对各自人员及其分工、开工准备、监理例会的要求等情况进行沟通和协调的会议。总监理工程师应介绍监理工作的目标、范围和内容，项目监理机构及人员职责分工，监理工作程序、方法和措施等。

第一次工地会议应包括下列主要内容：

（1）建设单位、施工单位和工程监理单位分别介绍各自驻现场的组织机构、人员及其分工；

（2）建设单位介绍工程开工准备情况；

（3）施工单位介绍施工准备情况；

（4）建设单位代表和总监理工程师对施工准备情况提出意见和要求；

（5）总监理工程师介绍监理规划的主要内容；

（6）研究确定各方在施工过程中参加监理例会的主要人员，召开监理例会的周期、地点及主要议题；

（7）其他有关事项。

（七）组织召开监理例会和专题会议

总监理工程师应定期组织或委托专业监理工程师组织召开监理例会，研究解决与监理相关的问题。

总监理工程师可根据工程需要，主持或参加专题会议，或者授权的专业监理工程师主持或参加专题会议，解决监理工作范围内的工程专项问题。专题会议不定期召开。

监理例会应包括下列主要内容：

（1）检查上次例会议定事项的落实情况，分析未完事项的原因；

（2）检查、分析工程项目进度计划完成情况，提出下一阶段进度目标及其落实措施；

（3）检查、分析工程项目质量、施工安全管理状况，针对存在的问题提出改进措施；

（4）检查工程量核定及工程款支付情况；

（5）解决需要协调的有关事项；

（6）其他有关事宜。

（八）组织审查施工组织设计并要求施工单位按照施工

总监理工程师应组织专业监理工程师审查施工单位报审的施工组织设计，符合要求时，由总监理工程师签认后报建设单位。总监理工程师应要求施工单位按已批准的施工组织设计组织施工。

施工组织设计需要调整时，项目监理机构应按程序重新审查。

1. 施工组织设计审查的基本内容

（1）编审程序应符合相关规定；

（2）施工进度、施工方案及工程质量保证措施应符合施工合同要求；

（3）资金、劳动力、材料、设备等资源供应计划应满足工程施工的需要；

（4）安全技术措施应符合工程建设强制性标准；

（5）施工总平面布置应科学合理。

2. 施工组织设计的报审程序及要求

（1）施工单位编制的施工组织设计经施工单位技术负责人审核签认后，与施工组织设计报审表一并报送项目监理机构。

（2）总监理工程师应及时组织专业监理工程师进行审查，需要修改的，由总监理工程师签发书面意见，退回修改；符合要求的，由总监理工程师签认。

（3）已签认的施工组织设计由项目监理机构报送建设单位。

（九）组织开工条件检查、签发开工令

总监理工程师应组织专业监理工程师审查施工单位报送的开工报审表及相关资料，同时具备下列条件时，应由总监理工程师签署审查意见，并应报建设单位批准后，总监理工程师签发工程开工令。

（1）设计交底和图纸会审已完成；

（2）施工组织设计已由总监理工程师签认；

（3）施工单位现场质量、安全生产管理体系已建立，管理及施工人员已到位，施工机械具备使用条件，主要工程材料已落实；

（4）进场道路及水、电、通信等已满足开工要求。

总监理工程师应在开工日期7天前向施工单位发出开工令。工期自总监理工程师发出的开工令中载明的开工日期起计算。施工单位应在开工日期后尽快施工。

（十）工程质量控制

1. 组织审查施工方案

总监理工程师应组织专业监理工程师审查施工单位报审的施工方案，符合要求后予以签认。

施工方案审查的基本内容如下：

（1）编审程序应符合相关规定；

（2）工程质量保证措施应符合有关标准。

2. 安排监理人员的工程质量控制工作

工程开工前，应审查施工单位现场的质量管理组织机构、管理制度及专职管理人员和特种作业人员的资格。

应检查、复核施工单位报送的施工控制测量成果及保护措施，对施工单位在施工过程中报送的施工测量放线成果进行查验。

应检查施工单位为本工程提供服务的实验室。

确定旁站的关键部位、关键工序，安排监理人员进行旁站。

安排监理人员对工程施工质量进行巡视。

对施工单位报验的隐蔽工程、检验批、分项工程和分部工程进行验收。

对已同意覆盖的工程隐蔽部位质量有疑问的，或发现施工单位私自覆盖工程隐蔽部位的，应要求施工单位对该隐蔽部位进行钻孔探测或揭开或其他方法，进行重新检验。

发现施工存在质量问题的，或施工单位采用不适当的施工工艺，或施工不当，造成工程质量不合格的，应签发或要求监理工程师签发监理通知单。

对需要返工处理或加固补强的质量缺陷，应要求施工单位报送经设计等相关单位认可的处理方案，并对质量缺陷的处理过程进行跟踪检查，对处理结果进行验收。

对需要返工处理或加固补强的质量事故，应要求施工单位报送质量事故调查报告和经设计等相关单位认可的处理方案，并对质量事故的处理过程进行跟踪检查，对处理结果进行验收。

应及时向建设单位提交质量事故书面报告，并应将完整的质量事故处理记录整理归档。

应审查施工单位提交的单位工程竣工验收报审表及竣工资料，组织工程竣工预验收。存在问题的，应要求施工单位及时整改。

工程竣工预验收合格后，应编写工程质量评估报告。

应参加由建设单位组织的竣工验收，对验收中提出的整改问题，应督促施工单位及时整改。

（十一）工程造价控制

应制订工程计量和付款签证程序。

应建立月完成工程量统计表，对实际完成量与计划完成量进行比较分析，发现偏差的，提出调整建议。

应制订竣工结算款审核程序。

（十二）工程进度控制

应审查施工单位报审的施工总进度计划和阶段性施工进度计划。

应检查施工进度计划的实施情况，发现实际进度严重滞后于计划进度且影响合同工期时，应签发监理通知单，要求施工单位采取调整措施加快施工进度。应向建设单位报告工期延误风险。

应比较分析工程施工实际进度与计划进度，预测实际进度对工程总工期的影响，并在监理月报中向建设单位报告工程实际进展情况。

（十三）安全生产管理的监理工作

应根据法律法规、工程建设强制性标准，履行建设工程安全生产管理的监理职责，并应将安全生产管理的监理工作内容、方法和措施纳入监理规划及监理实施细则。

应审查施工单位现场安全生产规章制度的建立和实施情况，并应审查施工单位安全生产许可证及施工单位项目经理、专职安全生产管理人员和特种作业人员的资格，同时应核查施工机械和设施的安全许可验收手续。

应审查施工单位报审的专项施工方案，超过一定规模、危险性较大的分部分项工程的专项施工方案，应检查施工单位组织专家进行论证、审查的情况，以及是否附具安全验算结果。

应巡视检查危险性较大的分部分项工程专项施工方案实施情况。发现未按专项施工方案实施的，应签发监理通知单，要求施工单位按照专项施工方案实施。

在实施监理过程中，发现工程存在安全事故隐患的，应签发监理通知单，要求施工单位整改；情况严重的，应签发工程暂停令，并及时报告建设单位。施工单位拒不整改或者不停止施工时，项目监理机构应及时向有关主管部门报送监理报告。

第三节　沟通

一、沟通的意义

（一）沟通的定义

一般来讲，沟通是人类社会交往的基本行为过程，人们具体沟通的方式、形式多种多样。对于什么是沟通，各有各的说法，对于沟通的定义有一两百种之多。应该说，每种定义都从某个角度揭示出了沟通的部分真理。

《大英百科全书》认为，沟通是用任何方法，彼此交换信息，即指一个人与另一个人之间用视觉、符号、电话、电报、收音机、电视或其他工具为媒介，所从事交换信息的方法。

对于人际沟通，就是将一个人的意思和观念传达给别人的行动；也就是什么人说什么话，经由什么路线传至什么人，而达成什么效果；也就是将观念或思想由一个人传递至另一个人的程序，其目的是使接受沟通的人，获致思想上了解。

对于管理沟通，就是一个企业为了要执行预定目标和任务，管理者和员工要从事不同的活动。管理者必须透过一些沟通策略，如问题解决、团队合作、领导、冲突管理、会议、会谈等，来有效地传达任务给员工，以达到理想的结果。

《建设工程监理规范》GB/T 50319—2013明确，总监理工程师是由工程监理单位法定代表人书面任命，负责履行建设工程监理合同、主持项目监理机构工作的注册监理工程师。因此，总监理工程师是监理单位法人代表在项目监理工作中的全权委托代理人。总监理工程师是工程监理目标控制的全面实现者，既要对建设单位的成果性目标负责，又要对监理单位的效率性目标负责。

从监理单位内部看，总监理工程师是工程项目全过程的所有工作的总负责人，是项目监理的责任人，是项目监理目标的规划者，是监理工作中的各种要素合理投入和优化组合的组织者。

从对外方面看，总监理工程师在授权范围内对建设单位直接负责。

总监理工程师是项目监理工作的策划者和组织者，是团结、带领项目监理机构全体人员完成监理合同中各项职责和任务的核心人物，因此总监理工程师应具备有较强的组织管理能力。

监理工作是一项集体工作，作为总监理工程师，必须团结项目监理机构全体人员，调动每个成员的积极性，激发他们的工作热情和潜力。

工程项目建设是一项复杂的系统工程。在系统中，包括建设单位、承包单位（含分包单位、材料设备供应单位）、设计单位、监理单位、政府建设主管部门以及与工程有关的其他单位等要素。这些要素各有自己的特性、组织机构、活动方式及活动的目标。这些要素之间互相联系，也互相制约。为了使这些要素能够有秩序地组成有特定功能（完成工程项目建设）和共同活动目标（按工期、保质量、保安全、尽可能地降低工程造价）的统一体，需要一个强有力的力量进行组织和协调。

在工程监理实施过程中，特别是在项目进入实施阶段过程中，往往是多技术融合，也有可能是多方在同一个施工项目现场中平行、立体、交叉作业，所以，如何有条不紊地协同作战，是非常重要的。总监理工程师要承担协调处理好参与建设各方的关系，实现项目的控制目标。

为了实现这些目标，总监理工程师必须进行良好的沟通。

（二）沟通的目的

沟通的重要职能就是交流信息，沟通是管理工作的基础，是人与人之间交往的桥梁，有沟通，才有理解。良好的沟通，尤其是上下级的沟通，可使员工感到自己是企业的一员，可以提升员工士气、激励工作热情、提高工作技能及实现生活目标。

沟通手段的有效运用，可以帮助企业建立一支以协作工作为中心的员工队伍，可以增强企业的凝聚力。同时，沟通也是企业获得必要信息资料的重要途径，是满足员工心理需要、改善人际关系的重要工具。员工时常提供反馈意见，不但可以保持和谐的上下级关系，还可以保证管理者及时了解群众的意见，解决工作中的问题。

员工通过各种公开的沟通渠道获得信息；通过相互讨论、交流、探索，一起出谋划策，共同解决困难。有效的沟通不仅使企业组织的活动有效率和效益，而且充分调动了员工参与管理和决策的积极性。

沟通使员工了解了整个企业目标，每个人都尽自己最大的努力为企业工作，积极改善自己的工作绩效，提高组织战斗力，为企业的目标而奋斗。

（三）沟通的基本模型

1. 沟通的要素

沟通是一个过程。完整的沟通过程包括的要素有信息发送者、沟通渠道、信息接收者。

信息发送者将人际沟通或管理沟通的信息进行编码，把要发送的信息变成信息接收者所能理解的信息，通过沟通渠道，传递给信息接收者，信息接收者按照自己的方式接收，解码变成自己理解的信息。

在信息发送者发出的信息传递过程中，会受到各种因素的干扰，阻碍对信息的准确理解。

信息接收者在对接收的信息产生反应后，和信息发送者之间会产生一个互动的过程，即为反馈。

沟通的基本模型如图 3-2 所示。

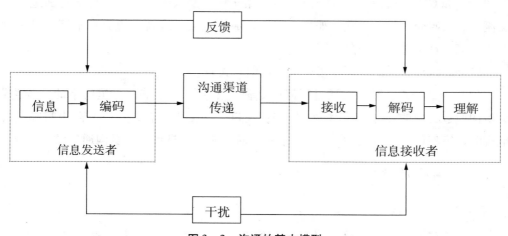

图 3-2　沟通的基本模型

2. 沟通的干扰因素

沟通的干扰因素种类有很多，它是妨碍有效沟通的重要因素，存在于沟通过程的各个环节，造成信息失真，是沟通失败或成为无效沟通的主要原因。如沟通讯息不明确、沟通者的知觉差异、沟通渠道的误用、无反馈的路径、沟通的过滤作用、沟通者的情绪影响、及沟通者的文化差异等，都是阻碍沟通有效性的干扰、因素，必须将这些干扰因素的负面影响减到最低，才能让沟通发挥其效果，达到沟通无障碍。

（1）信息发送者的技能、态度、知识和价值观。信息发送者的技能、态度、知识和价值观，对发送出去的信息质量有直接的影响。大多数人都有过一种经验，老师讲课时如果旁征博引、生动活泼，学生听完后既学到了知识，又感到精神很愉快；若老师讲课时枯燥乏味，学生听着很累，而且糊里糊涂。在老师和学生之间的信息沟通中，前者的沟通效果明显好于后者，这显然是由于作为信息发送者的老师的讲课技能不同所致。

个体的态度也影响着其行为。信息发送者对某一事物的认识和态度，也会影响沟通效果。

此外，沟通过程还受到人们在一些问题上所掌握知识的制约。

（2）信息接收者的技能、态度、知识和价值观。信息接收者的技能、态度、知识和价值观等因素，同样也影响着信息接收者接收信息的能力。要使沟通顺利进行，信息接收者要善听、善读、善观。

此外，一个人掌握知识的多少，在一定程度上影响着他听、读、观的能力，从而也影响着他接收信息的能力。

另外，信息接受者的态度和价值观也影响他接受信息的能力。

（3）沟通渠道的选择。沟通渠道是传递信息的媒介物。媒介物一般由信息发送者选择，如双方以通信的方式交流，那么媒介物就是纸张；如果进行面对面地口头交流，那么媒介物就是空气；如果打电话，那么电话系统就是媒介。不管以哪一种方式交流，都可能发生信息失真。

此外，沟通渠道的长短也可能会造成信息失真。

（4）外部噪声。整个沟通过程都在受着"噪声"的影响。这里所指的"噪声"是指沟通过程中的外界干扰因素，例如：在口头交流中，有人在一旁高声喧哗；看电视时，突然停了电等。"噪声"常常使沟通不能顺利进行，甚至沟通失败。

二、沟通的障碍

（一）人为障碍

人为障碍是一种由于个体知识、经验以及心理因素，如个人兴趣、情绪、态度、性格、思想、价值观、利益等差异所造成的沟通干扰，它是沟通过程中常见的障碍。

1. 来自发送者的人为障碍

有效的沟通很大程度上取决于信息发送者的人格特质。

（1）思想障碍。沟通中发送者的思想状况会直接影响沟通的效果。在管理者对下属的信息沟通中，若管理者存在自以为是、高人一等、唯我正确的思想，就会减少主动地与下属的沟通。另一方面，发送者有意操纵信息，即过滤（Filtering）一些对接收者有利的信息，如在下属向上级主管发送信息时，若存在投其所好、自我表功的私心，就不会把实际情况真实地向上级反映，尤其是遇到领导者不愿听取不同意见时，便会堵塞言路，从而使上级无法完全了解下属情况，于是失去了有效沟通的基础。

（2）能力障碍。人的沟通能力有相当大的差别，往往影响有效的情感沟通和信息沟通。沟通能力的差别，有的源于个人的教育和训练水平，有的由个人秉性决定。沟通是要借助语言来实现的，语言成为思想交流的工具和符号系统，包括书面语言和口头语言。信息发送者主题不突出、观点不明确、结构不合理等书面语言以及口齿不清、语无伦次、晦涩难懂等口头语言，都会使沟通效果大打折扣。

（3）信誉障碍。接收者要以发送者的合法地位作为接收信息的基本条件，同时也包括了对信息发送者的信任。接收者对发送者赋予的可信度水平直接影响了接收者对发送者的言语、思想、行动如何看待和如何反应。如果信息发送者在接收者的心目中形象不好，信誉不佳，那么接收者就会对其信息存有成见，并对信息内容不重视；若管理者的某项工作指示曾使下属"误入歧途"，那下次有同样的工作指示下属就会不予理睬。

2. 来自接收者的人为障碍

信息沟通不能产生良好的效果，除发送者方面的原因外，还有来自接收者方面的人为障碍。

（1）地位障碍。地位是指一个人在群体中的相对级别。组织通常通过各种不同的标记（如称呼、办公室名等）来表达层次等级或地位。这样的地位差距对于地位较低的人容易产生威胁而妨碍有效的沟通或歪曲沟通。接收者不仅会判断信息，而且会判断发送者，信息发送者的层次越高，越倾向于接收，这样必会影响沟通判断的标准，甚至盲目地接收；另一方面，由于接收者在群体中的层次较低，接收者在沟通中常表现出担忧、恐惧、紧张等心理反应，影响其接收能力，因此也会发生沟通障碍。

（2）理解障碍。由于发送者与接收者在知识和经验水平上相差甚远，双方缺乏对同样问题接收的"共同平台"，接收者接收信息后而发生理解上的困难和偏差，从而使沟通出现障碍。如对某一问题，发送者认为很简单，稍作提示即可了解，而接收者却认为该问题并不简单，不加说明根本无法了解，从而就出现理解上的分歧。

（3）偏见障碍。在每一种沟通情境下，接收者进行价值判断，即涉及在进行沟通之前对信息的价值大小进行赋值。价值判断主要依据接收者对沟通者的评价、与沟通者的先前经验。由于存在某种偏见或者是某些先入为主的观念，所以当接收到与自己价值观体系不相容的信息时，就会试图调整输入的信息，变更对输入信息的解释，从而导致出现信息过滤、曲解和断章取义或选择性倾听等现象。

（二）语义障碍

沟通被定义为采用共同符号进行信息传递和理解的过程。实际上，人们不能传递理解，只能传递语言学形式的信息，它是共同的符号。同样的语言对不同的人可能意味着完全不同的事情。语义障碍就是缘于人们用来沟通的符号。这种符号多种多样，如语言、文字（包括图像）、身体语言等。符号通常有多种含义，人们必须从众多的含义中选择一种，有时选错了，就会出现语义障碍。

1. 词语引起的语义障碍

因为不同的群体采用的语言不同，沟通常常受到影响。词语引起的语义障碍常常因为下列因素引起：

（1）词的多重含义。如《辞海》中"为"字有两种读法，读 wéi 音时有 15 种不同的含义，读 wèi 音时也有 4 种不同的含义。这种复杂的一词（字）多义给信息沟通带来的麻烦是显而易见的。

（2）专业术语。即行话。行话能有助于快速而准确地交流信息，但组织内的其他成员可能弄不懂它的真正含义。如果管理者不做细致和明确的解释，员工就可能难以理解其准确的含义。

（3）词语的下意识联想。有时信息中的词语无意中激起接收者的联想，从而引起接收者对信息理解的偏颇。同样的字词对不同的团体来说，会导致完全不同的情感和不同的含义。

2. 图像引起的语义障碍

除文字之外，图像是第二种类型的沟通符号，它在组织内部的沟通中具有广泛的用途。利用图表、模型等进行沟通，因为它具有直观性和形象化的特点。但是图像也常会"骗人"，因为会使人们产生各种联想与理解。

3. 身体语言引起的语义障碍

非词语沟通是人们传递信息时的重要方法。非语言沟通总是伴随着语言沟通，只要两者一致，就会彼此增强效果。身体语言是非词语沟通的重要组成部分。身体语言是指人们利用人与人之间各自形体的交互影响，以沟通彼此的意向。它分为表情语言、动作语言和体姿语言三大部分。在沟通过程中，沟通者双方的眼神交流，可能会表明相互间的感兴趣、喜爱、参与或者攻击；面部表情会表露出惊讶、恐惧、兴奋、悲伤、愤怒或憎恨等情绪；身体动作也能传递渴望、愤恨和松弛等情感。例如，当下属提出建议时，如果主管皱眉以对，下属就会认为领导是拒绝采纳。不同的人在解释身体语言时存在着文化差异，因而导致沟通障碍。

（三）物理障碍

物理障碍也是沟通的一种干扰因素，它常常同沟通的环境有关。典型的物理障碍包括沟通渠道障碍、时间障碍和距离障碍等。

1. 沟通渠道障碍

沟通渠道特点及沟通所使用的媒体对沟通的质量产生较大的影响。因沟通渠道的干扰常使沟通过程的信息传递渠道受阻或不畅通，影响了沟通的效果。如果群体的主要任务是决策，就需要采用全通道沟通网络，以便为评价所有的方案备择所需要的信息；如果群体的任务主要是执行具体工作任务，则需要构建链型或轮型沟通网络，这时群体成员间的沟通对于完成任务并不重要。另外，沟通渠道障碍还表现为客观因素的影响，如通信工具落后，就不便于随时交流和沟通。随着科学技术的不断进步，将大大提高信息传送和接收的效率。

2. 时间障碍

沟通者迫于时间压力而减少沟通时间或沟通不够，以及其他方面原因而造成的沟通无效。时间压力还常常导致沟通系统的另一种失败——"短路"，即在正常情况下，沟通正式渠道中应该包括的某一个人被排除在外。

时间的压力还会造成"信息超载"，从而导致沟通无效。网络技术的发展和使用对改善组织沟通的效益和效率的作用很大，同时人们也会感到被大量信息和数据所淹没。由于时间原因，人们不能吸收或者不能享用所有的信息，不得不筛选掉大量的信息，大部分信息没有被解码而使沟通无效。

3. 距离障碍

在信息发送者和接收者之间存在空间关系差别时，空间距离就会成为有效沟通的障碍。组织中的管理者和员工、员工和员工之间均存在着空间上的距离。由于空间距离的阻塞，双方无法在面对面的情况下沟通意见，因而在选用沟通媒介时受到限制。如只能用文字表达沟通的意见，无法用语言及手势做随时补充；或者只能用电话表达沟通的意见。另外，由于各个成员社会背景不同所造成的社会距离，也形成信息沟通的障碍。

（四）跨文化障碍

跨文化障碍包括两个方面：一是在中外文化条件下，由于沟通者与接收者的不同文化背景而产生的沟通无效。例如，外资企业中来自不同文化背景的管理者之间产生的沟通障碍。二是不同区域、民族或价值观念下产生的沟通障碍。例如，来自沿海发达地区和中西部地区的员工之间可能由于某种文化背景不同而形成的沟通障碍。

根据有关的研究表明，具有文化同质性的沟通者与接收者会使他们之间的沟通更多地关注相互关系方面的信息，而忽视工作任务方面的信息；具有文化多样性的沟通者与接收者则更容易进入工作状态，讨论工作中所遇到的各类问题。管理者在沟通中，如果不注意这种特点，就容易导致沟通无效。另外，人们在语音和语义等方面的差异也会影响跨文化沟通的有效性。

三、沟通的改善

（1）明确沟通的重要性，正确对待沟通。有时候对沟通的忽视影响了沟通者的行为。

（2）选择合适的沟通方式。根据沟通内容的特点、沟通双方的特点及沟通方式本身特点的不同，选择合适的沟通方法。

（3）选择合适的时机。由于环境对沟通有影响，在沟通时，应注意环境、气氛的选择。比如，重要的正式的信息应该在办公室等正规的地方进行，而在随便轻松的场合应该谈一些非正式的、私人感情或思想等方面的沟通。

（4）提高自己的表达能力。沟通需要借助听说读写和肢体语言的表达，因此，为了有效沟通，我们必须在平时的工作和学习中提高自己的各种表达能力，以加深对别人的理解和他人对自己的理解。

（5）善于运用反馈。在沟通中，由于知识、技能、经验、情绪等方面的原因，经常出现误解或解释不准确的情况。如果双方在沟通中，能利用好反馈这一环，就可以减少误解或解释不准确情况的发生。

（6）学会积极倾听。在口头沟通，尤其是面对面的沟通中，积极倾听对沟通效果非常重要。积极倾听之所以重要，是由于在倾听时，双方都在思考，促进了信息的理解和接受。

我们有两只眼睛、两只耳朵、一个嘴巴，潜在意义就是多听、多看、少说。而在实际工作中我们许多管理者不知道怎样积极的倾听，倾听不是一件容易的事，要想学会听，可以使用以下技巧：

1）使用目光接触。与说话的人进行目光接触，可以使你集中精力，减少分心的可能，并鼓励说话人。

2）展现赞许性的点头和恰当的面部表情。这属于一种非言语沟通。通过赞许性的点头和恰当的面部表情，以及积极的目光接触，向说话人表示你在认真的倾听。

3）提问。这一方面是为了保证理解，二是表明你在倾听。

4）复述。这是沟通中一种有效的反馈形式。

5）避免中间打断说话者。

6）不要多说。一个好的听众是不需要说话的，不说并不意味着你没有沟通，有时对方可能需要的就是你专注地听。

（7）建立和完善管理信息系统。现代化的管理信息系统可以提高沟通的效果。

四、沟通的方式

该用文字，还是语言，还是其他方法来沟通呢？一切视情形而定。如果你有紧急的事必须和组织联系，打电话也许是最佳的选择。如果你要解释的是一个非常复杂的信息，寄一封信或传真或 E－mail 会是一个较好的选择，收文者比较有充裕的时间去消化信息，所以在沟通时先要决定采用何种方式才能达到有效的沟通。

（一）文字沟通

常用的沟通方式之一为文字沟通（图 3－3），其优点是文字是永远的纪录，适于解释复杂的事务，可预先草拟并周详计划，可以降低使用唐突字眼的概率。缺点是花费多且耗时，因文字是永远的纪录，所以无法改变。文字沟通比打电话的正式感觉较疏远，没有人能保证你所发出的文书一定会为对方所过目。

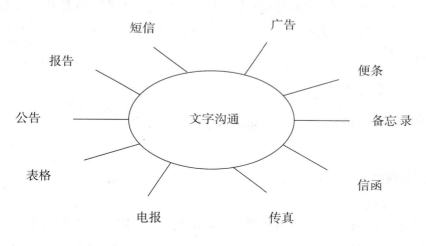

图 3-3　文字沟通

（二）语言沟通

语言沟通亦是一般常用的沟通方法之一（图 3－4），其优点是面对面说话感觉较亲近（见面三分情）、彼此双方可以更加容易地表达心中感觉、讯息可以立刻被传递、对方的立即反应也可以被察觉。缺点是你很难判定对方是否真的都听进去了、当你在说话的时候事时很可能就被扭曲、没有永久的纪录（除非录音）、有时候人与人之间的冲突也可能发生（发脾气等）。

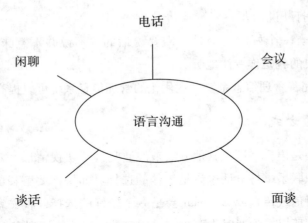

图 3 – 4　语言沟通

（三）视觉意象

除文字以外，图表和图形通常也是非常有效的沟通利器。它们提供了立即的视觉概念，所以比起一大段文字叙述或语言解说，让人更容易了解。

（四）肢体语言

从观察人们对不同状况的反应，如微笑、皱眉头、大笑或掉眼泪，都可以窥知一二。事实上，我们每天不管上班、下班还是在家庭中，也都是用这一类的肢体语言在进行沟通的。

五、沟通的类型

在信息传递过程中，从不同的角度划分有如下沟通类型。

（一）按照沟通渠道的不同划分

按照沟通渠道的不同，可以分为正式沟通和非正式沟通。

1. 正式沟通

正式沟通是指正式组织系统按照组织明文规定的原则、方式进行的信息传递与交流，如组织内的文件传达、定期召开的会议、上下级之间的定期汇报，以及组织间的公函来往、工作报告、财务报表等。正式沟通的方式有向下沟通、向上沟通、横向沟通、越级沟通。

2. 非正式沟通

非正式沟通是指正式途径以外的、不受组织层级结构限制的或个人行为渠道的沟通方式，如聚餐、闲谈、打球、舞会、小道消息等形式。

由于非正式沟通不受原则、规定的限制，因此它在组织内通常比正式沟通还要重要和普遍。

（1）非正式沟通产生的原因。是因为人们有各种各样的社会需要。通过非正式沟通，常常可以满足人们某方面的需要。例如，朋友之间的信息沟通与交流，常常意味着相互的关心和友谊的增进。此外，组织中非正式关系和非正式群体的存在，也促进了组织成员通过这种方式来弥补正式沟通的不足。

（2）非正式沟通的特点。

1）非正式沟通的优点。沟通形式多样，弹性大，速度快；一些来自非正式沟通的信息，经常能使决策者更全面、准确地认识问题，提高决策的合理性；通过非正式沟通，满足人们的某些需要，改善成员的心态，提高工作积极性，从而改进组织绩效。

2）非正式沟通的缺点。非正式沟通经常是在非常广的范围和非常多的个体之间发生。由于人们的技能、知识、态度的差异，所传信息常常失真和歪曲，例如，一些不实的小道消息经过散布，会造成很坏的影响，破坏组织的凝聚力和稳定性。

非正式沟通在组织中的存在是必然的，也是无法消除的。非正式沟通既有其积极的一面，也有其消极的一面。管理者应了解它并学会利用它，发挥它在组织沟通中的积极作用。

除正式沟通网络外，在组织中常见的还有非正式沟通网络，它通常以"马路消息""流言""路透社""八卦"的面貌出现。这些非正式的沟通无所不在，而且传递的速度相当快，几乎组织中的所有人都会对这样的信息充满兴趣。而这种非正式沟通的存在，主要隐含的意义是，组织中的正式沟通网络可能不足。当员工无法从正式的管道获得信息，心理可能觉得缺乏安全感，加上人类与生俱来的内在动机——"好奇"，就更容易引起组织内非正式组织沟通网络的盛行。若管理者能够善用非正式沟通网络，对于组织决策也可能产生极大的好处。

（二）按照传递媒介的形式划分

按照传递媒介的形式不同，可以分为口头沟通、书面沟通、非语言沟通和电子媒介沟通。

1. 口头沟通

口头沟通是人们最常见的沟通方式，包括演说、讨论、传闻或小道消息的传播。其优点是快速传递与快速反馈。但缺点是当信息通过多人传递时，信息容易失真。例如，让 10 个人传话"吃饭"，到最后可能就变成了"翅膀"。因此，组织中的重要决策决不能通过口头方式进行。

2. 书面沟通

书面沟通包括备忘录、信件、组织内部发行的刊物、布告栏、工作报告或其他任何传递书面文字或符号的手段。书面沟通的优点是持久、有形、可以核实。一般情况下，发送者与接收者双方都拥有沟通记录，沟通的信息可以无限期地保存下去，如果对信息内容有所疑问，过后的查询是完全可能的。对于复杂的或长期的沟通，这一点非常重要。书面沟通比口头沟通考虑得更为周全、正式、逻辑性强、条理清楚。但书面沟通也有其缺陷，由于书面沟通要求精确，所以耗费时间较多，而且书面沟通缺乏反馈，有时无法保证信息的准确传递与理解。

3. 非言语沟通

非言语沟通主要是指通过一些肢体语言或媒介物传递信息的方式，如交通管理中十字路口的红灯、人的手势、面部表情、坐姿等表达了不同的内容。

4. 电子媒介沟通

电子媒介沟通是指我们依赖电子邮件、微信、电话、电视、计算机、复印机和传真机等一系列电子手段进行信息传递的形式。随着电子技术的高度发展和电子技术产品在工作和生活中的普遍运用，像电子邮件、微信、视频会议等形式将会成为最普及和发展最快的现代沟通形式。电子媒介沟通的优、缺点，除了与书面沟通相同以外，还具有迅速而且廉价、覆盖面广、同时可将一份信息传递给多人等特点。

（三）按照信息传递的方向划分

按照信息传递的方向，可以分为垂直沟通、水平沟通和斜向沟通。

1. 垂直沟通

垂直沟通主要包括组织内部由上而下、由下而上的沟通，即组织内部上级与下级的沟通以及下级与上级的沟通。例如，与上级沟通时，根据上级的需求，下级应该尽职尽责地执行上级的指示，为领导分忧，定期给领导汇报工作进展情况，理解上级，敢挑重担，并进行信息反馈，使领导掌握信息；与下级沟通时，上级应根据下级的需求，给予下级关心、指导和支持，聆听下属心声，协调组织内部冲突等。

（1）下行沟通。在下行沟通中，信息的传递是从高阶主管层级到中层主管，再到基层主管，最后传到工作执行人员的过程。下行沟通的功能主要在于命令的下达、教导、激励与评估等。而在命令或工作指示下达时，每一阶层的主管都会再将信息做更清楚、具体的说明，并且过滤信息，决定哪些信息必须再往下传递，而哪些信息予以保留。

下行沟通的媒介，除了透过会议指示、电话传达等直接沟通方式之外，也可透过公布栏、员工手册、工作说明书、训练手册、组织刊物或简讯、年度报告等。

（2）上行沟通。上行沟通是指信息从组织的低阶层传往较高阶层。其主要的功能是获取组织人员工作活动的信息，包括工作报告、财务预算、工作计划与建议、甚至对工作的抱怨及不满。在信息往上传递的过程中，中层的管理者仍然会过滤信息，决定哪些信息要再往上传递，而这过滤的程序有时只是加以整理及浓缩，有时则可能加以扭曲。

上行沟通的媒介，除了透过会议、电话或面谈等直接沟通方式之外，也可利用意见箱、申诉制度、问卷调查等。

2. 水平沟通

水平沟通是指发生在组织内部同级、同层次成员之间的信息沟通。这种沟通要求同级之间相互尊重、合作、帮助、理解，带有协商性和双向性。

平行沟通的功能在于协调及解决问题，其优点是信息的传递较为直接快速，免去信息要先上行到达彼此的共同主管阶层，再循下行管道下达所必须耗费的时间。

平行沟通的媒介可以透过会议、电话、书面纪录或各种表格等。

3. 斜向沟通

斜向沟通是指发生在组织中不属于同一部门和等级层次人员之间的信息沟通。斜向沟通的目的是为了加快信息的传递，主要用于相互之间的情报通报、协商和支持。职能权力的实施大多数采用的是斜向沟通，斜向沟通往往伴随着由上而下的沟通或由下而上的沟通。

六、沟通的误区

沟通的信息是包罗万象的。在沟通中，我们不仅传递消息，而且还表达赞赏之情、不快之意，或提出自己的意见、观点。从表面上来看，沟通是一件简单的事。有的人认为，只要有沟通的意识，主动沟通是水到渠成的事，不需要学习沟通技巧；也有人认为，只要掌握了沟通技巧，沟通其实很简单。在实际工作中，存在着沟通误区，简单归纳为以下几个方面。

（1）"沟通不是太难的事，我们每天不是都在做沟通吗？"。如果从表面上来看，沟通是一件简单的事，每个人的确每天都在做，它像我们呼吸空气一样自然。但是，一件事情的自然存在，并不表示我们已经将它做得很好。由于沟通是如此"平凡"，以致我们自然而然地忽略了它的复杂性，也不肯承认自己缺乏这项重要的基本能力。

（2）"只要具有沟通意识，主动进行沟通是水到渠成的事"。无论是在工作中，还是在生活中，都可能遇到一些特别自信、能力强、居高临下的人，他们习惯于扮演教师、权威、家长的角色，喜欢别人依赖他，与这样的人沟通会产生压力感，从而给沟通制造了无法逾越的障碍。其实，即使是最懂得沟通的人，也会试图改进他们的沟通风格和技巧。

（3）"沟通成功与否，最重要的在于技巧"。沟通者过于迷信沟通技巧。在沟通中很重要的是要创造有利于交流的态度和动机，把心敞开，也就是常说的沟通从心开始，学习沟通之后也不能保证日后的人际关系就能畅通无阻，但有效的沟通可以使我们很坦诚的生活，很人情味的分享，以人为本位，以人为关怀，在人际互动过程中享受自由、和谐、平等的美好。

（4）"沟通就是寻求统一"。沟通者不能容忍另类思维，有的人认为观点不一样，好像就是挑战他不对，沟通的目的不是要证明谁是谁非，也不是一场你输我赢的游戏。你我的目标是要沟通，而不是要抬扛。有效的沟通不是斗勇斗智，也不是辩论比赛。

（5）"沟通就是说服别人"。在沟通中也有这种情形，某人掌握整个谈话，其他人只有做听众或服从。"沟通"一词来源于"分享"这个拉丁词汇。进行沟通时需要特别注意的问题是，沟通必须是互相分享，必须是双向的，要跳出自我立场而进入他人的心境，目的是要了解他人，并不是要他人同意，避免坠入"和自己说话"的陷阱，这样沟通才能有效。

（6）"面对面的沟通要比书面表达容易、有效得多"。面对面沟通比书面沟通容易，这个事实并不一定意味着这种方式更有效。事实可能正好相反，正因为面对面沟通太容易了，我们才不会仔细考虑我们要说的话，也就是说，我们要说的话不一定能够恰如其分地表达我们想要表达的意思。

（7）"不宜让员工知道太多的信息"。应该给员工提供哪种类型的信息呢？你要相信他们迟早都会发现事情的真相。如果你不告诉员工实情，那么，他们就会自己去编造答案，这是人类的本性。而且他们虚构出来的情况可能远远比你没有告诉他们的简单事实更跌宕起伏、更无中生有，可能更吓人。故作神秘和遮遮掩掩是助长小道消息泛滥的养分。因此，你的出发点应该是让你的员工知道每件事。

（8）忘记了目标。沟通时也可能会出现这样的情况，本来双方是决定好好地进行沟通的，但由于种种原因，变成了争吵，越吵越厉害，都忘记了沟通的目的。

（9）没有从对方情况出发问对方喜欢且擅长的问题。一把钥匙只能开一把锁。每个人的价值观、知识、认识水平，甚至立场都不一样，所以，每个人心门上的锁也不一样。要打开对方沟通的心门，我们需要针对性地选择突破口和钥匙。那这个突破点可能在什么地方呢？在别人擅长并喜欢的地方。

（10）不了解对方的需求。沟通的话题宜与时间、地点、场合为转移，尤其是需要明确对方的需求，否则容易犯"刻舟求剑"的错误。

（11）把说的能力等同于沟通能力。我曾遇到很多人都有很强的表达能力，但是否意味着这些人就有很强的沟通能力呢？未必。因为他说他的，基本没注意观察对方的反应和倾听对方的想法，说了半天没效果，最后给人留下了不好的印象，浪费彼此的时间，如果沟通双方都采用这种方式，实质上是一个双输的结果。

七、有效的沟通

（1）选择合适的沟通方式。根据沟通内容的特点、沟通双方的特点、沟通方式本身特点的不同，选择合适的沟通方法。

（2）善于运用反馈。在沟通中，由于知识、技能、经验、情绪等方面的原因，经常出现误解或解释不准确的情况。如果双方在沟通中，能利用好反馈这一环，就可以减少误解或解释不准确的情况的发生。

（3）学会积极倾听。在口头沟通，尤其是面对面的沟通中，积极倾听对沟通效果非常重要。积极倾听之所以重要，是由于在倾听时，双方都在思考，促进了信息的理解和接受。

（4）建立和完善管理信息系统。现代化的管理信息系统可以提高沟通的效果。

（5）沟通要发挥其效果，即要选择适宜的沟通方法。在多变的环境及科技的社会中，沟通的方法已经是多样化了，且可以运用多重的媒介来进行沟通，促进沟通的有效性。所以，一次成功的沟通需随时依靠沟通情境，综合运用文字沟通、语言沟通、视觉意象、肢体沟通等，如此方能达到精确、有效的沟通，且达成组织的目标。

（6）做到真诚待人。学会将心比心，尊重不同的差异，先从自己做起，小心流言蜚语，妥善处理"小人"行为。

（7）做到让别人喜欢你。优化自己形象，事前多睁大眼睛，增强对自己的了解。

（8）谈话有技巧。圆滑的应付，树立良好的第一印象，不装腔作势，表现自己的热情，迎合对方心理。

（9）给别人留面子。别炫耀过头了，把微笑挂在脸上，坦承自己的过错，控制自己的情绪，给对方保留面子。

（10）得到别人的信任。拿出更多热诚，敞开自己的心房，对他人表现出诚挚的关切，信守承诺。

（11）与别人合作的修养。相互尊重与包容，懂得礼尚往来，适当的衣着装扮，不要表现出优越感。

（12）互相尊重。只有给予对方尊重才有沟通，若对方不尊重你时，你也要适当地请求对方的尊重，否则很难沟通。

（13）绝不口出恶言。恶言伤人，就是所谓的"祸从口出"。

（14）不说不该说的话。如果说了不该说的话，往往要花费极大的代价来弥补，正是所谓的"一言既出，驷马难追""病从口入，祸从口出"，甚至于还可能造成无可弥补的终生遗憾！所以沟通不能信口雌黄、口无遮拦，但也不是完全不说话。

（15）情绪中不要沟通，尤其是不能够做决定。情绪中的沟通常常无好话，既理不清，也讲不明，尤其在情绪中，很容易冲动而失去理性，如吵得不可开交的夫妻、反目成仇的父母子女、对峙已久的领导下属等，尤其是不能够在情绪中做出情绪性、冲动性的"决定"，这很容易让事情不可挽回，令人后悔。

（16）理性的沟通，不理性时不要沟通。不理性只会发生争执，不会有结果，更不可能有好结果，所以，这种沟通无济于事。

（17）承认我错了。承认我错了是沟通的消毒剂，可解冻、改善与转化沟通的问题。

（18）说对不起。说对不起，不代表我真的做了什么天大的错事或伤天害理的事，而是一种软化剂，使事情终有"圜转"的余地，甚至于还可以创造"天堂"。

（19）爱。一切都是爱，爱是最伟大的治疗师。

（20）等待转机。如果没有转机，就要等待。当然，不要空等待，成果不会从天下掉下来，还是要你自己去努力，但是努力并不一定会有结果，或舍本逐末；然而若不努力，你将什么都没有。

（21）耐心。等待唯一不可少的是耐心，有志者事竟成。

八、总监理工程师与所属监理单位之间的沟通艺术

（一）与领导的沟通

与领导的沟通分为三种情况：接受指示、向领导汇报和商讨问题。

1. 接受指示的七个要求

（1）在进行这种沟通之前，明确与领导沟通的时间、地点。

（2）被领导突然招去接受指示时，要事先问一问沟通的内容，以便做好思想准备。

（3）认真倾听。

（4）不要担心让领导觉得自己理解能力差，要多发问，以明确有关指示的三个问题：指示的目标要求是什么？明白了这一问题，才便于后面的行动；指示的依据是什么？明白了这一问题，才能提高贯彻执行指示的能动性落实这一指示；领导有何思路？明白了这一点，才能准确地贯彻执行这个指示。

（5）对领导的指示进行反馈，让领导就重要问题进行澄清和确认。

（6）首先将指示接受下来，避免急于表达自己的观点。即使自己对领导的指示有异议，也不要急于反驳，可待领导把话说完，按照领导的思路，以假设的口吻提出异议，让领导思考解答。比如，"如果……，那该怎么办？"尤其要注意，不要针对领导指示抱怨、发牢骚。

（7）不要在接受指示时与领导进行讨论和争辩，以免因为考虑不周，对问题阐述不清，说服不了领导，反而引起不快。但可以把自己疑惑的问题概括出来，并让领导确认时间、地点，再进行沟通。

2. 向领导汇报的五个要求

（1）汇报的内容要与领导原来的指示、计划和期望相对应，避免文不对题，浪费领导的时间。

（2）从领导的角度来看待工作，关注领导的期望，对于领导所关注的问题，应重点、详细地进行汇报。

（3）避免单向的汇报，要主动寻求反馈，让领导确认对自己所作汇报内容的理解和把握。

（4）尽可能客观、准确，不要突出个人、自我标榜，以免引起领导的反感。

（5）对领导作出的工作评价有不明白之处，必须复述后让领导确认，以获知领导评价的真实意思。

3. 与领导商讨问题的六个要求

（1）表达确切、简明、扼要和完整，有重点。

（2）针对具体的事情进行分析，表达自己的观点和想法，避免针对具体的个人进行评价。

（3）不要把与领导讨论问题当作义务，仅仅"我说了"还不行，还必须让领导理解、明白。

（4）避免与领导进行辩论，不要对每个问题都要争出一个是非对错来。

（5）不要在所讨论的问题中加进自己的情绪。

（6）避免把自己的意见强加于领导。

（二）与职能部门的沟通

监理单位的职能部门对下面监理部有各职能业务的管辖、领导、处理的责任，总监理工程师应尽量配合。

总监理工程师在与监理单位各职能部门进行沟通时，应把握多发问，以明确各职能部门发出业务的目的及要求，汇报时避免文不对题。

九、总监理工程师与建设单位之间的沟通艺术

监理单位作为建设工程的三大主体之一，在建设单位授权下承担着对施工承包合同进行全面管理，并对工程质量、造价、进度目标进行监督管理，以确保工程目标的全面实现。在工程建设过程中，监理单位应处理好建设单位、监理单位、承包方的关系，对整个工程建设的顺利进行起到极为关键的作用。

就三方关系而言，建设单位分别与监理单位和承包方的关系是合同关系，而监理单位与承包方之间没有合同关系。监理单位按照法律、法规、技术规范和技术标准以及监理合同的约定，开展对承包方的监督管理工作；承包方根据法律、规范的规定和它与建设单位签订的有关建设工程合同的规定，接受工程监理单位对其建设行为进行的监督管理，接受并配合监理其履行合同的一种行为。可见，监理单位在委托监理的工程中拥有一定的管理权限，能够开展监督管理活动，这是建设单位授权的结果。因此，监理单位与项目建设各方的沟通，建设单位应是列在第一位的。

只有让建设单位充分了解监理单位的能力，对监理服务可能达到的效果充满信心，才可能对监理单位给予相应的授权，并在过程中积极支持监理单位开展工作。要达到这样的效果，除了监理单位认真履行自己的职责，完成好本职工作以外，还要靠监理单位与建设单位在整个建设过程中全方位地、不间断地沟通。通过沟通，监理单位可以了解建设单位的意图、需要和关注焦点等信息，在分析信息的基础上，向建设单位提供专业的、有针对性的监理服务；通过沟通，建设单位可以了解监理单位在工程建设中做了些什么，提出了哪些建设性意见等，让建设单位感受到监理单位在工程建设中起到的作用，加强建设单位对监理单位的信任和支持，这样的结果就是沟通的目的。

监理单位与建设单位的沟通，按时间段可分为服务提供之前、服务过程中及服务实现后三个阶段，三个阶段沟通的目的和内容是相互联系但有些区别的。在服务过程中的沟通主要是由项目监理部来实现的。监理服务质量的水平如何，建设单位是否满意服务质量，就是在这个阶段体现出来的。所以，提供服务过程中项目监理部与建设单位的沟通就显得特别重要。

（一）沟通的形式

沟通的形式是多种的，但归纳起来可以划分为书面形式的沟通、会议形式的沟通、日常工作中的交流沟通等。

1. 书面形式的沟通

书面形式的沟通包括监理规划、参建各方工作制度、监理月报、监理工程师通知单、建设单位意见调查表等，不同的书面形式的沟通，代表着不同的作用。

（1）监理规划。监理规划是根据合同、监理大纲、工程特点等内容，由总监理工程师组织编写并经公司技术负责人审核合格后，在开工后15天之内提交给建设单位的文件。监理规划是项目监理部开展项目监理工作的指导性文件，同时监理单位报送建设单位的目的也是让建设单位全面了解项目监理部的组织机构、人员分工、岗位职责、工作内容、工作方法和措施、工作程序、工作制度、监理资源投入等监理任务的内容。通过该文件，建设单位可以对监理工作计划有一个较全面的了解。内容全面、针对性强的监理规划能够让建设单位对监理的工作能力充满信心，并直接影响到建设单位对监理单位的信任程度。监理规划编制内容的深度、范围、针对性等对项目监理部开展监理工作的指导作用是有直接关系的，也直接影响到监理提供的服务质量水平。因此，可以说，监理规划是监理单位与建设单位的沟通过程中非常重要的书面文件，也是监理单位履行监理合同的主要说明性文件，具体指导其履行监理合同。建设单位通过其了解和确认监理单位执行合同，完成监理任务的情况。

（2）参建各方工作制度。该制度的建立本身就是一个沟通的过程，通过建设单位、承包方、监理单位的沟通、交流、讨论，最终形成的参建各方工作制度，是规范参建各方行为的一种制度。建设单位对工程建设工作的主要要求都可以纳入该制度中，通过这种沟通，监理单位和建设单位可以充分地交换意见，找到最佳结合点，制定既满足项目要求和监理管理规定，又能照顾到对方工作特性的业务程序。该制度作为规范参建各方相互往来工作关系的行为准则，各方应认真执行，使各方职责、权限及相互工作关系明确，做到相互配合、相互监督，保证工作规范、有序地进行，最终确保工程建设任务的圆满完成。

（3）监理月报。是由项目监理部每月底提交给建设单位的阶段性文件，反映的内容是当月的施工及监理情况，使建设单位能够掌握工程建设情况，了解信息，以做出下一步合理的布置和安排，如资金的布置。监理月报中所反映的对本工程建设的建议和意见，是让建设单位体会监理单位的责任感与专业性，是监理单位超前管理意识的一种体现。急工程所急，想工程所想的建议会使监理单位被建设单位认同。

（4）监理工程师通知单。此种形式的交流是向建设单位反馈一种监理效果的信息。工程建设中发生了违反设计、规范规定的操作或发生了质量事故、安全隐患，监理单位就向承包方下发监理通知单并对整改结果进行验证，此过程表现了监理单位的专业性、技术性以及责任心，也是监理单位发现问题、解决问题能力的体现。《监理工程师通知单》要有针对性、依据充分，用词要准确，同时要让承包方有可回复性，将问题封闭。

（5）建设单位意见调查。建设单位意见调查，是建设单位对监理服务质量情况、监理服务满意情况的一种信息反馈，是建设单位与监理单位就有关服务信息的沟通，最直接地反映了项目监理部的工作效果及被建设单位的认同程度。

此外，书面形式的沟通还包括备忘录、报告、建议书、监理总结等，在此就不做一一列举。

2. 会议形式的沟通

会议形式包括监理例会、专题会议以及技术交底会、图纸会审等。

（1）监理例会以及专题讨论会。一般都是由监理单位主持，参建各方参与的一种沟通形式。各方在会上提出相应的要求、请示、意见等，是参建各方对工程建设进行的一种交流。通过交流沟通，大家取得一致意见，解决了问题。会议是一种高效的解决问题的沟通方式，监理单位在会议上不但要平衡各方意见，也要敢于表述自己的意见，做到公正、专业的评判和表述。掌握会议的议题和进程是反映监理单位（特别是总监）的一种组织协调能力、语言表达能力的体现。拖沓冗长的会议会使参会各方（含建设单位）感到反感，相反，精炼的会议能取得良好的效果，建设单位也很愿意接受并积极参与此种交流。

（2）技术交底会及图纸会审。这里所说的技术交底会是指就某个分项工程和工序，监理单位按照监理实施细则以及相关规范，向承包方进行的技术和要求的交底，建设单位作为旁听。此种沟通形式专业性较强，要求监理单位做好充分的准备，要让建设单位感受到监理单位高水准的专业技术能力。监理单位要以客户的眼光和感受来要求承包商，这是一种监理单位验收标准的交底，也是建设单位高标准、高质量要求的隐含需求的明示。通过这种沟通，建设单位也会很认同监理单位这种把顾客需要求转化为相关要求的一种做法。

（3）良好会议沟通的要点。会议基本功能是：会议为达成某种目的而搜集参与者的意见、情报、判断和事实；能够集思广益；指导组织成员和传递消息。

会议是重要的，因为可以让个人在很短的时间内分享资源，以达到彼此的目标。但如果仅为了留下纪录，毫无实质可言，会议可以是昂贵且耗时间的，所以，有效的沟通就是重要的关键点了。

如何在会议的过程中达到有效的良好沟通呢？

1）专注于事实。太多的会议把时间浪费在和议题无关或模糊了焦点的事务上，增加了冲突，浪费了会议的进度。建议为会议准备最新、最完整的资料越多越好，可以使大家将注意力集中，因为事实可以引导人们从讯息移向策略选择的中心议题。

2）选择多元。在开会中，为了鼓励讨论，引入更多的选择方案，可以让做出的决策是对工程有利的。

3）寻求有条件的共识。在会议中，最难的就是达成全体共识，所以提出了有条件的共识的观念，只是在作出决定时，必须要让会议成员明白在会议中的确衡量了各种不同的意见。

3．日常工作中的交流沟通

日常工作中的沟通主要是通过交谈的方式进行，可别小看了这种日常的交谈，通过交谈可以反映一个总监理工程师及专业监理工程师的综合素质，包括敬业精神、专业技术水平、应变能力、协调能力、语言表达能力等，所以应该支持并鼓励这种沟通形式。总监理工程师应鼓励专业监理工程师参与建设单位管理人员交流：一是充分获取建设单位的相关信息，为保持或改进工作提供依据；二是向建设单位充分展现自我，让建设单位认同项目监理部每一个监理人员及其工作效果，直致认可并满意项目监理部提供的服务质量。

当然，沟通的形式和方式是多种多样的，采用不同的沟通形式会取得不同的效果，什么时候什么情况选择何种沟通形式才会取得良好的效果，这就是下面要谈的沟通的时机与策略的选择。

（二）沟通的时机与策略的选择

沟通的时机和策略的选择因人、因时、因地、因事件不同而不同，不能一概而论。

1. 重视沟通的"软管理"

"软管理"就是监理工程师对项目参与者心理活动的管理，是沟通时机和选择的重要依据。人有自然和社会双重属性。沟通时应分析沟通参与者所属部门对事件的要求和看法，分析其个人经历、地位、价值观、爱好等，找准切入点，适时地展开沟通。另一方面，监理工程师也应对自身的专业修养、心理活动进行管理，监理工程师在任何情况下，即使有充足的理由，也应避免愤怒、喜乐等情绪波动，或者相反，因自责、愧疚而轻易承担责任。沟通应是在一个理智、平和、友好的氛围中进行。

2. 斟酌书面沟通文件中的用词

在书面沟通形式的文件中，用词一定要准确，依据一定要充分，多用事实或数据支持。应慎重使用诸如"所有""全部""完全""一切"等词语，要考虑特殊情况，避免让人误解或有人钻空子；另外，应斟酌多义词可能带来的误解，因为"重要的不是你说了什么，而是别人领会了什么"。

3. 建设单位对监理服务有意见时的沟通

项目监理过程中，总会出现在某个时期或个别问题建设单位对监理单位提供的服务有意见的情况，这时就应该选择一个建设单位代表心情比较平顺的时候，由总监理工程师主动找建设单位代表交流，了解建设单位是因为什么事情对监理单位有意见，在知道了事情的缘由后，向建设单位做进一步的表述，表达自己的意见。如果确定是监理单位的责任，则要具体分析，该改进的改进，该调整的调整，并且要将改进的意见和改进的结果以书面的形式汇报给建设单位，让建设单位明白监理单位很尊重建设单位的意见，是以其为关注焦点的，目的是能够提供让建设单位满意的监理服务。

4. 建设单位对某个监理人员有意见时的沟通

如果建设单位对项目监理部提供的服务总体是满意的，但是对某个监理人员有意见时，总监理工程师应及时找建设单位了解相关情况，然后分析原因，如果是专业水平不够、能力差不能胜任岗位而引起建设单位有意见的，应该马上推荐去培训或撤换。如果只是因人的性格不合，则总监理工程师应做好协调工作，将原因分析给该监理人员听，鼓励其主动与建设单位进行沟通。作为项目总监，不要随便撤换项目监理部的人员，这对项目监理部工作的开展不利，对个人的发展也不利，应让该监理人员少说多做，试着改变去适应建设单位的要求。

（三）沟通效果的验证

沟通的结果如何往往被项目监理部留于口头上，没有留下太多的书面记录，作为通过 ISO 9001：2000 质量管理体系认证的企业，应该对沟通的结果做书面的记录。

沟通的目的是为了使监理单位能够提供更好的监理服务，建设单位能够接受并满意监理服务的结果，满意度的测评应该有相应的数据资料支持。除了其他数据资料，沟通效果的书面记录应是其中一个方面，通过沟通，我们的工作是否做了改进或是否继续保持了好的方面，总要有一个验证，如何验证，书面记录才是真实的、全面的，通过对书面记录资料的整理、归纳、分析，才能得出一个真实的结果，才能对项目监理部与建设单位沟通的效果进行验证，而此结果的验证又支持了顾客满意度的测评。

十、总监理工程师与监理人员的沟通艺术

（一）打消监理人员的戒备心理

1. 平等交流

（1）监理人员的心理。由于职位不同，监理人员对上级往往有一种畏惧心理，非常在意上级对自己的态度。

（2）沟通不是职位的交流，而是心与心之间的交流，在这个意义上，总监理工程师和监理人员是平等的。

（3）降低自己的姿态，真诚谦虚，不要以先知者和必胜者的心理自居，不要老是一副严厉的面孔，用一种朋友间沟通的平等心态去和监理人员沟通。

2. 注重方法的变通

方法正确才能减弱或者消除监理人员的戒备心理。

要根据监理人员不同的情绪状态和个性而采取适当的沟通方法，比如直接指出问题所在，表达自己的态度和观点；旁敲侧击，暗示监理人员；转移注意，在谈笑之中让监理人员明白你的意思。

3. 多表扬

心平气和地疏导自己的情绪，多对心存戒备的监理人员提出激励和表扬，特别是在公共场合对他们真诚的赞扬，会正面引导他们放下戒备心态。

4. 表达应尊重

（1）不能抓住一点过失大做文章，不给监理人员下台的机会；

（2）在同一问题上，必须一视同仁；

（3）不能不分时间和场合当面批评监理人员；

（4）不用讽刺、嘲笑、挖苦的口吻和监理人员沟通；

（5）不当着监理人员的面表示出不信任。

（二）表达对监理人员的尊重

1. 尊重监理人员的个人习惯

（1）每个人都有自己的生活和工作习惯，只要监理人员的个人习惯对公司和工

作没有大碍，就不要因为自己的"不顺眼"而强行让其改变。

（2）必要的时候要表示认同，这不是妥协，因为很多人必须在自己的习惯下才能发挥出本身的才能。

2. 切莫傲慢、自负

（1）谈话时监理人员提出异议，不要显出轻蔑和恼怒，及时记录下来，并向监理人员表示会认真考虑。

（2）对待监理人员善意的幽默不要制止，忽略或者同样回以一个幽默，但是不能拿身边的人作为挖苦的对象。

（3）微笑着接受监理人员的批评并认真对待问题。

（4）当监理人员在某方面表现出超出自己的机智和才能时，不能心存妒忌、暗中排挤，学会着眼大局，并对监理人员提出表扬。

3. 不要随便发号施令

（1）用教训和命令的口气说出的话，会给人以缺乏尊重的感觉。

（2）相对于命令，监理人员更愿意接受推荐或者建议。命令的口气会让监理人员心中产生逆反心理。

（3）要避免说出类似的话：你必须……；你应该完成的是……；你竟然敢……；你给我记住……。

（三）在监理人员犯错时表达出大度

1. 查清事实

不能随便训斥监理人员，但也不要毫无根据地只听监理人员的解释就表示谅解，因为这样可能会助长监理人员推脱责任的不良习惯，要对监理人员所说的错误原因进行多方面的调查和考证。

2. 表示理解

在确认监理人员犯错误不是他自愿所为以后，应该消除监理人员的紧张心理，表示自己理解他的无奈，同时表达出自己的遗憾。

3. 适当融入赞许

如果监理人员在不得已的情况下，虽做出了努力，但是最后没有成功，你非但要表示理解，还应该对监理人员曾经做出的努力表示赞许，以鼓励他的斗志。

4. 以鼓励结尾

最后应该鼓励一下监理人员，告诉他再次遇到棘手的问题时，要努力克服困难，要有必胜的信心。

（四）避免关心监理人员的误区

（1）许诺空头支票。关心重在做，不在说，说而不做，只会使自己威信扫地，要用实际行动让监理人员明白你的努力。

（2）满足监理人员的所有要求。对不合理的要求也努力满足，只会培养监理人员的不良习惯。

（3）不批评监理人员。过分的纵容只会换来更大的错误，害人又害己。

（4）不了解监理人员的真正需求。不了解监理人员的真正需求而自以为是地瞎关心，会被误认为在作秀而导致相反的效果。

（5）关心有轻有重。对监理人员的关心要公平，不能过分明显地偏袒某一方，否则会导致监理人员内部拉帮结派，矛盾加剧。

（6）不关心监理人员的不满。对于监理人员的不满应该及时了解，妥善处理，否则积少成多，势必会造成严重的后果。

（7）动机不纯。如果关心监理人员带着强烈的功利色彩，换来的不会是尊重，而是轻视。

（8）只偏重物质利诱。关心必须用心，物质利诱只可能在短时间内博得监理人员的欢心，而不会有长久的效果。

十一、总监理工程师与承包商之间的沟通艺术

监理与承包商的沟通是非常重要的。

作为监理，首先必须明白的一点是，所有的施工任务都必须依靠承包商来完成，承包商要完成任务，需要相关的组织机构、人员、设备、材料和技术管理。这是一个系统工程。当承包商确定某个方案的时候，必须全面考虑质量、工期、费用（成本）之间的关系，也会考虑制订的方法是不是容易被施工人员接受并顺利实施的问题。所以，作为监理，应该理解这一点。但不少监理的工作思路却不是这样的，有些人认为，监理要控制，就是要让承包商听监理的，否则就不能达到控制的目的。

其实，这是相当有问题的认识。承包商的施工是一个系统，编制的方案必须服从这个系统。作为监理，关注的目标是不一样的，也许我们更多地强调的是质量或工期，很少关注承包商实施施工所需的成本支出。这样，当我们按监理自己的想法提出某个方案的时候，我们的方案不一定对承包商来说是最优的。每个人的想法是不相同的，每个队伍的工作习惯和资源准备也都不是一样的。如果千篇一律地提要求，有些队伍可能适应，有些可能完全不适应。如果是前者，实施的可能性还比较大；如果是后者，遇到的问题将是无法兑现。所以，作为监理，应该充分理解施工的意图，掌握施工方案的真正内涵和要求，深入理解方案的精髓，而且应该掌握方案与资源之间的关系，这样就有了一个共同的基础。在这个基础上，监理再来发现方案实施过程中存在的问题并进行合理的修正，相信承包商也能接受，实施过程也才能得到有效的控制。如果监理简单地说是与不是，同意与不同意，则无法与承包

商达成共识，即使承包商表面上答应，事实上也不可能积极地进行推广，因为这样的方案不一定对承包商有利，而要促进承包商努力实施监理的要求和合同文件的要求，最好的方案应该是理解并掌握承包商的总体安排和具体的实施方案，这样，才有实现目标的可能。如果监理与承包商各行其道，就相当于两条平行线，永远没有交点，永远也就不能交会在一起，不能实现共同的目标了。

所以，作为总监理工程师，应该与承包商积极进行沟通和交流，了解其真实的想法，在他的方案基础上进行调整和修正，不改变其总体思路，就容易被承包商接受。那么，施工和监理就有了共同点，能够就某些问题达成共识，最后共同努力实现确定的目标任务。

沟通，应该是真正努力地进行了解，认真进行分析，在认识上能够积极保持一致。这样，当一个问题出现时，就有了相应的自救对策，监理心中更加有数，效果也许会更好。这样，才能实现"双赢"的效果。如果各人按各人的想法去实施，也许永远不会找到相同的交点，也许就永远失去了良好合作的基础。所以，对一个项目而言，我们应该多问项目部应该怎么做，而不是问自己该怎么做。这是一个原则问题，涉及一个责任和方法论的问题。监理永远无法代替承包商，事实上也代替不了承包商的工作，所以，监理应该主动了解和掌握承包商的真正想法、思路和措施，才有可能取得良好的效果。

十二、总监理工程师与设计单位之间的沟通艺术

总监理工程师与设计单位之间的沟通主要是在地基处理、设计交底、图纸会审、修改设计、工程概算、隐蔽工程、竣工验收等环节上要密切配合。如设计遗漏、图纸差错等问题，要解决在施工前；施工阶段严格按图施工；结构工程、专业工程、竣工验收要请设计单位参加。若发生质量事故，要听取设计单位的处理意见；施工中发现设计问题，监理应及时地报告建设单位，要求设计单位修改，以免造成大的损失；若监理单位掌握比原设计更先进的新技术、新工艺、新材料、新结构、新设备时，要主动向建设单位推荐，支持设计单位技术创新。

十三、总监理工程师与政府建设工程质量监督部门之间的沟通艺术

严格守法。"法"是代表国家利益和政府意图的，是项目建设与政府部门（如建设、文物、环保、消防等部门）关系的依据。与工程建设有关的法律、法规和规章很多，监理首先要学法、懂法、还要守法、执法，用法指导建设，保护自己，解决监理过程中的问题。

总监理工程师在项目监理过程中，必须会与建设单位、承包商、设计单位、政府监管部门以及监理单位、监理部内部进行交流沟通。同样一个问题，交流沟通的

方式、方法不同，其结果肯定不一样。总监理工程师在交流沟通中，应本着实事求是、尊重事实的原则，以理服人；说话要注意策略，斟酌言辞，掌握分寸；要根据场合、对象的不同，调整方式和方法，心平气和地进行交流沟通；决不能以趾高气扬、目中无人的态度交流。这样不仅解决不了问题，反而会激化矛盾、伤和气。由于参加工程建设的各方都有一个共同的目标，即将工程项目做好，因而，只要在交流沟通中采取适当的方式，是能够达到相互理解、相互配合并解决问题的目的。监理工程师应不断加强这方面的修养，努力提高交流沟通的技巧，将监理工作做得更好。

　　沟通工作将贯穿于整个建设工程实施及其管理的全过程。沟通参与工程建设各方面的关系，使参建各方的能力能最大限度地发挥，是总监理工程师能力的体现。总监理工程师作为合同双方的纽带和桥梁，应做好沟通、协调、缓冲工作，为各方营造一个良好的合作氛围。沟通不仅是方法、技术问题，更多的是语言艺术、感情问题。高超的沟通能力则往往能起到事半功倍的效果。总监理工程师在沟通过程中要站在公平、公正的立场上处理问题；既坚持原则，又善于倾听和理解各方意见，工作方法灵活。只有这样，才能使各方都心悦诚服，对沟通结果满意；也才能建立和维护总监理工程师的威信，得到各方的尊重，得到各方的理解、支持，并主动接受监理工程师的组织协调和监督；才能保持各方良好的合作关系。总监理工程师除了参加每周项目监理部组织的工程协调会外，还应根据本专业工程的进展情况，确定本专业各承包商、部门间的工作沟通协调程序，为组织一体化积极开展工作，及时沟通协调和处理本专业管理范围内建设单位及各承包商之间的配合，实现各方良好合作，有力推动本专业工程顺利开展。

第四节　激励

一、概述

　　激励对于组织经营至关重要。员工的能力和天赋并不能直接决定其对组织的价值，其能力和天赋的发挥在很大程度上取决于动机水平的高低。无论一个组织拥有多少技术、设备，除非由被激励起工作动机的员工所掌握，否则这些资源不可能被付诸使用，所以说，"管理深处是激励"。

（一）需要、动机与行为

　　一个人渴了想喝水，就会产生寻找水的行为，行为指向一定的目标，直到找到水为止。根据心理学原理，产生行为的直接原因是动机——渴了，个体缺乏某种东西——水，想喝水是需要，需要产生找水的动机，动机是引起个体找水行为，并维护该行为，将行为导向直至找到水这一目标的过程。

需要、动机、行为之间的关系可以如图 3 – 5 所示。

图 3 – 5　人类行为的模式图

1. 需要

（1）概念：需要是指人们对某种目标的渴求和欲望。欲望是一种心理现象，行为科学家把促成行为的欲望称为需要。

（2）需要的三个基本内涵：

1）生活体缺乏时，叫做缺乏状态（饥、渴、不识字，即缺食、缺水、缺文化）。

2）生活体自己去平衡这种缺乏状态（要吃、要喝、要学习），这种平衡是生活体内部的自动平衡。

3）生活体去择取缺乏物（吃饭、喝水、识字）。

缺乏状态是需要产生的原因。由于缺乏状态的出现，才有对缺乏状态的平衡，进而对缺乏物的择取。但是，需要不是平衡过程本身和择取过程本身，而是这个平衡的倾向和择取倾向，需要是作为"倾向出现的"。所谓需要是生活体处于缺乏状态而出现的体内自动平衡倾向和择取倾向。

（3）马斯洛的需要层次论。美国心理学家马斯洛（A. H. Maslow，1908—1970）是 20 世纪 50 年代中期人本主义心理学派的主要创始人，马斯洛动机理论的核心是需要层次理论。他认为，人的动机是由五种需要构成的，是以层式的形式出现的，按照他们的重要程度和发生顺序，由低级的需要开始向上发展到高级的需要，呈阶梯状。在低层次需要获得相对满足以后，才能发展到下一个较高层次的需要。当高层次需要发展后低层次需要依然存在，只是对行为的影响作用降低而已。

1）需要层次。

生理需要：食品、水、衣服、住、睡和性的生活方面等。

安全需要：避免监督、希望公正待遇、劳动安全、职业安全、环境安全、经济安全等。

爱的需要：情感、交往、归属要求等。

尊重需要：自尊和受人尊重。

自我实现需要：最大限度地发挥自己的潜能。

2）对马斯洛需要层次论的评价。反映了心理和行为发展的一般规律。人都会产生各种需要和满足这些需要的欲望，有一个从低级到高级发展的一般趋势。

需要是调动人的积极性的原动力。缺乏状态构成了一种内驱力，这种内驱力指向一定能满足他们需要的目标。从而得出结论：未满足的需要是激励人的积极性最根本的原动力。

分析了需要的多样性、多层次性和发展趋势。人有生理需要和心理需要，有物质需要和精神需要，还有一个由生理需要向心理需要、由物质需要向精神需要这种从低级到高级的发展趋势。

3）对我们的启示。研究人的行为，首先研究人的需要。

当你和别人交流时，你了解别人的需要吗？认识"知己知彼"在沟通中的意义。

要明白：未满足的需要是调动人积极性的原动力。

人不仅仅有生理和物质上的需要，更重要的是心理和精神上的需要，人人需要受人尊重，需要别人的爱，需要受人赏识，自己的才能需要得到认可等。

2. 动机

动机是在需要的基础上产生的，它对人的行为活动具有如下三种功能。

（1）激活的功能。动机能激发一个人产生某种行为，对行为起着始动作用。例如，一个学生想要掌握电脑的操作技术，他就会在这个动机驱动下，产生相应的行为。

（2）指向的功能。动机不仅能唤起行为，而且能使行为具有稳固和完整的内容，使人趋向一定的志向。动机是引导行为的指示器，使个体行为具有明显的选择性。例如，一个学生确立了为从事未来的实践活动的学习动机，在其头脑中所具有的这种表象可以使之力求注意他所学的东西，为完成他所确立的志向而不懈努力。

（3）维持和调整的功能。动机能使个体的行为维持一定的时间，对行为起着续动作用。当活动指向于个体所追求的目标时，相应的动机便获得强化，因而某种活动就会持续下去；相反，当活动背离个体所追求的目标时，就会降低活动的积极性或使活动完全停止下来。需强调的是，将活动的结果与个体原定的目标进行对照，是实现动机的维持和调整功能的重要条件。

由于动机具有这些作用，而且它直接影响活动的效果，因而研究和分析一个人的活动动机的性质、作用是非常重要的。

3. 行为

行为是人的主观对客观作出的可以观察的反应。

需要是人积极性的基础和根源，动机是推动人们活动的直接原因。人类的各种行为都是在动机的作用下，向着某一目标进行的。而人的动机又是由于某种欲求或需要引起的。

可见，人的行为动力是由主观需要和客观事物共同制约决定的。按心理学所揭示的规律，欲求或需要引起动机，动机支配着人们的行为。当人们产生某种需要时，心理上就会产生不安与紧张的情绪，成为一种内在的驱动力，即动机，它驱使人选择目标，并进行实现目标的活动，以满足需要。需要满足后，人的心理紧张消除，然后又有新的需要产生，再引起新的行为，这样周而复始，循环往复。

（二）激励的概念

激励问题一直是管理心理学的核心内容和研究热点之一。管理心理学把激励看成是"持续激发动机的心理过程"。通过激励，在某种内部或外部刺激的影响下，使人始终维持在一个兴奋状态中。将"激励"这一概念用于管理，就是通常所说的调动人的积极性问题。激励的水平越高，完成目标的努力程度和满意感也越强，所取得的工作效能也越高；反之，激励的水平越低，缺乏完成组织目标的动机，工作效率也就越低。

现代管理的一项关键任务是充分调动管理者和广大员工的工作积极性，即激励问题。激励是推动人朝着一定方向和水平从事某种活动，并在工作中持续努力的动力。"方向"指的是所选择的目标，"水平"指的是努力的程度，"持续"则指的是行动的时间跨度。因此，在设计或分析一项激励机制时，需要从目标方向、投入强度和持续时间等三方面考察其激励水平。

所谓激励，是指通过一定的手段使员工的需要和愿望得到满足，以调动他们的工作积极性，使其主动而自发地把个人的潜能发挥给组织，奉献给组织，从而实现组织目标的过程。

（三）激励理论

有关工作激励的理论基本划分为两大类：内容型激励理论和过程型激励理论。内容型激励理论主要集中于分析个体的多种需要，认为管理者的任务是创设一种积极满足各种个体需要的工作环境。内容型激励理论可以帮助解释为什么会出现不良的工作态度、行为和绩效，并认为奖励的价值在于满足所激发的需求。过程型激励理论则围绕人的激励过程及其对工作行为的决定性影响，特别注重解释需要、奖励和行为之间的关系和相互作用问题。内容型激励理论主要有需要层次论、成就动机理论和双因素论等。过程型激励理论主要有期望理论、波特–劳勒的激励模式、强化理论、归因理论等。

人们的激励特点具有明显的文化差异。例如，在西方文化下行之有效的奖励方法，在东方文化中就不一定灵验。许多研究表明，欧美国家更看重个体激励，而中国与日本则更强调群体激励。

1. 内容型激励理论

（1）需要层次理论。是影响较大的一种激励理论。其主要论点有两个：

1）人是有欲望的高级动物，人的需要取决于他已经占有了什么和还没有占有什么，只有尚未满足的需要才能影响行为。

2）按人需要的重要性和发生的先后次序，将人的需要划分为五个层次：生理需要、安全需要、社交需要、尊重需要、自我实现需要，它们从低级到高级排成一个序列，只有在较低层的需要得到基本满足后，人们才能进一步升到另一个较高层次的需要。

（2）双因素理论。又称保健—激励因素理论，是由美国心理学家赫兹伯格（F. Herzberg）于 20 世纪 50 年代后期提出的。他提出，影响人们的因素主要有两种：

1）保健因素。是指与人们的不满情绪有关的因素，如公司政策、工作条件、人际关系、地位、安全和生活等，这类因素改善了，能消除职工的不满，对人的积极性起保持的作用，但不能激发他们的积极性。

2）激励因素。是指使人们感到满意的因素，与激励有关的工作处理得当，能够激励职工的工作热情，使人产生满意的情绪。

2. 过程型激励理论

（1）期望理论。美国心理学家弗鲁姆（V. H. Vroom）于 1964 年提出了期望理论。他认为，人对目标的追求程度或行为的激发力量取决于对效用评价和期望值的判断。期望理论表明：行为者对某项活动的效用评价越高，估计实现目标的可能性越大，该活动的激励力量越大。

（2）波特—劳勒的激励模式。1986 年，波特（L. W. Porter）和劳勒（E. E. Lawler）以期望理论为基础，提出了一个更为完善的激励理论，较好地说明了整个激励过程。图 3-6 为波特—劳勒的激励模式。

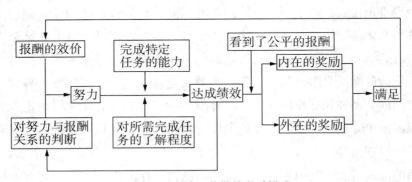

图 3-6　波特—劳勒的激励模式

（3）强化理论。强化理论是美国心理学家斯金纳（B. F. Skinner）提出的用强化的方法来控制行为的一种理论。斯金纳认为，为了达到某种目的，人会采取一定的行为，这种行为将作用于环境，当行为的结果对其有利时，这种行为就会重新出现；当行为的结果对其不利时，这种行为就会减弱或消失。

（4）归因理论。这是美国心理学家海德（Heider）等人提出的一种理论。归因理论研究的内容包括三个方面：

1）心理活动的归因，即人们心理活动的产生应归结为什么原因；

2）行为的归因，即根据人的行为和外部表现对其心理活动进行的推论；

3）对人们未来行为的预测，即根据人们过去的表现预测以后在有关情境中人们产生什么样的行为。

（四）激励因素的总结和分类

综观种种激励模型，所有的模型都有其合理的一面，在实践中也有应用，但都有其片面性，没有一种包含所有的激励因子的、适用于不同行业的激励模型。这里总结所有对员工的工作动机产生作用的因素，可以分为以下几类：

1. 工作条件和环境

工作时间过长、工作条件过差、工作有一定的危险性、从事有毒或有害身体的工作、缺乏必要的办公设备等都会降低员工的工作热情，产生焦躁、紧张等不良情绪，影响员工的工作动机和工作绩效。

2. 工作本身的特性

（1）工作目标的具体化程度：具体化的工作目标可以使员工预期自己行为的目的和结果，减少行为的盲目性，提高员工自我控制的程度。

（2）工作目标的难度：如果工作目标设定的超出员工个人的能力水平，则会令员工产生挫折感，丧失信心；如果过于简单，又会缺乏挑战性。

（3）工作的稳定性：过于频繁的变动工作，会使个体总是对工作环境和人际环境处于一种陌生的状态，总需要去适应新的环境，不利于员工完全放松地投入工作。

（4）工作的社会地位：工作有较高的社会地位，使员工感觉自己更为优秀，对员工的工作动机有促进作用。

（5）工作任务的完整性：员工能从事相对较完整的工作，而不是某一阶段的工作，则能够得到工作结果的反馈，对于工作的结果也有更大的责任感。

（6）工作内容的丰富性：丰富的工作内容可以保持员工工作的新鲜感，激发员工不断地学习和探索，而不至于对工作产生厌倦的情绪。

（7）工作与个人道德标准符合程度：员工的工作，如果与个人道德标准不相符合，也会降低员工的工作动机。

（8）工作的责任感：工作能够带给员工强烈的责任感，可以使员工工作更为负责。

（9）技能的多样性：工作要求使用多种技能，而非单一技能，可以更充分地发挥员工的能力。

3. 组织的特性

（1）企业知名度：企业如果有较高的知名度对员工就是一种激励，员工以在这样的企业中工作为荣，认为自己比在普通企业中工作的员工更为优秀。而且有在知名企业工作的经历为员工今后事业的发展打下了良好的基础。

（2）组织层级的多寡：层级过多，容易造成官僚作风，压制个人的创造力；层级过少，则员工晋升的机会就比较小。

（3）规定与管制的复杂程度：过于繁复的规定和严格的管制会使个体产生压抑感。而缺乏必要的规定和管制，会导致员工行为的盲目性。

（4）公司的组织结构：官僚性的组织结构，不利于员工及时地反映自己的主张和意见，不利于培养员工的创造性和独立性。过于松散的组织结构，可能会导致对员工管理上失控，不利于激励员工努力工作。

（5）企业文化：企业文化如果与个人的特点不相符合，则会对员工的激励产生不良作用。例如，员工喜欢自由，不希望较多的约束，希望发挥自己个人的创造力，则这样的员工会不适合管理严谨、强调个人对集体服从的企业文化。

4. 员工价值实现和发展潜能的需要

现有工作能否充分发挥员工的潜能，对于有较高学历的员工尤其重要。当员工有较高的收入后，往往会考虑从事的工作是否符合自己的兴趣，是否真能发挥自己的潜能。

结合员工能力、兴趣、人格等方面的因素，结合组织的需要，为员工设计合理的职业生涯规划，可以使员工对于自己的将来有比较明确的期望，激励员工向这个方面努力。

5. 物质待遇

工作所提供的薪酬、福利、住房补贴等，对于员工无疑是重要的激励因素，也是过去企业关注的重点。但遗憾的是，许多企业过分注重物质待遇的数量，但考核管理、薪酬分配、晋升制度等方面未能很好地做到客观和公平，未能充分发挥其激励的作用。

6. 领导特性

（1）组织的领导方式。有的个体喜欢命令式的领导方式，而有的个体则更喜欢领导对工作给予支持和指导。

（2）员工参与决策的程度。一定程度的参与决策可以提高员工工作的责任感和努力程度。

（3）员工与主管的关系。员工与主管之间良好的关系对于保持员工积极的心态有重要作用。

（4）领导者的个人素质。高素质的领导者往往更有个人魅力，更容易让员工服从。

7. 员工生活

密切员工家属与企业的关系。通过定期召开员工家属联谊会等方式，可以有效地获得员工家属对员工工作的理解和支持。

提供休闲娱乐的机会。公司通过组织旅游，实行弹性工资制等方式可以帮助员工放松紧张情绪，缓解工作压力。

8. 规章制度

合理、公平、客观的绩效考核制度、薪酬制度、晋升制度和福利待遇制度，对于员工的公平感和激励员工努力工作有重要作用。

户籍和档案管理制度。户籍和档案是许多员工非常关心的问题。合理地解决可以促进员工的工作热情。

员工的意见反馈制度。良好的员工意见反馈制度，可以很好地发掘员工的创造力，及时消除员工的不满情绪。

9. 员工的心理感受

（1）工作压力：如果员工的工作压力过大，往往产生紧张、焦虑等不良情绪而降低创造力，所以设定的工作任务应该既能充分发挥工作的能力，又不至于使员工觉得过于困难，工作量过大，时刻担心无法完成。

（2）工作兴趣：工作如果符合员工的职业兴趣，则员工工作不单是为了得到物质酬劳，还可以满足员工探索的需要。而与员工兴趣相去甚远的工作，会让员工感觉非常枯燥和乏味。

（3）工作成就感：如果工作能使员工感到自己很有成就，会很大程度上促使员工努力工作。

（4）工作业绩得到认同的程度：时常通过物质奖励和表扬等方式来肯定员工的工作，可以激励员工更好的工作。

（5）工作的意义：员工如果认为自己的工作很有意义、有价值，则会更努力工作。

（6）亲和需要满足程度：员工如果不能得到其他员工和组织的关照，则会对组织产生疏远感，不会全力为组织服务。

（7）权力需要满足程度：给予权利动机较强的个体一定的权利，会促进个体的工作。

（8）自尊需要满足程度：员工如果感觉自己不被尊重，就会极大地挫伤积极性。

（9）权威感：工作能否是个体觉得自己是某一方面或某一领域的权威，自己的作用是别人无法替代的。

（10）独立性：工作是否使个体感觉自己对自己的行为起着控制和主导作用，而不是完全听命于其他人。

二、激励的一般原则与方法

（一）激励的一般原则

没有适合于一切人和一切环境的激励制度和激励方法。在管理中，激励是充分展示管理者管理艺术的管理活动。在管理过程中，激励必须因时、因人、因地而宜。但激励也必须遵循一些基本原则。

1. 激励要因人而异

由于不同人的需求不同，所以，相同的激励方法起到的激励效果也会不尽相同。即便是同一个人，在不同的时间或环境下，也会有不同的需求。由于激励取决于内因，是人的主观感受，所以激励要因人而异。

在制定和实施激励政策时，首先要调查清楚每个人真正需要的是什么，将这些需要整理、归类，然后采用相应的激励方法来满足这些需求。

2. 奖惩适度

奖励和惩罚不适度都会影响激励效果，同时增加激励成本。奖励过重，会使人产生骄傲和满足的情绪，失去进一步提高自己的欲望；奖励过轻，则起不到激励效果，或者让人产生不被重视的感觉。惩罚过重，会让人感到不公平，或者失去对公司的认同，甚至产生怠工或破坏的情绪；惩罚过轻，会让人轻视错误的严重性，从而可能还会犯同样的错误。

3. 公平性

公平性是管理中一个很重要的原则，任何不公都会影响工作效率和工作情绪，并且影响激励效果。取得同等成绩的人，一定要获得同等层次的奖励；同理，犯同等错误的人，也应受到同等层次的处罚。如果做不到这一点，管理者宁可不奖励或者不处罚。

管理者在处理人问题时，一定要有一种公平的心态，不应有任何的偏见和喜好。虽然某些人可能让你喜欢，有些你不太喜欢，但在工作中，一定要一视同仁，不能有任何不公的言语和行为。

4. 奖励正确的事情

如果我们奖励错误的事情，错误的事情就会经常发生。这个问题虽然看起来很简单，但在具体实施激励时往往被管理者所忽略。管理学家米切尔·拉伯夫经过多年的研究，发现一些管理者常常在奖励不合理的工作行为。他根据这些常犯的错误，归结出应奖励和避免奖励的十个方面的工作行为：

（1）奖励彻底解决问题，而不是只图眼前利益的行动；

（2）奖励承担风险而不是回避风险的行为；

（3）奖励善用创造力而不是愚蠢的盲从行为；

（4）奖励果断的行动而不是光说不练的行为；

（5）奖励多动脑筋而不是一味苦干；

（6）奖励使事情简化而不是使事情不必要地复杂化；

（7）奖励沉默而有效率的人而不是喋喋不休者；

（8）奖励有质量的工作而不是匆忙、草率的工作；

（9）奖励忠诚者而不是跳槽者；

（10）奖励团结合作而不是互相对抗。

（二）激励的一般方法

激励让很多人都会想到涨工资或发奖金。实际上，激励是对人需求的满足，人的需求是多种多样的，所以激励的途径也是多种多样的。物质激励（涨工资或发奖金）只是其中的一种途径，其实还有许多其他途径。我们可以根据激励的性质不同，把激励分为四类：成就激励、能力激励、环境激励和物质激励。

1. 成就激励

随着社会的发展，人们生活水平的提高，越来越多的人在选择工作时已经不仅仅是为了生存。对知识型人而言，工作更多的是为了获得一种成就感。所以成就激励是人激励中一个非常重要的内容。根据作用不同，我们可以把成就激励分为组织激励、榜样激励、荣誉激励、绩效激励、目标激励和理想激励六个方面。

（1）组织激励。在公司的组织制度上为人参与管理提供方便，这样更容易激励人提高工作的主动性。管理者首先要为每个岗位制定详细的岗位职责和权利，让人参与到制定工作目标的决策中来。在工作中，让人对自己的工作过程享有较大的决策权。这些都可以达到激励的目的。

（2）榜样激励。群体中的每位成员都有学习性。公司可以将优秀的人树立成榜样，让人向他们学习。虽然这个办法有些陈旧，但实用性很强。就像一个坏人可以让大家学坏一样，一位优秀的榜样也可以改善人的工作风气。

（3）荣誉激励。为工作成绩突出的人颁发荣誉称号，代表着公司对这些人工作的认可。让人知道自己是出类拔萃的，更能激发他们工作的热情。

（4）绩效激励。在绩效考评工作结束后，让人知道自己的绩效考评结果，有利于人清醒地认识自己。如果人清楚公司对他工作的评价，就会对他产生激励作用。

（5）目标激励。为那些工作能力较强的人设定一个较高的目标，并向他们提出工作挑战。这种做法可以激发人的斗志，激励他们更出色地完成工作。这种工作目标挑战如果能结合一些物质激励，效果会更好。

（6）理想激励。每位人都有自己的理想，如果他发现自己的工作是在为自己的理想而奋斗，就会焕发出无限的热情。管理者应该了解人的理想，并努力将公司的目标与人的理想结合起来，实现公司和人的共同发展。

2. 能力激励

为了让自己将来生存得更好，每个人都有发展自己能力的需求。可以通过培训激励和工作内容激励来满足人这方面的需求。

（1）培训激励。培训激励对青年人尤为有效。通过培训，可以提高人实现目标的能力，为承担更大的责任、更富挑战性的工作及提升到更重要的岗位创造条件。在许多著名的公司里，培训已经成为一种正式的奖励。

（2）工作内容激励。用工作本身来激励人是最有意思的一种激励方式。如果我们能让人干其最喜欢的工作，就会产生这种激励。管理者应该了解人的兴趣所在，发挥各自的特长，从而提高效率。另外，管理者还可以让人自主选择自己的工作。通过这种方式安排的工作，工作效率也会大大地提高。

3. 环境激励

（1）政策环境激励。公司良好的规章、制度等都可以对人产生激励。这些政策可以保证公司人的公平性，而公平是人的一种重要需要。如果人认为他在平等、公平的公司中工作，就会减少由于不公而产生的怨气，提高工作效率。

（2）客观环境激励。公司的客观环境，如办公环境，办公设备，环境卫生等都可以影响人的工作情绪。在高档次的环境里工作，人的工作行为和工作态度都会向"高档次"发展。

4. 物质激励

物质激励的内容包括工资奖金和各种公共福利。它是一种最基本的激励手段，因为获得更多的物质利益是普通人的共同愿望，它决定着人基本需要的满足情况。同时，人的收入及居住条件的改善，也影响着其社会地位、社会交往，甚至学习、文化娱乐等精神需要的满足情况。

三、总监理工程师的激励艺术

如何提高项目监理部监理人员的工作积极性及工作效率，是总监理工程师不断思索和不断实践的工作内容。因此，总监理工程师应通过不断学习激励的各种理论与方法，从而形成自己独特的激励艺术。之所以将总监理工程师的激励上升到领导艺术的高度，就是因为激励手段因人而异、因时而异、因地而异。

总监理工程师必须明白，只有项目监理部的每位监理人员的工作积极性得到提高，才能完成好监理工作，整个监理部才会因此而受到奖励（包括建设单位及公司本部）。

（一）研究如何提高激励的有效性

激励是一种投资，投资的回报便是工作效率的提高，如果投资没有得到应有的回报，那么这种投资就是失败的。实施激励并不难，但如何实施有效的激励，让激励这种投资获得高额的回报，则是需要我们认真研究的问题。

1. 激励来自于内因

激励不是外界刺激，而是监理人员对外界刺激的反映。西方行为科学家对个体行为的研究总结出"激励理论"。"激励理论"把行为的发生过程总结成如下的模式：需要—心理紧张—动机—行为—目的—需求满足/消除紧张—新的需要。这个模式说明了行为发生的全部过程。一个人产生某种行为的根源是某种需要。根据心理解剖学的研究，当某种需要对人的大脑产生刺激，大脑在接受这种刺激的时候，便产生一系列活动。

"激励理论"可以简单地概括为：需要引起动机，动机决定行为。监理人员的需要使监理人员产生了动机，行为是动机的表现和结果。也就是说，是否对监理人员产生了激励，取决于激励政策是否能满足监理人员的需要，所以说，激励来自于监理人员的需求，也就是内因。

另外，冰山理论对于内因的阐述也非常清晰。

从冰山理论图上（图3-7）可以看到：动机、个性类型是最底层，也是最难被发现与培养的。监理人员能胜任复杂、挑战的职位，驱动他（她）成功胜任的往往不是冰山顶层的、与任务相关的技能和知识，恰恰是由个人动机、个性类型、自我认识（需要）所决定的。相对于知识、技能而言，冰山下部的素质部分是难以通过培训改变或改善的，因为它们与人们的大脑结构有关，而人脑的内在结构经历了先天塑造与后天培养，到一定年龄后不易改变；因此，一个人的内驱力（动机）、个性类型是相对稳定的。

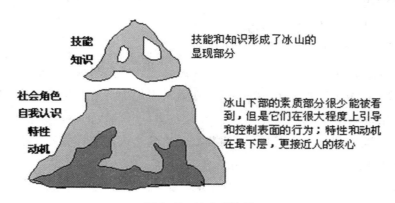

图3-7　冰山理论图

一名监理人员就像冰山，呈现在人们视野中的部分往往只有 1/8，而看不到的则占 7/8。对监理人员来说，外边的 1/8 是其资质、知识、行为和技能，下面的 7/8 则是由职业意识、职业道德和职业态度三个方面形成的基石。要培育优秀的监理人员，就要重视这三个隐性方面的内容，因为它占有监理人员素质的 7/8，同时还深刻地影响着监理人员 1/8 的显性素质。

监理人员的才能既有显性的，也有隐性的。显性的因素包括外在形象、技术能力、各种技能等，这些因素就像浮于海面上的冰山一角，事实上是非常有限的；冰山水底的隐性因素包括监理人员的职业意识、职业道德和职业态度，在更深层次上影响着监理人员的发展。

监理人员素质的"水上部分"包括基本知识、基本技能，是显性的，即处在水面以上，随时可以调用，是人力资源管理中人们一般比较重视的方面，它们相对来说比较容易改变和发展，培训起来也比较容易见成效，但很难从根本上解决监理人员综合素质问题。

监理人员素质的"水下部分"包括职业意识、职业道德、职业态度，是隐性的，即处在水面以下，如果不加以激发，它只能潜意识地起作用，这方面处于冰山的最底层，是经常被忽视的，也经常被监理人员所忽视。然而，如果监理人员的隐性素质能够得到足够的培训，那么对监理人员的提升将是非常巨大的，同时对企业的影响也将更加深远。

大部分企业非常重视监理人员的显性素质培训，如职业技能培训等，好像这些培训的效果能够立竿见影地凸现出来。很多企业往往忽视监理人员隐性素质的培训，忽视职业意识、职业道德和职业态度方面的培训，因此也就很难从根本上提升企业的核心竞争力。全方位职业化素质培训的作用就是要"破冰"，要将被培训者头脑中潜藏的意识和态度挖掘出来，将冰山水面上和水面下的部分完全协同起来，更大程度地发挥 7/8 水下部分的核心作用。只有重视监理人员隐性素质的培训，才能够更大地提高监理人员的显性素质培训的效果。

2. 了解监理人员的需求

要提高激励政策的有效性，就要使激励政策能够满足监理人员的需求。要做到这一点，首先就要了解监理人员的需求。在需求理论中，最著名的要数美国心理学家马斯洛提出的"需求层次理论"。"需求层次理论"将人的需求共分为五个层次：生理需要、安全需要、交往需要、尊重需要和自我实现需要。另外，从人的日常生活这个角度出发，将人的需求可以分为三个方面：生活需要（包括物质的和精神的）、工作需要（包括学习和创造）及休息需要（包括娱乐和消遣）。

可以从上述两个需求角度来分析监理人员的需求。从纵向上看，不同层次（知识层次、薪酬层次等）的监理人员处于不同的需求状态，如对于薪酬较低的监理人员，则要侧重满足他们的生理需求和安全需求（即提高他们的生存水平）；对薪酬较高的监理人员，更需满足他们的尊重需求和自我实现需求。

从横向看，对于同等层次的监理人员，由于他们的个性和生活环境不同，他们的需求侧重也有不同，如有些监理人员很看重物质待遇（生活需求强烈），有些监理人员则喜欢娱乐和消遣（侧重休息需求），还有些监理人员以钻研某项技术为乐（工作需求强烈）。

监理人员的需求是复杂和多样的，了解了监理人员的这些需求，就为制定有效的激励政策提供了基础。

3. 采用有效的激励方法

在进行激励之前，要对监理人员的所有需求做认真地调查，并制定一份详细的激励清单，然后将可以满足和不能满足的部分分开，划掉那些不能满足的部分，对可以满足的那部分进行认真研究，找出满足的途径。

激励本身也有一个完善的过程。这需要我们在工作中不断了解监理人员的需求，及时将监理人员新的需求反映出来，这样才能使激励方法能够保持持续的有效性。

（二）总监理工程师的激励艺术

1. 以身作则激励他人

除非总监理工程师以身作则，并具有热情，否则决不能激励他人。总监理工程师的态度和情绪直接影响着一起工作的监理人员。如果总监理工程师情绪低落，则监理人员也将受到影响而变得缺乏动力；相反，如果总监理工程师满腔热情，则监理人员必然也会充满活力。

要想避免对监理人员的负面影响，总监理工程师需要控制情感，隐藏消极情绪，发扬一种积极的情绪和态度，并把热情投入到手头上的工作中。当总监理工程师因个人问题、疾病、家庭危机等而情绪低落时，为避免把临时缺乏激情的状态扩散到团队中，可以给自己安排一些需要独自完成的工作。一旦监理人员看到总监理工程师正在严谨地做事，他们就不会频频打扰。

2. 不简单地发号施令

尽量让监理人员有参与感，共同研究工作，引导监理人员开动脑筋，寻找做好监理工作的方法，在执行中就既能正确理解，又有很高的积极性去开展工作。

3. 对监理人员做出明确的授权

明确监理人员在那些工作范围内具有决定权，那些需要请示，这样可以提高工作效率和监理人员的工作积极性，但授权并非倾倒工作，如果没有明确的授权，只是一股脑地将全部工作交给监理人员去做，那就是倾倒，监理人员会认为总监理工程师滥用职权，将来可能会揽功诿过而失去积极性。

4. 为监理人员工作设立目标

设立目标是最有效地改善监理人员表现的方法之一，但目标必须十分明确，而且能够量化考核，要注意各个监理人员目标的平衡，避免"鞭打快牛"。

5. 加强与监理人员的沟通

建立沟通渠道，让监理人员有机会表达他们的意见和想法。总监理工程师要认真记录谈话的内容，对合理的意见和建议要尽量明确地表示赞成或肯定，对不合理的意见要予以否定与解释，不能当场解决的要在日后给予答复。监理人员会因为总监理工程师的尊重与关心而更加努力工作。

6. 信守诺言

好的总监理工程师一定要记得自己的承诺，并采取适当的行动。如果答应监理人员的事却没有做到，将损害监理人员对总监理工程师的信任和依赖感。因此，总监理工程师要及时将自己对监理人员的承诺记录下来，随时检查执行的情况，不要当面承诺，转身就忘了，短期内无法达成的，最好让监理人员知道已经着手进行，以及所遇到的困难。

7. 不经常中途变卦

监理人员的工作需要连贯性，最讨厌总监理工程师朝令夕改，让他们感到无所适从，或者不及时开展工作，等待总监理工程师的再次变卦，以免白浪费时间和精力，这样工作质量就会受到极大的影响。

8. 及时检查监理人员的工作

总监理工程师布置工作后，要根据不同的监理人员性格，采取不同的措施来了解工作进度和遇到的困难，帮助解决问题，指导开展工作，保证任务及时地、高质量地完成。

9. 正确开展批评

对监理人员要公平对待，对犯错误的要大胆给予指出，要求改进，对违反规章的要严格处罚，切忌当和事佬，但要注意方式，避免当众责骂监理人员，要就事论事，切忌以事论人。

10. 不轻率地下结论

每个人的处事方式都不同，总监理工程师的方法未必是唯一正确的方法，不要轻率地说监理人员的做法是错误的，更不要随便对监理人员的为人处事、道德品质下结论，也不要因为某一件事而以偏概全，这些稍微不慎都会影响监理人员的工作情绪和积极性。

11. 适当地奖励监理人员

每当监理人员圆满完成工作时，应立刻给予奖励或赞美，往往比日后的其他奖励方式更为有效，在日常工作中，赞美与批评的比例应该是 4 : 1。

12．要关心监理人员的身体健康和家庭生活

要注意关心监理人员的健康，对其生活中遇到的困难，要给予理解、帮助，让他感到总监理工程师不仅仅关注工作，还像对待自己的家人一样关注监理人员的健康、生活，感受到团队的亲情和温暖。

13．培训监理人员

培训、指导监理人员通过学习、锻炼获得更快地成长。

14．让监理人员看到自身的进步

看到自己向目标奋进的道路上所取得的进步，人们会获得很高的激励——我们都喜欢看看自己做得怎么样，看到自身的进步让我们体验到成功——未来的成功建立在一个成功体验的基础上。

15．每一个人的身上都存在激励的火花

与通常的信念（和观察）相反，每个人身上都存在一个激励的火花。每个人都能得到激励，一些人可能比其他人更容易被激励；但是火花在哪儿，作为总监理工程师要寻找火花并进行培育，再将其贯彻到激励方法中。

16．"团队归属"激励

作为团队中的成员之一，会为了一个团队的目标而工作，同时对该团队产生归属感。

17．运用榜样激励监理人员

榜样是人的行动的参照系。把优秀监理人员树立为榜样，作为总监理工程师应该建立起科学、合理的"参照系"，让监理人员向他们学习，正确引导员工的行为，促进团队的每位监理人员的学习积极性，使团队朝着有利于监理目标实现的方向发展，体现榜样的力量是无穷的。

一个表现不好的监理人员可以让大家学坏，而一位优秀的榜样则可以改善团队的工作风气。

榜样不是僵死的"样板"，也不是十全十美的圣贤，而是在人们的群体行为中孕育、成长起来的，被群体公认为思想进步、品格高尚、工作出色的人。只有这样的榜样，才能受到大家的敬佩、信服，因而也就具有权威性。那种仅凭上司的好恶，人为拔高的榜样只会引起人们的反感。

所以在实施榜样激励时，一定要注意以下几点：

（1）宣传榜样的先进事迹要实事求是，激发监理人员学习和赶超榜样的动机；

（2）客观分析榜样产生的条件和成长过程，为监理人员指明赶超榜样的途径；

（3）要关心榜样的成长，使之保持不断进步；

（4）要保护榜样，对那些中伤、打击榜样的错误言行要进行批评教育，防止产生狭隘和嫉妒心理；

（5）要引导监理人员一分为二地看待榜样，防止机械的、形式主义的模仿。

第五节　总监理工程师的用人、用权艺术

总监理工程师的管理艺术还体现在用人、用权上，也就是总监理工程师应具有用人、用权艺术。对总监理工程师而言，讲究用人艺术并非让其刻意追求用人"技巧"，以免误入"权术"怪圈。正确认识自己，切忌视"总"（监）为"能"（自认全智全能）。尊重别人、尊重他人的人格、知识和劳动成果，注意项目机构内部人才间的优势互补，人尽其用，扬长避短，合理匹配。建立监理机构内的激励机制和关爱机制，奖优罚劣，敢于碰硬，不和稀泥，令行禁止。既要树立总监理工程师的权威，又要形成群体合力。严于律己，为人表率。总监理工程师的用权艺术不是弄权技巧，而是总监理工程师自身的人格魅力和"以人为本"的管理理念的有机结合而体现出来的总监理工程师的人文素养与企业文化。

一、总监理工程师的用人艺术

（一）识别人才、选拔人才的艺术

只用一种方法或者只从一个角度来识别、选拔人才，常常出偏差。若能从不同的侧面来识别、选拔人才，才有可能全面识才、选准人才。

1. 从合唱与独唱的对比中识才、选才

真正的人才既能合唱，即富有团队精神，与团队成员密切协作，又善于独唱，即能够独当一面，创造性地开展工作。

2. 从顺境与逆境的对比中识才、选才

真正的人才既能在顺境中成绩显著，也能在逆境中有一番作为，而且在逆境中更能表现出坚定的意志、持久的动力和非凡的能力。那些只能在顺境中工作，不能在逆境中有所作为的人肯定不是什么人才，也很难靠得住。

3. 从平时与关键时刻的对比中识才、选才

平时的表现很重要，关键时刻的表现更能考验人品之真伪，德能之高下。常言说："路遥知马力"，看的是平时表现；而"烈火炼真金"，却是看人才关键时刻的表现。

4. 从所言与所行的对比中识才、选才

是不是人才，能不能办事，不仅要看他说什么，还要看他做什么，做得怎样，要考察他的言行是否一致，即所谓听其言，观其行。

5. 从对上与对下的态度对比中识才、选才

对于组织中具有一定管理岗位的员工，还要考察他对上、对下的态度。优秀的人才，对下级普通员工也关心爱护，平易近人；对上级尊重且服从，但不搞诌媚、

奉承那一套。只有庸才，才对上级百般讨好、拍马逢迎，而对下级盛气凌人、装腔作势。

6. 从一个人的能力和努力对比中识才、选才

一般情况下，能力强又踏实努力的人，适合作为管理者，而工作努力但能力弱的人，不能算是人才，不宜过早担任管理者。

7. 从规定动作和自选动作的对比中识别、选才

既能够完成领导交办的任务，又能够根据实际情况创造性地开拓新局面的人是人才。而且自选动作的难度越大，就越证明该人有真才实学。

8. 从群众和领导的评价对比中识才、选才

群众认可、拥戴而且领导也赞赏、肯定的人，是真正的人才。如果仅领导肯定、欣赏而群众评价不高，很难成为真正的人才。

（二）培养人才的艺术

1. 设计个人发展愿景

总监理工程师要和公司的人力资源部门携手为员工设计出个人的发展愿景，这个愿景主要是指员工的短期、中期和长期个人发展规划，既要有目标，又要有切实可行的实现目标的措施，甚至包括总监理工程师的定期检查、监督措施。员工按照这个发展愿景来鞭策自己，使自己在学习、工作的实践中无论是道德修养、管理能力、团队精神和业务水平均得到不间断、稳步的提升。

值得注意的是，个人发展愿景的设计既要与公司整体的发展目标相吻合，又必须是因人而异的差异化设计结果。

2. 适当的培训

监理企业的核心竞争力是人才，因此员工的培训就显得十分重要和必要。有关工程建设的新的法律、法规和国家政策不断出台，新的技术标准不断公布，新的科学技术、施工工艺不断涌现，新的管理理念不断在创新。作为以技术、管理为主要服务手段的监理人员，需要不断学习、不断接受培训，才能保证走在管理、技术的最前沿，才能适应社会对监理人员的素质要求。

员工的培训工作，对于监理企业是重中之重的工作，也是总监理工程师的重要工作之一。企业的培训主要是根据企业发展需求和各专业监理工作共同的需求来安排的，重点是进行企业文化、一些通用的法律、法规和行业中一些共性知识的培训，它是面上的。例如，监理工程师取证培训继续教育，安全法规、安全知识的培训等。而总监理工程师的培训则更要注重实际工作能力的提高，而且因人而异，更具有个性化的特点，是点上的。

3. 通过谈话、提要求，给予适当的关注和鼓励

关注员工的进步，给予适当、适时的鼓励，并不断提出新的要求，是帮助和鞭

策员工进步的很有效的方法。

下面以一个历史上的案例加以说明。

"士隔三日当刮目相看"。此成语出自三国时期《孙权劝学》，是关于三国时期东吴大将吕蒙的故事。吕蒙，字子明，他在东吴的将领中崭露头角时，时任浔阳县令，偏将军。吕蒙初不习文，孙权开导他说："你们如今都身居要职，掌管国事，应当多读书，使自己不断进步。"吕蒙推托说："在军营中常常苦于事务繁多，恐怕不容许再读书了。"孙权耐心指出："我难道要你们去钻研经书做博士吗？只不过叫你们多浏览些书，了解历史往事，增加见识罢了。你们说谁的事务能有我这样多呢？我年轻时就读过《诗经》《尚书》《礼记》《左传》《国语》。自我执政以来，又仔细研究了三史（《史记》《汉书》《东观汉记》）及各家的兵法，自己觉得大有收益。像你这样，思想气质颖悟，学习一定会有收益，怎么可以不读书呢？应该先读《孙子》《六韬》《左传》《国语》以及'三史'。孙子曾经说过：'整天不吃、整夜不睡地空想，没有好处，还不如去学习。'东汉光武帝担任着指挥战争的重担，仍是手不释卷。曹操也说自己老而好学。你们为什么偏偏不能勉励自己呢？"吕蒙从此开始专心、勤奋地学习，到后来他所看过的书籍，连那些老儒生也赶不上。

不久，鲁肃继周瑜掌管吴军后，上任途中路过吕蒙驻地，吕蒙摆酒款待他。鲁肃还以老眼光看人，觉得吕蒙有勇无谋，但在酒宴上两人纵论天下事时，吕蒙不乏真知灼见，使鲁肃很受震惊。酒宴过后，鲁肃感叹道："我一向认为老弟只有武略，时至今日，老弟学识出众，确非吴下阿蒙了。"吕蒙道："士别三日，但更刮目相看。……"后来，吕蒙袭荆州、擒关羽，把东吴的地盘迅速扩大。孙权拜吕蒙为南郡太守，封孱陵侯。

孙权对吕蒙做到了谈话、提要求并给予了充分的关注和鼓励，在吕蒙的进步、发展过程中起到了很大的作用，为我们树立了一个很好的典范。

4. 给予适当的舞台让其实践锻炼，并适当提拔

实践出真知。人才的培养离不开工作的实践。不同的人才要给以不同的锻炼舞台，让其在实践、实战中锻炼提高，是培养人才最关键的环节，也是最有效的手段。比如，资深而有潜力的监理员可以在监理工程师的岗位上锻炼、提高，总监代表可以适当安排在总监的位置上进行锻炼提高，条件成熟时，可提拔为总监理工程师。

（三）使用人才的艺术

用人要做到知人善任，重点是知人。不识人、不知人，不可能做到科学、合理地使用人才。知人后才能因才使用，用其所长，避其所短。

1. 德才兼备的用人原则

《资治通鉴》有一段话："德不称其任，其祸必酷；能不称其位，其殃必大。"

用人不当造成的后果就是："德薄而位尊，德不能载物必沉；智小而谋大，智

不能养谋必乱；力小而任重，力不能负任必垮。"企业在重要岗位用人不当，会给企业带来损失，甚至影响一个企业的声誉和发展。

用人顺序：重用圣人，培养并逐步使用君子，慎用小人和蠢人。

2. 总监理工程师对重要岗位人才使用前品行考察

白居易有一句诗："试玉要烧三日满，辩才须待七年期。"真正了解一个人的确很难。下面借古人之言也许能给大家提供点借鉴。

（1）孔子曰："视其所以，观其所由，察其所安，人焉瘦哉？"意思是说，人焉瘦哉？应看他言行的动机，观察他的行为，考察他的兴趣，他还能隐瞒得了什么呢？

（2）战国时期的李构提出"居视其所亲，富视其所与，达视其所举，穷视其所不为，贫视其所不取，五者足以定之矣，何待克哉"。就是说，在社会上看他亲近什么人，与哪类人交往，如与贤人亲近，可用，与小人为伍，就要当心；当他富有时看他如何支配自己的财富，若只顾自己贪图享乐，则不可重用；若能接济穷人，则可重用；当他位居要职、显赫之时，看他举荐哪类人，若任人唯贤，则可重用，反之，任人唯亲，甚至打击、排挤正派人，则不可重用；当他处于困境时，要看他操守如何，若仍坚持不做无德、苟且之事，则可重用，否则不能重用；当他穷困潦倒之时，仍坚持不取不义之财，则可重用，否则不可重用。

3. 总监理工程师用人的四重之术

（1）重视之术：以人为本，重视人才。为他们创造好的工作环境，好的培训、锻炼及实践的机会，并适度鼓励、奖励其进步。

（2）重点之术：特殊的岗位需要特殊的专才，要因时因事重点培养。

（3）重用之术：在知人的前提之下，做到"用人不疑，疑人不用"。相信并大胆使用人才，让他们放手工作。

（4）重奖之术：参见本章第四节。

（四）总监理工程师的容人之术

总监理工程师要礼贤下士，有容人之雅量。金无足赤，人无完人，不可苛求全材，"不可因微瑕而弃有用之才"。总监理工程师要有四个方面的容人之艺术。

1. 容才之术

总监理工程师自己首先要有容才之量、爱才之心、用才之能，特别是心胸博大，不怕员工在能力和思路上超过自己。

2. 容言之术

对有才干、有独立见解的人的意见要能听得进去。管理者最忌讳自恃才高而刚愎自用，听不得不同意见，这样失去了纠错、改错的机会。

3. 容错之术

允许犯错误并给予改正的机会，牢记：脑子灵活者、干活多者容易犯错误，那些平庸而听话、不干事的人却鲜有错处。

4. 容怨之术

对于下属的抱怨，要有正确的态度。一是要重视，若是属于总监理工程师的领导和管理本身有问题，就要及时加以纠正；二是要宽容，若是由于误会和偏见而发的怨言，总监理工程师也要有宰相的度量，要宽容对待，不能斤斤计较，甚至打击报复，只有做到这些才能凝聚人气。

二、总监理工程师的用权艺术

（一）总监理工程师权力的来源

总监理工程师权力可分为两大类：一类是组织授予或者法律、法规和规范赋予的职务权力；另一类是总监理工程师被员工广泛认可的人格权力（也叫软权力）。每一大类又可细分，见表 3－1。

表 3－1　总监理工程师权力

职位权力	人格权力
以管理者为他人提供什么为基础	以他人如何看待领导为基础
奖赏权力：以为他人提供有价值的东西来作为影响他人方式的能力	专家权利：以专业的水平和能力影响他人的能力
强制权力：以惩罚作为影响他人方式的能力	参照权力：以被管理者想去接近管理者的渴望而影响他人的能力
合法权力：以利用正式的权威和职位权力的便利影响他人的能力，其中包括法律、法规和规范赋予的法定权力	理性权力：以具有良好的推理和解决问题的能力影响他人的能力

（二）总监理工程师的用权艺术

1. 总监理工程师的授权

（1）总监理工程师授权的范围。一般管理者行使权力并没有一个统一的模式，根据组织的规模、性质和领导个人的风格等因素而定。判断管理者用权水平高低的标准不是授权与否、授权大小，而是看如何做对企业的发展有利。

总监理工程师作为项目监理部的最高管理者，拥有表 3－1 所述的两种权力。只是建设工程监理实行的是总监理工程师负责制，根据法律、法规和《建设工程监理规范》的规定，总监理工程师所拥有的部分职位权力（又叫法定权力）是不能委托的，详见《建设工程监理规范》GB 50319—2013 中 3.2.1 条。

对于可以授权（委托）的工作，总监理工程师尽可能授权（委托），这样既可以充分发挥下属的专长来弥补总监理工程师自身的专业水平的不足，同时又能把自己从琐碎的事情中解脱出来，有充分的时间和精力来考虑项目监理部的全面工作。

（2）总监理工程师授权的依据。

1）根据被授权人的能力来授权，而不是完全根据被授权人的地位和功劳授权。

2）根据被授权者的专长和爱好决定授权。

对于具体的授权，要根据总监理工程师所处的环境，因事、因时来处理。

（3）总监理工程师授权后的监督和总结。总监理工程师需要监督授权后被授权者执行的效果，为下次授权提供借鉴。被授权者需要总结经验为下次接收授权后更好地完成任务积累宝贵的经验。

2．总监理工程师的用权艺术

（1）尽可能多地运用人格权力（软权力）。榜样的力量是无穷的。管理者的人格权力主要是指其人格魅力的影响。管理者的人格魅力，体现在：①学识、知识；②公正、无私、任人唯贤、率先垂范；③活力、创造力、想象力和实践力；④人才的使用、培养、脱颖而出的机制；⑤处理问题、解决问题的能力；⑥管理能力、资源的整合能力和配置能力；⑦自我反省能力、改正错误的能力、修正自身行为的能力；⑧决策能力、决断力。这些人格的魅力再加上奉献精神能够长期影响、感召员工，使员工信赖你、认同你，并心甘情愿在你的领导下为企业共同奋斗。

如果总监理工程师具有上述的人格魅力，并且得到员工充分的认可，就很容易形成一个团结奋进、意气风发的团队，那就把这种人格权力尽可能地发挥到极致，发挥得越好，团队越容易管理，而且管理的效果就越明显。

（2）总监理工程师职位权力的运用。

1）法律法规、监理规范等赋予总监理工程师的法定职位权力，明确规定不可以授权（委托）的，总监理工程师要亲力而为，完全行使到位，不留死角。

2）除了法律法规、监理规范等赋予总监理工程师法定职位权力之外的其他职位权力，其用权的原则是：适当使用奖赏权，谨慎使用强制权和合法权。特别是强制权，必须使用时，例如要通过命令来安排下属的行动，这时就要充分认识到这些命令之所以有效，是因为下属认为这些命令是合法的、正确的。这就要求总监理工程师作出工作安排和部署之前，必须充分考虑命令是否必要，安排部署的工作是否合理，命令下达采取什么样的方式最恰当等因素。若命令没有得到很好的执行，采取惩罚措施时，更需要慎之又慎的态度来处理：一是错误明确并得到过错者本人的确认；二是惩罚适度，一定要防止感情用事造成惩罚过度；三是对事不对人，保证对过错者人格的尊重和留有改正的余地。

（3）注重团队建设，为权力的行使打下一个良好的基础一个强有力的团队是总监理工程师行使权力的基础。换句话说，总监理工程师权力行使的效果如何，与项目监理部这个团队的建设工作搞得如何有直接的关系。团队建设得越好，权力行使就越顺利，越有效；反之不然。因此，总监理工程师要重视团队建设工作，强调团队精神，强调团队整体和下属个体的结合，不论是员工个体的成长和发展、团队利益分配还是具体工作分配，都需要通过建立团队一致的目标来引领下属团结在一起，实现团队的工作目标，这也是权力使用的唯一和最终目的。

（三）总监理工程师用权需要注意的细节

（1）总监理工程师用权时一定要互换角度，设身处地替下属着想，包括与下属相处，必须坚持人人平等、分工不同的处世态度。

（2）可以发号施令但不能高高在上，非紧急情况都要以平等、协商的口吻进行，话语表达得体，充分考虑下属的心理感受。

（3）时常关心下属的个人成长、家庭等情况，特别是困难情况，业余时间多与下属进行一些非正式沟通。

思 考 题

1. 管理的四大职能都有哪些？与监理工作有什么关系？
2. 总监理工程师的定义是什么？
3. 总监理工程师负责制的主要含义是什么？
4. 施工阶段安全生产管理的监理工作有哪些？
5. 在监理工作中，总监理工程师如何减少沟通的障碍？
6. 如何提高项目监理部监理人员的工作积极性及工作效率？
7. 总监理工程师如何培养人才？
8. 用实例说明总监理工程师的用人、用权艺术。

第四章 电力工程项目管理

第一节 工程项目管理及发展趋势

一、项目管理简介

(一) 项目管理的概念

项目管理,是指把各种系统、方法和人员结合在一起,在规定的时间、预算和质量目标范围内完成的各项工作。有效的项目管理是指在规定实现具体目标和指标的时间内,对组织机构资源进行计划、引导和控制的工作。

项目管理贯穿于整个项目生命周期,对项目的整个过程进行管理。它是一种运用既有规律又经济的方法对项目进行高效率的计划、组织、指导和控制手段,在时间、费用和技术效果上达到预定目标。

项目管理是一种高效的管理模式。项目管理,从根本上来讲,就是通过组织和管理措施,确保总目标,包括费用目标、时间目标、质量目标的优化实现。项目管理不是一次项目管理的实践过程,而是在长期实践和研究基础上总结出的理论方法。项目管理是一种管理项目的科学方法,已经成为一种被公认的专业知识。

项目团队、运用的技术和工具,以及遵循的工作流程,构成了项目管理的系统。

(二) 项目管理的过程

项目管理的过程就是造成某种结果的一系列行动。对于项目,有五个基本管理过程:启动、计划、执行、控制和结束。

(1) 启动——确认工作范围。

(2) 计划——找出目标并设计实现这些目标的有效方案。

(3) 执行——协调人力和其他资源以执行这个计划。

(4) 控制——通过对进展情况进行监测,并在必要时采取纠正措施以达到计划目标。

（5）结束——正式地接收项目并使其有条理地结束（一系列文档化和移交性的工作与活动）。

上述项目管理的过程在项目的所有层次上发生。

（三）项目管理的环境

项目管理是在一个比项目本身大得多的相关范畴中进行的，项目管理处于多种因素构成的复杂环境中，项目管理者对于这个扩展的范畴必须要有正确的认识，仅仅对项目本身的日常活动进行管理是不够的。

1. 项目管理的内部环境

项目管理的内部环境是指项目处于什么样的组织氛围中，包括组织机构、职责与权利。

大多数组织都有自己独特的管理风格和企业文化，这些风格和文化反映在他们的价值观念、行为规范、信仰和期望中，也反映在组织方针、工作程序、上下级关系及其他诸多方面，组织的内部环境对项目管理产生重大影响的主要有三个方面：企业文化、企业战略和组织结构。

2. 项目管理的外部环境

为了争取项目的成功，除了需要对项目本身、项目组织及其内部环境有充分的了解外，还需要对项目所处的外部环境进行清醒的认识。项目管理的外部环境对项目往往产生不同程度，甚至决定性的影响。影响项目的外部环境主要包括政治、经济、文化意识、制度、标准和规则等。

对于许多项目，标准和规则（无论任何定义）均已被熟知，在项目计划中可能反映它们的影响。在另外一些情况下，其影响是未知的或不确知的，因此必须在项目风险管理中给予考虑。

（四）国际著名的两大项目管理认证体系

当今，工程项目管理的蓬勃发展得益于两大国际著名项目管理协会的推动，它们分别是美国项目管理协会和国际项目管理协会。

1. 美国项目管理协会

美国项目管理协会有限公司，简称为美国项目管理协会（Project Management Institute，PMI），成立于1969年，是全球领先的项目管理行业的倡导者，它创造性地制定了行业标准，由其组织编写的《项目管理知识体系指南》已经成为项目管理领域最权威的教科书，被誉为项目管理"圣经"。1994年8月，PMI标准委员会发布了《项目管理知识体系指南》的草稿，并于1996年正式颁布，成为现在的PMBOK。PMI创建的项目管理方法已经得到全球公认。美国项目管理协会致力于向全球推行项目管理，以提高项目管理专业的水准，在教育、会议、标准、出版和认证等方面制订专业技术计划。美国项目管理协会正成为一个全球性的项目管理知识与智囊中心。

PMBOK 将项目管理划分为九大知识领域，即范围管理、时间管理、成本管理、质量管理、人力资源管理、沟通管理、采购管理、风险管理和集成管理。国际标准化组织以该文件为框架，目前使用的是《项目管理知识体系指南》2000 年版。美国项目管理协会目前在全球 185 个国家共 50 多万会员和证书持有人，是项目管理专业领域中由研究人员、学者、顾问和经理组成的全球性的专业组织机构。该协会推出的项目管理专业人员资格（PMP）认证已经成为全球权威的项目管理资格认证，受到越来越多人的青睐。

2. 国际项目管理协会

国际项目管理协会（International Project Management Association，IPMA ）成立于 1965 年，总部设在瑞士洛桑，IPMA 的成员主要是各个国家的项目管理协会，到目前为止共有 34 个成员组织，国际项目管理协会则以广泛接受的英语作为工作语言提供有关需求的国际层次的服务。

国际项目管理专业资质认证（IPMP）是国际项目管理协会在全球推行的四级项目管理专业资质认证体系的总称。IPMP 是一种对项目管理人员知识、经验和能力水平的综合评估证明，根据 IPMP 认证等级划分获得 IPMP 各级项目管理认证的人员，将分别具有负责大型国际项目、大型复杂项目、一般复杂项目或具有从事项目管理专业工作的能力。

国际项目管理协会依据国际项目管理专业资质标准（IPMA Competence Baseline，ICB），针对项目管理人员专业水平的不同将项目管理专业人员资质认证划分为四个等级，即 A 级、B 级、C 级、D 级，每个等级分别授予不同级别的证书。

A 级证书是认证的高级项目经理（Certificated Projects Director，CPD）。获得这一级认证的项目管理专业人员有能力指导一个公司（或一个分支机构）的包括有诸多项目的复杂规划，有能力管理该组织的所有项目，或者管理一项国际合作的复杂项目。

B 级证书是认证的项目经理（Certificated Project Manager，CPM）。获得这一级认证的项目管理专业人员可以管理一般复杂项目。

C 级证书是认证的项目管理专家（Certificated Project Management Professional，CPMP）。获得这一级认证的项目管理专业人员能够管理一般非复杂项目，也可以在所有项目中辅助项目经理进行管理。

D 级证书是认证的项目管理专业人员（Certificated Project Management Practitioner）。获得这一级认证的项目管理人员具有项目管理从业的基本知识，并可以将它们应用于某些领域。

IPMP 是一种对项目管理专业人员知识、经验和能力水平的综合评估证明，具有广泛的国际认可度和专业权威性，代表了当今项目管理资格认证的国际水平。

IPMP 强调从业能力的综合考核，具有系统完善的认证标准：ICB 是一套系统、全面的认证体系，它将知识和经验分为 28 个核心要素及 14 个附加要素进行考核，对 C 级以上还需对个人素质的 8 个方面以及总体印象的 10 个方面进行综合考察。

IPMP 的认证程序对每一级都有严格的认证要求，以 C 级认证为例，需要经过申请者资格审查、从事项目管理经历审查、申请者自评、笔试考核、案例讨论、面试六个过程，只有通过每一环节的人员才可授予相应证书。

IPMP 的认证有广泛的国际影响和认可。国际项目管理协会是一个国际性项目管理组织，其所推行的专业资质认证体系在各会员国都得到认可与推广；IPMP 具有广泛的国际影响和国际认可度。国际项目管理协会与美国项目管理协会、澳大利亚项目管理学会签订了互相认可的协议。因此，工程项目管理的两大国际认证体系如图 4-1 所示。

二、项目管理的内容

美国项目管理协会（PMI）是目前全球影响最大的项目管理专业机构，其发布的项目管理知识体系（PNBOOK）将项目管理知识分为九个知识领域，即项目范围管理、项目时间管理、项目成本管理、项目质量管理、项目人力资源管理、项目沟通管理、项目风险管理、项目采购管理、项目集成管理。

（一）项目范围管理

项目范围是指项目包含且只包含所有需要完成的工作。项目范围管理是指保证项目范围所规定的工作得以顺利完成所需要的所有管理过程，它定义了项目包括什么、不包括什么，它保证了项目干系人对项目的结果以及产出结果的过程的共同理解，同时，它也为项目的控制提供了依据。

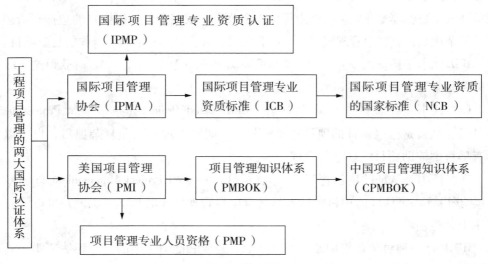

图 4-1　工程项目管理的两大认证体系

按照 PMI 的定义，项目范围管理包括以下五个管理过程：

（1）项目的选择与启动。代表正式认可一个新项目的存在，或认可一个当前项目的新阶段。其主要任务是输出项目立项书。

（2）项目规划。生成书面有关范围文件的过程，其主要输出是范围说明，项目产品和项目可交付物的定义。

（3）范围定义。将主要的项目可交付部分分成更小的、更易于管理的活动。其主要输出是项目工作的任务分解结构。

（4）范围审核。投资者、用户、客户等正式接收项目范围的一种过程。审核工作产品和结果进行验收。

（5）范围变更控制。控制项目范围变更。范围变更必须与其他控制，如时间、成本、质量等来综合控制。

（二）项目时间管理

项目时间管理又称项目进度管理。它包括为确保项目按时完成所需要的各个过程。具体包括以下项目管理活动。

（1）活动定义：识别为完成项目所需的各种特定活动的具体内容，如项目活动的名称和分解结构表。

（2）活动排序：识别活动之间的时间依赖关系，包括活动的先后逻辑关系并整理形成项目进度计划网络图。

（3）活动工期估算：估算为完成各项活动所需要的工作时间及整个项目完成所需的总时间。

（4）进度计划：分析活动顺序、工期及资源需求，安排进度。

进度控制：根据进度管理计划来控制项目实施中可能发生的进度变化。

（三）项目成本管理

项目成本管理的目标是确保项目在批准的预算内完成。项目成本管理包括以下过程。

（1）资源计划：确定为执行项目活动所需的资源（人员、材料、设备）及其数量，明确项目工作分解的各级活动所需的资源及其数量。

（2）成本估算：估算为完成项目活动所需的资源成本。

（3）成本预算：将项目的估算成本分配到各项活动上，建立项目成本基准计划，用来监控项目进度及活动成本使用情况。

（4）成本控制：根据已安排好的进度成本基准计划来控制项目实施过程中成本使用的情况。

项目成本管理主要关心完成项目全部活动所需的资源成本，但同时也必须考虑项目决策对项目产品使用成本的影响。项目成本管理不能只涉及成本的节约，还必须考虑项目经济效益的提高。当项目成本控制作为绩效考核的因素时，为了保证奖惩与实际绩效相匹配，应将可控与不可控的成本分类进行管理。

（四）项目质量管理

项目质量管理与项目成本管理、项目进度管理具有同样的优先级。项目质量管理的目的在于保证项目满足它所应该满足的需求，包括以下项目管理过程。

（1）质量计划：根据相关的质量标准编制计划，包括国家颁布的质量管理法规、行业标准，并确定如何满足这些标准。

（2）质量保证：包括项目内部质量管理小组和管理执行组织的保证，以及项目外部质量保证，即对政府及相关质量检验机构和其他利益相关人员的保证。

（五）项目人力资源管理

项目人力资源管理是指对参与或涉及项目的人力资源（包括所有项目干系人）进行管理所开展的一系列过程和工作。PMI 认为，项目人力资源管理包括三个主要过程：项目组织计划的编制、项目人员的获取与配备和项目团队的开发。

（六）项目沟通管理

项目沟通管理是指对项目过程中各种不同方式和不同内容的沟通活动的管理，其目标是保证有关项目信息能够以合理的方式并及时的产生、收集、处理、存储和交流。项目沟通管理的内容包括沟通计划的编制、信息的发布、绩效的评估以及管理收尾。成功的项目管理离不开有效的沟通。

（七）项目风险管理

项目风险管理是对项目风险进行识别、分析和应对的系统过程。它包括把正面事件的概率和影响结果扩到最大，把负面事件的概率和影响结果减到最小。项目风险管理贯穿于项目始终。

项目风险管理基本过程包括项目风险管理计划编制、风险识别、风险评估、风险响应计划、风险控制。

（八）项目采购管理

项目采购管理是指在项目实施过程中，需要从执行组织外部获得一些产品或服务时所开展的活动的管理。项目采购管理的过程包括项目采购计划的编制、询价、供应商的选择、合同的管理以及合同的收尾。

（九）项目集成管理

项目集成管理是一项综合性、全局性的管理工作，它综合了项目各个方面的各个要素，从全局出发协调和控制项目各个方面和各个局部的管理工作。同时，项目集成管理也是一项内外结合的管理工作，它除了要协调项目内部的各个方面外，还要协调项目外部的许多因素。集成管理也存在于其他项目管理工作中。

项目集成管理的内容包括项目计划的编制、项目计划的执行、集成变更的控制以及项目的评估。

三、工程项目管理概述

（一）工程项目的特点

工程项目是最典型的项目类型。它是以形成建设工程产品为目标的、既有投资行为又有建设行为的项目决策与实施活动的集合。该活动的集合是由该建设项目生命周期中所有相互关联的活动所组成的特定过程。该过程要达到的最终目标应符合预定的使用要求，并满足标准（或业主）要求的进度、费用、质量和资源约束条件等。工程项目具有一般项目的特征，且在目标的明确性、目标的约束性、建设周期长、投资的风险大以及管理的复杂性等方面表现得更为突出。而从工程交易的视觉观察，工程项目具有下列特点：

1. 交易过程的复杂性。

工程产品是一种定制的产品，其生产过程是先订货后生产，且从设计、施工到竣工验收，发包方与承包方以及咨询服务方进行的各种交易与项目本身的建设生产活动交织在一起，因此，工程项目的交易过程要比其他任何工业产品的交易来得复杂。

2. 生产者选择的特殊性。

项目的单件性决定了工程产品不能批量生产，只能单件生产。因此，无论是工程项目的设计、施工、管理服务，还是设备的生产，业主/项目法人大都采用招标等要约的方式向潜在的承包人提出自己对工程产品的要求。通过潜在承包人在价格等方面的竞争，最终确定为自己生产所需的特定产品的生产者。显然，业主/项目法人在工程项目交易过程中选择的并不直接是工程产品，而是工程产品的生产者。

3. 产品生产的不可逆性和控制过程的阶段性

工程项目的建设地点一次性确定，建成后不可移动。设计的单一性、施工的单件性使得它不同于其他一般商品的批量生产，一旦建成，想要改变它非常困难。因此，工程产品一旦进入生产阶段，不可能退换，也难以重新建造，否则，建设各方将承担极大的经济损失。因此，工程产品的质量、数量等需要按阶段验收和计量，而不是最终一次性验收和计量。

（二）工程项目管理的概念

1. 工程项目管理的涵义。工程项目管理是项目管理的一个大类，是指项目管理者依据项目的特征，按照投资者所要求的产品功能和质量，在所规定的时限、所批准的费用预算等有限的资源条件下，运用系统的观念、理论和方法，对工程项目涉及的全部工作进行有效的规划、决策、组织、协调和控制等，以实现项目干系人的要求和期望的全部管理活动的集合。

2. 工程项目管理的特点。工程项目管理具有复杂性、创造性、专业化等特点。

（1）工程项目管理的复杂性。工程项目一般由多个部分组成，工作内容涉及多个学科，跨越多个组织，且实施过程中受众多不确定性因素的影响；各组织之间通过合同关系形成一个临时性的团队，其管理人员的知识背景、合作方式不尽相同，合同关系复杂。这些方面决定了工程项目管理的复杂性。

（2）工程项目管理的创造性。工程项目的单件性和实施的不可逆性，使工程项目的管理者既要承担较大的风险，又必须发挥创造性去解决一个又一个的新问题。工程项目管理的创造性依赖于科学技术的发展和支持，这就要求项目管理者在项目实施过程中必须依靠和有能力综合多学科的成果，将多种先进的技术结合起来，创新性地应用于工程项目的管理。

（3）工程项目管理的专业化。工程项目管理组织讲究专业化。要求管理组织具有驾驭建筑市场和工程技术的能力，以及组织管理、项目决策、项目沟通协调和项目控制等方面的能力。专业化的项目管理组织可以使项目团队成员提高工作效率，增加工作熟练程度，并能保证管理者有能力应用先进的技术和采用科学的手段进行项目管理，保证项目的成功。

（4）项目经理角色的关键性。项目经理是工程项目管理组织中的灵魂，是决定项目成功与否的关键人物。这主要在于：他需制定计划、资源配置、协调和控制；他必须能综合各种不同专业的观点来考虑问题；他还必须通过对人的管理，发挥参与项目管理的每一位成员的积极性和创造性，形成一个工作配合默契、具有积极性和责任心的高效率团队。

（5）工程项目管理的干系人。项目干系人也称相关利益者。它是指项目所涉及的或受项目影响的一些个人和组织，他们或直接参与项目的实施与管理，或他们的利益会由于项目的实施或完成而受到正面或负面的影响，同时，他们反过来也可以对项目及其结果施加影响。

每个项目涉及的个人和组织各不相同，因此每个项目都有不同的项目干系人。对于大多数的工程项目而言，其项目干系人主要包括：

1）工程项目投资人。即项目发起人，可以是政府、社会组织、个人、银行财团或众多的股东，他们关心项目能否成功，能否盈利或能否收回本息。尽管他们的主要责任在于投资决策，其管理的重点为项目的启动阶段，采用的手段是项目评估，但是投资者想要取得期望的投资效益仍需要对项目的整个生命周期进行全程的监控和管理。

2）工程项目业主/项目法人。即项目公司，是指进行工程项目策划、资金筹措、建设实施管理、生产经营、债务偿还以及对项目资产负有保值增值责任的组织。

3）工程咨询方。包括工程设计公司、工程监理公司、工程项目管理公司，以及其他为业主/项目法人提供工程技术和管理服务的团体和个人。

4）工程施工承包方/设备制造商/材料供应商。为分别承担工程项目施工和设备制造、材料供应的企业，他们按照合同的约定，完成相应的工作内容。

5）客户。指使用工程项目产品的组织或个人，客户可能包括多个层次。

6）工程项目相关的其他主体。包括政府的规划管理部门、计划管理部门、建设管理部门、环境管理部门、审计部门等，他们分别对工程项目立项、工程建设质量、工程项目建设对环境的影响和工程建设资金的使用等方面进行监督或管理。此外，还有工程设备租赁公司、保险公司、银行等，均按合同约定为项目业主提供服务、产品或资金等。

（三）工程项目管理的组织结构形式

任何一个组织都是为了完成一定的使命和实现一定的目标而建立的，由于每个组织的使命、目标、资源条件和所处的环境不同，其组织结构也会不同。每一个工程项目都应该进行管理组织的规划和设计，它涉及建立项目的组织结构和在项目组织结构的基础上确定一个项目内部的工作流程，这些因素都是关系到工程项目建设目标能否实现的决定因素。一般而言，组织结构从面向职能到面向项目的程度可以划分为职能型组织结构、矩阵型组织结构和项目型组织结构。

1. 职能型组织结构

职能型组织结构如图 4-2 所示。

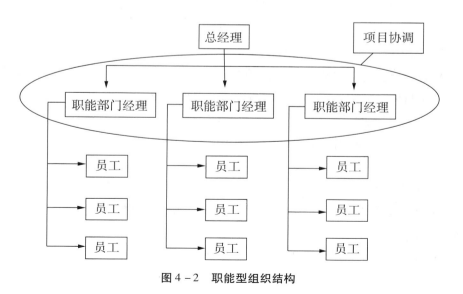

图 4-2　职能型组织结构

职能型组织具有如下的特点：

（1）直线型的、层次型的组织；

（2）每一个员工都有直接的上司；

（3）在组织的高层层面上协调统一；

（4）适应日常运营性的企业或组织。

2. 矩阵型组织结构

矩阵型组织结构如图 4-3 所示。

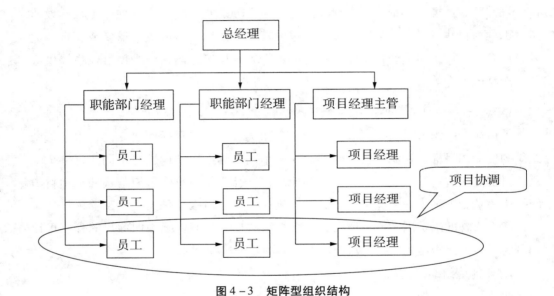

图 4-3　矩阵型组织结构

矩阵型组织的特点如下：

（1）兼有职能型组织和项目型组织的特征；

（2）项目团队的成员可以从不同的职能部门临时抽调；

（3）组织内的成员同时向两个或多个上级汇报。

（4）根据项目经理对资源控制力的大小，矩阵型组织可分为：

1）弱矩阵型组织结构——项目经理的职权"小于"职能经理的职权；

2）平衡矩阵型组织结构——项目经理的职权"等于"职能经理的职权；

3）强矩阵型组织结构——项目经理的职权"大于"职能经理的职权。

3. 项目型组织结构

项目型组织结构如图 4-4 所示。

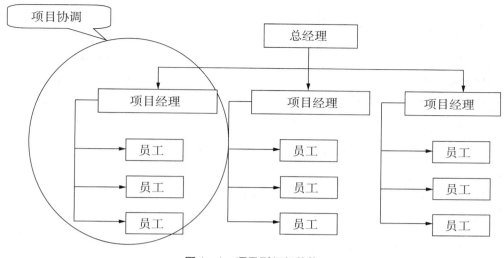

图 4 - 4 项目型组织结构

项目型组织的特点如下：

（1）事业部型的组织；

（2）每一个员工都有直接的上司；

（3）每一个团队均由各种各样的专业人员组成；

（4）项目经理有充分的权利；

（5）适应于各种项目型的企业和组织。

在进行组织结构选择时，应根据工程项目的规模、复杂程度、技术特点、不确定性等因素进行多方面的考虑。对于不同的项目或同一项目的不同阶段，可以采用不同的组织结构。各种组织结构类型的优缺点见表 4 - 1。

表 4 - 1 各种组织结构类型的优、缺点

	职能型组织结构	矩阵型组织结构	项目型组织结构
优缺点	1. 组织简单 2. 没有重复活动 3. 尊重职能部门的专业作用 4. 项目成员有"家"	1. 有效利用资源 2. 职能专业知识可供所有项目使用 3. 信息流丰富，促进学习和知识交流 4. 注重客户 5. 职能部门是项目成员的家	1. 组织简单 2. 项目经理有充分的权利控制资源 3. 向客户负责 4. 沟通效率高 5. 决策速度快
优缺点	1. 狭隘、不全面（强调职能和技术专业而不是项目目标） 2. 反应缓慢 3. 不注重客户 4. 没有明确的责任人	1. 有两个"老板"，双重汇报关系 2. 需要平衡权利 3. 当有很多项目同时进行时，分享稀有资源可能会带来部门之间的问题	1. 项目结束后，项目成员无"家"可归 2. 资源使用效率不高 3. 项目间缺乏信息交流与共享 4. 面向项目决策，面向技术等考虑较少

四、工程项目管理模式

工程项目管理模式是指在工程项目实施过程中，项目参与各方依据国家的有关法律法规所形成的各种关系的总和。目前国际上工程项目管理有许多不同的组织和实施形式，主要可归纳如下：设计—招标—建造（Desing – Bid – Build，DBB）模式；设计—采购—施工工程总承包（Engineering，Procurement and Construction，EPC）模式；设计—建造（Desing – Build，DB）模式；施工管理（Construction Management，CM）模式；项目管理（Project Management，PM）模式；建造—运营—转让（Build – Operate – Transter，BOT）模式等。

（一）DBB 模式

1. DBB 模式的组织形式

DBB 模式的组织形式如图 4 – 5 所示。

DBB 模式，又称作国际通用模式，是目前在国际上最为通用的一种传统的工程项目管理模式。世界银行、亚洲开发银行贷款工程和采用国际咨询工程师联合会（Federation Internationale Des Ingenieurs Conseils，FIDIC）合同条件进行管理的工程项目均采用这种模式。目前，我国工程项目管理实施的"工程项目法人制""招标投标制""建设监理制""合同管理制"基本也是参照这种传统模式。

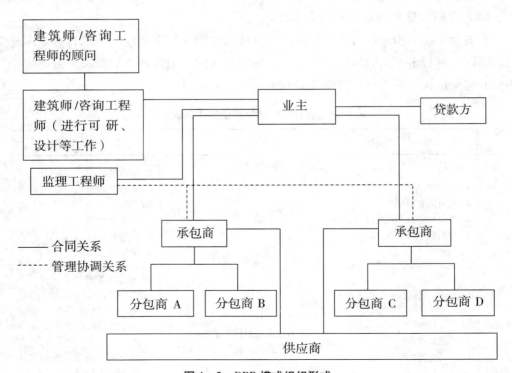

图 4 – 5　DBB 模式组织形式

采用传统模式进行工程项目建设管理时，业主与工程设计者（亦称为建筑师或工程师）签订专业服务合同，委托其进行前期的各项有关工作（如进行机会研究、可行性研究等），待工程项目评估立项后再进行设计；在设计阶段，工程设计人员除了完成设计工作外，还要准备施工招标文件，在设计工作全部完成后，协助业主通过竞争性招标将工程施工的任务交给报价低且最具资质的投标人（施工承包商）来完成；招标工作结束后，业主和施工承包商订立工程施工合同，而有关工程部位的分包和设备、材料的采购一般都由承包商同分包商、供应商单独订立合同并组织实施；在项目施工过程中，业主、施工承包商、（监理）工程师一起对项目进行全面的管理。

2. DBB 模式的特点

（1）工程项目的实施只能按顺序进行。在 DBB 模式当中，工程项目的实施只能按顺序进行，是其最显著的特点，即只有前一个阶段结束后下一个阶段才能开始，因而通用模式的工程项目建设程序清晰明了，如图 4-6 所示。

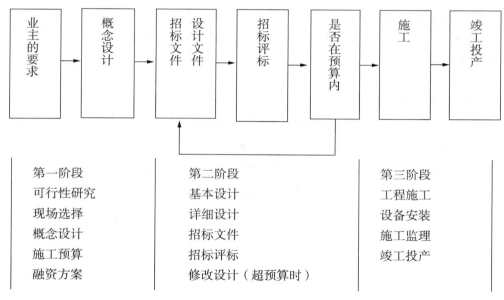

图 4-6 DBB 模式项目实施过程

（2）第三方——（监理）工程师的使用。在施工合同管理方面，确定以业主为一方，以承包商为另一方的合同关系，并由业主任命（监理）工程师对工程项目的施工进行监督管理，工程师处于特殊的合同地位，一方面，他与业主之间有委托合同约束，以（监理）工程师的身份工作，实质上是业主的雇员；但另一方面，他在合同法律所处的地位赋予他工作上的独立性，要求他自行做出决定，而不是偏袒合同的任何一方。因此，在 FIDIC 条款中，要求工程师处事公正，独立地判断和决定问题，并将这一行为准则作为工程师的职业道德。

3. DBB 模式优缺点

（1）优点。

1）由于该模式长期地、广泛地在国际上被采用，因而管理方法比较成熟，各方对有关程序都很熟悉。

2）业主可自由地选择咨询、设计人员，对设计可以实现完全控制。

3）标准化的合同关系。可采用各方均熟悉的标准合同文本，有利于合同管理、风险管理和节约投资。FIDIC 合同体系中的《施工合同条件》为传统模式广泛采用。

（2）缺点。

1）由于项目必须按阶段顺序进行，因此，工程项目建设周期较长；

2）由于设计承包商和施工承包商之间没有合同关系，设计和施工相分离，不利于项目的全过程管理，再加之设计人员或咨询工程师缺乏施工经验，可能会导致高成本以及设计出不切合实际的详图，从而引起过多的变更或较多的合同争议，甚至索赔；

3）业主需要与施工承包商签约，因而业主的管理费用较高，投入较大；

4）业主不能直接控制分包商和供应商，从而使得分包商的竞争十分有限，这非常不利于总成本的降低。

4. DBB 典型方式

DBB 有以下两种典型模式。

（1）施工总承包项目管理。业主只选择一个总包商，要求总包商承担其中的主体工程，经业主同意，可以将一部分专业工程或子项工程分包给分包商。总包商承担整个工程的施工责任，并接受监理工程师的监督管理。而分包商与总包商签订合同，总包商负责分包商施工活动的总协调和监督。

施工总包项目管理模式如图 4 -7 所示。

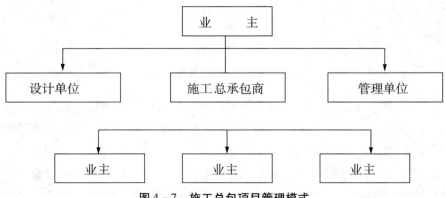

图 4 - 7 施工总包项目管理模式

（2）施工平行承发包的项目管理。平行承发包是指项目将工程的设计、施工和设备、材料采购任务分解，分别发给若干个设计、施工单位和设备材料供应商，并分别签订合同。各承包商之间的关系是平行，也是平等的，他们接受业主和监理工程师的协调和监督。在这种模式下，业主可以根据规模的大小和专业的情况，委托一家或几家监理公司进行监督管理。这种方式的优点在于可以充分利用竞争机制，选择技术水平高的承包商承担相应专业的施工。这是目前我国工程建中广泛使用的管理模式，如图4-8所示。

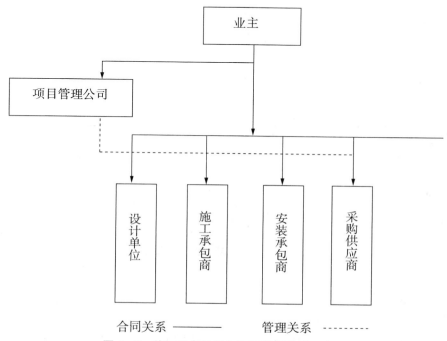

图4-8　施工平行承发包项目管理模式示意图

施工平行承发包的项目管理模式的优点是发包结构简单，隶属关系明确。

施工平行承发包的项目管理模式的缺点是业主的管理工作量大，许多次招标，业主需要较高的项目管理能力和经验，由于业主的管理跨度大，协调困难，容易出现各分包商推诿责任、发生工程纠纷的情况。

（二）EPC模式

1. EPC模式的组织形式

EPC模式的组织形式如图4-9所示。

EPC模式的基本特点是在项目实施过程中保持单一的合同责任。当项目原则确定以后，业主只需选定唯一的实体（即EPC承包商）负责项目的设计、采购与施工。这种模式是以总价合同为基础的，EPC承包商首先选择设计咨询公司进行设计，然后采用竞争性招标选择分包商或使用本公司的专业人员自行完成工程的设计、采购和施工。

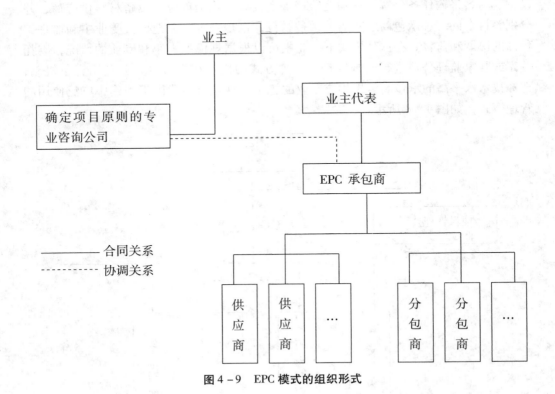

图 4 - 9　EPC 模式的组织形式

2. EPC 模式的合同结构

EPC 模式的合同结构如图 4 - 10 所示。

业主与 EPC 承包商之间签订 EPC 合同，然后业主代表对 EPC 承包商进行宏观上的、原则性的监督和协调。EPC 承包商则在与业主签订合同后，通过招标等方式选定设计单位、各个分包商和供应商。EPC 承包商与设计承包商之间是合同关系，EPC 承包商可向设计承包商直接发出指令。

3. EPC 模式的特点

EPC 模式一般具有以下特点：

（1）承包商承担了大部分工程建设风险；

（2）业主选择有经验的总承包商，能充分利用其在项目管理上的专业经验，保证项目实施的成功；

（3）项目设计与施工交予同一个承包商，可以克服以往由于设计与施工相分离而导致的过多变更与索赔；

（4）一体化、全过程的管理可以从整体上优化工程的建设方案；

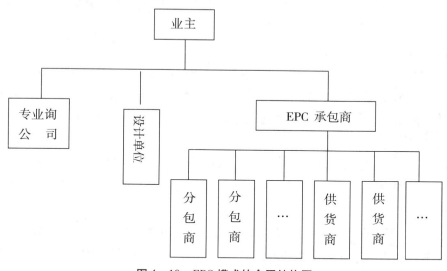

图 4 – 10 EPC 模式的合同结构图

（5）业主对工程管理介入的深度不会太深，一般仅派业主代表对承包商进行原则性的监督和协调，业主可以从大量的工程事务管理中解脱出来进行宏观的控制，对业主来讲，可用最少的精力，达到控制工程造价、工程进度和质量的效果。

由于工程总承包模式既可利用承包商在设计、采购、施工和项目管理的技术优势，又能使业主在设计方案、设备采购和施工招标上拥有一定选择权，并对总承包商包安全、包工期、包质量、包合同总价、包形成生产能力，因此 EPC 总承包方式在国际上应用广泛，在国内也逐步得到能源、化工等大型工程项目业主的青睐和选用。

4. EPC 模式的优、缺点

（1）优点。

1）业主的管理相对简单。不需要业主具备工程项目实施阶段的管理能力和经验，可以使业主在工程项目实施阶段的工作大大简化。因为由单一总承包商牵头，承包商的工作具有连贯性，可以防止设计者与施工者之间的责任推诿，提高了工作效率，减少了协调工作量。

2）可有效地将建造费用控制在项目预算以内。由于这种方式已将设计纳入到工程实施合同内，使得这种"控制"能够在保证满足生产、使用要求的前提下得以实现。

3）可以有效地缩短建设周期。由于已将设计、采购两项消耗时间较多的工作纳入到工程实施合同内，业主可以要求 EPC 总承包商通过其内部的管理和协调机制，实现项目建设周期较大幅度的缩短。

4）可以有效地减少业主的风险源。在业主缺乏工程项目管理经验、对工程建设法规不甚了解、对当时当地的建筑市场情况不是十分清楚的情况下，选择 EPC 方式是减少风险的有效方法。

（2）缺点。

1）业主不能很好地控制设计，使得项目的设计和质量往往屈服于成本。

在与 EPC 总承包商签订 EPC 总承包合同之后，业主主要是在宏观上控制承包商的设计，但是具体的设计方案，因业主的经验，或因成本原因，可能会达不到业主期望的效果。

2）EPC 总承包商的选择比较困难。因设计尚未进行，仅能凭"工程方案描述"进行招标，国内具备相应能力和业绩的总承包商数量还比较有限，选择范围小，难以抉择。

3）总承包价格难以确定。因为在此阶段并无可作为价格比较基础的、一致的设计方案，业主只能在技术方案的优劣和报价的高低之间作大致的平衡，无法作出准确的判断。

4）项目功能要求难以全面确定。难以在 EPC 总包合同签订时，明确工程所有的使用功能和技术要求等，因此易发生工期、费用的变化，这是业主难以控制的。

（三）DB 模式

DB 模式，又称设计—施工（Design - Construction，DC）模式。DB 模式的管理方式在国际工程中越来越受到欢迎，其涉及范围不仅包括私人投资的项目，而且也广泛地运用于政府投资的基础设施项目。在项目的初始阶段，业主邀请一位或者几位有资格的承包商，根据业主的要求或者设计大纲，由承包商或会同自己委托的设计咨询公司提出初步设计和成本概算。中标的承包商将负责该项目的设计和施工。

在 DB 模式中，业主和 DB 承包商密切合作，完成项目的规划、设计、成本控制、进度安排等工作，甚至负责土地购买、项目融资和设备采购安装。

《设计—建造与交钥匙工程合同条件》中规定，承包商应按照业主的要求，负责工程的设计与实施，包括土木、机械、电气等综合工程及建筑工程。

1. DB 模式的组织形式

DB 模式的组织形式如图 4 – 11 所示。

DB 模式的主要特点是业主和实体采用单一合同（Single Point Contract）的管理方法，由实体负责实施项目的设计和施工。一般来说，该实体可以是大型承包商、具备项目管理能力的设计咨询公司，或者是专门从事项目管理的公司。

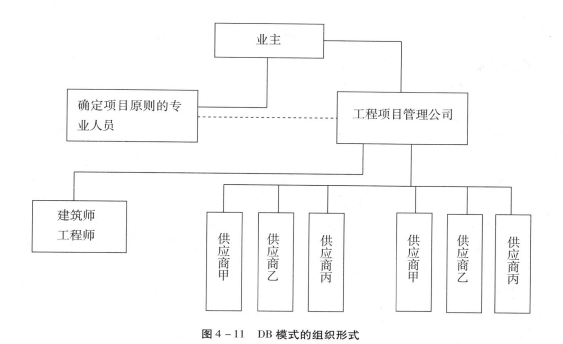

图4-11 DB模式的组织形式

2. DB模式的特点

（1）高效性。一旦合约签订以后，承包商就负责施工图的设计和施工，如果承包商本身不具备设计能力和资质，就需要委托一家或几家专业的咨询公司来做设计和咨询，承包商作为甲方的身份进行设计管理和协调，使得设计既符合业主的意图，又有利于施工和节约成本。

（2）责任单一性。承包商对项目建设负有全部的责任，既避免了工程建设中各方相互推诿，也可以提高管理水平，科学管理、创造效益。相对于传统的管理方式而言，承包商拥有更大的权利，不仅可以选择分包商和材料供应商，而且还有权选择设计咨询公司，但最后需要得到业主的认可。

在这种模式中，总承包商与业主签订设计—施工总承包合同，向业主负责整个项目的设计和施工。这种模式把设计和施工紧密地结合在一起，能起到加快工程建设进度和节省费用的作用，并使施工方面的新技术结合到设计中去，也可加强设计与施工的配合和流水作业。

（四）CM模式

1. 概述

CM模式，在国内被译为建设工程管理模式。CM模式的全称为Fast-Track-Construction Management，又称快速路径法，主要的特征是工程项目的"边设计，边招标，边施工"。这种承发包模式特别适用于实施周期长、工期要求紧迫的大型复杂建设项目。CM 模式和传统的总承包方式相比，其不同之处在于不用等全部设计完成后才开始施工招标，而是在初步设计完成以后，在工程详细设计进行过程中分阶段完成施工图纸，如基础土石方工程、上部结构工程、金属结构安装工程等均能单独成为一套分项设计文件，分批招标发包。

CM 模式在美国、加拿大、欧洲和澳大利亚等广泛地应用于大型建筑项目的承发包和项目管理上。在 20 世纪 90 年代进入我国之后，CM 模式得到了一定程度上的应用，如上海证券大厦建设项目、深圳国际会议中心建设项目等，采取此管理模式。业主从项目决策阶段就聘请具有工程经验的咨询人员参与到项目实施过程中，为设计专业人员（建筑师）提供施工方面的建议，并负责施工过程的管理。

这种管理模式是从开始阶段就雇用具有施工经验的 CM 单位参与到建设工程实施过程中，业主委托一建设工程管理的代理人——建设经理（CM 经理）作为业主的代理人，有权为业主选择设计人和承包商，并以业主的名义进行工作，业主则对代理人的一切行为负责，以便为设计人员提供施工方面的建议且随后负责管理施工过程。这种模式改变了过去那种设计完成后才进行招标的传统模式，采取分阶段发包，由业主、CM 单位和设计单位组成一个联合小组，共同负责组织和管理工程的规划、设计和施工，CM 单位负责工程的监督、协调及管理工作，在施工阶段定期与承包商会晤，对成本、质量和进度进行监督，并预测和监控成本和进度的变化。当然业主和代理人之间也有委托合同，代理人必须在委托合同规定的范围内工作。采用 CM 模式，关键问题要选择建设经理，一般要求建设经理精通设计、施工、商务、法律、管理等，并具有丰富的经验和优良的信誉。

CM 模式可以适用于设计变更可能性较大的建设工程、时间因素最为重要的建设工程、因总的范围和规模不确定而无法准确定价的建设工程。采用 CM 模式，项目业主把具体的项目建设管理的事务性工作通过市场化手段委托给有经验的专业公司，不仅可以降低项目建设成本，而且可以集中精力做好公司运营。所以，该模式在我国的建设市场得到广泛应用。

2. CM 模式的基本类型

从国际上的应用实践看，CM 的应用模式多种多样，业主委托工程项目管理公司（简称 CM 公司）承担的职责范围非常广泛，也非常灵活。根据合同规定的 CM 经理的工作范围和角色，CM 模式可分为代理型建设管理（Agency CM）和风险型建设管理（At Risk CM）两种方式。

虽然两种 CM 模式都有各自的特点，但也有一些共同的特点：

（1）从项目的开始阶段就需由业主和业主委托的 CM 单位与工程师组成一个联合小组，共同负责组织和管理工程的规划、设计和施工；

（2）CM 经理负责工程的监督、协调及管理工作；

（3）采用快速路径法的最大优点是可以缩短工程从规划、设计到竣工的周期，节约建设投资，减少投资风险，可以比较早地取得收益；

（4）业主有机会参与项目管理，在设计、施工等方面作出符合业主要求的决策；

（5）由于 CM 签约时设计尚未结束，因此 CM 合同价通常采用"成本加利润"的方式；

（6）由于 CM 介入项目的时间在设计前期，甚至设计之前，因此，很难在整个工程开始前固定或保证一个施工总价，这是业主采用这种项目管理模式时所要承担的最大风险。

（1）代理型建设管理方式

在这种方式中，CM 经理是业主的咨询和代理。业主和 CM 经理的服务合同规定，费用是固定酬金加管理费。业主在各施工阶段和承包商签订工程施工合同。业主选择代理型 CM 主要是因为其在进度计划和变更方面更具有灵活性。采用这种方式，CM 经理可只是提供项目某一阶段的服务，也可以提供全过程服务。无论施工前还是施工后，CM 经理与业主都是信用委托关系，业主与 CM 经理之间的服务合同是以固定费和比例费的方式计费。施工任务仍然通过投竞标来实现，由业主与承包商签订工程施工合同。CM 经理为业主管理项目，但他与专业承包商之间没有任何合同关系。因此，对于代理型 CM 经理而言，经济风险最小，但是声誉损失的风险很高。

（2）风险型建设管理方式

在这种方式中，CM 经理同时担任施工总承包商，业主通常要求 CM 经理提出保证最高成本限额（Guaranteed Maximum Price，GMP），以保证业主的投资控制，如最后结算超过 GMP，则由 CM 公司赔偿；如最后结算低于 GMP，节约的投资则归业主所有，但 CM 公司由于额外承担了保证施工成本的风险，因而能够得到额外的收入。在这方式中，业主的风险减少，而 CM 经理风险增加。风险型 CM 经理实际上处于一个总承包商位置，与各专业承包商间有直接的合同关系，并负责使工程以不高于 GMP 的成本竣工，这与代理型 CM 经理有很大不同，工程成本越接近 GMP 上限，他的风险越大。以上两种组织方式如图 4-12 所示。

3. CM 模式的优、缺点

（1）CM 模式的优点。

1）建设周期短。这是 CM 模式的最大优点，它打破了传统的设计—施工关系，缩短工程从规划、设计、施工到交付业主使用的周期，即采用快速路径方法实现有条件的"边设计、边施工"。设计与施工之间在时间上产生了搭接，提高了项目的实施速度，缩短了项目施工工期。

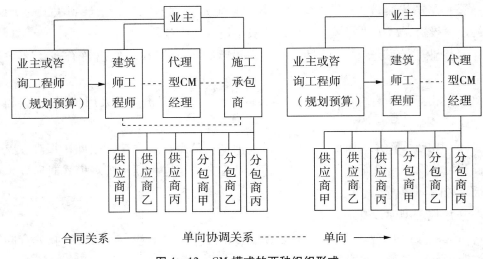

合同关系 ——— 单向协调关系 -------- 单向 ——→

图4-12 CM模式的两种组织形式

2）CM经理的早期介入。CM模式改变了传统管理模式中依靠合同调解的做法。依赖建筑师和（或）工程师、CM经理和承包商在项目实施中的合作，CM经理与设计单位是相互协调关系，CM单位在一定程度上不是单纯按图施工，可以通过合理化建议来影响设计。

（2）CM模式的缺点

1）对CM经理的要求较高。CM经理所在单位的资质和信誉都应该比较高，而且是具备高素质的从业人员。

2）分项招标导致承包费高。

（五）PM模式

1. PM模式的内涵

项目管理（Project Management，PM）模式，是指业主聘请专业的项目管理公司，代表业主对工程项目的组织实施进行全过程或若干阶段的管理和服务。PM模式是一种新的项目建设方式，由于PM承包商在项目的设计、采购、施工、调试等阶段的参与程度和职责范围不同，因此，PM模式具有较大的灵活性。总体而言，PM有三种基本应用模式。

（1）管理承包模式。业主与PM承包商签订工程项目管理合同，同时业主选择设计单位、施工承包商、供货商，并与之签订设计合同、施工合同和供货合同。

（2）委托管理与发包代理模式。业主与PM承包商签订项目管理合同，由PM承包商分别与业主指定或按招标方式选择的设计单位、施工承包商、供货商（或其中的部分）签订设计合同、施工合同和供货合同。

（3）全权管理模式。业主与PM承包商签订项目管理合同，由PM承包商自主选择施工承包商和供货商并签订施工合同和供货合同，但不负责设计工作。

PM 承包商签订项目管理合同之后，受业主委托，作为业主的代表或业主延伸，帮助业主在项目前期策划、可行性研究、项目定义、计划、融资方案，以及设计、采购、施工、试运行等整个实施过程中有效地控制工程质量、进度和费用，保证项目的成功实施。

2. PM 模式的特点

PM 模式一般具有以下特点。

（1）利于业主的宏观控制。业主把设计管理、投资控制、施工组织与管理、设备管理等承包给 PMC 承包商，把繁重而琐碎的具体管理工作与业主剥离，较好地实现工程建设目标。

（2）利于公司管理技术的改进。这种模式管理组织相对固定，能积累整套管理经验，并不断改进和发展，使经验、人员、程序等得以继承和积累，形成专业管理队伍，同时可减少业主的管理工作，有利于项目建成后的人员安置。

（3）通过工程设计优化降低项目成本。PM 承包商运用自身的技术优势，会根据项目的实际条件，对整个项目进行全面的技术经济分析与比较，本着技术先进、功能完善、经济合理的原则对整个设计进行优化。

（4）利于项目融资和项目风险分散。先于项目进行融资和风险分担是 PM 模式的另一个非常重要的特征。协助业主进行项目融资是 PM 模式的重要工作，项目融资确实是 PM 项目管理方式的重要内容。PM 模式在项目融资和项目风险分散等方面有许多好的做法，适应了目前大型国际工程多项目、高融资、低风险的要求。

3. PM 模式的适用条件

PM 模式通常用于国际性的大型项目中，其适用条件主要包括以下几个方面。

（1）项目融资超过 10 亿美元，并且有大量复杂的技术含量。

（2）业主方面包括许多公司，甚至有政府部门介入。

（3）需要得到商业银行或出口信贷机构的国际信贷。

（4）业主不以原有资产进行担保。

（5）业主意图完成项目，但是由于内部资源短缺，而难于实现。

在国内，没有政府担保的情况下，国际银行的贷款从未超过 10 亿美元，因此采用 PM 模式有利于增强项目融资能力，增强向国际信贷金融机构融资的项目可信性。

（六）BOT 模式

BOT 模式是一种基础设施建设管理的方式。它是经政府特许，将某些基础设施项目转让给私营公司（如国外公司）去融资、建造和运营，而不需要政府负责项目资金的计划和准备。私营公司在运营期间拥有对所建造项目的所有权和管理权，在运营的约定期限内应能保证公司偿清项目筹资本息，为项目主办人及其他持股人的股本投入赢得合理的收益。约定期（特许期）期限满后，项目的所有权与管理权就由特许的私营公司转让给政府。

和 BOT 模式类似的还有建造—拥有—运营（Build-Own-Operate，BOO）模式、建造—拥有—运营—管理（Build-Own-Operate-Management，BOOM）模式和建造—拥有—运营—转让（Build-Own-Operate-Transfer，BOOT）模式。BOT 模式一般适用于道路、桥梁、交通隧道、供水、港口、水电站、电信等基础设施建设。这些项目都是一些投资较大、建设周期长和可以自己运营获利的项目。已进行的发达国家和地区的 BOT 项目，如横贯英法的英吉利海峡海底隧道工程、澳大利亚悉尼港海底隧道工程、香港东区海底隧道项目等，在许多发展中国家，如中国、马来西亚、巴基斯坦、菲律宾、泰国等都有成功运用 BOT 模式的项目，国内有代表性的有广东沙角发电厂 B 厂、广西来宾发电厂 B 厂，目前我国有许多企业在国内外实施了不少 BOT 项目，取得了不错的成绩。

1. BOT 模式的各参与方

（1）东道国政府/政府部委。他们是工程项目的最终所有者。一般首先是国家政府邀请一些私营公司（如国外财团、公司）提交项目实施和特许建议书，再选择、谈判并达成项目建设协议。

（2）特许或私营项目公司。BOT 项目都是由一个特许或私营项目公司主办，公司既可在项目经营期内拥有特许权，也可出租。公司一般是由施工承包商、设备供应商及维修和经营项目的公司所组成的公司联合体。由于 BOT 项目开发费用高，因此在项目开始获得收益之前，公司联合体的各个成员之间应就其各自承担的费用额达成协议，以便有关各方，包括政府、项目公司、供应商、金融机构及其他投资贷款人和保险公司、负责经营的公司等进行协商。在很多情况下，公司中有许多不直接参与项目的股东，如保险公司、金融机构或项目所在地政府。

（3）施工联合集团。BOT 项目都是大型工程项目，许多已建 BOT 项目基本上是由国际公司组织和协调的。施工联合集团公司可来自不同的国家，当地或地区性公司可作为分包商参与项目。

在 BOT 模式中，政府和承包商（特许或私营项目公司）间的特许合同是核心，它明确了在特许期内政府和承包商的权利与义务，反映了双方的风险与回报。特许合同的内容涉及项目的产品性能和质量、建设投资与资产寿命、竣工日期及合作期限、产品价格及价格调整、资本结构和资本回报、原料供应、不可抗力、移交条件及仲裁等事项。

BOT 项目的实施是由承包商完成的，但项目成本的最终承担者是用户，项目的最终拥有者是政府。为保证质量，降低成本，政府对项目实施监督。BOT 模式典型结构框架如图 4-13 所示。

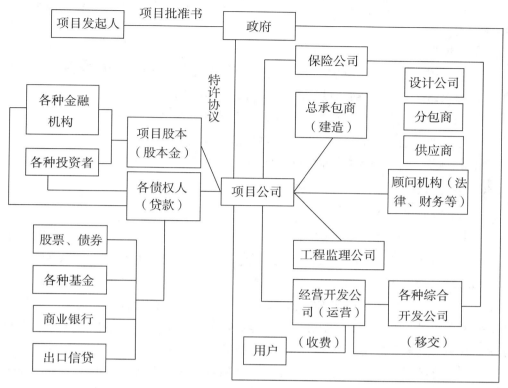

图 4 – 13　BOT 模式典型结构框架

2. BOT 模式的优、缺点

（1）BOT 模式的优点。

1）私人融资拓宽了投资渠道。BOT 模式在国际上已经成为基础设施建设的重要投资方式，是政府投资的重要补充。通过采取民间资本筹措、建设、经营的方式，道路、码头、机场、铁路、桥梁等基础设施项目建设的融资渠道均得到拓宽。项目融资的所有责任都转移给私人企业，减少了政府主权借债和还本付息的责任。

2）项目风险得到分担。BOT 模式融资使政府的投资风险由投资者、贷款者及相关联合体成员等共同分担，投资者承担了绝大部分风险。

3）有利于项目协调。BOT 模式组织机构简单，所以政府部门和私人企业协调容易。

4）回报率明确。BOT 模式严格按照中标价实施，政府和私人企业之间的利益纠纷少。

5）利于提高项目运作效率。由于项目资金投入大、周期长，民间资本为了降低风险，获得较多的收益，客观上更注重加强管理，控制造价。

6）利于引进先进技术和管理经验。BOT 项目通常由外国的公司来承包，带来先进的技术和管理经验，既给本国的承包商带来较多的发展机会，也促进了国际经济的融合。

（2）BOT模式的缺点。

1）招、投标费用高。政府和私人企业之间需要经过一个长期的调查了解、谈判和磋商过程，因此项目前期过长，使招、投标费用过高。

2）投资方和贷款人的风险大。融资过程审批十分严格，花费时间长。

3）参与项目各方存在利益冲突，对融资造成障碍。

4）在项目特许经营期内，政府对项目失去控制权。

（七）合作伙伴（Partnering）模式

1. 合作伙伴的含义

合作伙伴是一种先进的管理理念，其核心理念是信任、承诺、协同、宽容、理解、关心、相互依存、发展壮大。首先，合作伙伴在工程项目管理模式（如DBB、EPC、BOT、PMC、PM、CM）中都可以运用；其次，合作伙伴并不改变原契约的内容和各方责任、义务的承担以及权力的分配，而是用一种新的管理方式去弱化分明的壁垒关系和对抗思维，加强全过程的合作，降低各方的管理成本；建立多元化的互信，共同去追求和达到一个既定的目标和结果。

在工程建设领域，合作伙伴可以在一个新项目投标时形成，也可以在执行合同时形成，或在组织发展中形成。合作伙伴关系不同于联合体（Joint Venture），联合体是双方或多方为了在项目上发挥各自优势形成的一种联合，是联合各方组成的一个新的法律实体。而在合作伙伴关系中，业主一般是合作伙伴关系中的重要一方。合作伙伴关系通常并不具备法律上的效力（合作伙伴协议一般没有法律效力），参加合作伙伴的项目各方可以随时自愿加入或退出合作伙伴关系。

2. 合作伙伴的特征

从合作伙伴成功实施的角度，可以将合作伙伴的特征概括如下：

（1）出于自愿。在合作伙伴中，建立伙伴关系的各方必须是完全自愿，而非出于任何原因的强迫。这种模式的出发点是实现建设工程的共同目标，以使参与各方都能获益。只有在认识上统一，才能在行动上采取合作和信任的态度，才能愿意共同分担风险和有关费用，共同解决问题和争议。

（2）高层管理者的参与。合作伙伴模式的实施需要突破传统的观念和传统的组织界限。建设工程各方高层管理者的参与以及高层管理者之间达成的共识，对该模式的顺利实施是非常重要的，这是因为该模式要由参与各方共同组成工作小组，要分担风险、共享资源，甚至是公司的重要信息资源等，因此，高层管理者的认同、支持和决策是关键因素。

（3）合作伙伴协议不是法律意义上的合同。合作伙伴协议与工程合同是两个完全不同的文件。在工程合同签订后，建设工程参与各方经过讨论协商后才会签署 Partnering 协议。该协议并不改变参与各方在有关合同规定范围内的权利和义务关系，参与各方对有关合同规定的内容仍然要切实履行。合作伙伴协议主要确定参与各方在建设工程上的共同目标、任务分工和行为规范，是工作小组的纲领性文件。合作伙伴协议的内容也不是一成不变的，当有新的参与者加入时，或某些参与者对协议的某些内容有意见时，都可以召开会议讨论，对协议内容进行修改。

（4）信息的开放性。合作伙伴强调资源共享，信息作为一种重要的资源，对于参与各方必须公开。同时，参与各方要保持及时、经常和开诚布公的沟通，在相互信任的基础上，要保证工程的设计资料、投资、进度、质量等信息能被参与各方及时、便利地获取。这不仅能保证建设工程目标得到有效的控制，而且能减少许多重复性的工作，降低成本。

（5）沟通和合作的意愿。参与各方可以用正式和非正式的方式进行有效的沟通。合作伙伴重点强调团队成员在项目管理方面的沟通，而非技术和职业培训方面的沟通；参与合作伙伴的各方均有很强的愿望进行合作、联盟，并努力处理好相互之间的关系。

（6）很好的预测性。参与合作伙伴的各方通过大家的积极讨论形成各种预案，当紧急情况发生时，参与各方进行全力补救。这同时也避免了在设计方和施工方之间产生误解和冲突。

六、工程项目管理模式的应用分析

（一）工程项目管理的国外实践

从世界范围而言，20 世纪 40 年代中期至 60 年代，美国海军于 20 世纪 60 年代实施研制导弹核潜艇的计划，由于在实施计划的过程中用网络技术创造了一种控制工程进度的新方法——计划评审技术（PERT），使北极星导弹提前两年研制成功。这种项目管理方法在工程管理中产生的效益引起了人们的关注。到 60 年代中期，为了追求投资效率和适应工程建设日益扩大的需要，发达国家的有识之士日益感到项目管理的重要性，在其后十几年间，相继建立起三个国际性项目管理组织，即国际项目管理协会（International Project Management Association，IPMA）、美国项目管理协会和澳大利亚项目管理协会。在 60 年代末期和 70 年代初期，工业发达的国家开始将项目管理的理论和方法应用于建设工程领域，并于 70 年代中期前后在大学开设了与工程管理相关的专业。1990 年以后，美国国防部首创了工作分解结构（Work Breakdown Structures，WBS）方法和挣值管理（Earned Management，EM）等一些项目管理的基本方法，并应用于大型项目和武器系统的研制。随着信息系统工程、网络工程、软件工程的发展，以及大型建设工程和高科技项目开发等项目管理的出现，促使项目管理在理论与方法上不断创新，从而促进项目管理快速发展且更趋现代化，项目管理的应用范围也越来越宽。当前，由于项目管理能够处理跨领域的复杂问题，且能够实现更高的运营效率，项目管理的影响扩展到多个行业，如电信、计算机、软件业、制药业、金融业、能源业等。很多大公司都应用项目管理方法进行管理，甚至出现了项目导向型企业。项目管理在发达国家的国防工程和工业、民用建筑中得到了广泛的应用。

（二）工程项目管理在国内的发展轨迹

纵观我国项目管理的发展轨迹，古代的万里长城、京杭大运河、都江堰、兵马俑等项目，这在当时的政治、经济、军事等方面产生了重要作用。我国对项目管理真正意义上的系统研究和行业实践起步于 1982 年，此后，我国的许多大中型工程相继实行项目管理体制，包括项目资本金制度、法人负责制、合同承包制、建设监理制等。

建设工程项目管理在国内具体的发展情况体现为以下几个过程。

1. 第一阶段：引入阶段

我国 1983 年由原国家计划委员会（现国家发展和改革委员会，简称发改委）提出推行，项目前期项目经理负责制。1984 年，我国首次采用国际招标建设鲁布革水电站，取得良好的经济效益。鲁布革水电站引水系统工程是我国第一个利用世界银行贷款，并按世界银行规定进行国际竞争性招标和项目管理的工程。它于 1982 年国际招标，1984 年 11 月正式开工，1988 年 7 月竣工。至此，项目管理思想被引进到我国。鲁布革水电站工程在国内首先采用国际招标，实行项目管理，缩短了工期，降低了造价，取得了明显的经济效益。4 年多的时间里，创造了著名的"鲁布革工程建设项目管理经验"。这对我国的整个投资建设领域有很大的冲击，人们亲眼目睹了工程项目管理的巨大作用。随着工程项目管理影响的扩大，它开始受到政府的关注。

2. 第二阶段：推行阶段

1987 年，原国家计划委员会等五个政府有关部门联合发出通知，确定了一批试点企业和建设项目，要求采用项目管理。1991 年，原建设部（现住房和城乡建设部）进一步提出把试点工作转变为全行业推进的综合改革，全面推广项目管理。1995 年，原建设部颁发了建筑施工企业项目经理资质管理办法，推行项目经理负责制。

3. 第三阶段：发展阶段

2003 年，原建设部发出关于建筑业企业项目经理资质管理制度向建造师执业资格制度过渡有关问题的通知。此后，原建设部、原电力工业部（现水利电力部）、原化学工业部等相继开展了承包商项目经理制度。

现在，在项目管理职业化发展方面，中国已经建立起了注册建造师制度、注册造价师制度、注册监理工程师制度并付诸实施。许多国家项目管理由专业人士——建造师负责。建造师可以在业主方、承包商、设计方和供货方从事项目管理工作，也可以在教育、科研和政府等部门，甚至军事部门从事与项目管理有关的工作。建造师的业务范围并不限于在项目实施阶段的工程项目管理工作，还包括项目决策的管理和项目使用阶段的物业管理（资产管理、设施管理）工作。

4. 电力工程建设项目管理的发展轨迹

我国电力工程建设项目采用的管理也是同其他行业一样，走过了 3 个阶段。20 世纪 90 年代末我国电力工程建设的管理体制逐步形成了项目法人制、资本金制、招投标制、项目监理制和经济合同制的"五制"管理模式，缩短了我国电力工程建设管理模式与发达国家的距离，规范了项目业主与建设承揽方的关系，增加了第三方的监督，即工程监理方。

尤其在 2002 年 12 月，中国电力系统发生了重大改革，成了两个电网经营企业、五个主要发电集团公司后，工程建设的项目管理逐渐形成了三种模式：DBB、EPC 和 PM 模式。工程建设形成了其中主要以 DBB 模式为主、EPC 总承包的交钥匙及 PM 模式为辅的格局。

（三）传统的项目管理模式（DBB 模式）应用分析

1. DBB 模式的应用说明

对于采用 DBB 模式的电力工程项目，其组织形式如图 4-14 所示。采用这种模式时，投资集团作为投资人负责项目可研及可研以前的项目前期工作（包括项目建设资金的融资），由投资集团组建的项目公司直接负责建设过程中的具体管理工作。

在这种项目管理模式中，首先由投资集团负责项目初（预）可研、可研等前期工作和审查工作（委托有相应资质的勘察单位或咨询单位），并按照国家基本建设程序报批项目；投资集团为该项目专门组建的项目公司在项目初步设计以后，作为独立的项目法人直接负责工程的建设管理工作。项目公司首先与设计单位签订专业设计服务合同，设计单位负责提供项目的设计和施工文件；然后，项目公司通过竞争性的招标选择报价合理且具有资质的监理单位、施工承包商和供应商。在施工阶段，设计单位选派出以设计项目经理或设计总工程师（含副职）为责任人的工地现场设计代表机构，随时解决工程建设过程中的各种技术问题。

2. DBB 模式的应用分析

（1）优点。

1）应用广泛，管理方法较为成熟，投资方比较容易掌握；

2）可自由选择咨询人员；

3）实现了项目公司对设计的控制；

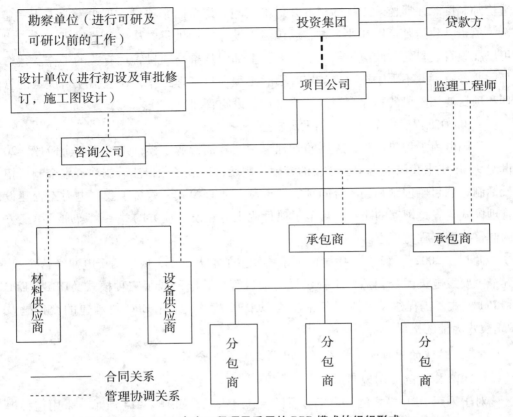

图 4-14 电力工程项目采用的 DBB 模式的组织形式

4）可以采用竞争性的分段招标；

5）采用标准化的合同条件。

（2）缺点。

1）由于工程的实施只能按顺序方式进行，故项目周期较长，影响项目的提前投产；

2）项目公司面对各方的关系较多，协调管理工作较为繁重，因此管理费用也较高；

3）索赔和变更费用较高；

4）项目公司需要与各承包商分别签订合同，因此难于协调管理；

5）在明确整个项目的成本之前，投入较大；

6）项目公司在传统模式中充当着业主代表、建设管理者和电厂经营者的三重身份，这种"建管合一"的模式不利于建设过程中的专业化分工，同时也造成在实践中培养出的专业建设管理人才的浪费。

（四）EPC 总承包管理模式的应用分析

1. 国内电力建设 EPC 总承包模式的发展简况

工程总承包作为国际通行的建设模式，早在 20 世纪 80 年年代初期就被国家重视。四川江油电厂扩建（2×330MW）工程（下称"江电工程"）为原水利电力部和四川省人民政府确定以设计为主体，进行工程总承包的试点工程。西南电力设计院被原电力工业部选中，成为电力建设领域首个 EPC 工程总承包试点单位，并于 1987 年正式开展相关工作，开创了我国电力工程建设 EPC 的先河。

1991 年 10 月在总结四川江油电厂扩建（2×330MW）工程 EPC 总承包的成功经验的基础上，原能源部、内蒙古自治区人民政府、国家开发银行又确定内蒙古达拉特电厂一期（2×330MW）工程实行以设计为主体联合电厂进行 EPC 总承包。内蒙古达拉特电厂一期项目的成功实施提高了 EPC 建设模式在电力建设中的认知度。

20 世纪 90 年代末期电力行业大规模地开展了脱硫工程的建设，工程均采用了以设计为龙头 EPC 模式，项目取得了成功，巩固了这种模式在行业的地位。在国际上以东方电气（DEC）、上海电气集团（SEC）以及中国机械进出口公司（CMEC）为代表，近 10 年来，在国际电力建设市场，尤其在印度、越南、印度尼西亚等市场，采用 EPC 总承包模式，参与国际市场竞争，建设了一大批 300MW、600MW 的火力发电机组，取得了不错的业绩。

目前这种模式在国内发电厂的建设中逐渐被投资方所接受，尤其除五大发电集团外的企业正在积极的尝试。已经投产的安徽皖能铜陵发电厂上大压小工程 2（1000MW 机组，是国内采用 EPC 模式建设的单机容量最大的项目，该项目的成功实施奠定了 EPC 建设模式在电力建设中的地位。

安徽省皖能投资集团公司、神华神东电力等及非五大电力集团的投资方在 2006 年都在采用以设计为龙头的 EPC 总承包模式建设大型火力发电站。2013 年采用 EPC 模式招标的项目有国投湄洲湾 2×1000MW 和国投板集电厂 2×1000MW。在建的项目最有代表性有安徽皖能铜陵电厂 1×1000MW、安徽皖能集团安庆电厂 2×1000MW 和重庆神华神东万州电厂 2×1000MW，这些项目的成功，将逐步改变我国电力建设的电厂管理方式，促进与国际接轨。

2. EPC 总承包模式的应用分析

我国电力行业的 EPC 总承包管理模式的组织形式如图 4－15 所示。这种模式的采用表明了国内逐渐与国际接轨。在项目进入到初步设计以后，业主只需与 EPC 总承包商签订单一的总承包合同，由 EPC 总承包商负责实施项目的设计、采购与施工，这种模式在投标和签订合同时是以初步设计的方案为依据，以同类型机组的数据或与设备供货商询价来计算采购费用，工程量清单作为建安费用的计算依据。总承包商对整个项目的成本负责，他可以负责设计，也可招标确定设计单位、施工分包商、供应商。在工程竣工时，总承包商以"交钥匙"的方式将整个工程转交给业主方进行运营。

（1）优点。

1）在项目初期选定总包商，由总承包商统一负责协调设计、采购、施工各方关系，业主协调的工作大幅度减少；

2）在整个工程中，总承包商承担单一的项目责任；

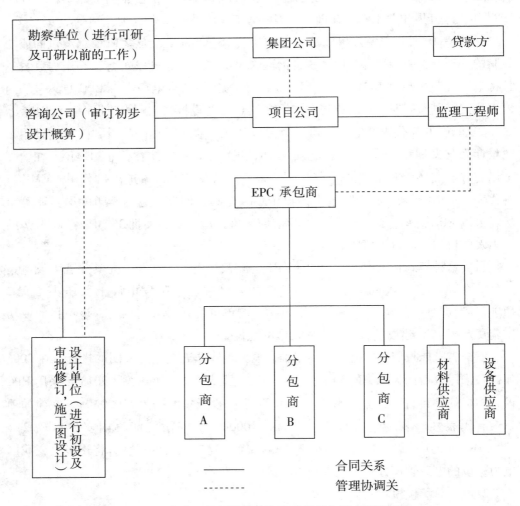

图 4-15 电力工程项目采用的 EPC 总承包模式组织形式

3）可缩短建设工期、控制工程造价；

4）避免由于设计错误、疏忽引起的变更带来的费用增加；

5）合同总价把设计、施工、材料设备采购供应的工作交给 EPC 总承包商，投资方的建设成本比较明晰；

6）可采用 CM 模式，在项目初期预先考虑施工因素；

7）避免各承包商对项目公司的索赔；

8）业主无须为项目投入过多的建设管理力量，因而管理费较低；

9）由于在招标选择总承包商时在选定程序中把设计方案的优劣作为主要的评价因素，所以可保证业主得到高质量的完工项目；

10）总价合同便于对项目的造价风险的控制；

11）有比较成熟的合同范本，如国际工程师联合会（FIDIC）的《设计采购施工（EPC）/交钥匙合同条件》。

（2）缺点。

1）由总承包商来负责设计、采购和施工，业主在建设中的主导地位被替代；

2）业主对工程建设过程中的控制能力降低；

3）在项目前期选择一家符合要求的总承包商，对业主来说较为复杂，它要求在详细设计之前，业主必须保证对项目总体要求的陈述清晰、明确，所以只能在有总承包经验的设计院中选取，业主可选择的范围受限制；

4）业主需要协调与地方政府等各方面的关系，仍需要投入一定的人员，开展相应的工作；

5）总承包商承担的风险过大，过低的价格可能带来质量降低的风险。

七、工程项目管理的发展趋势

（一）国内工程项目管理存在的基本问题

目前国内项目管理经过近 30 年的发展，形成了与国情相结合的一整套管理模式，逐渐与国际实现了接轨。但由于管理体制、市场等问题，项目管理仍然存在很多问题。主要归纳如下：

1. 信息传递与沟通问题

目前，国内的 DBB、EPC、CM 等建设项目承发包模式虽然在工程组织形式上各有不同，但在项目管理组织机构的设置上大都沿袭项目型、职能型、矩阵型等金字塔式层级组织结构。项目管理的层级组织模式的信息流通方向由上至下权责递减、人数递增，在信息管理和沟通管理方面存在着信息沟通障碍和信息流失严重等问题，使项目管理组织之间无法获得必要的信息资源，整个组织的决策将为此付出代价。

项目管理组织在各个阶段，如项目策划、项目控制、项目设计、项目评价等阶段大量采用现代信息技术，但是由于没有采用统一集成信息处理系统而使各阶段信息相互之间隔绝而产生了"信息孤岛"。在工程项目实施过程中，当出现工程变更、工程项目突发事件等问题时往往因信息处理不及时，造成无法挽回的严重后果。

2. 缺乏集成管理能力

在国内工程建设中普遍采用的是 DBB 和 CM 管理模式。在实施阶段，通常同一个工程项目需要业主方、工程建设承包单位、设计单位、材料供应单位等各方组建各自的项目管理组织，除业主方聘请监理工程师进行项目管理外，项目管理者可能在工程项目管理方面缺乏经验和相应的人才，使各方的项目管理组织各自为战，同时相互之间的横向沟通与协调程度较低，这样往往导致工程项目由于发生变更和索赔等问题，而大大降低工程项目管理组织的工作效率和提高工程项目生命周期成本。很多工程项目制造商与供应商之间缺乏沟通或沟通方式落后导致供应延迟，其主要的原因应当是项目参加者之间缺乏沟通和合作，并且没有应用有力的集成管理系统来使项目信息流通更加顺畅。

3. 缺乏标准化的过程管理能力

国际工程建设机构（CIRIA）在 1999 年度报告中指出，建设过程标准化有极大的潜力来降低工程建设成本，当前很多工程项目的管理通常是根据项目管理者个人的专业经验及水平来进行的。一个项目管理组织内部不同的项目管理者对同一问题的出现通常会有不同的反应，每个项目管理者都会按照自身的经验去处理发现的问题，工程建设未能实现标准化过程管理。

4. 缺乏对历史数据的利用

在当前大量的国内建设工程管理中，工程项目管理始终处于一个较低水平状态，历史项目数据的流失是非常普遍的现象。建设数据的流失大致有以下三种情况：数据物理存在方面的流失；数据无法转化为后继项目可以反复使用的经验知识所导致的流失；有用数据的隐性流失，如人才的流失。就整个建设领域而言，无论是项目开发方还是施工方，建设数据的存储载体仍以纸质文档为主，然而纸质是一种易燃、易损耗的物质，安全度低。即使保存下来的文档，其利用率也非常低。建设数据以面向文档文件的方式比较完整地保存下来，数据不经整理，只作回忆录式的录入，而其他大量的建设成败经验知识则留在了专业项目管理人员的大脑中，未建立工程建设数据库。关键人员的流失也就意味着相当多的经验知识的流失，这对企业发展来说将是难以弥补的。

（二）工程项目管理的发展趋势

目前，为了适应工程项目大型化、项目大规模融资及分散项目风险等的需要，建设工程项目管理呈现出集成化、国际化、信息化的趋势。

1. 项目管理集成化

在项目管理理念方面，不仅注重项目的质量、进度和成本三大目标，更加强调项目的生命周期管理。项目成本的生命周期管理是将项目建设的一次性投资和项目建成后的运营费用综合起来进行控制，力求项目生命周期成本最低，而不是追求项目建设的一次性投资最省。

在项目组织方面，业主变自行管理模式为委托项目管理模式，由项目管理咨询公司作为业主代表或业主的延伸，根据其自身的资质、人才和经验，以系统和组织运作的手段和方法对项目进行集成化管理。传统的 DBB、CM 管理模式已不能适应发展，一大批专业化工程公司的产生，能有效地降低投资方的风险，提高工程建设的速度和质量。

2. 项目管理国际化

随着经济全球化及我国经济的快速发展，我国的许多项目已通过国际招标、咨询等方式运作，我国企业走出国门在海外投资和经营的项目也在不断增加。特别是我国加入 WTO 后，我国的行业壁垒正在逐步消除，国内外市场全面融合，使得项目管理的国际化成为趋势和潮流。根据国际独立分析机构 PMI 对全球 2500 个大型项目的统计结果，几乎都采用 PM、EPC 的管理方式，已取得了非常好的效益，大中型工程项目采用与国际接轨的管理方式已经成为必然趋势。

据美国能源部信息管理局发布的《国际能源展望 2006》预计，2030 年，全世界的用电量将是 2003 年的两倍。全世界发电装机容量将从 2003 年的 37.1 亿 kW 增加到 2030 年的 63.49 亿 kW。由此可见，国际电力市场十分巨大。

目前，我国在东南亚印度和越南的电站建设占有了相当大的份额。他们采用的几乎都是 EPC 管理模式。我国电力建设工程只有适应这种大环境的变化，才能在国际电力建设市场上占有一席之地。通过参与国际市场竞争，以提高在电力市场的份额，这也是适应社会主义市场经济发展和加入 WTO 后新形势的必然要求，PM/EPC 的建设模式也将逐渐成为国内电力建设的主要模式。

3. 项目管理信息化

伴随着网络时代和知识经济时代的到来，项目管理的信息化已成为必然趋势。欧美发达国家的工程公司实现项目管理网络化、信息化，建立了大容量的工程管理数据库来指导了工程建设取得很好的成绩。国内许多的总承包企业和工程公司在使用项目管理软件进行管理的同时，还从事项目管理软件的开发研究工作。建立公司历史经验的数据库，利用工程管理软件，以赢得值原理进行项目管理，已经成为必然。

（三）工程项目管理发展的总体展望

1. 工程项目管理的集成管理趋势

作为一项复杂的系统工程，工程项目活动，特别是现代化工程建设，涉及的专业繁多，技术复杂，环境多变，组织管理难度越来越大。虽然多专业参与的工程项目建设活动客观上属于多元化的生产，但是，工程项目建设自身的系统整体性更要求统一的组织管理。传统的设计与施工分离的生产组织方式及纵向组织结构，不但分割了设计与施工的本来联系，造成了组织与组织之间、专业与专业之间及过程与过程之间的工作界面无人管理；而且分割了建筑生产的活动和过程，增加了参与各方之间沟通信息及组织协调的复杂性，造成了信息管理中的孤岛现象，使项目参与各方处于孤立的生产状态。据估计，工程建设投资的 10% ~30% 与传统组织结构中设计和施工的分离及组织中的沟通所造成的问题有关，这种建筑生产组织方式及其管理方法已不适应现代工程建设的客观要求。

集成管理的核心是运用集成的思想，保证对象和管理系统完整的内部联系，提高系统的整体协调程度，主要包括组织集成、过程集成、管理智能集成等。

集成管理的作用表现为信息效率的提高和信息协同程度的增强。集成管理由于其在组织中便于实现信息效率和信息协同，因而提高了项目管理的组织效率、组织协同能力和组织创新能力。组织效率的提高表现为员工操作效率、管理人员决策效率和组织结构效率的提高；组织协同能力的提高反映在组织内部员工与部门之间的协同能力及该组织与同行业内的其他组织的协同能力的提高；组织创新能力的提高源于集成管理利于标准化知识库的建立、创新，参与人员的协同运作，知识在组织内部循环分配。建立一种适应现代大型工程项目的组织结构，是有待解决的一个主要问题。

近年来，建设业的项目管理正在不断从机械制造业、汽车工业等应用信息和通信技术的先进行业引进、吸收有益的理论和技术，尤其是近年来国际建筑业正在积极研究如何把管理集成的思想方法运用到建筑生产中去。近年来国外关于信息技术与管理变革形成的一些新观点、新理论，分别从不同的角度、不同的层次探索了管理集成的方法。

工程项目集成管理研究可以划分为若干个主要阶段。20 世纪 60 年代，人们用成本与工期集成的 S 形曲线与香蕉图来实现对成本与工期的有效控制，并将此作为第一阶段。20 世纪 70 年代以后，人们对建设项目工期、成本、质量集成起来形成了工程项目的三大目标和三大控制理论。到了 20 世纪 90 年代，国外在集成系统的数据采集方面做出了很大努力，有效的工程项目集成管理取决于良好数据的获取和控制，Abudayyeh 提出了采用一个支持集成项目管理系统的自动数据获取系统。G. Thomas 开发了一个计算机数据库系统，集成了各种类型项目的工程设计、施工的数据和图形。此外，一些国家也在积极研究和开发计算机集成建造系统（CIC），将项目参加者及其计算机应用的数据和知识集成。

20 世纪 90 年代后，工程项目集成管理逐渐呈现出与工程项目管理系统的高效性相融合的趋势。第一个将组织管理与集成管理结合在一起的工程管理专家是 C. B. Tatum，除了比较全面地提出工程项目集成管理思想这一理论贡献之外，在分析了建设项目中建筑学、各专业工程、施工的专业化分工所带来的问题后，他指出在项目过程中使用集成结构和集成管理的技术解决组织文化的问题。此外，RostNico-lass 介绍了在美国 FGSO 高速铁路建设项目中将项目管理技术、业务流程和组织集成起来构成项目管理集成系统。

澳大利亚悉尼大学的著名教授 Ali Jaafari 在提出运用基于全生命周期目标的一般项目管理模型进行工程项目集成管理时，提出了一种组织集成模式。集成管理能够将孤立的应用连接成一个整体，消除项目参与方之间内部数据的矛盾及冗余，使项目信息和信息处理具有充分的及时性、准确性、一致性和共享性，以达到降低成本、加快工程进度、提高工程质量的目的。

随着项目管理中计算机的广泛使用和互联网技术的推广，在我国，东南大学的成虎教授及天津大学的吴育华等人提出将集成管理建立在项目管理信息系统上，实现项目管理各职能和不同组织成员之间的虚拟合作。这一集成管理发展趋势在一定程度上也推进了工程项目组织跨地域、跨边界的柔性化管理。

从目前集成管理在工程项目组织合作与利益共享机制中体现出来的组织集成度研究方向如图 4-16 所示。

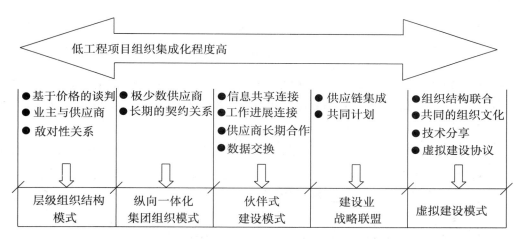

图 4-16　工程项目不同组织集成化程度示意图

2. 工程项目管理的伙伴式供应链趋势

工程项目供应链管理思想的发展推动了伙伴式项目管理组织方式的应用。传统的项目组织结构是面向职能的组织结构。工程项目供应链式组织结构对传统的工程项目组织结构进行了战略性调整：把原来的面向职能的组织结构调整为面向流程的组织结构，并对改建后各部门的职能按照流程的需要重新进行了定位。改造后面向流程的组织结构具有很大的优势：在项目内部形成了一个相互支援的系统。改建后的组织结构以流程为导向，因而各个部门目标一致，即追求顾客满意度最大化，原有部门间的壁垒也随之消除了，形成了前后衔接、相互支援的组织系统。

工程项目伙伴式供应链管理研究的主要热点集中在对于工程项目伙伴式组织模式中各方的利益、信任机制与风险制约的研究，尤其是对于供应链组织之间的协同与竞争问题的研究，已成为工程项目组织管理研究的有机组成。事实上，伙伴式管理的实质是在建设伙伴之间建立一种非正式的、持久的信息联结关系，以解决组织之间的分裂性矛盾。伙伴式战略联盟之间的信息联结直接影响到组织之间的界面管理，对于建筑业特殊的环境，具有良好的适应性。工程项目伙伴式供应链发展历程如图 4 – 17 所示。

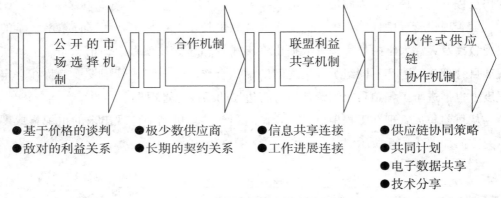

图 4 – 17　工程项目伙伴式供应链发展历程

供应链不在原有的组织架构上做修补的工作，而是彻底改变作业流程。建设业供应链以信息技术为依托，充分发挥创新作用，最大限度地适应以"顾客（Customer）、竞争（Competition）、变化（Change）"为特征的现代企业经营环境。这就使工程项目组织结构调整为一种打破各参与企业外部边界、将以职能为主导的运作方式改为以流程为主导的方式，企业组织间相互渗透，共同组成面向流程的工作团体，团队成员共同关注从流程源头到结束的整个工作过程。供应链模式实现了流程创新基础上的组织重构。工程项目组织中应将参与进来的供应链企业组织系统从一个总体出发，在建立工程项目业务流程时，充分考虑上下游供应链组织之间的协调和衔接情况。

流程改进后具有显效性，使得流程中的信息流及物流迅速地传达。组织结构扁平化、网络化，提高了企业管理系统的效率和柔性。组织层级减少，信息传递路径简洁而畅通，为各部门的沟通合作创造了便利。

3. 工程项目管理的虚拟建设趋势

随着全球经济一体化的发展，建筑市场的全球化步伐加快，要求各国在建设模式、管理方法等方面超越传统管理理念，实现对传统建筑业的彻底改造。现代信息与通信技术对国际建筑业管理产生了巨大影响，管理手段向网络化、数字化方向发展。虚拟组织以其组织结构扁平化、网络化特点，提高了企业管理系统的效率和柔性。通俗地讲，虚拟组织是指两个以上的独立的实体，为迅速向市场提供产品和服务，在一定时间内结成的动态联盟。它不具有法人资格，也没有固定的组织层次和内部命令系统，而是一种开放式的组织结构。

虚拟建设模式是对传统工程项目建设模式的革命，是未来工程建设的一种发展模式。

"虚拟"本质上是指通过运用信息和通信技术联合和利用组织以外的资源（人、财、物、信息、知识和时间），以一种非传统的方式实现组织特定的目标。在虚拟组织中，资源的共享是关键性问题。与传统的层级式管理模式相比，虚拟组织具有如下特点：跨地区，甚至是跨国的地理分布；充分利用信息和通信技术进行信息沟通；是不同组织间形成的一种动态联盟；共享资源和互补核心竞争力；虚拟组织的各参与方采用横向的网络组织模式，地位是相互平行的。

20 世纪 90 年代后期，虚拟组织（Virtual Organization）、虚拟工程班子（Virtual Engineering Team）、虚拟项目班子（Virtual Project Team）等概念不断出现在国际上与建设业发展与管理有关的重要刊物上。在研究 IT 技术与工程管理的文献中，Henry L. Michel 提出了工程项目虚拟团队精神的重要作用。

虚拟建设概念是美国发明家协会于 1996 年提出的。相对于近几年虚拟建设实践与发展，当前的虚拟建设可以理解为一种运用虚拟组织原理，借助现代信息和通信技术支持，采用无层级、扁平化的管理组织方式及 D + B 生产组织和管理方法，通过网络的共享项目信息系统，实现节约建设投资、缩短建设工期、运用信息和知识使建设产品增值的目的。虚拟建设模式不排斥各参与方的项目管理，但是各参与方项目管理通过信息网络互联在一起。

在项目管理中，应用虚拟组织的理论、运作规则和管理方法是未来项目管理研究的一个重要课题。虚拟化组织的存在是有条件的，工程建设现场、原材料生产加工、供应等实际工作是无法虚拟化的，但是运用现代信息和通信技术实现远距离监控现场施工情况和其他供应商等的实地工作情况，在技术上是可行的。工程建设中 80% 的工作是常规性的，可以用常规的组织方式来实现，20% 的交叉性界面工作需要组建专门的跨单位、跨专业的多功能交叉工作组织去完成，这是虚拟组织存在的前提条件。项目建设有关的信息可以虚拟化，但是大量传统性现场工作是难以虚拟化的，仍然需要借助常规组织去实现。从法律角度来讲，各参与方需要通过明确的合同条款来确定各自的权利和义务。而且，各参与方相对于项目而言，是有主次之分的，在建设项目全生命周期中，项目业主将参与项目全过程或主要过程，对项目建设的成败将起到决定性的影响作用，来自不同国家、地区、城市的其他参与方将在项目的不同阶段进入或退出项目，以自己的专业资质、资格和能力为项目提供专业服务。因此，在虚拟组织中由最高层次的战略层负责指定项目在各阶段和最终要实现的目标。虚拟建设的扁平式组织结构如图4-18所示。

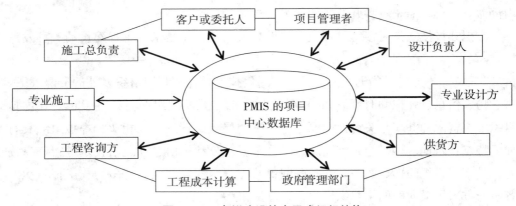

图4-18　虚拟建设的扁平式组织结构

4. 现代工程项目管理的知识管理发展趋势

当项目组织的存在变得越来越普遍时，项目组织的知识管理的发展还没有跟随其上，但是，项目组织需要特殊而有效的工程项目管理系统，如果项目组织想避免组织知识的损失和组织学习能力的丧失，就必须能够确认项目组织所需要的关键知识和利用这些关键知识。这种能力是项目组织发展的一个重要挑战，也是项目组织进行成功的项目管理的基础。一方面表现为积累知识的能力，另一方面表现在项目组织内部个体知识与整体知识的竞争能力上。项目组织的知识管理，不仅仅是组织的知识管理实践和组织竞争力的表现，也是一种支持组织继续生存与发展的竞争工具。知识信息系统支持项目对过去组织经验和知识财富的重新利用。分享和重用项目管理知识要不断获取显性知识和隐性知识，使之成为企业资产的一部分，在项目各阶段有效地利用信息和网络技术使项目知识能够被捕捉，并对未来项目产生影响。将知识管理运用到建设项目各阶段中，发展为一个基于活动的知识管理概念系统，使之成为工程师、专家、项目管理决策的一个有效工具。如果经验和知识能够在以后的项目建设中得到共享，同样或相似的问题一旦产生就可以借鉴先例，信息与知识的利用最大限度地降低了解决工程项目问题的时间和成本。

面向知识经济时代的工程项目管理模式，在管理思想、管理组织与管理的方法和手段上对传统的工程项目建设模式进行了根本的变革，在手段上借助现代信息和通信技术建立参与工程建设各方共享的项目信息系统。组织依赖资源共享，通过知识管理及组织性的集体学习实现创新与增值。知识管理对提高项目团队管理水平的持续性具有重要意义。

第二节　国际工程项目管理概述

经济全球化是当代世界经济的重要特征之一，随着全球经济一体化的到来，市场、产品、服务等生产要素的资源配置正逐渐突破地区或国家的限制，在全球范围内实施。经济全球化使国内外市场竞争更加白热化，在国际工程承包领域，市场竞争日益激烈，高附加值、高技术含量和综合性的项目增多，我国的企业面临着市场、生产、资本、科技全球化的巨大挑战，既有国外建筑企业进入中国对国内企业的挑战，也包括我国企业实施"走出去"战略所面临的国际竞争。

国际工程项目是指一个工程项目的可行性研究、勘察、设计、融资、设备采购和安装、施工以及技术培训等各个阶段的参与者来自不止一个国家或组织，并按照项目所在国的管理理念和要求进行管理的项目。我国的国际工程项目既有我国公司在国外的项目，也有国内的涉外工程项目。

国际工程项目包括国际工程咨询和国际工程承包两个方面。国际工程咨询包括可行性研究、项目评估、勘察、设计、项目管理等咨询服务。国际工程承包主要包括工程项目施工，设备和材料的采购，设备安装、调试，分包及提供劳务等。

近年，中国公司承包国际工程项目已成为中国实施"走出去"战略的重要组成部分，在促进国产机械设备和中国标准"走出去"、转移过剩产能、推动国内产业结构调整、支持东道国经济发展、改善双边关系等方面发挥了不可替代的作用。

在国外，近年东南亚、西亚、非洲、南美洲等新兴发展国家，俄罗斯、白俄罗斯、乌克兰等独联体国家，甚至欠发达的波兰、波黑等欧洲国家，经济的兴起催生了巨大的电力缺口和电力需求，电厂及电网建设机会激增，对电力建设的投资和设备需求，对电力工程施工、设计、技术服务的需求，与日俱增。

顺应世界新兴国家经济的迅猛发展，国内电力企业积极响应国家"走出去"战略的号召，努力拓展国外电力市场。以 CMEC 为代表的设备进出口融资贸易公司，以东方、上海和哈尔滨三大动力为代表的中国电力设备成套企业，以华电、国电、国网、南网为代表的中国电力投资企业，以中电工程六大电力设计院及山东电力建设三公司等为代表的中国电力设计及建设企业，近年来，在东南亚、南亚、西亚、非洲、拉美、南美、独联体、北欧等承接了大量的电站、输变电项目合同，这些项目大都以 EPC 模式出现。

随着我国改革开放三十多年的持续发展，以及我国加入 WTO 以后积极对世界先进技术的吸收和交流，我国电力建设产业得到长足的发展，发电项目的单机容量的高参数，以及输变电项目的高电压等级及其设备指标，均屡屡刷新世界纪录，我国电源及电网建设产业，不论在规模上还是技术水平上，均赶超世界领先水平，加之劳动力红利尚存（但已呈日益减少态势），电力建设正在形成世界优势产业，我国电力设备成套、设计、建设、技术服务、运营等方面都相对成熟和领先，已形成较大的产能外输能力及规模。

根据商务部公布的统计数字显示，2009 年中国对外承包工程完成营业额 777 亿美元，同比增长 37.3%，完成新签合同额 1262 亿美元，同比增长 20.7%。

2010 年 8 月 30 日，美国麦格劳·希尔建筑信息公司（McGraw – Hill）发布的 2010 年度 Engineering News – Record 全球最大 225 家国际承包商排名，我国内地共有 54 家企业榜上有名，比 2009 年度增加了 4 个名额。

据中国对外承包工程商会 2014 年首次新闻发布会报道，2013 年我国对外承包工程企业完成营业额 1371.4 亿美元，同比增长 17.6%，增速上涨 4.9%；新签合同额 1716.3 亿美元，同比增长 9.7%。

面临电力结构调整及对外发展的需要，国内监理（项目管理）企业同样要从大发展走向大输出，同样面临从"借船出海"到"造船出海"的国际业务。

中国涉外电力 EPC 项目，无论 EPC 以设备进出口还是设备供应、设计、施工为龙头方，因其主要采购输出的是中国的设备、设计、施工，为很好地贯彻中国技术标准及基建程序，为聚集专业技术咨询公司的力量共同应对外国标准、法规、商务风险，选择采购中国监理（项目管理）技术服务的机会渐渐增多。此模式中，监理（项目管理）团队充当 EPC 承包商的技术管理咨询机构，或充当 EPC 项目组织机构中的技术管理分支协作机构，着重偏重于项目质量、进度、合同的管控。

同时，近年来，某些较为发达的发展中国家，如土耳其、印度，业主逐渐自主筹建项目，由于其采购的主要设备和设计（尤其是工艺设计）对中国的依赖，以"设计＋采购＋管理"模式，直接采购中国监理（项目管理）技术服务的机会也时有出现。此模式中，监理（项目管理）团队直接充当国外业主的业主工程师或技术管理咨询机构。

对国际竞标的电力工程项目，其一般也都将业主工程师进行单独招标，其工作内容涵盖项目可行性研究、融资结构分析、招标管理（含招标文件编制）、施工过程监理等内容，这将是中国监理（项目管理）真正走向国际的一个主要方向。

下面根据笔者多年的国际工程项目管理方面的经验做一些简述，希望有所启迪。

一、国际工程项目管理的影响因素

国际工程由于其特点决定了它是一项复杂的管理活动，必然要受到多种因素的影响。这些影响因素包括经济、法律、政治、社会文化、技术等。

1. 经济因素的影响

国际工程经济因素的影响是指项目所处的未来经济环境的不确定性，如经济结构、汇率、外汇管制、通货膨胀、失业率等。

2. 法律因素的影响

工程所在国的建筑工程、劳务、合同、进出口贸易、仲裁等一系列相关法律、法规，是影响项目合同条款约定和项目执行的重要因素，法律的健全程度及宽松程度都会对国际工程的实施产生至关重要的影响。

3. 政治因素的影响

在不稳定的国家和地区，政治风险是承包商面临的一项主要风险。政治风险具有一定的特殊性，一旦发生影响巨大且不容易挽救，如内乱、战争、政权更迭、政府拒付债务等。

4. 社会文化因素的影响

由于项目所在国的社会文化的差异，如宗教信仰、价值观念、风俗习惯、从业方式等，都会对项目的实施产生影响。

5. 技术因素的影响

与国内工程项目相比，国际工程承包项目往往需要适应新的技术标准，特别是项目所在国的技术标准或者欧美标准。如果不能熟练掌控和适应这些技术标准，也会给工程埋下隐患，影响项目的实施，影响合同的履行。

总之，国际工程在国外现场管理工作十分重要又相当特殊，直接关系到项目能否圆满完成。国际工程项目涉及的组织、单位众多，投入资源量大、时间长，从而对施工阶段的管理提出，更高要求。项目管理主要涉及业主方、工程师和承包商三方，更应充分理解外部环境的复杂性、多变性和不可预测性，商务活动和合同管理的重要性，工程师地位的重要性，国际化的工程采购的复杂性，组织机构的应变能力和灵活性，高素质的人才需求及适用性，标准规范的国际化及当地化，项目管理属地化和项目管理规范化。

二、国际工程项目的风险管理

风险管理是指企业围绕其总体安全政策和管理目标，通过明确各部门分工和职责，配置各项资源，在业务管理的各个环节和经营过程中系统地识别、分析、评价、处置、监测和评审威胁或潜在威胁境外业务安全风险的过程。

（一）风险范围分析

通过风险范围分析，企业可以将内外部环境因素考虑到风险管理之中，有助于确定风险管理范围和风险准则。企业应广泛、持续不断地收集与本单位安全风险管理相关的内部、外部环境的初始信息，并把收集初始信息的职责分工落实到各有关职能部门和业务单位。明确风险管理流程的范围和界限。其中包括：明确针对的施工项目或作业活动，制定管理目标；明确项目的时间和地点；明确需要进行的调查研究及其范围、目标和必要资源；明确风险管理活动的范围、深度和广度。

（二）风险识别

通过风险识别应确定国际工程项目的实施活动、产品或服务中能够控制或能够施加影响的各种风险因素。

1. 政治风险

政治风险是指驻在国（地）的政治变革或政治变动，导致国际经营活动中断或不连续、蒙受损失的可能性，包括驻在国（地）的政局变化、战争、武装冲突、社会动乱、民族宗教冲突等。

2. 经济风险

经济观风险是指驻在国（地）宏观经济形势变化给企业带来经济损失的风险。宏观经济形势的变化包括经济危机、金融市场动荡、主权债务危机、通货膨胀、利率汇率变动等。经济风险主要包括通货膨胀风险、主权风险、外汇风险、利率风险、流动性风险等。

3. 技术风险

与国内工程项目相比，国际工程承包项目往往需要适应新的技术标准，特别是经济相对发达地区的一些工程项目要求采用欧美标准。如果不能熟练掌控和适应新的技术标准，就常常在工程施工阶段埋下隐患，引发后期工程量增加、施工工艺和施工组织修改等各类增加承包商成本的设计变更。

4. 法律、法规风险

工程所在国的法律、法规是影响项目合同条款约定和项目执行的重要因素。从事国际工程承包需要对当地建筑工程、劳务、合同、进出口贸易、仲裁等一系列相关法律、法规进行调研并掌握关键条款，避免因法律、法规风险给工程项目带来重大损失。

5. 自然灾害风险

自然灾害风险是指由于自然异常变化造成的人员伤亡、财产损失、社会失稳、资源破坏等现象或一系列事件，包括旱灾、洪涝、台风、风暴潮、冻害、雹灾、海啸、地震、火山、滑坡、泥石流、森林火灾等。

6. 医疗卫生风险

医疗卫生风险是指使个人患病或受伤害的概率加大的任何属性、特征或风险，包括：气候、温差、交通、通信设施、周边医疗服务设施、施工现场医疗服务设施、现场医务人员的能力等；地方病、流行病、饮食、饮用水污染、卫生不达标等；环境边远导致的与世隔绝感、文化差异和当地的法律、风俗、语言等。

7. 恐怖活动风险

恐怖活动风险是指以制造社会恐慌、胁迫国家机关或者国际组织为目的，采取暴力、破坏、恐吓或者其他手段，造成或者意图造成人员伤亡、重大财产损失、公共设施损坏、社会秩序混乱等严重社会危害的行为。

8. 社会治安风险

社会治安风险是指纠纷、抢劫、人身攻击、勒索、绑架、盗窃、诈骗。

9. 其他风险

境外发生的可能对境外中资企业和人员造成危害或形成潜在威胁的其他各类风险。

（三）风险处置

国外项目实施的过程中，应该根据风险评估的结果，制定风险对应的措施。风险在不同作业项目，甚至同一作业的不同阶段都是不断变化的，所以风险对应的措施也需要及时修改、完善。

1. 风险处置方法

包括风险预防、风险降低、风险转移、风险规避。

2. 具体风险处置

事件前降低风险可能性的方法包括安全计划及管理、人员、技术等方面的风险控制措施。事件后降低后果严重性的措施主要有危机管理计划和应急预案、恢复运行计划和改进方案，以及业务连续性计划等应急恢复措施。

3. 沟通与协商

与项目相关方的沟通与协商贯穿于风险管理的始终。因此，沟通与协商的计划应该提前制订，确保与项目相关方的有效沟通。其内容应该包括风险本身、风险成因、风险后果（如果可以预料）和风险处置的措施。

沟通与协商应当是与利益相关方之间的双向对话机制，通过采取协商的办法，开展有效的内外沟通与协商，可以确保风险管理实施流程的责任明确以及采取相应的对策。

（四）持续改进

国际项目的实施过程中，项目部应通过安全审核、现场检查、演习、会议、事故管理、隐患汇报和法律、法规及合同要求、合规性评价等方式，来识别和确定风险管理中存在的问题和不足，制定落实纠正和预防措施，做到持续改进。

三、国际工程项目管理的四个阶段

国际工程项目管理一般可分为项目投标准备、合同谈判及签约、合同执行、项目竣工验收等四个阶段。

（一）项目投标准备阶段

为了保证项目的顺利实施，规避风险，投标方首先要审查项目的各种信息，如项目目标、工程类型、规模和范围、特点、技术复杂程度、工程质量要求、工期要求、项目盈利情况、工程资源（包括资金、材料、设备、人力资源、物资供应等）、风险（包括政治、经济、法律、自然环境）、保险（包括保险险种、保险范围、最低保险金额、保期等）、税费（包括关税、营业税、所得税等）等，以项目报告的形式报送企业的相关部门进行评审。其次，为了加强项目成本管理，确保项目效益，减少经营风险，还应根据已掌握的有关资料进行成本预算、效益核算，最终决定投标报价。

（二）项目谈判及签约阶段

根据项目的大小和复杂程度，选择不同的项目管理人员组成，包括商务、技术、物资等专业人员，负责项目合同谈判、签约工作。

合同谈判的主要内容应包括工作范围的确定、业主要求（包括技术规范、标准、质量、进度、安全职业健康、环境保护等）、支付条款（包括总金额、支付条件及方式、支付货币及支付金额、固定汇率或浮动汇率、税费等）、工程交付条件、保证金、索赔、免责条款、争议的解决方式、不可抗力的规定等。

（三）合同执行阶段

建立项目团队，选择具有组织协调能力、有执行管理国际工程项目经验、有较丰富的与项目相关的专业技术知识、熟悉有关政策法规的人担任项目经理，编制项目的施工组织总设计。如果有需要分包的项目，如工程设计、设备制造、土建及安装施工等，则要选择合格的分包商，做好工程的技术管理。虽然，施工图纸需经工程师审查批准后方可施工，但并不能解除承包商按合同应承担的责任。因此，在编制施工技术文件时，应注意以下问题：

（1）熟悉设计图纸及其使用的标准、规范，并及时做好物资采购、供应工作。

（2）与工程师的来往函件要妥善保管、管理。

（3）技术标准、规范等标准化的管理要满足项目实施的需要，技术管理部门应按技术管理和规范的要求，分门别类地整理出来，分发给各执行部门、主要施工单位和采购部门。

（4）对项目的执行过程要定期报告，报告内容主要包括项目进度（如设计、发货、安装、土建等）、工程质量、各项成本费用开支情况等，对重大突发事件和里程碑进度也要及时写出报告，以便发现问题，及时解决。

（四）项目竣工验收阶段

制订项目移交竣工验收计划，整理施工项目实施过程中的各种档案资料。包括：

（1）项目准备阶段：业主方提供的设备、工艺和涉外文件等。勘察、设计、采购等相关文件，按规定应向业主提交的相关设计基础资料和设计文件。

（2）项目实施阶段：与业主、工程师、分包商、供应商等相关的文件。

索赔也是取得项目利润的重要因素，为了做好施工索赔工作，需要在项目实施阶段做好基础工作。因为提出索赔必须掌握有说服力的索赔依据，这也是决定索赔是否成功的关键因素。因此，在施工期间一定要做好信息、公文、资料的收集、整理、存档工作（包括构成合同的原始文件、合同协议书、中标函、投标书、合同条件、规范、图纸、工程量清单、业主或工程师的指示、来往函件、会议记录、施工记录等），这样才能在索赔事件发生时，快速地调出真实、准确、全面、有说服力、具有法律效力的索赔证据。

（3）项目完成、取得最终完工证书后，对全部成本费用支出情况及资金运用情况进行审查，主要包括确定最终完成的损益、项目应收款项的收回及保函风险的解除等，并写出书面报告。对工期较长的重大项目，可视具体情况，组织阶段性验收。

四、国际工程项目现场管理的措施

中国企业在境外实施项目所遇到的困难要比国内的复杂得多。首先，是技术标准接轨问题及所在国本身资源、工业基础、劳动力素质、官员办事效率等。由于这些外部条件的可控性差，都有可能影响工作目标无法按预定计划实现，加大了工作难度。其次，是艰苦的生活环境。我国企业承建的项目多集中在不发达国家，如非洲地区，那里天气燥热、沙尘弥漫、蚊虫肆虐、水电缺乏、物品短缺、疟疾、霍乱和伤寒等流行病横行，再加上交通运输不畅、部族宗教冲突频繁以及社会治安复杂等因素，直接影响国外人员的生活质量、身体健康和人身安全。第三，是脆弱的心理环境。国外现场与公司总部相距遥远，且当地通信不畅、水土不服以及长期远离亲人的关怀会使人压抑或者郁闷。由于文化差异、风俗差异，使中国人难以与一般的当地人交往。若当地社会治安不好，会给管理增加难度及不确定的因素。

面对国外工程现场的特殊环境，应采取有针对性的管理措施，确保工程顺利实施。具体措施如下：

1. 建设完善项目部后勤保障及工作设施

在国外工作、生活条件艰苦，应建立工作、生活设施，解决好住、食、行和安全保障等问题，才能确保工程各项工作的正常开展。首先要建立生活基地，制定后勤保障管理和安全管理等各项管理制度，做好吃、住、行、通信、医疗、娱乐和安全保卫工作，要尽快与大使馆、当地政府、警察、税务、医院等机构建立联系，以便必要时寻求帮助。工作设施是在筹建项目基地时随生活后勤保障一同建立起来的。主要包括：配置必要的办公设备，建立办公、财务、例会、信息、文件等各项制度，明确工作分工和流程。

2. 加强沟通、协调

一是项目初期针对项目范围和内容，列出与项目有关的所有机构，根据所联系机构的层次和特点对沟通工作进行整体规划，确定沟通的方式和策略。二是明确业主、工程师和承包商三方的工作范围和责任，确定技术审批、变更、索赔、检验及试验、船运、进度、质量、安全、竣工验收、支付等重大问题的处理程序，建立联系人制度。此外，还需建立定期季度会、月会、周会及专题会议，讨论并解决业主、咨询和承包商共同关心的问题。三是项目部对于分包商特别是施工分包商的沟通主要通过协调会、工程联系单、通知单、报表、会议纪要和检查记录等方式进行。四是项目部与总部的沟通主要通过邮件、电话和传真进行，重大问题通过专题报告请示和协商。五是项目部内部的沟通主要采用工作例会、专题协调会、技术讨论会和内部交流等方式。上述沟通过程所形成的所有文件，包括致函、报批文件、会议纪要、进度报告、往来邮件和内部传递文件等，都必须按文件管理规定进行编目、登记并存档。

3. 做好工程组织实施

一是组织好勘测、设计、施工"五通一平"、物资清关运输、施工管理；二是在项目的各个阶段做好合同管理和进度、质量、费用及风险的控制；三是与业主及工程师配合做好文件报批、付款催收、过程检查、竣工验收、移交。

4. 管理好当地雇员

由于国外的某些国家法规规定，国际工程项目的承包商必须使用一定数量的本国劳工（项目施工人员），同时为了项目人工成本的控制需要，也要雇用当地的劳工。对于当地劳工的管理要按照所在国的劳动法规、保险规定实施管理，同时要与当地的工会保持联系并建立和谐的关系，避免产生不必要的纠纷。

5. 确保团队稳定

项目团队是履行合同的关键和保证，因此，要建立具备良好的素质和沟通能力、丰富的专业知识、以及健康的体魄的项目团队，是保证项目顺利实施的基础。首先，项目经理是核心，项目经理的文化修养、思想境界、管理理念、工作目标、办事作风及协调、沟通能力等对项目团队有着关键作用，直接关系到项目团队"文化理念"的形成。其次，项目部核心成员要做表率，项目团队人员一般由公司本部员工、聘用员工和当地雇员所组成。核心成员是指项目部各主要部门的主管和骨干人员。这些人员绝大多数由公司本部直接派遣，其素质和作风对团队的建设起着十分重要的作用。项目部核心成员应该具有海纳百川的胸怀，清晰、顺畅的思路和乐观、豁达的态度，才能在艰苦复杂的环境中，带出作风严谨、团结一致、令行禁止、技术过硬的集体。部门主管等核心人员必须坚定信念，勇于克服困难，加强团结协作，当好项目经理助手，为员工做出表率。第三，加强薪酬绩效管理，应用激励机制，做到收入与绩效挂钩，按劳、按贡献分配。第四，坚持以人为本的管理原则，建立和谐的工作氛围，通过培训提高项目部员工的管理、技术、文化素质，提高工作效率。第五，结合所在国的安全状况和项目工程特点进行危险源分析，制定切实有效、有针对性的应急预案并组织演练，最大限度地确保人身安全和项目的安全施工可控、在控。第六，安排有序的作息和丰富多彩、有益身心健康的文体活动，保证项目部员工生活有序，激发工作激情。

6. 寻求公司总部支持和帮助

由于现场距离总部遥远，时差、通信不畅等原因往往影响国外现场与公司总部沟通的及时性和有效性。现场项目部应设法利用电话、互联网、工程月报、工程简报等方式，及时将项目实施情况和要求与公司总部及时沟通并追踪落实，寻求公司总部的技术、人力等资源的支持和帮助。公司总部也需要对项目部施工现场的资金使用、合同费用管理、质量、进度、安全、项目人员管理等工作，进行定期的规划、考核，落实总部相关的部门和人员的职责，促进项目管理及时、有效，保证项目实施按照合同要求进行。

五、国际工程项目管理的关注点

1. 项目管理人员的综合素质

要求参与国际工程项目管理的人员既要掌握某一专业领域的技术知识，也要掌握相应的工程所在国的法律、金融、保险、工程技术规范等多方面的专业知识。

2. 项目管理的复杂性

国际项目工程的业主、工程师、承包商、分包商、供应商等可能来自于不同的国家，具有不同的利益目标。工程项目既受到所在国法律、法规的约束，又受到本国的法律、法规的约束。项目管理的复杂性是非常高的。

3. 必须严格履行合同

必须严格履行合同并承担合同的义务。合同的履约既要遵守双方所签订的合同，而且要遵守国际惯例。

4. 必须深入研究国际项目实施过程的风险

国际项目的风险有政治风险、社会风险、经济风险、自然风险、人为风险和治安风险等。特别是在国际工程承包中，因风险造成损失的频率和概率较国内要高得多。在国际工程项目中，风险管理的重点是成本、进度、质量、健康/安全/环境（HSE）和资源供应等。

第三节　国际工程项目管理咨询服务案例

国际工程项目包括国际工程咨询和国际工程承包两个方面。国际工程咨询包括可行性研究、项目评估、勘察、设计、项目管理等提供咨询服务。国际工程承包主要包括工程项目施工、设备和材料的采购以及设备安装、调试、分包、提供劳务等。

国际工程项目管理咨询服务包括为业主提供的国际工程咨询服务，以及为承包商提供的项目管理咨询服务。

面临国内电力结构调整及对外发展的需要，我国电力监理（项目管理）企业，伴随着电力设备、设计、施工承包、投资的大量输出，正积极拓展国际工程项目管理咨询业务。

鉴于我国实行的监理业务与国际工程咨询工程师业务设置上的差距，以及国内监理业务向项目管理业务转型也尚处于试行阶段，我国电力监理（项目管理）企业涉及的国际工程项目管理咨询服务，基本是借船出海：一是为国内承包商承接的国际承包工程提供项目技术管理服务；二是与国际咨询公司合作为业主提供项目管理咨询服务。而独立参与国际竞标的国际工程项目管理咨询业务，将是我国项目管理真正走向国际的一个远期目标。

下面介绍一项国际 EPC 工程中的项目管理咨询服务。

一、项目咨询服务简介

（1）工程名称：东帝汶国家电力工程。

东帝汶作为一个 1999 年才独立的岛国，面积为 14874km^2（与半个海南岛相当），人口 100 万左右，经济基础十分薄弱。本项目建设前（2009 年），东帝汶全国的电源装机容量约为 44 MW，其中首都帝力（Dili）装机容量为 28MW，有一个 20kV 的地方电网，远远不能满足用电需求。由于供电严重不足，首都帝力经常处于限电、停电、定时供电状态，政府各部门和企业、商铺、居民家庭等在有能力情况下多自备发电机。中部、南部山区部分地区的省份一般只有 1～1.5MW 的小型柴油机发电厂，各有单独的 20kV 地方电网，多数是只晚上开机供照明，还有很多农村根本无电可用。严重缺电成为东帝汶国家发展经济、旅游、工业、矿产资源开发的瓶颈。

（2）工程规模：东帝汶国家电力工程规划在东帝汶北部海拉（Hera，靠近首都帝力）及南部贝坦楼（Betano）各建设一座装机容量为 120MW 柴油机发电厂，并同期建设环绕东帝汶全境的"日"形输变电网，为 150kV 电压等级，包括约 715km、150kV 线路，2 座 150kV 升压站，9 座 150kV 变电站。

（3）项目业主：东帝汶政府。

（4）业主工程师：东帝汶政府聘请了由意大利和菲律宾两家公司组成的 ELC &Bonific S. P. A Joint Venture 公司作为其业主工程师。

（5）项目 EPC 总包商：中核某公司。中核某公司为我国知名的核电建设企业，也具有多项国际业务业绩，但其主要业绩是核电厂土建及公用建筑项目，其海外业绩主要为火力发电厂土建分包及公用建筑项目总包。

（6）项目管理咨询单位：某电力监理公司，于 2009 年 5 月签订项目管理咨询合同。

中核某公司这次承接这一完整的电力工程 EPC 合同，尚属首次。由于其对于火电及输变电项目总承包比较陌生，委托我公司执行其 EPC 项目管理技术咨询服务。

（7）项目管理咨询服务范围包括：编制项目管理策划、项目管理程序和项目管理手册；负责项目整体管理策划、检查；负责项目管理咨询；负责设备及采购咨询，即协助管理；协助商务、计划、合同管理等；协助电网规划审查；负责前期设计咨询以及初步设计、施工图审查。

（8）项目管理咨询组织机构设置：2009 年 6 月组建项目管理咨询组织机构，根据工程进展动态调整人员配置。

设项目经理 1 名，项目副经理 1 名，项目总工 1 名。在公司本部设专家后援组，在工程现场设项目策划运行组、项目设计咨询组、示范子项目监理组，其工作职责分配如下。

1）公司本部专家后援组：在线指导项目咨询机构开展工作，并根据需要到项目部及现场协助指导和参与关键工作。

2）项目策划运行组：融入中核某公司 EPC 项目管理团队一体，与 EPC 工程部、计划部、设备部并列设置，联合办公。协助 EPC 项目管理机构开展前期策划、合同谈判、设备采购、分包商采购、项目实施（质量、进度、合同、档案）控制，协助 EPC 方与业主工程师打交道，协调解决合同履行、设计确认、设备确认、施工确认、工程款确认、投运确认等问题。

3）项目设计咨询组：按国内设计、监理的程序，督促设计的开展，审查初步设计，参与设备考察、设备招标，审核施工图。

4）子项目示范监理组：选择首批开工的一个变电站、一段线路子项目，按国内施工监理的程序，在子项目的施工现场，实施项目的"四控、两管、一协调"工作。

项目管理咨询机构与 EPC 项目管理总部组织机构同步设置，联合办公，信息沟通力求无缝对接。前期主要工作在国内，逐步过渡到国外。

（9）项目管理咨询工作方式：中核某公司作为 EPC 承包商按"交钥匙"方式

履行总包合同，EPC承包商相当于"二业主"，我公司受委托为其提供项目管理咨询服务，内容与国内的业主工程师兼监理服务内容相当。我公司按照委托服务范围要求，协助EPC项目经理部开展工作，共同面对国际业主工程师、面对FIDIC合同环境、面对国际商务谈判和国际风险控制。

（10）项目建设主要里程碑：

EPC总承包于2009年2月19日与东帝汶政府签订EPC合同协议书，2009年10月底完成EPC合同全部组件的签订。

2009年4月开展了电厂、变电站的选址及输电线路路径初勘工作。

2009年9月完成了初步设计审查，北部的海拉电厂、帝力变电站及海拉－帝力线路开始施工准备、场地平整及地基处理施工。北部工程于2010年1月15日正式开工，于2012年6月—12月陆续竣工。

南部工程于2011年上半年相继开工建设，于2013年下半年陆续竣工。

二、商务谈判

（一）EPC合同背景

东帝汶国家电力项目EPC合同起初为国内一公司中标，该公司因故不宜执行合同，后经东帝汶政府与我国商务部协调，让中核某公司执行招标结果，中核某公司因此偶然获得了此项目合同议标权。中核某公司仅凭借部分招投标电子文件，经评审认为合同利润可观，在未取得东帝汶政府正式移交原招投标及合同谈判的任何正式文件的基础上，于2009年2月28日与东帝汶政府匆忙签订了EPC合同协议书。

由于本项目是经过国际招标并有明确开竣工时间的国家大型项目，中核某公司签订EPC合同协议书之时，就意味接纳了原中标方的投标方案、承诺及其初步商定的合同意向。EPC合同协议书虽对机组总容量及输变电规划作了简单描述，对合同总价进行确定，却没有将合同条款、项目范围描述等重要组成文件进行谈判和确认。此后，关于该项目范围描述及合同文本的电子文件先后出现不同渠道的不同版本，而东帝汶政府出于自身利益的考虑，拒绝提供原中标方投标文件及合同谈判意向文件，甚至拒绝提供有效的招标文件，并迟迟拖延合同谈判进程。EPC总承包方陷于合同标的可能变动的巨大风险之中。

（二）EPC合同商务谈判中的利益博弈

本项目是在欧洲工程师把控下的国际项目，也是东帝汶国字号头等项目，面临的国际环境复杂。中核某公司是在政府协调的特殊情况下偶然获得项目中标谈判机会，于2009年2月28日与东帝汶民主共和国签订了东帝汶国家电力工程EPC总包合同协议书，却因种种原因，经过十个月三轮艰苦谈判，于2009年11月最终才签订 EPC 总包合同的合同条款及其附件。监理公司作为总包方的项目管理咨询顾问，认真、细致地搜集和消化合同相关的文件和信息，冷静分析项目背后隐含的经济、政治等深层因素，积极吸收和应用 FIDIC 合同条件，及时与总承包商交流探讨谈判策略，有效地推动了合同商务谈判进程和提升了合同收益。

监理公司是在项目 EPC 总包合同协议书签订并启动工程建设 4 个月后的 2009 年 6 月底才介入此项目的。此时，EPC 总包合同谈判已进入到第二轮谈判阶段。由于对项目的输入条件及首轮谈判了解甚少，也未来得及参加第二轮谈判前的准备工作，监理公司仅以旁听身份参与了第二轮谈判，感受了气氛。

在随后的两个月中，一方面监理公司快速组建项目管理团队尽快融入 EPC 管理机构，尽快熟悉所能获得的合同内容及环境条件，推动项目先按协议书及招标书（电子版）约定及时开展设计、采购、设计方案确认和进场施工等工作；另一方面，系统梳理 EPC 方能提供的与工程招投标及合同构成组件相关的文件，与 EPC 一道逐条研判合同条款及相关合同组件的表述内容，探讨合同谈判的策略和技巧，在过程中及时提出大量有益应对意见供 EPC 方决策。在谈判过程中巧妙与业主工程师周旋，有礼有节，有退有进，推动了合同最终完成谈判。

首先，"合同一般条款"的谈判，双方针锋相对，握手言和。

监理公司"知己知彼，百战不殆"，在第三轮前 10 天"合同一般条款"的谈判中，一方面，事先已系统学习了 FIDIC 条款，在此基础上逐条研读"合同一般条款"的含义，并对主要条款的关键表述做出了恰当的修订；另一方面，针对首席业主工程师坚持的修订意见逐条揣摩其背后意图。业主工程师是出于对 FIDIC 合同条款的熟练掌握，还是故意穿插以打乱我方阵脚，首席业主工程师主导的条款谈判不是逐条进行，而是在七十多条款中随机跳跃。并且，常常看似修订此项条款，实则为其他条款留下伏笔。多个回合下来，他发现我方的坚持都基于 FIDIC 旨意及国际惯例，他的意图及跳跃方式我方能迅速回应，我方的诚恳、智慧和不卑不亢慢慢赢得了尊重，经过后两天双方对等的交流，终于完成了"合同一般条款"这一合同重要组件的谈判。

接下来，合同标的的谈判，包括合同范围的界定，可谓惊心动魄，但是有惊无险。

（1）面临的劣势及风险：EPC 总承包方当时在签订 EPC 合同协议书之时，是出于君子之念（国内合同条款多是摆设，重视的是基建程序），还是缺乏国际商务经验，未能在签字之前坚持让业主方移交项目招标文件、中标方的投标文件以及初步达成的合同意向等有效文件。业主方东帝汶政府及业主工程师，出于自身的利益和主动权的考虑，不顾 EPC 承包商的多次索要，始终未正式移交构成合同的有效文件，甚至不提供《东帝汶电力工程初步预算和建设要求》及《东帝汶电力项目政府招标书》正式文件。合同谈判依据的原始支撑文件缺失会构成合同标的可能变动的风险。

（2）优势及机遇分析：基于对 EPC 合同协议书及电子招投标相关文件的一再评审，本项目较同期同类国际项目，其利润空间诱人；鉴于项目本身是真正意义上的国际 EPC 合同，中核某公司是中国知名企业，受国家商务部协调承接此项目，有代中国政府执行项目的背景，东帝汶政府不会过分为难，执行好也是提升业绩、扬名海外的良机。

（3）业主工程师的发难：业主工程师迟迟拖延合同谈判进程，有为东帝汶政府完善招标缺陷、将国家电网规划更合理的愿望，也有洞察合同利润空间、要挟中国 EPC 承包商提供增值服务的意图。

业主工程师发难的依据：

1）《EPC 总包合同协议书》中关于"合同范围的说明"："承包商应提供一个包括电厂和电网的完整电力系统。此电力系统应覆盖全国，还应可靠，其发电量应能够达到电厂的总容量，同时还应能够不中断的进行维护"。

2）"合同一般条款第 61 条"规定："如果该合同没有被东帝汶民主共和国的授权机构批准，该合同可以认为是无效合同，业主对此引起的任何费用不承担法律责任"。

业主工程师以原电厂及电网规划欠合理为由，提出两条修订硬性意见：①要求将协议的"电网电压等级 110kV，输电线路 675km"更改为"电网电压等级 150kV，输电线路 715km"。不能作为设计变更，不能调价。②要求使用燃烧天然气和重油的双燃料新机（原招标二手柴油发电机不符合环境保护法规的要求），并调整南北电厂容量分配（以利于电网平衡）。此条只要求 EPC 承包商放弃电厂方案及对应的合同标的，新机方案由东帝汶政府重新委托并承担新增费用。

（4）监理公司的积极应对措施：面对业主工程师的底牌，一是周密评审上述修订对合同合理利润的伤害程度；二是找好需厘清的边界，以及可减轻的服务，作为谈判的砝码。

对于对方修订意见①，我们进行了周密的评审：

1）110kV 改为 150kV，背后原因是便于与西帝汶（印度尼西亚，其电网为 150kV）联网。增加了一段"40km"南北联络线，也是"国家电网"全覆盖的体现，这是"大局"。

2）此时，北测线路定位复测已基本完成，发现实际线路基本短于规划线路，及时安排了沿"715km"走廊的预测，实际总长接近原"675km"，实际几乎零增长。

3）110kV 提高到 150kV，线路材料及变电设备国内采购价格虽有增加，但涉外项目的运输、安装等费用占比大，电压升高基本不影响运输、安装费，总造价上浮不大。

对于对方修订意见②，我们也进行了周密的评审：

1）反对党借用欧洲 NGO 组织渲染二手柴油机污染环境旷日已久，同时，东帝汶刚探明有大量天然气可开发，政府时下多掏钱采用燃烧天然气和重油双燃料新机不失为良策。调整电源点布点及容量的分配，从潮流计算来看，电网趋于更合理，这也是"大局"。

2）本 EPC 总承包合同中利润基本集中于电网项目，电厂项目原本就是"鸡肋"。

通过评审，监理公司接纳了修订意见①和②，既"识了大局"，损失的利润也不多。

下一个关键是变被动为主动，找准"舍而得"的砝码。针对纠结了大半年的几处原本模糊的合同标的，按照可能取消和可能减少的原则，在不调价基础上，监理公司提出了以下针锋相对的修订意见：

1）油码头建设和管理。既然油品由东帝汶政府供应，EPC 承包商应免于码头建设和管理的责任与义务。

2）电厂及电网五年运营管理及其备品备件。修订为 1 年。

3）对预付款保函和履约保函，为了减轻承包商的资金压力，建议仅提供履约保函。

标的界定是合同谈判的核心，是合同风险防控的根本所在。监理公司的诚意和严谨得到了业主工程师的响应，他们基本接纳了我方的三条建议，算是对我方"识大局"的回赠：

1）取消油码头建设和管理。

2）取消电网五年运营管理及其备品备件。

3）取消预付款保函，并允许履约保函随各子项目完工证明的签发而逐次减少。

拨开云雾见日出，合同标的在双方舍得有理、进退有节中确定了下来，细细估算下来，对原合同的利润空间基本没有影响。

三、风险控制

国际工程是项充满风险的事业，国际 EPC 工程在给总承包方带来丰厚利润的同时也带来了巨大的风险，如何对风险进行合理的控制与防范将决定着 EPC 项目的成败。

国际 EPC 工程的风险因素很多，按风险的来源进行划分有经济风险、法律风险、政治风险、社会风险、自然风险等。下面就本项目 EPC 项目风险管理的经验，对国际 EPC 工程的风险与防范进行探讨。

（一）经济风险

经济风险包括人民币汇率的波动、国家经济政策的变化、产业结构政策的调整、通货膨胀和通货紧缩等。

1. 汇率风险

国际 EPC 工程合同一般都是单币合同，大都以美元进行结算，且采用的是浮动汇率。对业主方而言，EPC 工程合同总价是固定不变的，他一般不会为 EPC 方签订一个固定汇率的合同，从而在工程款的支付过程中因汇率的变动而使合同总价升高或降低，因此汇率的风险一般都转嫁到 EPC 方的身上。

而在当前的国际形势下，以美国为首的西方国家为了扩大自己的出口并减轻自己的债务，逼迫人民币升值。尤其在本项目执行阶段的 2009—2012 年，人民币升值较快。

东帝汶尚没自己的货币（只有一些本国的零币），使用美元，在东帝汶国家电力工程确定的基准日（2009 年 2 月 28 日）期当天的汇率是 1 美元兑 6.8385 元人民币，短短一年后的 2010 年 2 月 28 日，人民币已升值 2.7%。此时，东帝汶国家电力工程付款情况还没有完成整个合同额的 1/6，因汇率造成的损失已达 6597 万元人民币。在工程后续两年建设期，人民币汇率一路上窜至 2012 年底，汇率损失较多。

基于汇率对本工程所造成的影响，总包方在设备采购过程中，通过对设备国内采购和国际采购各方经济指标的对比进行全方位权衡，尽量采用以美元支付的方式。地材全部在当地以美元支付，设备还是以国内采购为主。在主要设备采购合同中约定支付日汇率和基准汇率的差额造成的损益，双方各承担一半；在对线路施工分包商的合同签订过程中，适当加大分包商东帝汶现场美元的支付比例；对已完成审批的工程进度款督促其相关部门尽早支付，尽量把汇率造成的影响降至最低。

对国际 EPC 工程来说，其工期相对较长，如何有效地防范汇率风险将是承包商的头等要务，下面介绍几种汇率防范的方法。

（1）争取签订固定汇率合同。当然，此种方法对 EPC 方是最好的，但也是最难签订的合同，仅对那些投标方不多、技术壁垒较高、潜在的投标商也较少的项目适用。业主方选择 EPC 方的余地较少，在此情况下，业主方有可能答应同 EPC 方签订固定汇率的合同。

（2）在合同中加入保护性条款。当同业主方签订固定汇率合同行不通，可尝试在 EPC 合同中加入保护性条款，通过同业主方谈判，争取达到汇率风险分担的目的，例如在合同条款中约定，在汇率浮动超过一定的百分比（如 3%）的情况，对超过部分，受益方将向损失方给予补偿。这可将承包商汇率的风险控制在一定的限度之内。

（3）汇率风险的转移。国际 EPC 工程，其建安分包商或设备供货商一般都来自国内，在合同额比较大的分包合同中，可在同分包单位进行合同谈判时争取采用主合同币种支付的合同形式，当然，在这种合同中，分包单位势必会把汇率风险考虑在内，增加合同额。在这种情况下，EPC 方可通过对主合同币种国潜在分包商和国内分包商价格对比的基础上进行权衡，在报价相近甚至低于国内分包商的情况下，尽量采用主合同币种国的分包商，从而达到规避汇率风险的目的。

（4）利用金融工具规避汇率风险。利用好金融工具可有效地防范汇率所带来的风险，但这需要总承包企业与商业银行建立联系，商业银行根据总承包企业具体的情况为企业制定规避汇率风险的具体方案。常见用于国际承包工程中的金融工具主要有应用远期外汇和掉期锁定收支汇率风险、货币期权、货币交易中的借款法则、福费廷业务等，目前，应对汇率风险的金融产品种类日益广泛，所处国家不同，金融产品有所差异，EPC 承包商应根据项目情况和自身情况进行合理选择。金融工具是一把双刃剑，采用金融工具虽然对抵消汇率风险有一定帮助，但不能完全依靠这种方法，仍需与其他手段配合使用。

（5）利用实物支付。我国国际工程总承包企业可以利用项目所在国与我国的资源互补性，尝试接受以实物资源为支付手段。这样做的好处无疑可以规避汇率的风险，而且如果市场把握准确，还可能获得超额利润。但这种支付方式的项目运作比较复杂，难度大，因此需要在这方面具有丰富经验的人员进行管理。

2. 国家经济政策变化和产业结构调整风险

国家经济政策的变化和产业政策的调整也会对从事国际 EPC 工程的企业产生很大的影响。

对国际 EPC 工程，作为总包方可以享受在国内采购设备、货物、材料的出口退税。但是，2010 年 6 月 22 日，为了"十一五"节能减排目标的实现和完成产业政策的调整，财政部和国税总局联合下发了《关于取消部分商品退税的通知》，明确从 2010 年 7 月 15 日开始取消包括部分钢材、有色金属建材等在内的 406 个税号的产品出口退税，退税率由 9% ~ 13% 调减至 0。对本项目来说，电力材料和设备基本上都是从国内采购后运输至东帝汶，钢材也由国内采购，用量都相当大，此通知的发布给总包方造成了不小的损失。

对于由国内经济政策的调整对 EPC 方利润造成的影响，EPC 方应熟悉国内产业政策调整的动向，在投标报价时尽量少考虑或不考虑此部分给 EPC 方带来的收益，同时 EPC 方也可在了解国际钢材市场的情况下，选择低于国内市场价格的国家进行采购。

3. 通货膨胀风险

EPC 国际总包合同的合同总价是固定不变的，其大部分材料和设备都由国内采购发运，国内市场出现通货膨胀现象对总包方都是十分不利的。总包方应时刻关注国内的经济形式，密切注意钢材市场的变化情况，合理安排现场物资的采购、储存、发运计划。

人民币汇率在给国际工程 EPC 企业带来损失的同时，作为国际工程 EPC 企业要充分利用人民币升值所带来的正面影响，充分了解国际材料、设备市场的行情，寻求合理的他国采购，也许会降低国内通货膨胀和人民币汇率的影响。

（二）法律风险

法律风险主要表现在：对工程所在国的法律未能全面和正确理解；法律不健全，有法不依，执法不严；环境保护法规的限制和不能严格按照合同履约等。

国内企业在国外承揽 EPC 工程，一般在投标报价和签订合同之初对项目所在国的法律知之甚少，这就为中标后合同的谈判和签订带来了很大的法律风险。

例如，本电力工程 EPC 合同一般条款中规定"该项目应遵守项目所在国的法律"，在随后的税收条款中又规定"此项目在项目所在国为免税工程"，从合同签订的本身来说，承包商在此项目的合同价中不包含项目所在国税收的部分，为免税工程，而在支付进度款的过程中，基础设施部和财政部以税收条款与该国法律规定承包商要支付建筑安装工程税金的条款相矛盾，在每次支付进度款过程中都扣减了 2% 的税金。

东帝汶民主共和国是 2002 年 5 月 20 日独立的国家，建国之初，各种法律都不健全，且法律意识淡薄，基本没有什么合同的观念，对此环境下的国际合同，EPC 承包商必须对合同签订有清晰的认识。作为成文法系的国家，如果合同条款与法律、法规有抵触，则以国家法律、法规为准，如果进入司法程序，胜诉的可能性也不大。好在当初签订此总包合同的当事人是东帝汶民主共和国的总理，他对当初合同谈判的情况十分清楚，在他的出面干预下，此问题才得以解决。如果在合同签订之初，对此国法律有较深入的了解，在合同条款中关于税金作如下表述："本合同价为不含税价，如政府征收税金，合同价款相应调整"，这样就可以有效地规避此种法律风险。

再例如，本 EPC 工程招标的标的是柴油发电厂使用中国的二手柴油发电机组，东帝汶政府口头认可原招标二手机结果，但拒绝在合同中写清楚，并在 2009 年 10 月，东帝汶政府批准了采购的二手柴油发电机组的检修和发运计划，然而等总包方要发运旧机设备时，其又改变主意，要求使用燃烧天然气和重油的双燃料新机，其理由为二手柴油发电机对其国家的环境将会造成影响，不符合环境保护法规的要求。恰好，合同中电厂部分利润微薄，EPC 承包商已了解东帝汶政府将新机方案的主机部分另作委托，机智地顺梯子下楼。然而作为强势业主方的东帝汶政府对总包方采购二手柴油发电机所引起的索赔问题却不予理会，EPC 商经过 1 年多的艰难谈判，争取到了电厂部分因换机引起的工程量及时间的补偿，间接补偿了大的损失。

另外，在合同的履行过程中，经常会出现因业主方未能提供进场通道而使承包商工程受阻的情况，在合同关于进场通道的条款规定："业主应为承包商提供进场通道和土地的使用权以及保证承包商的活动能够持续不受限制进行而所必需的前提条件"。而实际的施工过程中，业主并未完全履行其义务，在输电线路的施工过程中，施工通道一直是个难题，东帝汶政府为了节约投资，基础设施部仅以一封倡议书的形式要求全国各地区在输电线路经过的地方，当地政府要给予支持，免费为输电线路提供土地和进场通道，而东帝汶政府并未给占用土地的人民给予补偿，在总包方施工过程中，经常会出现当地人民因为土地问题未解决而阻挠施工的现象，给工程的顺利进展带来了很大的影响。

（三）政治风险

政治风险主要包括三个方面：一是政治局势风险。项目所在国的政局是否稳定，政治集团内部和派系之间利益争夺，与邻国的关系如何，边境是否安全，项目所在国与我国的关系如何，与国际组织的关系如何，都对项目的实施带来不确定性。二是国家政府体制不合理，办事效率低，行业贪污腐败严重，破坏了公平的市场环境，加大了建设项目的运营成本和经营风险。三是恐怖主义和一些国家内部的动乱组织都可能会给项目建设带来无法预期的风险，甚至人员伤亡。

我国目前在国际上承揽的总承包工程，大都是在亚、非、拉等洲的不发达的国家，一部分国家的政局不太稳定，派系之间的斗争比较激烈，有些国家是属于刚刚成立的国家，政府的体制还有待完善，政府部门办事效率低下，国家内部还经常会发生动乱，这些都给我们从事国际工程带来了很大的政治风险。

本项目所在国，东帝汶民主共和国，有 100 万人口，建国不过 10 多年时间，是多党制的国家，其属于被联合国列为世界上最不发达的 20 个国家之一。政府党派林立，派系之间的斗争很复杂，政府部门的人员受教育水平较低，办事效率低下。作为东帝汶有史以来投资额最大的东帝汶国家电力工程，其在议会上很难形成一个统一的意见。执政党鼓励和支持本工程的建设，反对党以污染环境等理由阻挠本工程的建设。作为执政党来说，为了保住自己在 2012 年大选中的席位，要求总包商加大线路施工的力度，是为了给更多的东帝汶人民尽快看到"输电线塔"，看到国家工程所谓的进度，而出于自身利益，却对电厂主机选择迟迟不明确表态。

东帝汶民主共和国先后经受了葡萄牙、荷兰、日本、印度尼西亚等国长达 500 年的殖民统治，虽说独立后中国是第一个与其建交的国家，但其政党内部与西方世界仍有着根深蒂固的联系，西方世界也不想中国企业在东帝汶发展壮大，于是他们内外勾结，阻挠本工程的建设，为了能从本工程中分一杯羹，NGO 组织打着环保的旗号，在网上发布一些虚假言论，蛊惑当地人民。业主工程师借机迟迟不确认"旧机方案"，暗地里怂恿东帝汶政府高价采购新机迎合所谓的环保要求，电厂设备及安装部分最终由瓦锡兰印度尼西亚分公司来完成，作为执政党，他们为了平衡各种关系，也只能向 EPC 承包商施压。

在电厂工程进度因更换机型明显滞后于电网工程进度的局面下，业主工程师却始终不愿调整输电线路的工期，东帝汶政府却以电网进度可能滞后的原因要求总包方将 120 多公里的线路分包给印度尼西亚分包商来完成。

对于政治风险，在"合同一般条款"第 61 条规定："如果该合同没有被东帝汶民主共和国的授权机构批准，该合同可以认为是无效合同，业主对此引起的任何费用不承担法律责任"。本届政府的执政党是支持本工程的建设，如果下一届政府反对本工程的建设，本工程是否会暂停，仍是个未知数。作为总包方来说，为了尽量减少政治风险，加快工程施工进度，加大回收进度款的力度，力争工程在 2012 年大选前后实现按时竣工。好在政府赢得连任，项目收尾进行得较顺利。

对于政治风险，我们在实践中采取的策略是：一是"出界宜速，入界宜缓"。即在发生政治动乱或战争的初期，应迅速果断地撤离所在国家或地区，确保中国员工人身安全，力争财物少受损失。在政局动荡不定的国家或地区，不宜投入较大的力量。二是"审时度势，待机而定"。即对政局趋于稳定的国家和地区，应选择最佳时机进入市场，一旦看准了，就进行大力开拓，力争以较好的条件获得工程。

（四）社会风险

社会风险主要包括宗教信仰的影响和冲击、社会治安的稳定性、社会禁忌、劳动者的素质和社会风气等。

每个国家都有自己特殊的风俗文化习惯和宗教信仰，各个民族的社会禁忌也千差万别，在国际上承揽 EPC 工程，社会风险对项目也起着相当重要的影响。例如，当前我国有一部分国际工程项目在伊斯兰国家，按照伊斯兰教规的要求，伊斯兰教徒要履行每日五次的时礼，每周一次的聚礼和宗教节日的会礼，每年还要有一个月的斋月，这都会在一定程度上影响工程进度。中国铁建股份有限公司在沙特阿拉伯承建的轻轨项目所造成的 41 亿元的亏损，或多或少与当地的宗教信仰有一定的关系。社会禁忌的不同有可能会引起中国工人和当地人民的冲突，严重的会造成工程终止的结果。

本 EPC 工程，东帝汶人民主要信奉罗马天主教、基督教新教和伊斯兰教，教派比较多，劳动者的文化素质普遍低下，文化背景不好掌握，与当地劳工的沟通、交流都是问题，出现了几起冲击总承包营地和群殴中国工人的事件，并时有飞石砸入总承包部的办公区和生活区，对中国工人的身心造成了一定的负面影响，同时对工程的进度也产生了很大的影响。在总理的干预下，政府每个大项目点派遣了两名警察到现场维持治安秩序，正常的施工进程才得以维持。当然，这些冲突与当地群众法律意识淡薄有很大关系，但更重要的还在于中国工人对当地的文化习俗不了解所致。

对于社会风险的防范，国际总承包企业在投标报价之初要对项目所在国的社会风险有个充分的认识，在投标报价和合同签订过程中给予充分考虑；在工程建设过程中，要对员工进行上岗培训，对当地的文化习俗及社会禁忌给予说明，尽量避免与当地群众不必要的冲突；EPC 项目部要有专人进行外部的协调工作，积极主动与中国大使馆就工程进展过程中遇到的问题进行沟通，必要时可寻求大使馆的支持。

（五）自然风险

自然风险主要是指异常恶劣的天气条件、流行疾病、未能预测到的特殊地质条件等。

FIDIC 在 1999 年出版的《施工合同条件》（新红皮书）和《生产准备和设计—施工合同条件》（新黄皮书）明确规定，业主的风险有"一个有经验的承包商不可预见且无法合理防范的自然力作用"，而《EPC 工程合同条件》（新银皮书）中明显减少了新红皮书和新黄皮书中关于"外部自然力"这项风险，这就意味着在 EPC 合同条件下，承包商要单方面承担发生最频繁的"外部自然力的作用"这一风险，加之 EPC 模式适用于大型、复杂、工期长的项目，因此，遭遇各种自然灾害的机会相对于一般合同模式的项目要大。

东帝汶地处东南亚，处于南半球，靠近赤道，属于热带气候，境内多山，森林茂密，东、北、南三面环海，西部与印度尼西亚的西帝汶接壤，一年四季蚊虫滋生，每年的 12 月至翌年 3 月为雨季，是登革热的多发期，目前世界上还没有研制出登革热疫苗。本工程执行中，中国工人有 30 余人感染登革热，其中一人不治身亡。

未能预测到的地质条件也属于自然风险。东帝汶为期半年的雨季对工程进度造成了一定的影响，火山岩的地质条件使土建施工成本增加很大。

对于国际 EPC 合同来说，在 FIDIC 合同条件下，对于自然风险，总承包商很难向业主方进行索赔，这就要求 EPC 方在投标之初要对项目所在国的一些自然环境有较深入的了解，并针对相应风险制定相应对策，如针对恶劣的天气条件，在签订合同时适当延长合同工期就成为 EPC 方争取的目标；未能预测到的特殊地质条件在合同总价中要给予考虑；对于流行疾病，施工过程中要搞好生活区和施工区卫生，定期喷洒灭蚊剂等。

EPC 合同一经签订，EPC 方就要以积极的姿态面对所有的风险，根据风险的性质、对项目的危害程度采取风险规避、风险转移、风险分散、风险自留等相应措施。在承揽国际 EPC 工程中，风险是客观存在的，风险既可以给企业带来厄运，也可以给企业带来兴旺发达的机会。风险与利润并存，放弃了风险，同样也放弃了利润。风险越大，危险越大，而其所带来的赢利机会和空间也就越大。正确对待风险是一个成功企业所必须具备的条件，对风险有正确的预测、分析、判断和评估的基础，才能正确地选择有效的风险管理措施，来避免或减少风险所带来的损失。同时，我们还应该勇敢面对风险，在深入分析风险的原因后，利用合同条件及各种有利的自然条件将风险进行回避、转移和利用，将风险转化为对我方有利的因素，实现企业在经营管理中赢利的目的，进而使企业在竞争激烈的国际工程承包市场中能够不断地发展和壮大。

四、合同履行值得关注的几个问题

(一) 关于技术标准问题

受聘于东帝汶政府为本工程服务的咨询公司是意大利的一家公司，其下属的咨询工程师来自意大利、菲律宾、印度尼西亚、委内瑞拉、瑞典、匈牙利等国家。在总包合同中关于实用技术标准的界定比较模糊，技术谈判过程中各专业工程师的要求又不尽相同，但其都倾向使用国际标准。可是，目前中国的标准与国际标准接轨的程度不足50%，作为设计方的国内某设计院，是事业单位制的设计院，市场化意识低，也几乎没有涉外项目经历，设计过程中对国际标准涉及不深，其设计代表又迟迟不能到达东帝汶现场，这都给技术谈判工作造成了很大的困难。常常出现变电站已进入安装阶段，其二次设备技术谈判还没有完成，严重影响到施工的进度。

(二) 关于国内分包商素质制约工程进度问题

本工程是东帝汶执政党顶着压力实施的一个政府工程，总理亲自主抓，其形象进度对政府在东帝汶人民心目中的地位相当重要，在一定程度上决定着下届政府的大选，所以东帝汶政府对此相当重视。在项目前期，合同几经修改，给设计造成了很大的困难；在合同谈定后，作为设计方的国内某设计院，由于其事业单位体制的8h工作制，对市场要求加班赶图很难落实，图纸交付进度又迟迟不能满足施工进度的要求，设计现场服务更捉襟见肘；解决了图纸供应和确认工作，但施工力量组织不力的问题又接踵而至，曾出现根据进度偏差S曲线，进度滞后17%的情况。进度滞后的原因有东帝汶政府拖延签合同及更改设计的原因，也有设计、施工分包商选择不慎的问题（设计院是水电系统一家事业性的无市场化意识的设计院，施工分包商大多素质偏低）。本来应通过工期提前早日获得进度款，减少汇率损失，进度滞后反而给那些本来对此项目存在不良用心的人带来了可乘之机，先是将电厂部分的新主机设备以中国设备满足不了他们要求为由，交由芬兰瓦锡兰公司生产，而后又以工程形象进度滞后为由，要求总包方将西部120多千米的线路铁塔生产和线路施工全部交由印度尼西亚公司完成，一步步地蚕食着总包方的合同。

(三) 关于当地分包商获得性的问题

在国外从事建筑安装施工，尤其是在世界上最不发达的20个国家之一的东帝汶从事施工，其一些零星项目分包商的获得性是十分困难的。项目建设伊始，为了给设计方提供地质勘探资料，找遍了整个东帝汶也仅有两家公司可以从事地质勘探工作，且其费用是国内的几倍，为了工程能顺利进展，对于分包商提出的条件，总包方基本上都是无条件答应。还有线路的灌注桩施工，总包方不愿为104根15m长的灌注桩从国内找分包商到东帝汶施工，在东帝汶联系了一家公司，其设备陈旧，施工经验不足，每两天时间才能完成一根灌注桩的浇筑，如果总包方更换分包商，将很难再找到另一家公司承接此部分工作。因此，在一定程度上当地分包商的可获取性也对工程进度产生很大影响。

（四）关于搜资及施工组织设计的问题

本工程是包含9个变电站和715km的输电线路，工程范围大、工期长，从2010年1月15日开始建设，至2013年年底才完全竣工，先后持续近4年时间。东帝汶每年持续4个多月的雨季和当地地材的供给能力都在左右着工程的顺利进展。工程建设的第一年，由于对当地的气象条件虽说有个初步的了解，但还没真正领教到雨季对施工的影响，因此，在2010年的一些项目基础施工过程中返工现象较多。在与分包商签订的分包合同中，地材、设备全部由总包商提供，在施工高峰期，由于地材不能满足需要也时有发生停工现象，分包方也向总包方提出了索赔等要求。

东帝汶国家是多山的国家，线路施工地质条件都不太理想，其掏挖基础占了一大部分，BAUCAU变电站的场址是由火山岩堆积而成的。在东帝汶，炸药除了军事任务是严禁使用的，所以在实际线路施工过程中的掏挖基础都是以风镐进行施工，其工作效率极端低下。地质详勘深度不够和设计的优化不够，这也是工程进度滞后的一个最主要原因。

因此，对一个工程来说，在充分搜资基础上，施工组织设计要充分考虑到各方面的因素，尽量减少返工和停工所带来的损失。

（五）关于工程报价权衡问题

本项目有效利用了不平衡报价的规则，使承包商的利润获得最大化，并减少了汇率风险带来的损失。

东帝汶国家电力工程包括2座电厂、9座变电站及715km线路。本EPC合同的利润点主要集中在输变电项目中，应是中标方窥探到业主方有将电厂部分的旧机改为新机的动机，而采取不平衡报价，压低电厂单价，将合同利润藏于电网项目中。这样，一旦业主要求电厂旧机改新机，EPC承包商将以重大设计变更争取电厂新的利润，即使业主将新机方案转交给其他公司，EPC承包商也不会损失多少合同利润，事后EPC承包商默认业主将新机方案交出，证明此决定是正确的。

作为总包合同组成部分的分项报价表是支付工程进度款的依据，此分项报价包含单价、工程量、合价等内容，在没有任何图纸的情况下，工程量只能以估计值代替，在施工图出来后以实际量代替估计量，然后调整单价保证总价不变的原则进行操作。在对单价的制定中，前期工作项目、钢筋、设备等项目的单价有意识地往高处报，对后期的安装调试等工作单价报得相对较低。这样，在工程支付中，前期进度款支付会超过工程实际进度，不仅减小了汇率带来的风险，也使总包方在后续的谈判中掌握了话语权。

（六）关于承担必要的社会责任问题

注意处理好与当地居民的关系，遵守当地的法律法规，承担必要的社会责任。

东帝汶是个年轻的国家，国内党派林立，执政党和在野党互不买账，此项目是执政党力争建设的项目，项目的成败关系到下届政府的竞选，在工程建设过程中，稍有一点与当地居民冲突事件就可能被一些人操控演变为大的事件。在工程建设中发生了一件与当地居民冲突的小事，最后演变为严重影响工程进展的大事，不仅当地居民打伤了中国工人，最后发展为当地居民群围项目部，阻止工程施工，严重影响工程的顺利执行，最后在维和警察和当地警力进驻营地后，此事才得以解决。

东帝汶基本没有任何的工业，居民的就业水平低下，东帝汶电力工程项目是东帝汶历史上最大的工程项目，政府的初衷是通过此项目带动一部分人就业（当地的工资水平是每日 5 美元），在总包方与东帝汶政府签订的合同中约定此工程项目建设中应雇佣一定数量的当地工人，因此，作为总包方承担必要的社会责任解决当地工人的就业问题，也显得十分重要，在工程进展过程中曾发生了因工程完工而解聘当地工人发生闹事的现象，最后以总包方作出适当让步而得以解决。

（七）关于处理好与业主工程师关系的问题

正确处理好与业主工程师的关系，可在索赔问题上争取取得业主工程师的支持。

在此工程建设过程中，由于其他单位和个人从中作梗，此总包合同几近毁约，东帝汶政府从中坐收渔翁之利，变本加厉要总包方作出让步，业主工程师也看在心里。经过 EPC 商务谈判中的"不打不相识"的相互认知，通过建设过程中渐渐建立的良好配合氛围，因此在随后的工程索赔过程中以及电厂部分工程清算过程中，业主工程师还是在他权力范围之内给予了最大的支持。尤其是电厂场平和油罐安装，最后的结算价远高于所付出的成本价，也算对总包方适当给予了补偿。

（八）关于人员组织结构问题

东帝汶国家电力工程总承包项目部设置国内和国外两分部，国内分部主要从事设计催图、设备采购、发运等事宜，现场分部主要是施工管理、同政府部门沟通以及与咨询公司进行技术谈判等工作。在本项目刚进行的一年时间里，经常发现国内、国外项目分部人员职责不清，各部门间缺乏必要的沟通，遇到事情相互推诿，办事效率低下等情况。究其原因与人员素质有一定关系，总包方是一个以土建分包为主的公司，此工程是其第一个大而全的电力总包工程，涵盖了电厂、电网的所有专业，其专业人才相当缺乏。在现场的管理人员中有 3/4 都是近年刚从学校毕业的学生，且其专业也大都是非电力类的，对他们来说所遇到的问题都是他们以前所未见过的，如果其自身的责任心和工作主动性再不强，在工作过程中就会经常发现能推就推，实在推不过去就拖着等领导过问时再做的现象，此种现象的蔓延，对工程的顺利进展造成了不良的影响。

五、感受和见解

（1）目前，电力设计、施工、监理企业与对外公司合作在境外做的设计、施工、项目管理咨询的"借船出海"项目较多，独立出去做总承包或项目管理的"造船出海"业务刚刚起步。造船出海会直接面对较多的商务、融资、政治、社会、自然等风险，慎重分析是必要的，但遇到风险就躲避，往往会失去一些机会。本项目 EPC 承包商中核某公司国际公司在海外做项目的业绩虽不多，但他们看准了就做，敢于冒风险的勇气值得我们学习。本项目虽经历众多磨难，但他们赚到了预期的利润，更赚到了海外经验和士气。

（2）国内体制下的合同，往往写得严，落实得松，遇到问题多是靠人为协调解决，大事化小，小事化了。涉外工程的合同是严肃的，且我们面临的亚、非、拉国家，其政府或业主多聘请欧洲工程师管理合同。本工程合同谈判过程经验值得借鉴。由于东帝汶政府合同意识的淡薄，合同的随意变更性太强，而东帝汶政府委托的业主工程师对国际合同环境娴熟，出于意识形态层面对中国电力建设输出的不信任和极力排斥，极力为东帝汶政府的变更找理由，漠视 EPC 承包商手中无原招标文件及合同资料的事实。而总包方事先对东帝汶国情了解不够，对国际合同严肃性理解不够，尤其是未获得合同正式输入文件的基础上签订合同协议，致使合同总包方面临较大的合同风险，也对工程进度造成影响。

（3）在海外做总承包或项目管理项目，特别是与政府签订的合同，存在政治、经济、法律、文化、风俗、社会等方面的风险。海外总承包或项目管理项目经理应该具备丰富的综合素质，对国际商务、专业技术、沟通与交流、英语口语与阅读理解等方面的知识均具备一定的能力，对中国国家标准与国际标准的差异有较深的了解。作为总承包单位有应该做好投标及合同评审，准备好合同商务谈判的策略，制定好风险控制预案，最大限度地掌握合同主动权和知晓合同的被动权，避免或减少风险。

（4）英语翻译的水平是海外项目比较关键的问题。翻译公司翻译的技术文件往往对工程语言及 FIDIC 条款的引用不当，国外专家往往不认可，造成很多误会和不好的影响。英语口语水平，同样重要，口语沟通问题会引起：①造成沟通困难；②信息准确性、快速适应性困难；③造成外方对公司能力的怀疑。注意对原始英文版文件的建档保存，避免将英译中的版本再中译英，或将中译英的版本再英译中，循环翻译的传播损失会造成的合同条款的歧义。

（5）国外工程设计过程划分有别于国内，特别是施工图设计之前的设计阶段性文件要求设计深度不同，业主工程师对设计确认也有别于国内设计的可研审查、初设审查等。在条件成熟的情况下需修订各阶段设计深度规定。

（6）注意学习业主工程师善于合同条款谈判和善于利用合同说事的严谨精神，但不要过分迷念业主工程师的意见，分清其背后对中国的歧视及歪曲，找出对自己有利的合同解释和他的漏洞，据理力争，毕竟业主工程师是讲道理的。

（7）监理公司向涉外项目管理公司转型，首先是人力资源的转型，因涉外项目管理技术服务的基本业务主要是业主工程师、管理咨询师业务，需要更多有技术、商务、管理、外语、风险控制综合知识的高素质人员，同时对年龄、体能、性格、视野有更高的要求。

思 考 题

1. PMI 项目管理九大知识领域是哪些？

2. 分析 DBB、EPC、CM、BOT 以及 PM 模式的特点。

3. 说明合作伙伴的管理理念在工程项目管理应用的价值。

4. 国际工程项目管理的影响因素有哪些？

5. 简述国际工程项目风险的类型及防范措施。

第五章　工程创优中的监理工作

改革开放 30 年来，电力工业进入高速发展时期，我国电力技术已经步入世界领先行列。截止 2013 年底，我国电力工业已形成发电工程高参数、大容量和输变电工程超高压、长距离的特点，这些对电力工程的核心质量也提出了更高的要求。"最大限度节约资源、减少对环境的污染，全寿命周期安全可靠，性能、功能与成本的最佳匹配；科学与美学的高度统一，设备系统优化，施工技术创新，工艺流程量化，生产要素组合科学"已经成为电力优质工程建设的追求目标。电力工程创优已经成为电力人践行以质量为核心的具体行动，实行全过程、全员、全方位质量管理的实践。

在电力工程创优活动中，工程监理扮演着重要角色，起着关键作用。工程监理需要协助建设单位做好工程的创优策划；工程监理需要对施工单位的创优实施方案是否满足建设单位创优目标实现的深度进行审查；工程监理在施工全过程需要对每一道工序严格按照拟定的量化指标进行验收；工程监理需要根据建设单位的委托，将质量评价的要求贯穿于工程创优全过程，并按监理合同或咨询合同完成对整体工程的质量评价工作；工程监理需要对工程建设全过程的绿色施工、环境保护和水土流失防治工作进行监理。

本章对工程创优中的监理工作作一些引导性的介绍。

第一节　中国工程质量奖简介

一、我国工程质量奖的类型

我国工程质量奖分为以下三类：

1. 国家级质量奖

国家级质量奖包括国家优质工程奖、国家优质工程金奖、中国建设工程鲁班奖。

2. 省、部（行业）级质量奖

（1）由各省、市、自治区建筑业协会或国务院各部委组织评选的质量奖，如北京市的长城杯、上海市的白玉兰奖、江苏省的扬子杯等。

（2）由有关部门认可和委托的行业协会组织评选的质量奖，如由中国电力建设协会组织评选的中国电力优质工程奖、由中国安装协会组织实施的安装行业奖"中国安装之星"等。

3. 企业级质量奖

由中央企业、地方企业、省部级有限责任公司组织评选的质量奖，如国家电网公司优质工程、南方电网公司优质工程奖等。

2009—2013年电力工程获奖情况参见表5-1。

表5-1　2009—2013年电力工程获奖一览表

获奖类别	2009年	2010年	2011年	2012年	2013年
中国电力优质工程奖	60	45	69	66	53
中国安装之星	10	21	24	17	16
中国建设工程鲁班奖	5	6	6	4	5
国家优质工程奖（金）	2	3	3	4	6
国家优质工程奖（银）	29	30	30	31	24

二、我国工程质量奖的不同内涵

首先我们要明确，优质工程的定义为建设工程满足相关标准规定和合同约定要求的程度，包括其在安全、使用功能及其在耐久性能、观感、环境保护等方面所有明示和隐含能力的固有特性优良。

（一）国家优质工程奖

国家优质工程奖以各行业、各领域工程项目质量为主要评定内容，涉及工程项目从立项到竣工验收各个环节。获奖工程应当符合国家在国民经济发展不同时期所倡导的发展方向和政策要求。国家优质工程的综合指标应当达到同时期国内领先水平。

国家优质工程奖的内涵是弘扬"追求卓越、铸就经典"的国优精神，体现"科学、系统、经济、合规"八个字，倡导工程建设符合国家不同时期的政策导向并与时俱进，要求工程全过程质量控制管理最优秀。

国家优质工程金奖要求工程在同期具有规模最大、管理最优、科技含量最高，其施工质量、设计水平、科技含量、综合效益、综合指标应达到同期国际领先水平，获得本地区或本行业最高工程质量奖，同时获得省（部）级及以上的优秀设计奖，创新与科技进步成果显著，是节能环保的工程项目，推动产业升级作用明显。

（二）中国建设工程鲁班奖

中国建设工程鲁班奖从以下五个方面进行综合评价：

1. 工程安全、适用、美观

（1）各项技术指标符合国家工程建设标准、规范、规程。

（2）设计先进合理，功能齐全，满足使用要求。

（3）地基基础与主体结构安全稳定可靠，符合设计要求。

（4）设备安装规范，管线布置合理、美观，系统运行平稳、安全、可靠。

（5）装饰细腻，工艺考究，观感质量上乘。

（6）工程资料内容齐全、真实有效、编目规范，具有可追溯性。

2. 积极推进技术进步与科技创新

（1）获得省（部）级及以上科技进步奖或获得省（部）级及以上工法或发明专利、实用新型专利。

（2）应用建筑业十项新技术六项以上，且成效显著；积极采用新技术、新工艺、新材料、新设备，并在关键技术和工艺上有所创新。

（3）通过省（部）级及以上新技术应用（科技）示范工程验收，其成果达到国内先进水平。

3. 施工过程符合"四节一环保"

（1）在节能、节地、节水、节材等方面符合国家有关规定。

（2）在环境保护方面符合国家有关规定，环保等专项验收合格。

（3）获得地市级及以上文明工地或全国绿色施工示范工程荣誉称号。

4. 工程管理科学规范

（1）质量保证体系和各项规章制度健全，岗位职责明确，过程控制措施有效。

（2）运用现代项目管理方法和信息技术，实行目标管理。

（3）符合建设程序，资源配置合理，管理手段先进。

5. 综合效益显著

（1）项目建成后产能、功能均达到设计要求。

（2）主要经济技术指标处于国内同行业同类型工程领先水平。

（3）建设和使用单位满意，经济和社会效益显著。

鲁班奖的内涵体现在鲁班文化的"安全、适用、精细、创新"八个字上，突出要求工程质量微观上经得起检查、宏观上经得起历史考验，经过评选，国内处于领先水平。鲁班奖工程要求采用建筑业十大新技术六项以上，地基结构不少于二次中间验收；工程通过质量评价，且为高质量等级的优良工程。鲁班奖工程还要求工程通过新技术示范工程验收和绿色施工示范工程验收。

（三）中国电力优质工程奖

中国电力优质工程奖是我国电力建设行业工程质量的最高荣誉奖。中国电力优质工程奖要求工程已通过达标投产验收，质量评价总得分85分及以上，工程设计合理、先进；工程建设中积极推广应用"五新"（新技术、新工艺、新材料、新装备、新流程）及建筑业十大新技术，工程获得省（部）级及以上专利、工法、科技成果、QC 小组成果奖，且至少获得省（部）级科技成果、QC 小组成果奖各 2 项；工程主要技术经济指标满足设计要求和合同保证值，且达到国内同期、同类项目先进水平。

中国电力优质工程奖的内涵体现在"程序合规、管理有效、技术创新、工序量化、工艺精准、指标先进、节能减排、档案规范、特色突出、可靠耐用"四十字上。要求工程达到最大限度节约资源，减少污染，实现全寿命周期安全可靠，性能功能与成本最佳匹配；达到科技与美学高度统一，设备系统优化，施工技术创新，工艺流程量化，生产要素组合科学。

三、创国家优质工程奖的步骤

国家优质工程奖、中国建设工程鲁班奖、中国电力优质工程奖这三个工程质量奖，在创优各环节上它们之间又有着相互接轨、承上启下的关系：

（1）全面深入进行创优策划——关键；

（2）高质量通过工程竣工验收——基础；

（3）高水平通过"电力工程达标投产复验"——条件；

（4）质量评价为"高质量等级的优良工程"——资格；

（5）高排序获得"中国电力优质工程奖"——选优；

（6）高差异通过国家级评审机构组织的评审——竞赛。

第二节　工程创优的质量差异化策划

优质工程的定义是：建设工程满足相关标准规定和合同约定要求的程度，包括其在安全、使用功能及其在耐久性能、观感、环境保护等方面所有明示和隐含能力的固有特性优良。

工程创优是一个系统工程，要有全局的策划、有统筹的安排、有明确一致的目标、有统一的标准、有严格的管控、有坚决的执行力，这样目标才能实现。

工程监理应该认真审核工程创优的差异化策划内容，包括各类优质工程之间的不同目标的分析，实现这些目标的具体措施，以及实现这些目标需要采用的新技术及创新，只有有的放矢，才具有针对性。例如，国家优质工程的综合指标应当达到同时期国内领先水平，国家优质工程金奖要求综合指标应达到同期国际领先水平。一个是国内领先，一个是国际领先，在策划中需要根据确定的最高质量目标，建设、设计、监理、施工共同分解细化，形成二级质量目标值，并制订实现的相关的措施。

一、质量差异化的概念

2013 年，中国电力建设企业协会组织专家编写、出版了《创建电力优质工程策划与控制Ⅲ》，提出电力建设全过程示范工程验收、达标投产验收、质量评价、创优咨询应进行质量程度检验、评定，并发布了《电力建设工程质量程度检验实施指南（2013 版）》（以下简称《指南》）。

《指南》给我们提出了一个新的概念——质量程度。

什么是质量程度？质量程度就是指工程的功能和性能指标符合设计要求及国家或行业标准的程度。电力建设工程质量程度检验按职业健康安全与环境管理，建筑工程质量，安装工程质量，调整试验与技术指标，工程综合管理与档案等专业的检验内容进行逐项的检验或检测。"检验内容"的全部款项质量程度检验应按下列三个档次定性、定量地进行检验、评定。

（1）合格质量程度：是指施工现场质量保证条件、性能检测、质量记录、尺寸偏差及限值实测、强制性条文执行情况、观感质量六个方面均符合国家现行相关标准规定。

（2）优良质量程度：是指施工现场质量保证条件、性能检测、质量记录、尺寸偏差及限值实测、强制性条文执行情况、观感质量六个方面均明显优于国家现行相关标准规定。

（3）否决性质量程度：是指施工现场质量保证条件、性能检测、质量记录、尺寸偏差及限值实测、强制性条文执行情况、观感质量六个方面不符合国家现行相关标准规定，并存在功能性缺陷或安全性隐患。

建设单位应组织参建单位认真分析、择机消除及关闭否决性检验款项；否决性检验款项未经整改、关闭的工程，不应推荐申报电力优质工程奖。

通过质量程度检验、评定，将所有检查内容分为合格质量程度——均符合国家现行相关标准规定；优良质量程度——均明显优于国家现行相关标准规定；否决性质量程度——不符合国家现行相关标准规定。这三个质量程度档次，就是工序质量的差异化。

二、质量程度检验与质量评价的关系

《建筑工程施工质量评价标准》GB/T 50375 指出：为促进工程质量管理工作的发展，鼓励施工企业创优，在工程质量合格后对施工质量进行优良评价，工程创优活动应在优良评价的基础上进行。中国电力建设企业协会根据电力工程的特点，要求申报中国电力优质工程奖和国家优质工程的电力建设项目，必须通过质量评价，且评价结果为高质量等级的优良工程。

　　质量评价，就是对工程实体具备的满足规定要求能力的程度所做的系统检查。评价可以是对有关建设活动、过程、组织、体系、资料或承担工程人员的能力，以及工程实体质量所进行的检验评定活动。电力建设工程质量评价的实际意义就是对一个电力建设工程的质量程度进行评价。

　　质量评价对每个评价部位，设有"施工现场质量保证条件""性能检测""质量记录""尺寸偏差及限值实测""强制性条文执行情况""观感质量"六个评价项目。这六个评价项目包括质量程度检验所指"检验内容"的全部款项。质量评价将六个评价项目中每一项检查内容的质量评价判定结果分为一档（取 100% 应得分值）、二档（取 85% 应得分值）、三档（取 70% 应得分值）三个档次；质量程度检验评定则是对这六个评价项目所达到的质量程度分别设为合格质量程度（符合国家验收标准）、优良质量程度（明显优于国家验收标准）、否决性质量程度（不符合国家验收标准）三个档次。

　　下面我们分析一下质量评价判定结果三个档次与质量程度检验评定三个程度之间的对应关系。

　　《建筑工程施工质量评价标准》GB/T 50375 中明确，"尺寸偏差及限值实测"检查评价方法应符合下列规定：

　　（1）检查项目为允许偏差项目时，项目各测点实测值均达到规范规定值，且有 80% 及其以上的测点平均实测值小于等于规范规定值 80% 的为一档，取 100% 的标准分值；

　　（2）检查项目各测点实测值均达到规范规定值，且有 50% 及其以上，但不足 80% 的测点平均实测值小于等于规范规定值 80% 的为二档，取 85% 的标准分值；

　　（3）检查项目各测点实测值均达到规范规定的为三档，取 70% 的标准分值。

　　从上述规定中可以看出：质量评价判定结果一档对应于质量程度检验评定的优良质量程度，即要求有 80% 及其以上的测点平均实测值优于规范规定值，且为规范规定值的 0.8；质量评价判定结果二档的要求高与质量程度检验评定的合格质量程度；质量评价判定结果三档对应于质量程度检验评定的合格质量程度，即检查项目各测点实测值均达到规范规定。

　　所以，质量程度检验的所有检查项目的评定结果接轨电力建设工程质量评价，为质量评价结论提供依据。

　　质量程度检验是对质量过程控制指标达到标准的程度进行评定，强调工序质量控制，突出的是工序量化指标，有合格质量程度、优良质量程度、否决性质量程度之差异。质量评价是对整个工程质量所达到标准规定的质量指标进行评价，强调的是综合指标领先，突出的是科技进步，管理创新，有合格工程、优良工程、高质量等级的优良工程之差异。

三、工程创优的质量差异化策划

优质工程是经过精心策划、严格过程控制再加上科学管理而创造出来的。质量程度检验的所有检查项目涵盖过程质量控制的所有定性与定量要求，是施工单位和监理单位制定过程质量控制目标的重要依据。创优工程质量评价为高质量等级的优良工程，是工程创优的必备条件之一，工程质量创优策划应该将质量评价的要求贯穿于施工活动全过程，并且突出质量差异化要求，做好质量差异化策划。

国家优质工程奖是以质量为主要评定内容，涉及工程项目从立项到竣工验收各个环节，其策划包括下列方面。

（一）设计优

1. 要求

获得省（部）级及以上的优秀设计奖。

2. 策划

（1）建设单位在设计招标阶段，应该在招标文件中就明确工程的最高质量目标是创国家优质工程，设计方必须有保证设计获得省（部）级及以上的优秀设计奖的措施及承诺。

（2）设计单位在创优实施细则中应将获得省（部）级及以上的优秀设计奖的措施落实于设计全过程。

（3）建设单位应授权监理单位对设计全过程落实创优情况进行检查、督促。

（二）质量精

1. 要求

（1）工序量化、工艺精准。施工现场质量保证条件、性能检测、质量记录、尺寸偏差及限值实测、强制性条文执行情况、观感质量六个方面均明显优于国家现行相关标准规定，且有80%及其以上的测点平均实测值小于等于规范规定值的80%。

（2）工艺特色突出。

2. 策划

（1）三个不同层次的质量预控措施策划

1）总体控制措施，也就是施工组织设计，它是实现施工合同目标的、指导施工全过程的纲领性文件，同时也是监理、业主在工程施工前了解施工单位实力、掌握工程质量情况的必要途径。

2）各分部（分项）工程、工程重点部位、技术复杂及采用新技术的关键工序的质量预控措施，也就是施工方案，这是保证工程质量、实现施工组织设计中质量策划的关键环节。

3）对作业层的质量预控措施，就是技术交底，因为目前的劳务队伍流动量很大，技术水平参差不齐，要保证工程质量，只有通过技术交底来实现。

施工组织设计、施工方案和技术交底是三个不同层次的施工管理文件，是内容连续、首尾相顾的施工指导书，在施工过程中缺一不可。

（2）高标准、严要求策划。创国家优质工程要求"三高"与"三严"。"三高"是高的质量目标、高的质量意识、高的质量标准；"三严"是严格的质量管理、严格的质量控制、严格的质量检验。

1）高的质量目标。国家优质工程要求其质量水平属于国内领先，企业能创国优，不仅标志企业的质量水平，也体现企业的技术与综合管理能力。通过工程创国优，提高企业的整体质量水平。创出一个国家优质工程，就能以点带面，同时对企业的施工质量和整体管理水平的提高起到重要推动作用。

2）高的质量意识。下决心创国优，必然要对质量认识达到高层次境界，领导层的质量意识高，必然高度重视工程质量管理，也才会制定出高的质量目标和实现目标的措施。企业领导层的质量意识是关键，全体员工也要具有高的质量意识，不然质量目标和措施就不能落实。只有全员有高的质量意识，才会有高的质量目标，也才能制定为实现高质量目标的高标准，并能使之得到落实。

3）高的质量标准。国家优质工程的质量要求是应达到国内领先水平，它不仅能满足国家标准、规范的基本质量要求，还要明显高于国家标准、规范的要求。因此，创国优工程必须制定高于国家标准的企业控制标准，如北京市的长城杯标准就高出国家标准、规范的水平，如混凝土梁柱截面尺寸的最大偏差额，国家规范要求是 +8mm、-5mm，而长城杯是 +3mm、-3mm，因此在北京要获得国优奖申报的入围名额，它就要达到或高出长城杯的标准。

近几年，很多创国优奖的工程，在制定目标的同时就制定了企业标准并进行控制。现在申报国优奖工程对质量的描述不再是以往如混凝土质量"内实外光，表面平整，横平竖直"等定性的描述，而是以量化指标来表明施工质量的水平，这样可以清楚地看到企业控制标准的水平程度。

4）严格的质量管理。严格的质量管理是保证高质量目标实现的重要手段，是一项很实在的管理工作，近年来的国优奖检查也逐步把这项工作列入了检查范畴。

5）严格的质量控制。质量控制的关键是过程控制，要创一个精品工程就必须进行全过程的控制。质量控制是质量管理的一个主要内容，严格质量控制可以预防质量问题的发生，可以保证质量不断提高。

6）严格的质量检验。质量检查验收就是把关，建设过程中的严格检查验收就是要使质量处于控制之中。特别对于所涉及的工程建设强制性标准条文的执行情况，更要严格进行检查验收。例如：室内墙面装饰验收，《建筑装饰装修工程质量验收规范》GB 50210—2001 强制性条文规定：

"3.1.1 建筑装饰装修工程必须进行设计，并出具完整的施工图设计文件。

"3.2.9 建筑装饰装修工程所使用的材料应按设计要求进行防火、防腐、防虫处理。

"4.1.2 外墙和顶棚的抹灰层与基层之间必须粘贴牢固。

"8.3.4 饰面砖粘贴必须牢固。"

在分项工程验收时，必须首先对该分项工程的强制性条文执行情况进行审查，确认强制性条文均已得到全部实施，再对其他检查项目进行验收。

（三）技术先进

1. 要求

（1）获得省（部）级及以上科技进步奖；

（2）获得省（部）级及以上工法或发明专利；

（3）推广、应用建筑业十项新技术六项以上，且成效显著；

（4）电力行业"五新"（新技术、新工艺、新流程、新设备、新材料）推广、应用；

（5）依托本工程，各参建单位取得的科技成果、QC 成果（申报中国电力优质工程奖的工程，至少获省（部）级科技成果、QC 小组成果奖各 2 项。推荐申报国家级优质工程奖的工程，至少获省（部）级科技成果、QC 小组成果奖各 3 项）；

（6）依托本工程形成的国家标准、行业标准；

（7）工程获得地市级及以上文明工地或通过省（部）级绿色施工示范工程验收。

2. 策划

（1）建筑业十项新技术应用策划。国优奖工程评价中特别强调积极推进科技进步和创新，要求推广、应用《建筑业十项新技术》必须在六项以上。因此，在工程策划时必须有新技术推广、应用和技术创新的内容。事前应做哪些准备，哪些新技术应进行科技鉴定，都应有具体策划，其中不排除过程中，当条件具备时新技术应用的增补。施工新技术的推广和应用以及科技创新是创优的重要一环，必须对科技应用体系进行统一的规划和实施。

做好新技术应用的策划，重要的是对工程特点、重点、难点进行认真分析，包括基础、结构、装饰、设备安装等部分，把这三方面内容充分寻找出来，充分描述。其特点、重点能引起大家注意，难点不同于一般，为采用什么样的新技术做好铺垫。

（2）建筑业十项新技术中绿色施工新技术的应用策划对作为大量消耗资源、影响环境的建筑工程项目，应全面实施绿色施工，承担起可持续发展的社会责任，这也是近年来创优所大力倡导的。绿色施工是指工程建设中，在保证质量、安全等基本要求的前提下，通过科学管理和技术进步，最大限度地节约资源与减少对环境负面影响的施工活动，实现"四节一环保"（节能、节地、节水、节材和环境保护）。绿色施工不再只是传统施工过程所要求的质量优良、安全保障、施工文明、企业形象等，也不再是被动地去适应传统施工技术的要求，而是要从生产的全过程出发，依据"四节一环保"的理念，去统筹规划施工全过程，改革传统施工工艺，改进传统管理思路，在保证质量和安全的前提下，努力实现施工过程中降耗、增效和环保效果的最大化。在工程总体策划时，必须对新技术和绿色施工相关技术的具体内容和工作要点统筹策划。

（3）电力五新技术的应用策划。随着电力新技术的不断发展，生物质发电技术、水电清洁能源技术、抽水蓄能电站技术等发电技术的发展，为电力工业升级提供了广阔的发展空间。输变电建设中的智能变电站、高电压、远距离输送电量、多端柔性直流输电等新技术的发展，为电量的输送开辟了无限的前景。这些新技术的发展应用，推动了电力工程施工技术的提高。例如：火电工程中的清水混凝土预制件施工技术、冷却塔—"斜支柱—下环梁"一体化施工技术、塑料模板（SGM）施工技术、1000MW 机组分体式汽轮发电机内外定子穿装技术、核电半速汽轮机安装技术、水电工程的大型边坡工程治理技术、液压自升式模板施工技术、压力钢管全位置自动焊接技术、输变电工程的穿越江河长距离特大截面电缆施工技术、跨海线路施工技术、架空线路直流融冰技术，新能源发电工程的风力发电机组梁板式预应力锚栓基础施工技术、风力发电机组反向平衡法兰安装技术等，这些都是创优策划中技术先进方面极好的例证。

工程创优的关键是创优策划，创优策划的核心是差异化策划，差异化策划的精髓是有的放矢。工程监理要利用自身积累的知识与经验，在创优中发挥积极作用，并通过工程创优，提升自己。

（四）工艺特色亮点示例

国优工程的创新水平近年来越来越高，施工企业应根据工程特点、重点、难点，有意识因势利导，制造一些令人耳目一新、为之一亮、为之一震的亮点，使人们看了后为之感动、震动、心动。这些亮点争取做到人无我有、人有我优、人优我精、人精我特。在科学性、趣味性、人性化、舒适性上下功夫，有些虽然是很小的改动和努力，但也能得到人们的赞赏。这种策划，事前可以进行，不排除过程中也可随机发挥。我们举一些这方面工艺亮点的策划案例。

（1）主控楼外立面色调与周边环境、设备、构格架颜色相协调，如图 5-1 所示。

（2）站内道路与广场结合处用卵石分隔形成两个区域，比常规设置分隔缝美观，如图5-2所示。

（3）楼梯扶手与走廊水平梯段连接符合强制性条文的要求，而且做工精细，如图5-3所示。

（4）厕所门套底部与地面砖交缝处采用不锈钢包脚，既美观，防腐蚀效果也好，如图5-4所示。

（5）厕所蹲便器墙砖与地砖铺砌，色调和谐，如图5-5所示。

（6）外窗楣滴水线设置合理，做工细腻，如图5-6所示。

（7）雨水管安装规范、牢固，水簸箕材质与墙裙材质基本接近，如图5-7所示。

（8）雨水管端部与墙体结合处工艺美观，封堵规范，如图5-8所示。

（9）构架和支架保护帽美观一致，如图5-9所示。

（10）电缆敷设采用专用支架，平整美观，如图5-10所示。

（11）电缆沟盖板采用工厂化产品，铺设平整、无色差，如图5-11所示。

（12）升压站现浇清水混凝土防火墙美观，对拉螺栓处理合理，如图5-12所示。

（13）设备接地采用专用模具，形状一致，高度一致，方向一致，如图5-13所示。

（14）盘柜尺寸统一，色泽一致，安装规范、美观，如图5-14所示。

（15）屏柜内设备接线平直整齐，标识牌清晰，挂设高度一致，如图5-15所示。

（16）设备连接线弧度一致，如图5-16所示。

（17）刀闸及机构箱安装高度一致，工艺美观，如图5-17所示。

（18）高跨线、跳线弧度一致、规范、美观，如图5-18所示。

图5-1　主控楼外立面色调与周边环境颜色协调　图5-2　站内道路与广场结合处分隔缝美观

图 5-3　楼梯扶手与走廊水平梯段连接规范

图 5-4　厕所门套底部防腐蚀措施有创意

图 5-5　厕所蹲便器墙砖与地砖铺砌规范

图 5-6　外窗楣滴水线设置合理规范

图 5-7　雨水管安装规范牢固

图 5-8　雨水管端部与墙体结合处工艺美观

图 5 – 9　构架和支架保护帽设计别致

图 5 – 10　万向电缆专用支架保证敷设质量

图 5 – 11　电缆沟盖板采用工厂化产品美观环保

图 5 – 12　防火墙对拉螺栓位置设置合理

图 5 – 13　设备接地铜排安装美观一致

图 5 – 14　盘柜尺寸统一，色泽一致

图 5-15 盘柜内二次接线工艺精湛

图 5-16 设备连接线弧度一致

图 5-17 刀闸及机构箱安装工艺精准

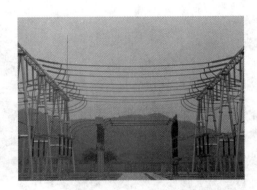
图 5-18 高跨线、跳线弧度一致

第三节 电力工程创优要点

一、创优的基本要求

(一) 树立"优质工程是培育出来的"创优理念

树立"优质工程是培育出来的"创优理念，摒弃"走着说着"的盲目创优和"事后整改"的被动创优观念。

建设单位高度重视工程创优策划工作，实施"策划、实施、检查、纠偏、验收"的创优循环过程。针对项目不同特点和难点，编制详细的创优策划，做到目标上准确定位、方案上因地制宜、措施上有的放矢，不断提高质量意识和创优能力。

工程招投标过程中，明确提出具有可操作性和可考核性的创优目标和要求，择优选择与工程创优目标相匹配的设计、施工、监理队伍，组建和谐创优团队。

工程开工前，各参建单位根据建设单位的创优策划，分别编制创优实施方案和创优实施细则，建立各级创优组织机构，制定工作标准和奖惩措施，做到"一策划、三制定"，即策划本专业拟突出的亮点工艺（图文并茂），制定操作工艺、验收标准及技术措施，确保策划亮点的实现。

（二）应用"标准工艺"

将创优亮点固化为可执行的"标准工艺"，通过加强管理和合同约束，使各工程建设管理、设计、施工、监理单位切实履行质量管理职责，自觉执行质量标准及技术规范，严把施工现场质量控制关。树立"质量在我心中，工艺在我手中"的主人翁意识。

注重标准工艺应用的过程控制，使标准工艺应用规范化、常态化。一是要求建设单位在开工前编制"标准工艺策划"，明确典型施工方法的采用和质量通病的防治措施和要求。二是在工程例会上核查以上内容，并检查标准工艺应用的纠偏工作和质量通病防治的效果。竣工时总结标准工艺应用率、质量通病消除率和需要完善、改进的工作。

建立标准工艺应用的考核评价机制，将标准工艺应用率和应用效果作为考核评价指标，与参建各方签订标准工艺推广应用责任书，在开展优质工程评选等活动的同时，考核各工程标准工艺应用的情况，通过有效的考核评价手段，促进"标准工艺"的落实，提高标准工艺的应用率和应用效果。

开展竞赛交流，促进标准工艺应用。一是开展标准工艺示范工程竞赛活动，召开标准工艺应用及施工质量现场会议，把标准工艺的应用率、标准工艺的应用效果定为竞赛的重点，促进标准工艺的应用规范化、常态化。二是开展质量样板工程竞赛活动。质量样板工程评选不定名额，遵循宁缺毋滥的原则，调动施工单位采用标准工艺的积极性、主动性。三是开展质量管理知识竞赛。竞赛内容包括达标投产、标准工艺应用、工程创优、质量通病防治等方面。四是积极组织召开标准工艺推广应用和质量现场会。

（三）加强队伍建设，严格过程管理

高度重视"三支一流队伍"建设。开展建设监理、设计、施工"三支一流队伍"的工作，同时，加强土建施工队伍素质培养，构建长期合作伙伴关系，保证参建队伍具有先进的管理理念、丰富的管理经验、优异的技术能力、优秀的团队精神，形成强强联合，稳步推进工程质量和工艺水平的提高。

加强预控措施，防患于未然。把质量预控重点放在"技术培训和技术交底"上，利用安全质量分析会对质量亮点、不足进行图片点评。

利用农民工夜校、专业技术培训班、经验交流等多种形式的培训方式，对监理人员、职工、农民工等进行专业技能、新技术、新工艺的培训。

强化施工图设计交底和会检制度，把可能出现的问题消灭在萌芽状态。

严格工序控制，保证过程质量。充分发挥现场质检人员的作用，坚持上道工序不合格，不得进入下道工序施工，本道工序的质检员是上道工序的监督员、下道工序的服务员。

坚持第三方试验检测、设备进场验收、不合格原材料无理由退场制度。

加强质量监督指导工作，组织开展常态化的质量巡视、点评工作，及时纠正和曝光质量管理和实物质量工艺方面的缺陷与不足。

强化工程验收，确保移交水平。将业主项目部完成竣工预验收作为监督机构到现场监督检查的必备条件。

要求进行三级检查、四级验收工作，有组织、有方案、有结论、有反馈，对于不符合工程质量验收标准和不满足创优条件要求的工程坚决不予验收。

要求工程项目过程管理资料、实物质量阶段验收资料与工程同步完成，确保资料的完整性和真实性。监理单位要在施工过程中，认真做到在检验批和隐蔽工程验收时，没有记录表，不予以验收签证，确保验收资料与工程同步完成。通过强化验收制度，有效地促进工程零缺陷移交目标的实现。

二、创优强制性条文的执行要求

2000年1月，国务院为确保工程质量、杜绝安全事故的频繁发生，颁布了《建设工程质量管理条例》（以下简称《质管条例》），对加强工程管理，对业主的责任、行为，对设计、施工和监理单位的质量责任，作出了一系列明确的规定。与此同时，《质管条例》以法规形式明确了强制性条文的法律地位，其中第19、36、44条三处同时指出，不执行工程建设强制性技术标准就是违法，根据违反强制性技术标准所造成后果的严重程度，规定了相应的行政处罚措施。这是迄今为止我国对违反强制性技术标准而作出的最为严格的规定。

强制性条文的实施，则在从技术管理角度控制工程建设质量、引导和规范建设市场行为等方面发挥了应有的重要作用。

强制性条文的法律地位主要表现在以下两点：

一是明确了强制性条文是参与建设活动各方执行工程建设强制性标准和政府对执行情况实施监督的依据。

二是明确了列入强制性条文的所有条款都必须严格执行。就是说，如果不执行强制性条文，政府主管部门就应当按照《质管条例》的有关规定，给予相应的处罚。有一个条文不执行的；就要处罚，造成工程质量事故的，必然要追究相应的责任。

因此，在创优过程中，必须编制强制性条文执行计划，并重在施工过程的严格实施和认真贯彻执行。

（一）强制性条文执行计划的编制

工程建设、勘察、设计、监理、施工等单位应加强单位内部管理，制定严格执行强制性条文的管理制度，有关工程管理及技术人员必须熟悉，掌握强制性条文。

工程开工前，建设单位应组织各参建单位编制强制性条文的实施策划，各参建单位根据此策划编制各自的实施细则。

工程施工图设计前，设计单位应明确本工程项目所涉及的强制性条文，编制工程设计强制性条文执行实施细则。工程开工前，施工单位应按单位、分部、分项工程明确本工程项目所涉及的强制性条文，编制工程施工强制性条文执行实施方案，保证工程项目执行强制性条文的完整性。监理单位编制强制性条文执行监理实施细则，监督施工单位落实执行强制性条文。

（二）强制性条文的执行

（1）在工程设计阶段，设计单位作为强制性条文执行的主体责任单位，应严格按照强制性条文进行勘察设计，对强制性条文实施计划进行分解细化；设计监理单位应对设计成果执行强制性条文的情况进行检查。

（2）在工程施工阶段，施工单位作为强制性条文执行的主体责任单位，应在施工过程中及时将强制性条文实施计划有效落实，根据工程进展情况按分项工程据实记录，由监理工程师完成对记录的审核。

（3）强制性条文执行情况的检查。监理单位作为工程强制性条文执行情况的检查主体责任单位，应在分部、分项工程验收时，由工程总监组织对施工单位执行强制性条文情况进行阶段性检查。

工程建设过程中，各参建单位必须严格执行强制性条文，不符合强制性条文规定的，应及时整改，并应保存整改记录。未整改合格的，严禁通过验收。

（4）强制性条文执行情况的核查。在工程竣工验收阶段，由业主项目部组织监理单位对强制性条文执行情况进行核查。

特别强调的是，必须牢固树立严格执行强制性条文的理念，不能找理由辩解不执行强制性条文的情况。

（三）电力工程中执行强制性条文的示例

1. 接地体的焊接及搭接长度

接地体的焊接及搭接长度，特别是电缆沟接地体的焊接、扁钢与角钢的焊接等，应符合强制性条文规定。

接地体（线）的焊接采用搭接焊，其搭接长度必须符合下列规定：①扁钢为其宽度的 2 倍（且至少 3 个棱边焊接）；②圆钢为其直径的 6 倍；③圆钢与扁钢连接时，其长度为圆钢直径的6倍；④扁钢与钢管、扁钢与角钢焊接时，为了连接可靠，除应在其接触部位两侧进行焊接外，并应焊以由钢带弯成的弧形（或直角形）卡子或直接由钢带本身弯成弧形（或直角形）与钢管（或角钢）焊接。

图5-19所示为接地扁铁焊接不符合强制性条文示例，图5-20所示为接地扁铁和钢管焊接不符合强制性条文示例，图5-21所示为设备支架接地扁铁焊接不符合强制性条文示例。

图5-19　接地扁铁焊接不符合强制性条文示例

图5-20　接地扁铁和钢管焊接不符合
强制性条文示例

图5-21　设备支架接地扁铁焊接不符合
强制性条文示例

2. 接地装置与线路避雷线的连接

有些变电站的接地装置与线路的避雷线相连，没有便于分开的连接点，直接连接在构构上，违反了强制性条文。

强制性条文要求：发电厂、变电所的接地装置应与线路的避雷线相连，且有便于分开的连接点。

图5-22所示为输电线路架空避雷线与变电站构架连接不符合强制性条文示例，图5-23所示为变电站接地装置与架空线路避雷线不符合强制性条文示例。

图 5 - 22　输电线路架空避雷线与变电站
构架连接不符合强制性条文示例

图 5 - 23　变电站接地装置与架空线路
避雷线不符合强制性条文示例

3. 独立避雷针及其接地装置

强制性条文要求：装有避雷针的金属筒体，当其厚度不小于 4mm 时，可作避雷针的引下线。筒体底部应至少有两处与接地体对称连接。

图 5 - 24 所示为钢管独立避雷针只有一点接地不符合强制性条文示例。

4. 变压器储油坑卵石粒径

强制性条文要求：储油坑内应有净距不大于 40mm 的栅格，栅格上部铺设卵石，其厚度不小于 250mm，卵石粒径应为 50 ~ 80mm。

图 5 - 25 所示为主变事故油池卵石粒径不符合强制性条文示例。

图 5 - 24　钢管独立避雷针只有一点接地
不符合强制性条文示例

图 5 - 25　主变事故油池卵石粒径不符合
强制性条文示例

5. 接地引下线

（1）接地引下线应严格遵守"每个电气装置的接地应以单独的接地线与接地汇流排或接地干线相连接，严禁在一个接地线中串接几个需要接地的电气装置。重要设备和设备构架应有两根与主地网不同地点连接的接地引下线，且每根接地引下线均应符合热稳定及机械强度的要求，连接引线应便于定期进行检查测试"的规定。

图 5-26 所示为电抗器接地引下线不符合强制性条文示例，图 5-27 所示为站用变接地引下线不符合强制性条文示例。

图 5-26　电抗器接地引下线不符合　　　图 5-27　站用变接地引下线不符合
　　　强制性条文示例　　　　　　　　　　强制性条文示例

（2）接至电气设备上的接地线应符合"接地体（线）的连接应采用焊接，焊接必须牢固无虚焊。接至电气设备上的接地线，应采用镀锌螺栓连接；有色金属接地不能采用焊接时，可用螺栓连接、压接、热剂焊（放热焊接）方式连接。用螺栓连接时应设防松螺帽或防松垫片，螺栓连接处的接触面应按现行国家标准《电气装置安装工程母线装置施工及验收规范》GB 50149 的规定处理。不同材料接地体间的连接应进行处理"的规定。

（3）"装有避雷针和避雷线的构架上的照明灯电源线，必须采用直埋于土壤中的带金属护层的电缆或穿入金属管的导线。电缆的金属护层或金属管必须接地，埋入土壤中的长度应在 10m 以上，方可与配电装置的接地网相连或与电源线、低压配电装置相连接。"

（4）GIS 的接地应符合下列强制性条文规定：

"发电厂、变电站 GIS 的接地线及其连接应符合以下要求：

"1. GIS 基座上的每一根接地母线，应采用分设其两端的接地线与发电厂或变电站的接地装置连接。接地线应与 GIS 区域环形接地母线连接。接地母线较长时，其中部应另加接地线，并连接至接地网。

"2. 接地线与 GIS 接地母线应采用螺栓连接方式。

"3. 当 GIS 露天布置或装设在室内与土壤直接接触的地上时，其接地开关、氧化锌避雷器的专用接地端子与 GIS 接地母线的连接处，宜装设集中接地装置。

"4. GIS 室内应敷设环形接地母线，室内各种设备需接地的部位应以最短路径与环形接地母线连接。GIS 置于室内楼板上时，其基座下的钢筋混凝土地板中的钢筋应焊接成网，并和环形接地母线连接。"

（5）对于接地线穿过墙壁、楼板和地坪处的保护及防腐应符合"接地线应采取防止发生机械损伤和化学腐蚀的措施。在与公路、铁路或管道等交叉及其他可能使接地线遭受损伤处，均应用管子或角钢等加以保护。接地线在穿过墙壁、楼板和地坪处应加装钢管或其他坚固的保护套，有化学腐蚀的部位还应采取防腐措施。热镀锌钢材焊接时将破坏热镀锌防腐，应在焊痕100mm内做防腐处理"的规定。

6. 建筑物上的防雷设施采用多根引下线

建筑物上的防雷设施采用多根引下线时，应在各引下线距地面的1.5～1.8m处设置断接卡，断接卡应加保护措施。图5-28所示为屋顶避雷带距离地面1.5～1.8m设置了断接卡，且进行了保护实例。

7. 部分组合电器的法兰片间跨接线连接

强制性条文要求："全封闭组合电器的外壳应按制造厂规定接地；法兰片间应采用跨接线连接，并应保证良好的电气通路。"

图5-28　屋顶避雷带距离地面1.5～1.8m
设置了断接卡，且进行了保护实例

图5-29所示为组合电器的法兰片间无跨接线连接不符合强制性条文示例。

8. 蛇皮管和采用软管保护导线的连接

强制性条文要求："不得利用蛇皮管、管道保温层的金属外皮或金属网、低压照明网络的导线铅皮以及电缆金属护层作接地线。蛇皮管两端采用自固接头或软管接头，且两端应采用软铜线连接。"

图5-30所示为蛇皮管敷设不规范，且不符合强制性条文示例；图5-31所示为采用软管保护导线，自固接头与电缆护管之间采取了软连接接地，符合强制性条文示例。

图5-29　组合电器的法兰片间无跨
接线连接不符合强制性条文示例

图5-30　蛇皮管敷设不规范，
且不符合强制性条文示例

第五章　工程创优中的监理工作

图 5-31　采用软管保护导线，自固

接头与电缆护管之间采取了软连接

接地，符合强制性条文示例

9. 屏柜柜体的接地

对防干扰或接地电阻值有特殊要求的配电、控制、保护、测量用屏柜、箱及操作台等的金属框架和底座，应通过符合热稳定要求的明显接地线接到接地母线和接零母排后直接接地。

图 5-32 所示为屏柜柜体之间未接地，不符合强制性条文示例。

图 5-32　屏柜柜体之间未接地，不符合强制性条文示例

三、标准工艺

标准工艺是变电工程质量管理、施工工艺和施工技术等方面成熟经验、有效措施的总结与提炼而形成的系列成果，具有技术先进、安全可靠、经济合理、便于推

广等特点，是工程项目开展施工图工艺设计、施工工艺实施、施工方案制订等相关工作的重要依据，代表当前工艺管理的先进水平。

标准工艺的应用要注重标准工艺应用的过程控制。为使标准工艺应用规范化、常态化，一是要求建设单位在开工前编制"标准工艺策划"，明确典型施工方法的采用，在施工图设计、施工方案编制、监理实施细则上都必须有针对性的落实措施。二是在工程进展过程中要加强检查督促，并及时解决标准工艺应用中出现的问题。竣工时各单位要总结标准工艺应用率、质量通病消除率和需要完善的工作。

（一）建筑工程标准工艺示例

（1）GIS 组合电器基础。传统 GIS 组合电器基础采用大体积混凝土，要对混凝土浇筑体内部温度、外表温度、里表温度差值、环境湿度以及混凝土内部温度下降的速度等控制，需采用温度控制设备及措施，现场监测，施工难度较大，不但混凝土表面平整度难控制，易积水，外观颜色难以控制一致，且易因混凝土中胶凝材料水化引起的温度变化和收缩而产生裂缝与龟裂，导致浪费混凝土，投资高。采用"标准工艺"后的 GIS 组合电器、电抗器、设备围栏、采用支撑点外露的"岛式"基础形式及倒角工艺，混凝土面的颜色一致，既美观，又能最大限度地降低现场温度控制等施工难度，有效地防止了大块基础面层龟裂问题，节约了混凝土量，减少了投资和成品保护。图 5－34 所示为原来的大体积 GIS 基础，图 5－34 所示为 GIS "岛式"基础。

图 5－33　原来的大体积 GIS 基础　　　　图 5－34　GIS "岛式"基础

（2）电缆沟压顶采用预制工艺。为了解决电缆沟盖板、草坪灯基础、建筑物散水、围墙、主变油池、电缆沟、端子箱压顶耐久性差，现场支模难度大，制作周期长，制作质量难以保证等问题，采用电缆沟盖板、草坪灯基础、建筑物散水倒扣预制工艺、围墙、主变油池、电缆沟、端子箱压顶预制工艺的方法，工厂化制作，能较好地达到电缆沟整体平整、顺直，单板不震颤、不活动，混凝土颜色一致的效果，这样的规范、标准，既安装快速、便捷，有效提高施工速度，又经久耐用，提高工程效益。图 5－35 所示为现浇电缆沟压顶，图 5－36 所示为预制电缆沟压顶，图

5－37所示为倒扣预制工艺的电缆沟盖板，图5－38 所示为草坪灯基础，图5－39 所示为建筑物预制散水。

图 5－35　现浇电缆沟压顶示例　　　　　图 5－36　预制电缆沟压顶示例

图 5－37　倒扣预制工艺的电缆沟盖板示例　　图 5－38　草坪灯基础示例

（3）建筑物外墙贴砖墙面。在早期的建筑物外墙材料使用上，主要以外墙涂料为主，外墙涂料工艺施工简单，可操作性强，在施工后的短期，比较美观、大方，但随着时间的推移，受风吹、日晒、雨淋等，起皮、龟裂、褪色、污染等现象比较严重，而且不易清理干净。外墙采用贴砖墙面"标准工艺"，在结构施工时考虑

图 5－39　建筑物预制散水示例

建筑物外立面尺寸、雨篷、阳台、洞口等部位设计尺寸根据墙砖模数进行 CAD 排版，瓷砖的整体排版和施工工艺虽然比较复杂，但是耐久性比较强，不易被污染，且易于清理，建筑物的整体外观效果能够长时间得到保持，后期维护成本低，且瓷砖的运用还解决了外墙涂料容易龟裂、褪色等方面的质量通病。图 5－40 所示为污染、龟裂的涂料外墙，图 5－41 所示为整洁美观、CAD 排版的瓷砖外墙。

图 5 - 40　污染、龟裂的涂料　　　　图 5 - 41　整洁美观、CAD 排版的

外墙示例　　　　　　　　　　　　瓷砖外墙示例

（4）站区碎石场地。站区碎石场地"标准工艺"，石子的铺设简单易行，外观也比较整齐，这样可节约投资。应注意，变电站站区石子铺设经常有不平的原因有：①场区回填土局部回填不密实，达不到设计压实要求，经雨季后出现局部沉降而造成石子不平；②场地平整及石子铺设施工工艺不高，平整度未达到要求。施工中要做好回填土的夯实，并且要保证平整度，特别是电缆沟和后期做的小基础周围；选择好原材料，选择大小均匀、直径为 10～20mm 的石子；在石子铺设过程中要准确抄平，一次铺到位。站内场地有排水坡时，石子铺设时在坡底增加石子或在坡顶减少石子，以保证站区石子平整。图 5 - 42 所示为平整的碎石场地，图 5 - 43 所示为场地石子铺设不平。

图 5 - 42　平整的碎石场地　　　　　图 5 - 43　场地石子铺设不平

（5）应用整体装配式定型混凝土模板，保证防火墙工艺观感，通过对清水墙的排砖方式及砖缝的尺寸进行策划，按照图纸对框架结构尺寸进行核算，确定框架模板尺寸，使防火墙使用寿命和工艺观感大幅提高。

（6）严格控制混凝土施工工艺，外露混凝土全部采用预制倒角工艺进行施工，采用玻璃钢定型模板进行施工，浇注一次成型，实现设备基础"零误差"，有效保证了电气设备安装的精度，提高了耐久性。

（7）站内道路施工采用对控制混凝土塑性收缩、干缩、防止裂缝具有良好作用的抗裂纤维工艺，反复试验抗裂纤维添加比例，大大提高了混凝土的阻裂性能。

（8）采用大直径钢筋直螺纹机械连接技术替代焊接，不受钢筋的品种、人为因素、气候等诸多因素的影响，施工操作简单、质量稳定，有效保证了主体工程的内在质量和使用寿命。

（9）采用全钢管梁柱结构型式构架和高强钢，钢梁为单根管结构，与钢柱采用法兰连接，构架体型简单、结构构件受力更加明确；杆件加工便捷，运输便利，安装迅速，构架杆件简单、外形美观，有效减小钢管壁厚，节约钢材用量。

（10）采用涂料涂刷工艺的建筑外墙面，在粉刷工艺过程中，要严格按照工艺标准要求，控制一次粉刷的厚度，保证墙面粉刷的表面光滑、平整，同时对于控制涂刷工艺中容易产生龟裂的现象起到了较好的预防作用。

（11）构筑物的表面工艺：为了展现构支架的感观工艺，在构支架吊装过程中，采用了吊装专用锦纶带，防止吊装全过程钢丝绳对构支架的磨损，保证了构筑物的观感。

（二）电气工程标准工艺示例

1. 变压器、油浸式电抗器

（1）充气运输的变压器、油浸式电抗器在运输和现场保管期间，油箱内应保持为正压，其压力为 0.01～0.03MPa。

（2）变压器附件安装前应经过检查或试验合格，附件齐全，安装正确，功能正常，无渗漏油现象。气体继电器宜有防雨罩，且应与温度计一样要送检；套管无损伤、裂纹。安装穿芯螺栓应保证两侧螺栓露出长度一致；套管检查试验，铁芯和夹件绝缘试验合格。

（3）气体继电器、温度计、吸湿器、压力释放阀安装符合制造厂及规范要求。

油温表应正确反映本体内实际油温，安装位置应便于观测。图 5-44 所示为主变铁芯、夹件接地引下线安装符合标准工艺要求示例。

图 5-44 主变铁芯、夹件接地引下线安装符合标准工艺要求示例

2. 组合电器（GIS）

（1）部件装配应在无风沙、无雨雪、空气相对湿度小于80%的条件下进行，并根据产品要求严格采取防尘、防潮措施。

（2）法兰对接前应先对法兰面、密封槽及密封圈进行检查，法兰面及密封槽应光洁、无损伤，轻微伤痕可平整。密封面、密封圈用清洁无纤维裸露白布或不起毛的擦拭纸蘸无水酒精擦拭干净。密封圈应确认规格正确，然后在空气一侧均匀地涂密封剂，涂完密封剂应立即接口或盖封板，并注意不得使密封剂流入密封圈内侧。

3. 管母

（1）管形母线终端球安装前，放入设计要求规格、型号的阻尼导线。管形母线终端球应有滴水孔，安装时应朝下。

（2）管形母线就位前检查金具、绝缘子串正确组装，销针完整，绝缘子碗口朝下。

（3）所有紧固件使用镀锌螺栓，并按螺栓规格进行扭矩检测。

4. 避雷器

（1）在线监测装置与避雷器连接导体超过1m时应设置绝缘支柱支撑；硬母线与放电计数器连接处应增加软连接。

（2）接地部位一处与接地网可靠连接，另一处与集中接地装置可靠连接（辅助接地）。

5. 蓄电池

（1）蓄电池上部或蓄电池端子上应加盖绝缘盖，以防止发生短路。

（2）蓄电池连接的同时，将单体电池的采样线同步接入，接入前确认采样装置侧已接入，以免发生短路；采样线排列整齐，工艺美观。

（3）蓄电池充、放电应按产品的技术要求进行；并应绘制蓄电池充、放电曲线。

6. 二次回路接线

中强、弱电回路，双重化回路，交直流回路不应使用同一根电缆，并应分别成束分开排列；二次回路接地端应接至专用接地铜排；备用芯应满足端子排最远端子接线要求，应套标有电缆编号的号码管，且线芯不得裸露；多股芯线应压接插入式铜端子或搪锡后接入端子排；间隔10个及以上端子排的二次配线应加号码管；装有静态保护和控制装置屏柜的控制电缆，其屏蔽层接地线应采用螺栓接至专用接地铜排；每个接地螺栓上所引接的屏蔽接地线鼻不得超过两根。图5-45所示为屏柜二次接线符合标准工艺要求示列，图5-46所示为电缆屏蔽线接地安装符合标准工艺要求示例。

图5-45 屏柜二次接线符合标准工艺要求示例

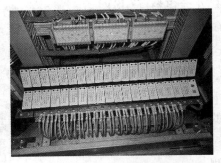

图5-46 电缆屏蔽线接地安装符合标准工艺要求示例

7. 电缆沟内通长扁铁

电缆沟内通长扁铁应固定牢固，接地良好，全线连接良好，上下水平。通长扁铁接头处宜平弯后进行搭接焊接，使通长扁铁表面平齐；电缆沟内通长扁铁跨越电缆沟伸缩缝处应设伸缩弯。图5-47所示为通长扁铁伸缩弯安装符合标准工艺要求示例。

8. 独立避雷针

独立避雷针应至少对称两点接地；宜采用钢管式独立避雷针，独立避雷针及其接地装置与道路及建筑物出入口的距离不小于3m。当小于3m时，应做好均压措施。图5-48所示为独立避雷针引下线安装符合标准工艺要求示例。

图5-47 通长扁铁伸缩弯安装符合标准工艺要求示例

图5-48 独立避雷针引下线安装符合标准工艺要求示例

9. 接地引线

接地引线地面以上部分应采用黄绿接地漆标识，接地漆的间隔宽度、顺序一致，最上面一道为黄色漆，接地标识宽度为 15~100mm；螺栓连接接触面紧密，连接牢固，螺栓螺纹外露长度一致，配件齐全；断路器、隔离开关、互感器、电容器等一次设备底座（外壳）均需接地；接地线材料宜采用铜排、镀锌扁钢和软铜线；接地铜排两端搭接面应搪锡；接地引线与设备本体采用螺栓搭接，搭接面紧密；机构箱可开启门应用 4 ㎡ 软铜导线可靠连接接地；机构箱箱体接地线连接点应连接在最靠近接地体侧；隔离开关垂直连杆应用软铜线与最靠近接地体侧连接。图 5 – 49 所示为电流互感器本体接地安装符合标准工艺要求，图 5 – 50 所示为断路器接地安装符合标准工艺要求，图 5 – 51 所示为隔离开关接地安装符合标准工艺要求，图 5 – 52 所示为机构箱接地安装符合标准工艺要求。

图 5 – 49　电流互感器本体接地安装符合
标准工艺要求示例

图 5 – 50　断路器接地安装符合标准工艺
要求示例

图 5 – 51　隔离开关接地安装符合标准
工艺要求示例

图 5 – 52　机构箱接地安装符合标准
工艺要求示例

四、质量通病防治

（一）质量通病防治管理措施

（1）工程施工前，施工单位应对各阶段的施工工序明确具体的施工工艺标准，并制定出有针对性的质量通病防治措施，由监理单位完成对质量通病防治措施的审查。

（2）施工单位内部应提高对工程质量通病防治全过程控制的重视，自觉加强质量通病防治措施的自检力度，并建立相应的考核机制，确保防治措施在施工现场能够及时、有效落实，确保施工工艺质量满足标准要求。

（3）监理单位应加大现场监理巡视、旁站力度，实施对施工工序质量的过程管理控制，对现场出现的质量通病情况，要及时提出纠偏要求，必要时，责令施工单位停工整顿。

（4）在各种形式的工程质量监督检查工作中，对质量通病防治措施的现场执行落实情况进行重点检查，督促参建单位做好质量通病防治工作。

（二）质量通病防治范围

（1）土建工程部分：混凝土楼板、墙体和粉刷层，以及楼地面、门窗、屋面防水制作，架构组立、设备基础及防火墙、电缆沟及盖板、站区道路、围墙等。

（2）电气安装调试工程部分：一次设备安装调整、母线施工、屏柜安装、电缆敷设、接线与防火封堵、接地装置安装等。

（3）输电线路工程部分：设计定位、路径复测、基础工程、杆塔工程、架线工程、接地工程及线路防护等。

施工单位编制质量通病防治措施，监理单位根据施工单位编写的质量通病防治措施进行审查，并据此编制监理的质量通病防治控制措施，以确保质量通病防治的效果。

（三）建筑工程质量通病示例

（1）地面散水下沉。施工单位对散水的地面进行处理合格后，方可进行散水施工，并应按要求设置伸缩缝。图 5-53 所示为散水下沉、变形图例。

（2）窗户渗漏。在窗户施工过程中，预留的框架位置应保证后期处理的宽度，施工过程应该严格按照《建筑装饰装修工程质量验收规范》GB 50210—2001 中的"门窗工程"规定组织施工。图 5-54 所示为窗户渗漏示例。

图5-53 散水下沉、变形图例　　　　　　　图5-54 窗户渗漏示例

（3）墙面裂纹。应该从粉刷层厚度、天气、间隔时间上严格按照规范要求进行粉刷（粉刷层厚度超过35mm，应制定专门措施，确保粉刷质量），并设置分格缝；必要时，面层采用防治裂纹的材料。图5-55所示为建筑物外墙面裂缝。

（4）水落管脱落，施工中采用的水落管固定材料应能够并防止锈蚀；水落管应插入地下并接入排水沟，其与地面结合处应按规范要求隔离；同时距离地面1m高度，应设置检查口。

图5-55 建筑物外墙面裂缝

（5）屋面的防水处理未按照隐蔽工程来进行，层层验收签证。

（6）卫生间门无百叶窗，室内无排风扇，窗户没有采用磨砂玻璃。

（7）蓄电池室窗户玻璃没有采用磨砂玻璃。

（四）电气工程质量通病示例

1. 构支架质量通病防治

（1）严格按照规范和设计要求进行构支架加工，未经同意不得随意代用钢结构材料，防止因材料的机械性能、化学成分不符合要求，导致焊接裂纹甚至发生断裂等事故。图5-56所示为刀闸接地开关转动部分未跨接接地示例，图5-57所示为刀闸接地开关垂直连杆应为黑色标识示例。

图 5 - 56　刀闸接地开关转动
部分未跨接接地示例

图 5 - 57　刀闸接地开关垂直连杆
应为黑色标识示例

（2）应对钢构支架加工过程进行监造。钢结构焊接注意控制焊接变形，焊接完成后及时清除焊渣及飞溅物，组装构件必须在试组装完成后进行热镀锌，构件镀锌后在厂内将变形等缺陷消除完毕，并对排锌孔进行封堵后方可出厂。

（3）钢构支架镀锌不得有锈斑、锌瘤、毛刺及漏锌。钢构支架出厂装车前应对运输过程中宜磨损部位进行成品保护，并采用专用吊带进行装卸，严禁碰撞损伤。

（4）对进场构件进行严格检查，按照规范及供货技术合同要求检查构件出厂保证资料是否完善、齐全、规范。构件表面观感、外径、长度、弯曲度不满足要求的拒绝接收。

（5）运输过程中发生杆头板等个别变形，在现场宜采用机械方式进行调校。

（6）钢梁组装时按照钢梁设计预拱值进行地面组装。

（7）安装螺栓孔不得采用气割加工。

2. 电气一次设备安装质量通病防治

（1）充油（气）设备渗漏主要发生在法兰连接处。安装前应详细检查密封圈材质及法兰面平整度是否满足标准要求；螺栓紧固力矩应满足厂家说明书的要求。

（2）在设备支柱上配置隔离开关机构箱支架时，电（气）焊不得造成设备支柱及机构箱污染。为防止垂直拉杆脱扣，隔离开关垂直及水平拉杆连接处夹紧部位应可靠紧固。

（3）在槽钢或角钢上采用螺栓固定设备时，槽钢及角钢内侧应穿入与螺栓规格相同的楔形方平垫，不得使用圆平垫。图 5 - 58 所示为角钢螺栓安装不规范示例。

（4）充油设备套管使用硬导线连接时，套

图 5 - 58　角钢螺栓安装不规范示例

管端子不得受力。

（5）对设备安装中的穿芯螺栓（如避雷器等），要保证两侧螺栓露出长度一致。

（6）电气设备连接部件间销针的开口角度不得小于60°。

3. 母线施工质量通病防治

（1）硬母线制作要求横平竖直，母线接头弯曲应满足规范要求，并尽量减少接头。

（2）支持瓷瓶不得固定在弯曲处，固定点应在弯曲处两侧直线段250mm处。

（3）相邻母线接头不应固定在同一瓷瓶间隔内，应错开间隔安装。

（4）母线平置安装时，贯穿螺栓应由下往上穿；母线立置安装时，贯穿螺栓应由左向右、由里向外穿，连接螺栓长度宜露出螺母2～3扣。

（5）直流均衡汇流母线及交流中性汇流母线刷漆应规范，规定相色为"不接地者用紫色，接地者为紫色带黑色条纹"。

（6）硬母线接头加装绝缘套后，应在绝缘套下凹处打排水孔，防止绝缘套下凹处积水、冬季结冰冻裂。

（7）户外软导线压接线夹口向上安装时，应在线夹底部打直径不超过 $\phi 8mm$ 的泄水孔，以防冬季寒冷地区积水结冰冻裂线夹。

（8）母线和导线安装时，应精确测量档距，并考虑挂线金具的长度和允许偏差，以确保其各相导线的弧度一致。

（9）短导线压接时，将导线插入线夹内距底部10mm，用夹具在线夹入口处将导线夹紧，从管口处向线夹底部顺序压接，以避免出现导线隆起现象。

（10）软母线线夹压接后，应检查线夹的弯曲程度，有明显弯曲时应校直，校直后不得有裂纹。

4. 屏、柜安装质量通病防治

（1）屏、柜安装要牢固可靠，主控制屏、继电保护屏和自动装置屏等应采用螺栓固定，不得与基础型钢焊死。安装后端子箱立面应保持在一条直线上。

（2）电缆较多的屏、柜接地母线的长度及其接地螺孔宜适当增加，以保证一个接地螺栓上安装不超过两个接地线鼻的要求。

（3）配电、控制、保护用的屏（柜、箱）及操作台等的金属框架和底座应接地或接零。

5. 电缆敷设、接线与防火封堵质量通病防治

（1）电缆管切割后，管口必须进行钝化处理，以防损伤电缆，也可在管口上加装软塑料套。电缆管的焊接要保证焊缝观感工艺。二次电缆穿管敷设时电缆不应外露。

（2）敷设进入端子箱、汇控柜及机构箱电缆管时，应根据保护管实际尺寸进行

开孔，不应开孔过大或拆除箱底板。

（3）进入机构箱的电缆管，其埋入地下水平段下方的回填土必须夯实，避免因地面下沉造成电缆管受力，带动机构箱下沉。

（4）固定电缆桥架连接板的螺栓应由里向外穿，以免划伤电缆。

（5）电缆沟十字交叉口及拐弯处电缆支架间距大于 800mm 时，应增加电缆支架，防止电缆下坠。转角处应增加绑扎点，确保电缆平顺一致、美观、无交叉。电缆下部距离地面高度应在 100mm 以上。电缆绑扎带间距和带头长度要规范、统一。

（6）不同截面线芯不得插接在同一端子内，相同截面线芯压接在同一端子内的数量不应超过两芯。插入式接线线芯割剥不应过长或过短，防止紧固后铜导线外裸或紧固在绝缘层上而造成接触不良。线芯握圈连接时，线圈内径应与固定螺栓外径匹配，握圈方向与螺栓拧紧方向一致；两芯接在同一端子上时，两芯中间必须加装平垫片。

（7）端子箱内二次接线电缆头应高出屏（箱）底部 100～150mm。

（8）电缆割剥时不得损伤电缆线芯绝缘层；屏蔽层与 $4mm^2$ 多股软铜线连接，引出接地要牢固可靠，采用焊接时不得烫伤电缆线芯绝缘层。

（9）电流互感器的 N 接地点应单独、直接接地，防止不接地或在端子箱和保护屏处两点接地；防止差动保护多组 CT 的 N 串接后于一点接地。电流互感器二次绕组接地线应套端子头，标明绕组名称，不同绕组的接地线不得接在同一接地点。

（10）监控、通信自动化及计量屏柜内的电缆、光缆安装，应与保护控制屏、柜接线工艺一致，排列整齐、有序，电缆编号挂牌整齐、美观。

（11）控制台内部的电源线、网络连线、视频线、数据线等应使用电缆槽盒统一布放并规范整理，以保证工艺美观。

第四节　绿色施工示范工程

为缓解资源环境约束，应对全球气候变化，促进经济发展方式转变，建设资源节约型、环境友好型社会，增强可持续发展能力，国家把能源消耗强度降低和主要污染物排放总量减少确定为国民经济和社会发展的约束性指标。对于造福社会、推动经济发展的基础建设项目，在工程建设中，应该倡导在保证质量、安全等基本要求的前提下，通过科学管理和技术进步，最大限度地节约资源和减少对环境负面影响的施工活动，实现节能、节地、节水、节材和环境保护，减少污染物排放。

为深入贯彻国家关于加强节能减排的发展战略，建设资源节约、生态文明社会，营造更多的最大限度地节约资源（节材、节水、节能、节地）、保护环境和减少污染的工程。目前电力行业正根据全国建筑业绿色施工示范工程的要求，结合电力建设工程的特点，开展电力建设绿色施工示范工程活动。

随着电力建设绿色施工示范工程的广泛开展，要求电力工程监理单位对绿色施工、环境保护、水土流失防治等实施监理。

一、绿色施工的概念

2014 年 1 月 29 日住房和城乡建设部发布了《建筑工程绿色施工规范》GB/T 50905—2014 年，于 10 月 1 日实施，提出了绿色施工的概念。

绿色施工是指在保证质量、安全等基本要求的前提下，通过科学管理和技术进步，最大限度地节约资源，减少对环境负面影响，实现节能、节材、节水、节地和环境保护（"四节一环保"）的建筑工程施工活动。

"绿色"是指对原生态的保护。"绿色施工"是指在施工过程中要注重保护生态环境，通过实施有效的管理制度和绿色技术，最大限度地减少施工活动对环境的不利影响，减少资源与能源的消耗，实现可持续发展的施工。

实施绿色施工，应依据因地制宜的原则，贯彻执行国家、行业和地方相关的技术政策，符合国家的法律、法规及相关的标准规范，实现经济效益、社会效益和环境效益的统一。

（一）绿色施工与传统施工的差别

1. 控制目标的不同

传统施工控制目标是质量、安全、工期、成本。绿色施工在质量、安全、工期、成本控制目标之外，要求对环境和资源保护作为主控目标之一加以保护。

2. 效益观的不同

传统施工是以经济效益最大化为基础。绿色施工节水、节材、节能、节地所侧重的是对资源的保护和高效利用，是以环境效益最大化为目标。因此，符合绿色施工的"四节一环保"，从项目成本方面看可能会增大，它是一种牺牲企业"小损失"换取国家整体环境治理"大效益"的国策。这种局部利益与整体利益、眼前利益与长远利益在客观上的不一致，正是当前推进绿色施工的复杂性和艰巨性。

（二）绿色施工与节能降耗的关系

绿色施工倡导"节能降耗"活动，是建设工程在当前形势下顺应可持续发展的核心要求。节能降耗也是绿色施工的核心内容，但绿色施工是以保护环境为前提，在节水、节材、节能、节地方面有着更加宽泛的节能降耗内容。推进绿色施工可促进节能降耗进入良性循环，而节能降耗又能把绿色施工的能源节约与高效利用要求落到实处。我国是耗能大国，又是能源利用效率低的国家，当前必须把节能降耗作为推进绿色施工的重中之重，抓出成效。节能降耗是绿色施工的重要构成，支撑着绿色施工。

（三）绿色施工与节约型工地的关系

绿色施工是以保护环境为前提的节约，节约型工地是以节约施工成本为主题的施工现场专项活动，所以绿色施工所指的"四节"内容比其内涵更加宽泛，意义更加重大，它不仅强调节约，更强调环境保护，以促进可持续发展为根本目的。

（四）绿色施工与文明施工的关系

文明施工是从文化和管理层面对施工活动提出一种达到现场整洁、舒畅有序的感官效果，是仅局限于施工活动的现场状态。绿色施工则是基于环境保护、节约资源、减少废弃物排放、改善作业条件等方面，须要从管理和技术两个方面双管齐下才能有效实现。

（五）绿色施工的本质

（1）绿色施工应该把保护和高效利用资源放在重要位置。施工过程是一个大量资源集中投入的过程，绿色施工要把节约资源放在重要位置，本着减量化、再利用、再循环的"3R"原则来保护和高效利用资源。在施工过程中就地取材、精细施工，尽可能减少资源投入，同时加强资源回收，减少废弃物排放。

（2）绿色施工应将保护环境和控制污染物排放作为前提条件。施工是一种对现场周围和更大范围环境有着相当负面影响的生产活动。除了对大气和水体有一定污染外，对地下水也有影响。同时，施工会产生大量的废弃物排放，如扬尘、噪声、强光等刺激感官的污染。因此，施工活动必须体现绿色特点，将保护环境和控制污染物排放作为前提条件。

（3）绿色施工必须坚持以人为本，注重减轻劳动强度及改善作业条件。施工应将以人为本作为基本理念，尊重和保护生命，保障人身健康，高度重视降低工人劳动强度，改善劳动环境，改善物的不安全状态，尽可能提高施工的本质安全化。

（4）绿色施工必须追求技术进步，把推进施工工业化和信息化作为重要支撑。绿色施工不是一句口号，也不仅仅是施工理念的变革，其意在创造一种对人类、自然、社会的环境影响较小、资源高效利用的全新施工模式。绿色施工的实现须要技术进步和科技管理的支撑，特别是要把推进施工工业化和施工信息化作为重要方向，这两者的结合，对于节约资源、保护环境、改善工人作业条件，具有重要推进作用。

二、开展绿色施工的重要意义

（1）绿色施工以可持续发展为指导思想。在人类日益重视可持续发展的今天，无论是节约资源还是保护环境，都是以实现可持续发展为根本目的，所以绿色施工的根本指导思想就是可持续发展。

（2）绿色施工改变传统施工中的大量消耗材料、大量产生施工废弃物的施工模式。绿色施工的实现途径是绿色施工技术的应用和绿色施工管理的升华。绿色施工必须依托相应的技术和组织管理手段来实现。与传统的施工技术相比，绿色施工技术更有利于节约资源和保护环境，是实现绿色施工的技术保障；绿色施工的组织、管理、策划、实施、纠偏、评价等管理活动，是绿色施工的管理保障。

（3）绿色施工追求尽可能减少资源消耗和保护环境的两者统一。倡导施工活动以节约资源和保护环境为前提，体现了绿色施工的本质特征与核心内容，这是与传统施工的根本区别。

（4）绿色施工是实现工程施工行业产业升级的有效方式。要求施工作业活动对周边环境的负面影响最小，污染物和废弃物排放最小，对有限资源的保护和利用最有效，通过系统化、集约化、产业化的现代技术的应用与创新，整体提升有利于环境保护的施工技术水平。

三、绿色施工框架图

导则要求施工企业应运用 ISO 14000 环境管理体系和 OHSAS 18000 职业健康安全管理体系，将绿色施工有关内容分解到管理体系目标中去。施工"四节一环保"目标由施工管理、环境保护、节材与材料资源利用、节水与水资源利用、节能与能源利用、节地与施工用地保护六个方面的绿色施工目标组成，如图 5-59 所示。

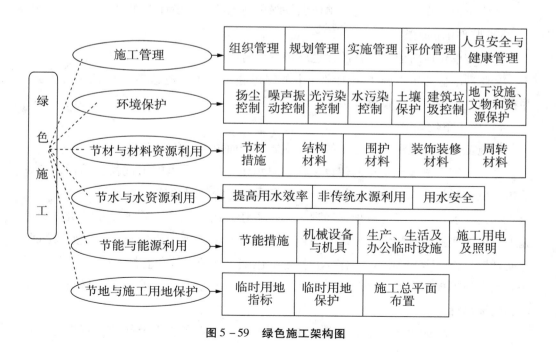

图 5-59 绿色施工架构图

四、绿色施工策划与控制

（1）绿色施工是建立在充分策划基础上的生产活动，全面而深入的策划是绿色施工能否得到有效实施的关键。将绿色施工策划融入工程项目整体策划，有利于保障绿色施工有效实施、保持项目策划体系的统一。

（2）实施绿色施工，应进行总体方案优化。在规划（包括施工规划）、设计（包括施工阶段的深化设计）阶段，应充分考虑绿色施工的总体要求，为绿色施工提供基础条件。实施绿色施工，应对施工策划、机械与设备选择、材料采购、现场施工、工程验收等各阶段进行控制，加强对整个施工过程的管理和监督。

（3）实施绿色施工，应落实建设、设计、监理、施工单位的职责。

1）建设单位职责。

①向施工单位提供建设工程绿色施工的相关资料，保证资料的真实性和完整性。

②在编制工程概算和招标文件时，建设单位应明确建设工程绿色施工的要求，并提供包括场地、环境、工期、资金等方面的保障。

③建设单位应会同工程参建各方接受工程建设主管部门对建设工程实施绿色施工的监督、检查工作。

④建设单位应组织、协调工程参建各方的绿色施工管理工作。

2）设计单位职责。

①应按国家有关标准和建设单位的要求进行工程的绿色设计。

②应协助、支持、配合施工单位做好绿色施工的有关设计工作。

3）监理单位职责。

①监理单位应对建设工程的绿色施工承担监理责任。

②监理单位应审查施工组织设计中的绿色施工技术措施或专项绿色施工方案，并在实施过程中做好监督检查工作。

4）施工单位职责。

①施工单位是工程绿色施工的责任主体，全面负责绿色施工的实施。

②实行施工总承包管理的建设工程，总承包单位对绿色施工过程负总责，专业承包单位应服从总承包单位的管理，并对所承包工程的绿色施工负责。

③施工项目部应建立以项目经理为第一责任人的绿色施工管理体系，负责绿色施工的组织实施及目标实现，制定绿色施工管理责任制度，组织绿色施工教育培训。定期开展自检、考核和评比工作，并指定绿色施工管理人员和监督人员。

④在施工现场的办公区和生活区应设置明显的有节水、节能、节约材料等具体内容的警示标志。

⑤施工现场的生产、生活、办公和主要耗能施工设备应有节能的控制措施和管

理办法。对主要耗能施工设备应定期进行耗能计量检查和核算。

⑥施工现场应建立可回收再利用物资清单，制定并实施可回收废料的管理办法，提高废料利用率。

⑦应建立机械保养、限额领料、废弃物再生利用等管理与检查制度。

⑧应制定施工污染物排放检查管理制度，并做好排放记录。

⑨施工单位及项目部应建立施工技术、设备、材料、工艺的推广、限制以及淘汰公布的制度和管理方法。

⑩施工项目部应定期对施工现场绿色施工实施情况进行检查，做好检查记录，并根据绿色施工情况实施改进措施。

⑪施工项目部应按照国家法律、法规的有关要求，做好职工的劳动保护工作，制定施工现场环境保护和人员安全与健康等突发事件的应急预案。

⑫在工程开工前应按照建设单位提供的施工周边建设规划和设计资料，施工前做好绿色施工的统筹规划和策划工作，应充分考虑绿色施工的总体要求，为绿色施工提供基础条件，并合理组织一体化施工。

⑬编制施工组织设计和施工方案时，要明确绿色施工的内容、指标和方法。分部分项工程专项施工方案，应涵盖"四节一环保"要求。

⑭应积极推广、应用"建筑业十项新技术"。

⑮施工现场宜推行电子资料管理档案，减少纸质资料。

五、绿色施工要点

（一）资源节约要点

1. 节材与材料资源利用控制措施

（1）优化施工方案，选用绿色材料，积极推广新材料、新工艺，促进材料的合理使用，节省实际施工材料消耗量。

（2）根据施工进度、材料周转时间、库存情况等制订采购计划，并合理确定采购数量，避免采购过多，造成积压或浪费。按照《建筑工程绿色施工规范》GB/T 50905—2014 的要求，应就地取材，距离施工现场 500km 以内的建筑材料占建筑材料总重量的 70% 以上。

（3）对周转材料进行保养维护，维护其质量状态，延长其使用寿命。按照材料存放要求进行材料装卸和临时保管，避免因现场存放条件不合理而导致浪费，按照《建筑工程绿色施工规范》GB/T 50905—2014 的要求，周转材料可重复使用率达到 70%，模板材料重复使用不低于 5 次。

（4）依照施工预算，实行限额领料，严格控制材料的消耗。按照《建筑工程绿色施工规范》GB/T 50905—2014 的要求，在图纸会审时，应审核节材与材料资源利用的相关内容，达到材料损耗率比定额损耗率降低 30%。

（5）施工现场应建立可回收再利用物资清单，制订并实施可回收废料的回收管理办法，提高废料利用率。按照《工程施工废弃物再生利用技术规范》GB/T 50743—2012 的要求，再利用率和回收率达到 30% 以上。

（6）根据场地建设现状调查，对现有的建筑、设施再利用的可能性和经济性进行分析，合理安排工期。利用拟建道路和建筑物，提高资源再利用率。

（7）建设工程施工所需临时设施（办公及生活用房、给排水、照明、消防管道及消防设备）应采用可拆卸可循环使用的材料，并在相关专项方案中列出回收再利用措施。

2. 节水与水资源利用控制措施

（1）建设工程施工应实行用水计量管理，严格控制施工阶段用水量。

（2）按照《建筑工程绿色施工评价标准》GB/T 50640—2010 的要求，节水设备（设施）配置率达到 100%。

（3）施工现场生产、生活用水必须使用节水型生活用水器具。按照《小便器用水效率限定值及用水效率等级》GB 28377—2012、《淋浴器用水效率限定值及用水效率等级》GB 28378—2012、《便器冲洗阀用水效率限定值及用水效率等级》GB 28379—2012 的规定，小便器、淋浴器、便器冲洗阀用水效率应符合限定值及用水效率等级的要求。

（4）在水源处应设置明显的节约用水标志。

（5）建设工程施工应采取地下水资源保护措施，新开工的工程限制进行施工降水。因特殊情况需要进行降水的工程，必须组织专家论证审查。

（6）施工现场应充分利用雨水资源，保持水体循环，有条件的宜收集屋顶、地面雨水再利用。

（7）施工现场应设置废水回收设施，对废水进行回收后循环利用。力争施工中非传统水源和循环水的再利用量大于 30%。

3. 节能与能源利用控制措施

（1）按照《建筑工程绿色施工规范》GB/T 50905—2014 的要求，施工现场应制订节能措施，提高能源利用率，对能源消耗量大的工艺必须制订专项降耗措施。施工现场应分别设定生产、生活、办公和施工设备的用电控制指标，定期进行计量、核算、对比分析，并有预防与纠正措施。

（2）按照《建筑工程绿色施工评价标准》GB/T 50640—2010 的规定，节电设备（设施）配置率不小于 80%。

（3）临时设施的设计、布置与使用，应采取有效的节能降耗措施，并符合下列规定：

1）利用场地自然条件，合理设计办公及生活临时设施的体形、朝向、间距和窗墙面积比，冬季利用日照并避开主导风向，夏季利用自然通风。

2）临时设施宜选用由高效、保温、隔热材料制成的复合墙体和屋面，以及密封保温隔热性能好的门窗。

3）规定合理的温、湿度标准和使用时间，提高空调和采暖装置的运行效率。

4）按照《建筑工程绿色施工规范》GB/T 50905—2014 的要求，照明器具宜选用节能型器具，照明设计以满足最低照度为原则，照度不应超过最低照度的 20%，一般办公室的照明功率密度值为 11W/m²。

（4）施工现场机械设备管理应满足下列要求：

1）施工机械设备应建立按时保养、保修、检验制度。

2）施工机械宜选用高效节能电动机。

3）220V/380V 单相用电设备接入 220V/380V 三相系统时，宜采取三相平衡的方式。

4）合理安排工序，提高各种机械的使用率和满载率。

（5）建设工程施工应实行用电计量管理，严格控制施工阶段用电量。

（6）施工现场宜充分利用太阳能。

（7）建筑施工使用的材料宜就地取材，在 500km 以内的取材占建筑材料总量的 70% 以上。

4. 节地与施工用地保护控制措施

（1）建设工程施工总平面规划布置应优化土地利用，减少土地资源的占用。要求平面布置合理、紧凑，在满足环境、职业健康与安全及文明施工要求的前提下尽可能减少废弃地和死角，按照《建筑工程绿色施工规范》GB/T 50905—2014 的要求，临时设施占地面积有效利用率大于 90%。

（2）土方开挖施工应采取先进的技术措施，减少土方开挖量，最大限度地减少对土地的扰动，保护周边自然生态环境。

（3）利用和保护施工用地范围内的原有绿色植被。对于施工周期较长的现场，可按建筑永久绿化的要求，安排场地新建绿化。

（4）充分利用原有建筑物、构筑物、道路、管线为施工服务。

（5）场内交通道路双车道宽度不大于 6m，单车道不大于 3.5m，转弯半径不大于 15m。

（6）施工现场的临时设施建设禁止使用黏土砖。

（二）环境保护要点

1. 扬尘污染控制措施

（1）按照《建筑工程绿色施工规范》GB/T 50905—2014 的要求，土方作业区目测扬尘高度小于 1.5m，结构施工和安装作业区目测扬尘高度小于 0.5m，在场界四周隔档高度位置测得的大气总悬浮颗粒物（TSP）月平均浓度与城市背景值的差值不大于 $0.08mg/m^3$。

（2）施工现场主要道路应根据用途进行硬化处理，土方应集中堆放。裸露的场地和集中堆放的土方应采取覆盖、固化或绿化等措施。

（3）施工现场大门口应设置冲洗车辆设施。

（4）施工现场易飞扬、细颗粒散体材料，应密闭存放。

（5）遇有四级以上大风天气，不得进行土方回填、转运以及其他可能产生扬尘污染的施工。

（6）施工现场办公区和生活区的裸露场地应进行绿化、美化。

（7）施工现场材料存放区、加工区及大模板存放场地应平整坚实。

（8）建筑拆除工程施工时应采取有效的降尘措施。

（9）规划市区范围内的施工现场，混凝土浇筑量超过 100m³ 以上的工程，应当使用预拌混凝土；施工现场应采用预拌砂浆。

（10）施工现场进行机械剔凿作业时，作业面局部应遮挡、掩盖或采取水淋等降尘措施。

（11）道路施工铣刨作业时，应采用冲洗等措施，控制扬尘污染。无机料拌和，应采用预拌进场，碾压过程中要洒水降尘。

（12）施工现场应建立封闭式垃圾站。建筑物内施工垃圾的清运，必须采用相应容器或管道运输，严禁凌空抛掷。

2. 有害气体排放控制措施

（1）施工现场严禁焚烧各类废弃物。

（2）施工车辆、机械设备的尾气排放应符合国家和当地政府部门规定的排放标准。

（3）建筑材料应有合格证明。对含有害物质的材料应进行复检，合格后方可使用。

（4）民用建筑工程室内装修严禁采用沥青、煤焦油类防腐、防潮处理剂。

（5）施工中所使用的阻燃剂、混凝土外加剂氨的释放量应符合国家标准。

3. 水土污染控制措施

（1）施工现场搅拌机前台、混凝土输送泵及运输车辆清洗处应当设置沉淀池。废水不得直接排入市政污水管网，可经二次沉淀后循环使用或用于洒水降尘。

（2）施工现场存放的油料和化学溶剂等物品应设有专门的库房，地面应做防渗漏处理。废弃的油料和化学溶剂应集中处理，不得随意倾倒。

（3）食堂应设隔油池，并应及时清理。

（4）施工现场设置的临时厕所化粪池应做抗渗处理。

（5）食堂、盥洗室、淋浴间的下水管线应设置过滤网，并应与市政污水管线连接，保证排水畅通。

（6）污水排放应达到《污水综合排放标准》GB 8978—2002 中规定的 pH 值为 6～9 或项目所在地的地方标准。

4. 噪声污染控制措施

（1）施工现场应根据《建筑施工场界环境噪声排放标准》GB 12523—2011 的规定制订降噪措施，并对施工现场场界噪声进行检测和记录，噪声排放不得超过昼间不大于 70dB、夜间不大于 55dB 的国家标准。

（2）施工场地产生噪声的设备宜设置在远离居民区的一侧，可采取对其进行封闭等降低噪声的措施。

（3）车辆进入施工现场，严禁鸣笛。装卸材料应做到轻拿轻放。

5. 光污染控制措施

（1）施工单位应合理安排作业时间，尽量避免夜间施工。必要时的夜间施工，应合理调整灯光照射方向，在保证现场施工作业面有足够光照的条件下，减少对周围居民生活的干扰，达到环保部门规定。

（2）在高处进行电焊作业时应采取遮挡措施，避免电弧光外泄。

6. 施工固体废弃物控制措施

（1）按照《建筑工程绿色施工规范》GB/T 50905—2014 的要求，每万平方米的建筑垃圾不宜超过 400t。

（2）按照《工程施工废弃物再生利用技术规范》GB/T 50743—2012 的规定，建筑垃圾的再利用和回收率达到 30%，建筑物拆除产生的废弃物的再利用和回收率大于 40%。对于碎石类、土石方类建筑垃圾，可采用地基填埋、铺路等方式提高再利用率，力争再利用率大于 50%。

（3）施工中应减少施工固体废弃物的产生。工程结束后，对施工中产生的固体废弃物必须全部清除。

（4）施工现场应设置封闭式垃圾站，施工垃圾、生活垃圾应分类存放，并按规定及时清运消纳。

7. 环境影响控制措施

（1）工程开工前，建设单位应组织对施工场地所在地区的土壤环境现状进行调查，制订科学的保护或恢复措施，防止施工过程中造成土壤侵蚀、退化，减少施工活动对土壤环境的破坏和污染。

（2）建设项目涉及古树名木保护的，工程开工前，应由建设单位提供政府主管部门批准的文件，未经批准，不得施工。

（3）建设项目施工中涉及古树名木确需迁移的，应按照古树名木移植的有关规定办理移植许可证和组织施工。

（4）对场地内无法移栽、必须原地保留的古树名木应划定保护区域，严格履行园林部门批准的保护方案，采取有效保护措施。

（5）施工单位在施工过程中一旦发现文物，应立即停止施工，保护现场并通报文物管理部门。

（6）建设项目场址内因特殊情况不能避开地上文物，应积极履行经文物行政主管部门审核批准的原址保护方案，确保其不受施工活动损害。

（7）对于因施工而破坏的植被、造成的裸土，必须及时采取有效措施，以避免土壤侵蚀、流失，如采取覆盖砂石、种植速生草种等措施。施工结束后，被破坏的原有植被场地必须恢复或进行合理绿化。

六、绿色施工过程控制

绿色施工过程控制，首先是监理单位审批施工单位编制的绿色施工专项方案，施工单位按照已经审批的绿色施工方案组织实施，监理单位对各阶段的实施情况进行督促，在阶段完成后对绿色施工情况进行检查评分。

电力建设工程绿色施工过程控制要求如下：

（1）根据电力建设工程的特点，绿色施工阶段划分地基与基础及结构工程、装饰装修与机电安装工程、设备安装工程三个阶段。

（2）绿色施工实施单位对绿色施工阶段性检查评价每阶段不少于一次。

（3）建设单位和工程监理单位应参加阶段性检查评价。

（4）工程项目的建设单位要加强对绿色施工示范工程实施情况的检查督促，制订检查计划，每个施工阶段对绿色施工实施方案的内容检查总结一次。

七、绿色施工示范工程验收

1. 验收依据

（1）《建筑工程绿色施工规范》GB/T 50905—2014。

（2）《全国建筑业绿色施工管理办法（试行）》（建协〔2010〕15号）。

（3）《全国建筑业绿色施工示范工程验收评价主要指标》（建协〔2010〕15号）。

（4）《建筑工程绿色施工评价标准》GB/T 50640—2010。

2. 验收流程

（1）申报与立项。

1）申报条件。

①申报工程应具备较为完善的绿色施工实施方案。

②容量和规模符合"电力建设全过程质量控制示范工程管理办法"的规定。

③工程开工手续基本齐全，并可在工程施工周期内完成申报文件及其实施方案中的全部绿色施工内容。

④申报工程绿色施工的实施能够得到建设、设计、施工、监理等相关单位的支持与配合，且具备开展绿色施工的条件与环境。

⑤在创建绿色施工示范工程的过程中，能够结合工程特点，组织绿色施工技术攻关和创新。

⑥工程应自始至终做好水、电、煤、油、各种材料等各项资源、能源消耗数据的原始记录。

⑦申报工程应是已被确立为"电力建设全过程质量控制示范工程"的建设项目。

2）申报程序。

①准备申报"中国建设工程鲁班奖"的电力建设项目，本着企业自愿申报的原则，在申报"电力建设全过程质量控制示范工程"时一并申报。

②申报单位应是建设管理单位或主体施工单位。主体工程由两个及以上单位共同承建的，需明确一个牵头单位联合申报。

3）立项。

①申报单位填写《绿色施工示范工程立项申报表》，连同"绿色施工专项方案"一式两份，报中国电力建设企业协会。

②中国电力建设企业协会组织审核，对列为电力建设绿色施工示范工程的项目，发文公布并组织监管。

（2）企业自查与过程检查评价。

1）企业自查。

①承建绿色施工示范工程的项目部要采取切实有效措施，认真落实绿色施工示范工程的实施规划，强化过程管理，使其真正成为工程质量优、科技含量高、符合绿色施工验收标准、经济和社会效益好的样板工程。

②承建绿色施工示范工程的企业应按阶段组织项目部对实施情况进行自查评价，并对自查评价结果做好记录。

③监理单位应参加承建绿色施工示范工程的项目部的自查活动，对偏离目标的应要求项目部进行纠偏，并对自查结果进行签证。

④自查内容包括方案是否完善、措施是否得当、有关起始数据是否采集、主要指标是否落实等。

2）过程检查评价。

①中国电力建设企业协会组织专家组按地基与基础及结构工程、装饰装修与机电安装工程、设备安装工程三个阶段对企业自查结果进行检查评价；绿色施工示范工程的承建单位应将检查评价结果写入本单位绿色施工实施情况阶段总结报告中。

②绿色施工示范工程的评价按照《建筑工程绿色施工评价标准》GB/T 50640—2010进行。

③绿色施工示范工程的承建单位应按照《全国建筑业绿色施工示范工程验收评价主要指标》的要求及时总结和记录"四节一环保"的量化统计数据，并按《全国建筑业绿色施工示范工程成果量化统计表》与绿色施工方案的数据进行对比分析。

④绿色施工示范工程总结报告由承建单位主管领导签字和盖公章。

⑤企业自评的结果和阶段总结报告将作为实施过程检查和最终验收的依据之一。

3）过程检查评价资料。

①以书面图文形式撰写工程绿色施工实施情况的书面资料。主要内容应包括组织机构，工程概况，工程进展情况，工程实施要点和难点，按"四节一环保"介绍绿色施工的实施措施、工程主要技术措施、绿色施工数据统计以及与方案目标值比较、绿色施工亮点和特点、企业自查报告、存在问题及改进措施等。

②绿色施工方案实施过程资料。主要内容应包括根据绿色施工要求进行的图纸会审和深化设计文件，绿色施工相关管理制度及组织机构等专项责任制度，绿色施工培训制度，绿色施工相关原始耗用台账及统计分析资料，采集和保存的过程管理资料、见证资料、典型图片或影像资料，有关宣传、培训、教育、奖惩记录，企业自评记录，通过绿色施工总结出的技术规范、工艺、工法等成果证明资料。

③多媒体或幻灯片形式的影像资料。

（3）评审申请。绿色施工示范工程承建单位在完成了绿色施工方案中提出的全部内容后，应准备好评审资料，并填写《绿色施工示范工程评审申请表》一式两份，在项目即将竣工时向中国电力建设企业协会提出验收评审申请。

（4）验收评审（参照《全国建筑业绿色施工示范工程申报与验收指南》）。

1）专家组成。绿色施工示范工程验收评审专家从中国电力建设专家库中遴选。评审专家须具备评审资格。每项示范工程评审专家组由3~5人组成，评审专家实行回避制，专家不得聘为本单位绿色施工示范工程的专家组成员。

2）验收评审资料。

①《绿色施工示范工程立项申报表》及立项与开、竣工文件。

②相关的施工组织设计和绿色施工方案。

③《绿色施工实施效果情况一览表》及与绿色施工方案的数据进行对比分析。

④绿色施工综合总结报告。

⑤工程质量情况（监理、建设单位出具地基与基础和主体结构两个分部工程质

量验收的证明）。

⑥综合效益情况（有条件的可以由财务部门出具绿色施工产生的直接经济效益和社会效益）。

⑦工程项目的概况，绿色施工实施过程采用的新技术、新工艺、新材料、新装备、新流程及"四节一环保"创新点等相关内容的光盘（一般为 10min）或 PPT 幻灯片。

⑧相关绿色施工过程的证明资料。

⑨文字性的书面资料一式两份，并刻光盘一份。

3）验收评审。

①提供的评审资料是否完整、齐全。

a. 是否完成了申报实施规划方案中提出的绿色施工的全部内容。

b. 绿色施工中各有关主要指标是否达标。

c. 绿色施工采用新技术、新工艺、新材料、新装备、新流程的创新点以及对工程质量、工期、效益的影响。

②验收评审的主要方法。绿色施工示范工程验收评审工作的主要程序包括听取承建单位情况介绍、现场查看、随机查访、查阅证明资料、答疑、评价打分、综合评定、讲评。评审意见形成后，由评审专家组组长会同全体成员共同签字生效。

③验收评价。绿色施工示范工程的验收评价按照《绿色施工示范工程验收用表》进行。

a. 绿色施工管理评价。绿色施工管理评价依据国家颁布的《建筑工程绿色施工评价标准》编制，分为五大要素：环境保护、节材与材料资源利用、节水与水资源利用、节能与能源利用、节地与土地资源保护。

每个要素由若干项评价指标构成，评价指标按其重要性和难易程度分为"控制项""一般项"和"优选项"。控制项为必须达到的指标，也可称为否决项，其中一项达不到要求，则该评价要素为非绿色施工评价要素；一般项指标为得分项，按照实际发生项执行情况不同计 0 ~ 2.0 分；优选项指标为加分项，是在一般情况下较难做到的指标，按照实际发生项的执行情况加 0 ~ 1.0 分。

b. 绿色施工技术与创新评价。对《建筑业 10 项新技术（2010）》中"绿色施工技术"一章，其中包括基坑施工封闭降水技术、施工过程水回收利用技术、预拌砂浆技术、外墙自保温体系施工技术、粘贴式外墙外保温隔热系统施工技术、现浇混凝土外墙外保温施工技术、工业废渣及（空心）砌块应用技术、铝合金窗断桥技术、太阳能与建筑一体化应用技术、供热计量技术、建筑外遮阳技术、植生混凝土技术、透水混凝土技术等先进的绿色施工技术的采用。

电力五新（新技术、新工艺、新装备、新材料、新流程）技术的应用以及《建筑业 10 项新技术（2010）》中某些子项新施工技术在绿色施工中的应用与创新。

c. 绿色施工成效评价。指对绿色施工示范工程所产生的实际效果，根据《全国建筑业绿色施工示范工程成果量化统计表》的统计情况进行评价。

d. 评价结果的判定。绿色施工管理评价、绿色施工技术与创新评价、绿色施工成效评价三个部分在整体评价中所占比例权重分别为 60%、20%、20%。

绿色施工示范工程评审按绿色施工评价得分高低分为优良、合格和不合格三个等级。根据综合得分，原则上 60 分以下为不合格，60 ~ 80 分为合格，80 分以上为优良。

e. 验收评审组出具《绿色施工示范工程验收评审报告》，报中国电力建设企业协会审批，并公示与发文。

（5）绿色施工示范工程否决项。已被批准列为绿色施工示范工程的项目，有下列情形之一的，经与有关方面协商后，可以取消或更改：

1）未经核准的工程。

2）存在质量隐患、安全隐患、功能性缺陷的工程。

3）配套的环保工程未正常投运的工程。

4）发生《生产安全事故报告和调查处理条例》（国务院令第 493 号）规定的较大事故以上等级的质量、安全事故。

5）不符合国家产业政策，使用国家主管部门或行业明令禁止使用或者属淘汰的材料、技术、工艺和设备的工程。

6）转包或者违法分包的工程。

7）违反建筑法律、法规，被有关执法部门处罚的工程。

八、绿色施工专项方案编制示例

实施绿色施工应编制绿色施工专项方案。绿色施工专项方案应包括以下内容：

（一）工程概况

（1）应包括建筑类型、结构形式、基坑深度、高（跨）度、工程规模、工程造价、占地面积、工程所在地、建设单位、设计单位、承建单位，计划开、竣工日期等。

（2）对项目所在地的气候条件，如年降雨量、年降雪量、历年最大积雪厚度、年超过 5 级风的天数、历年台风情况等进行详述。

（3）应对所在地的水文地质情况，如土层分布、地下水位、地下水的补给方式、有无承压水头及水头高度、历年最高汛期水位情况等进行详述。

（4）应对施工场地周边大环境条件，如道路交通状况、供电、供水状况、有无可利用的非传统水源、排水管网、高压线路、古建筑、居民小区、医院、学校等进行详述。

（二）编制依据

（1）绿色施工、节能减排的法律、法规。

（2）绿色施工、节能减排的相关规定、通知等。

（3）绿色施工、节能减排的国家、行业标准。

（4）工程施工组织总设计。

（5）企业项目管理手册。

（6）企业职业健康安全管理与环境保护管理标准。

（7）施工合同（含专业分包合同）。

（三）管理组织

1. 管理目标

制定工程项目绿色施工管理目标，包括工期目标、质量目标、安全目标、环境保护、节材、节水、节能、节地绿色施工目标和水土流失防治措施。

2. 组织机构

项目部成立创建绿色施工示范工程领导小组，公司领导或项目经理作为第一责任人，所属单位相关部门参与，并确定专职绿色施工管理人员。

3. 管理职责

建立绿色施工领导小组，项目经理为绿色施工第一责任人，确定专职绿色施工管理人员以及相关部门参与人员的职责。

4. 宣传教育培训

建立绿色施工教育培训制度，制订绿色施工宣传教育与培训计划，采取多种形式开展学习培训。在施工现场、生活区、办公区通过图牌、标语、警示牌等进行绿色施工宣传，营造绿色施工的环境氛围。

5. 绿色施工管理制度

制定建筑垃圾分类管理及处理制度、生活垃圾分类管理及处理制度、资源消耗统计制度、噪声监测制度、扬尘控制制度、检查评估制度、奖惩制度等，并应张贴上墙。

建立相应的绿色施工落实情况书面记录表格。

（四）绿色施工影响因素分析

（1）施工组织体系对绿色施工影响分析。

（2）施工资源对绿色施工影响分析。

（3）施工程序对绿色施工影响分析。

（4）施工准备对绿色施工影响分析。

（5）施工周期对绿色施工影响分析。

（6）施工平面布置对绿色施工影响分析。

（7）施工方案不同对绿色施工影响分析。

（五）绿色施工目标及实施措施

为了深入推广绿色施工活动，2010 年中国建筑业协会以建协［2010］15 号发布了关于印发《全国建筑业绿色施工示范工程管理办法（试行）》和《全国建筑业绿色施工示范工程验收评价主要指标》的通知，对施工"四节一环保"目标进一步提出了量化指标要求，按照《全国建筑业绿色施工示范工程成果量化统计表》的指标要求，形成具有电力建设项目特色的、以施工"节能减排"目标为核心的绿色施工主要指标。

（1）承建单位和项目部分别就环境保护、节材、节水、节能、节地制定绿色施工目标，并将该目标值细化到每个子项和各施工阶段。绿色施工目标的设定需提供设定依据（目标子项的设定可参见中国建筑业协会制定的《全国建筑业绿色施工示范工程成果量化统计表》）。

（2）实施措施包括钢材、木材、水泥等建筑材料的节约措施；提高材料设备重复利用和周转次数、废旧材料的回收再利用措施；生产、生活、办公和大型施工设备的用水、用电等资源及能源的控制措施；环境保护，如扬尘、噪声、光污染的控制及建筑垃圾的减量化措施等。

（六）绿色施工技术的采用与创新

（1）将《建筑业 10 项新技术（2010）》中能够使施工过程实现"四节一环保"目标的施工技术在项目上得到应用，并有所创新，形成效果显著的技术成果。

绿色施工要积极采用《建筑业 10 项新技术》（2010 版）提出的基坑施工封闭降水技术、施工过程水回收利用技术、预拌砂浆技术、外墙自保温体系和工业废渣及（空心）砌块应用技术、粘贴式外墙外保温隔热系统施工技术和外墙外保温岩棉（矿棉）施工技术、现浇混凝土外墙外保温施工技术、硬泡聚氨酯外墙喷涂保温施工技术、铝合金窗断桥技术、太阳能与建筑一体化应用技术、供热计量技术、建筑外遮阳技术、植生混凝土技术、透水混凝土技术等绿色施工技术。

（2）采用包括有利于绿色施工开展的新技术、新工艺、新材料、新装备、新流程以及电力五新技术，形成效果显著的社会成果。

（3）发展适合绿色施工的资源利用与环境保护技术，对落后的施工方案进行限制或淘汰，鼓励绿色施工技术的发展，推动绿色施工技术的创新。

（4）要加强信息技术应用，如绿色施工的虚拟现实技术，三维建筑模型的工程量自动统计，绿色施工组织设计数据库建立与应用系统，数字化工地，基于电子商务的建筑工程材料、设备与物流管理系统等。通过应用信息技术，进行精密规划、设计，精心建造和优化集成，实现与提高绿色施工的各项指标。

（七）总平面布置图

绿色施工专项方案中应附实施绿色施工措施所需的总平面布置图及编制说明（如办公、宿舍区、建筑垃圾回收池、工地厕所、污水处理池等设施的位置）。

第五节　环境监理

一、环境监理的工作内容

建设项目环境监理（以下称"环境监理"）作为建设项目环评和"三同时"验收监管的重要辅助手段，可实现环境保护行政管理机关的环境管理工作由事后管理向全过程管理转变，由单一环保行政监管向行政监管与第三方监管相结合的转变，对强化建设项目全过程管理、提升环评有效性和完善性可起到积极作用。环境监理工作内容包括：

（1）参加设计交底和环境保护技术交底，熟悉项目环境影响评价文件和设计文件，掌握项目环境保护对象和配套污染治理设施环保措施。熟悉施工图中环境保护工程内容，掌握设计文件中环境保护工程有关规定、标准及要求。

（2）督促承包单位严格按照国家有关工程建设项目环境保护规定和相关条例，认真执行环境保护主管部门对工程项目环境保护报告书的审查意见复函及工程所在地的地方性法规、规章及制度。

（3）对施工现场不定期地进行巡视或旁站监理，检查环评文件中提出的项目环境保护对象和配套污染治理设施、环保措施的落实情况。必要时需在现场进行监督指导。

（4）对现场检查中发现有悖于环境保护的问题，应及时下达监理指令，责令承包单位改正，并对整改结果进行复查。

（5）严格按照国家相关规范和设计要求，进行环境保护工程验收。

（6）检查土石方开挖过程，车辆运输过程，取、弃土场防护恢复措施及施工材料运输过程中的环保防护措施的落实情况；检查施工便道修筑和使用情况；监督生态环境脆弱、敏感地带或敏感点施工；检查临时用地植被恢复等，督促施工承包单位做好下列工作：

（1）施工临时占地。

1）施工单位修建临时施工道路、征地或租用土地要取得当地环保部门的批准，办理相关环境保护手续；

2）施工过程中对树木的砍伐，必须办理相关手续；

3）对原地形地貌的破坏，施工完成后应予以恢复。

（2）水上施工作业。

1）施工弃渣不允许弃入河、湖，不能影响现有地表水系，应集中运至指定弃渣场；

2）水上施工作业项目，其施工技术方案应按照水上作业考虑和满足相关环境保护的要求；

3）进行水上钻孔等作业时，既不能向河湖中，也不能向岸边弃渣，必须集中运至指定弃渣区域；

4）采用泥浆护壁钻孔施工，按要求设置专用泥浆池、沉淀池，废弃泥浆不得向河湖倾倒，也应采取相应措施集中到指定地点弃放。

（3）取土场、弃土场的使用和恢复。

1）施工中取土及弃渣应在设计文件中指定的位置，工程开工前，要求施工单位使用前必须办好相关的征地手续；

2）要求施工单位采取相应措施，以减少因取、弃土场便道扬尘对环境的影响；

3）施工取土场及弃渣场要求建立良好的排水系统，弃渣场挡护结构应符合设计文件的规定，先砌后使用；

4）施工结束后，应根据周边地貌特点，对取土场周边予以恢复，在取土场及弃渣场周围，应按设计要求进行地表绿化。

（4）施工废水和生活污水排放的处理。

1）施工污水不经处理不得直接排入外地表，也不得直接排入附近河湖中，应设污水沉淀池、气浮池，施工中产生的废渣、废液应按有关环保要求进行处理，不得随意弃置、排放；

2）施工营区的生活污水，必须建立适当的污水处理措施，不得直接排入附近河湖之中；

3）对施工废水、生活污水的来源、排放量、水质指标及处理设施的建设过程，沉淀池的定期清理和处理效果等进行检查、监督，并根据有资质的监测单位的水质监测结果，检查废（污）水是否达到了批准的排放标准。

（5）施工办公区的环境保护。

1）施工办公区要进行适当绿化，以便与周围环境相协调；

2）生活垃圾、固体废弃物必须集中放置运至当地的垃圾处理点，不得随意丢弃；

3）施工办公区有专人进行卫生清扫，搞好环境卫生。

（6）施工影响区的恢复。施工结束后，应按照原地貌特点进行土地复耕、地貌恢复并进行绿化，清除一切施工垃圾。硬化的地面、地表临时建筑予以凿除。

（7）混凝土拌和站的保护。

1）污水处理：搅拌过程中产生的污水、设备清洗污水要经处理才可排放，并应建立排水系统；

2）原材料堆放，要符合设计要求；

3）混凝土搅拌机要适当封闭，防止扬尘污染。

（8）施工环境控制污染措施的检查。

1）监理工程师应根据投标承诺及批准的施工方案检查施工单位采用的机械设备及施工工艺；

2）采用拌和场集中配制时，检查堆料覆盖、拌和配料的封闭（或半封闭）设施；

3）对于路拌施工，检查撒灰、拌和使用的设备，检查是否采取了有效措施控制扬灰。

（9）认真审查输变电工程电磁辐射防护措施。参加初设评审时，对位于中心城区等人口密集地区的输变电工程，可要求采取建设地下、半地下式变电站和地下电缆等方式降低项目电磁辐射对周围环境的影响，并提出切实可行的噪声防治措施，避免发生变电站噪声扰民问题。

（10）检查、验收与建设项目有关的各项环境保护设施。

1）防治污染和保护环境所建设或配备的工程、设备、装置和监测手段，各项生态保护设施；

2）环境保护设施及其他措施等已按批准的环境影响报告书（表）或者环境影响登记表和设计文件的要求建成或者落实，环境保护设施经负荷试车检测合格，其防治污染能力适应主体工程的需要。

二、环境监理工作方法及措施

（1）重点审查项目经理部机构设置，人员配备，环境监控的设备、仪器等及环境保护方案。

（2）工程开工前督促承包单位对环境影响进行评价，确定环境影响因子，并按照工程特点编制环境保护规程、环境保护措施和施工期环境监测方案；审查施工单位报审的施工组织设计和施工方案中的环境保护内容，对项目在建设过程中可能产生影响的环境污染因子进行分析，审查施工单位提出的环境保护方案及措施是否符合国家标准和设计文件的要求。

（3）审查施工临时用地方案是否符合环保要求，临时用地环保恢复计划是否可行。

（4）在第一次工地会议上，确定环境控制目标和措施。

（5）在施工中根据环境监测方案进行本工程环境监测，同时定期或不定期进行环境巡视。对于在巡视中发现的问题，及时进行处理整改；对施工单位违反国家环境法律、法规的，发出正式书面指令要求整改并跟踪、复查整改情况，验收合格后签署意见。

（6）对施工现场、施工作业和施工区环境敏感点，应实施旁站监理。环境监理实施细则中列为旁站的工程建设内容施工前，施工单位须提前3个工作日通知监理单位作好旁站监理准备，并提供具体施工方案。

（7）竣工验收阶段确认临时用地的恢复等是否达到环保要求。检查项目环境保护工程和配套污染治理设施、环保措施的建设，是否达到设计要求。

（8）当发生环境保护事故时，应要求承包单位及时向有关部门报送事故报告，按照事故处理程序，组织现场调查，进行事故分析，制订防范措施，提出处理意见后，呈报监理工程师审核。

（9）对于重大的环境保护问题，要求承包单位进行连续地跟踪、检查，每次检查都进行记录，并根据检查结果，制订整改方案，上报监理工程师，直到问题得到解决，并再定期跟踪、检查。

（10）组织定期召开环境保护工作会议，每月至少应进行一次落实环境保护活动。

（11）要求承包单位建立环境保护报告制度，定期向监理工程师递交环境保护工作报告书。环境保护综合监理报告是工程建设中环保工作的一项重要内容。编制的环保监理报告应包括监理工程师的月报、年度中期监理报告、年终监理报告，以及承包方编制的环境月报。报送的单位和部门主要有业主、承包方和有关上级主管部门。

三、环境监理工作重点

环境监理也成为工程监理的重要组成部分，是对施工过程环境保护的监控管理，其主要任务包括：

（1）根据《中华人民共和国环境保护法》及相关法律、法规，对工程建设过程中污染环境、破坏生态的行为进行监督、管理，如噪声、废水、污水等污染物排放应达标和防止造成生态环境破坏。

（2）对建设项目配套的环保工程进行施工监理，确保与工程进度、质量、投资控制同步实施。工程施工环境保护工作内容不仅仅关系环保技术，还涉及人们对环保意识的提高，具有其特殊性。

1. 从管理角度来看，环境监理工作重点

（1）加强各参建承包单位对施工环境保护重要性的教育，努力提高全员环保意识。创造一个有秩序、懂文明的施工环境，建设一个既和谐又舒适的绿色环保工程，是每一个参建者的责任及义务。

（2）督促承包单位与当地环保部门建立正常的工作联系，协助了解当地的环境保护要求和相关标准，力争取得当地环保部门的更多支持。

（3）监理工程师审查施工组织设计时，应对承包单位在工程施工中的环境保护措施进行审核并不断完善、优化环境保护方案，使其符合相关规定，由监理工程师提出审核意见，报总监理工程师批准。

（4）审查承包单位现场的环境保护组织机构专职人员、环境保护措施及相关制度的建立，是否符合要求。

（5）施工过程中监理工程师对承包单位环境保护措施的实施进行跟踪、检查，对环境保护工程项目进行检查及验收。

2. 从具体工作角度来看，环境监理工作重点

（1）生态保护措施监理。生态保护措施监理是对项目施工建设过程中自然生态保护和恢复措施，水土保持措施，以及饮用水水源保护区、自然保护区、风景名胜区、文物保护单位、生态功能保护区、重要生态保护地、地质公园、森林公园等环境敏感保护目标的保护措施落实情况的技术性监督、检查。

1）生态影响减缓措施监理。结合建设项目所在区域生态特点和保护要求，采取必要的生态保护措施以减少和缓解施工过程中对生态的破坏，尽量减少不可避免的生态影响的程度和范围。

为最大限度地减轻对地表植被的影响和破坏，应采取以下措施：①严格管理，尽量减少占地，如变电站站区空地及时绿化以减少地表的裸露程度；②减少施工期对植被的破坏；③施工结束后及时采取植被恢复和生态补偿措施。

2）陆生、水生动植物环境监理。督促施工单位了解工程影响区珍稀野生动、植物分布状况，制订保护措施；在野生动物保护区内施工，应按规定在施工作业带预留通道，供动物穿越迁徙用；严格监控施工作业场界与其保护物种的防护距离，若距离较近，在大规模施工前应采取预警措施（如先放小炮驱赶、示警，再放大炮施工）；严禁砍伐征占地范围外的森林植被，对征占地范围内的保护物种应在施工前采取有效保护措施（如就地保护、异地补偿、移栽、建洄游通道、建养殖站等）；严禁捕猎。

3）文物景观等环境敏感区监理。督促施工单位掌握工程区的文物古迹、风景名胜、自然保护区、水源地等的分布、数量、保护级别、保护内涵等；监督施工过程中是否对其范围内的地面和地下文物古迹实施了有效的保护措施。

在风景名胜区、自然保护区等敏感区内开发建设项目应符合国家相关法规、政策的现定，严禁人为破坏区内资源。在施工过程中一旦发现文物，立即停止施工，

保护现场并通报文物部门并协助做好工作。

（2）环境保护达标监理。环境保护达标监理是指对项目施工建设过程中各种污染物排放达到环境保护标准要求情况的技术性监督、检查。监督、检查项目施工建设过程中各种污染因子达到环境保护标准要求；控制项目施工期间废水、废气、固废、噪声等污染因子的排放，满足国家有关环境保护标准和环境保护行政主管部门的要求。

监理项目部在工程施工准备阶段组织施工单位进行环境污染因子分析，并采取有针对性的措施。

1）水环境监理。对施工期间产生的施工废水和生活污水的来源、排放量、水质指标及处理设施的建设过程和处理效果等进行检查、监督，检查废（污）水是否达到了环境影响评价文件及其批复的排放标准。

电力工程产生的水体污染物主要是生活污染物和施工中产生的废水、污水和油污等排放引起的水体污染。土壤主污染物主要是废水、污水、废油、弃土、弃渣等对土壤的污染。

①监理应主要检查施工单位有无直接或间接向水体排放污染物。

②对经申报批准的排放设施和污染物，要督促施工单位定期监测排放污染物的浓度是否符合要求，若监测结果有变，须及时整改合格后才能继续排放。

③对于少数可能产生废油的工序，如变压器滤油、车辆漏油等，则要督促施工单位采取处置或预防措施，禁止向水体、土壤排放废油。

④定期检查施工区域生产、生活污水处理系统的运行情况，对于超过 100 人的食堂应设隔油池，并定期掏油。

⑤监督施工物料不得堆放于河流附近；督促做好临时堆土及开挖面的水土保持，有效防治雨水冲刷而淤积河道。

⑥督促施工废水、设备清洗废水经收集后就地采用静置沉淀法进行固液分离，沉渣集中收集处置。

2）大气环境监理。电力工程施工中可能会产生烟尘、粉尘，对人的健康造成危害，如岩石破碎、加工、搬运；砂石筛分、搬运；岩石钻孔、爆破、冲击；沥青燃烧、加热、搅拌、摊铺等。还有汽车、钻孔、打桩机等机动车辆产生的尾气和六氟化硫等设备可能产生的漏气。

大气环境监理主要是要求施工单位对施工过程中产生的废气和粉尘等大气污染状况进行监控，检查并督促施工单位落实环保措施。

①粉尘烟尘控制措施：粉尘是无组织排放的颗粒物。根据《大气污染物综合排放标准》GB 16297—1996 的规定，新污染源的颗粒物无组织排放的限值最高允许排放浓度为 $120mg/m^3$，周界外浓度最高点监控限值为 $1.0mg/m^3$。监理人员应督促、

检查施工单位制定和实施降尘和防止粉尘飞扬、渣土撒落等措施。

②检查施工现场是否存在裸露的场地和堆土，如果发现有裸露的场地和堆土，应当督促责任单位采取覆盖、固化或绿化进行处理。检查施工现场使用的水泥和其他易飞扬的细颗粒建筑材料是否密闭存放或采取覆盖等措施。

③督促施工过程中对易起尘的临时堆土、建筑材料采用覆盖、洒水等措施，防止运输、施工开挖、装卸和运输产生的扬尘污染；督促施工道路适时洒水降尘。

④检查基坑开挖土方的处理，及时覆盖开挖面和开挖堆土，避免发生扬尘。

3）固体废物监理。固体废物监理主要是检查固体废弃物（包括各种金属、材料边角料、碎屑、弃渣、油泥、设备包装箱、包装袋等工程垃圾和生活垃圾）的处理是否符合环境影响评价文件及其批复的要求进行核查。

施工期固体废物环境监理内容主要包括工程弃渣及时转运至选定的渣场；垃圾桶、垃圾收集与转运设施的设置和建设满足设计要求；建筑垃圾及时清理并回收（分为可回收垃圾和不可回收垃圾）；生活垃圾定点清倒，经统一收集后外运至生活垃圾填埋场，不得随意堆放；有毒、有害废弃物应运到专门的有毒、有害废弃物中心消纳；机械设备油污处理过程中产生的固态浸油废物、包装物等单独收集、封装，运至垃圾场进行处置。

4）噪声环境监理。对施工区域内靠近生活营地和居民区的噪声或振动污染源，应按设计要求进行防治，如打桩机、混凝土搅拌机、振动泵、空压机、变压器等的噪声。

监理工作内容包括：掌握噪声源的强度、位置、类型（固定、移动、瞬时、连续），以及与周围敏感保护区（居民点、文教区、行政办公区、敬老院、医院、珍稀动物等）的相对关系；了解并熟悉环保设计中制订的噪声防治方案（隔声墙、吸声屏障、减振座等），监督其实施到位情况及防治效果；对施工期主要噪声设备布局、使用时段及行经路线进行监控，尽可能降低和减缓对敏感点产生的影响。

①督促施工单位在施工中对机械设备（如混凝土泵车、空压机、混凝土搅拌机、打桩机等）可能产生的噪声污染按规定申报，并采取措施进行防治。根据环境噪声污染防治法的规定，须申报项目名称、场所，各种机械和车辆种类、数量，噪声值和防止噪声的措施。需要夜间施工时，还要逐天申报，获得相关行政管理部门批准后才能施工。

②督促施工单位优化施工技术，如采用静力压桩取代打桩，从源头减少噪声污染等；督促检查施工单位完善和保持消声设备部件良好；对强噪声源进行隔离；对噪声设备操作人员做好防护等。

（3）环保设施监理。环保设施监理是对建设项目环境污染治理设施、环境风险防范设施按照环境影响评价文件及批复的要求、建设情况的技术性监督、检查，即检查项目施工建设过程中环境污染治理设施按照环境影响评价文件及其批复的要求的建设情况。检查环评文件及其批复中所提出的生产营运期污染的各项治理工程的工艺、设备、能力、规模、进度，按照设计文件的要求得到有效落实，各项环保设施得到有效实施，保证项目"三同时"工作在各个阶段落实到位，使"三同时"环保设施与主体工程同时建成并投入运行。

1）污水处理设施：新建污水处理设施是否按照"三同时"要求与主体工程一起设计、施工和投产，监理其建设的规模、处理容量、工艺流程是否与设计相一致。如依托原有污水处理场，要充分考虑其处理容量、工艺流程是否满足要求，并保证项目运行后产生的污水能够顺利进入原有污染治理设施得到处理，避免暗排管线的建设。

对电力工程主要是检查厂区内的生活污水是否经生活污水管道收集；排至生活污水调节池，经生活污水提升泵升压后至处理设备处理的生活污水是否满足排放标准要求；检查事故油池能否满足用于贮存突发事故时产生的漏油及油污水。

2）废气处理和回收设施：新建废气处理和回收设施是否按照"三同时"要求与主体工程同时设计、同时施工和同时投产使用；监理其建设的处理能力、处理工艺是否与设计相一致，是否能够满足各种废气的处理要求，如依托原有装置，要充分考虑其处理容量、处理工艺是否满足要求，所依托的装置是否合理、有效、可靠。

3）噪声控制设施：装置本身应采用低噪声设备；对一般机泵、风机等，尽可能选择低噪声设备，对高噪声设备安置在室内，并采取减振、隔声、消声等降噪措施；对蒸汽放空口、空气放空口、引风机入口加设消声器；将无法避免的高噪声设备尽量布局在远离厂界的部位，确保厂界噪声达标。

4）固废治理设施：新建生活垃圾填埋场要按照建设要求进行建设，应符合生活垃圾处理厂建设标准，如依托现有垃圾填埋场，要看填埋场是否满足上述标准和要求；不能满足危险废物的填埋要求或者不具备厂内处理条件的，则将危险废物交由有危险废物处理资质的单位处置。监督危险化学品的放置场所、使用行为及处置方法是否符合要求，保证危险化学品的安全使用和处置。

第六节　水土保持监理

一、水土保持监理工作内容

水土保持监理工作就是按照国家有关水土保持的法律、法规，政府规章以及行业标准、规范的有关规定，确保在工程建设中落实水土保持方案及批复意见，保护生态环境，减少水土流失，确保工程顺利通过国家水土保持验收。

电力工程的特点决定了工程建设过程中的水土流失特点是由连续或不连续的点构成线性分布侵蚀带，工程建设对水土流失的影响主要表现在工程施工期。火电机组"五通一平"、厂房、地下设施建设与管网敷设及大型设备安装、变电站的修建、线路工程塔基开挖、牵张场地以及施工场地的平整、施工临时道路的开辟等都是引起水土流失的主要工程项目。根据电力工程水土流失的特点，水土保持监理单位在项目建设过程中介入，通过全程巡视和旁站监理：一方面，确保已批复的水土保持方案落实，减少人为水土流失的发生，保护和改善当地生态环境；另一方面，通过监理的技术指导和服务，帮助建设单位科学配套水土保持各类措施（如土地整治、排水绿化、临时挡护苫盖、浆砌石挡墙、浆砌石护坡、临时施工道路及临时施工场地区植被恢复等），优化施工工序和工艺，合理组织安排施工，在达到最佳防护效果的前提下，节约投资，降低成本。同时，水土保持监理全过程地介入，熟悉了解项目实施的进展情况和存在的问题，可为行业监督部门的执法工作提供技术保障和信息支持，提高执法工作的针对性和时效性。

电力工程创优管理越来越受到工程管理者的高度重视，但如何进行水土保持监理工作以配合好工程创优，以及如何确保创优目标的实现，却是电力工程项目管理中存在的一个现实问题。因此，认真履行监理职责，全面履行监理合同规定的各项条款，按照监理合同中约定的内容开展工作非常重要，水土保持监理工作内容如下：

（1）负责核实设计文件与水土保持评价报告及其批复文件的相符性，参与总体设计、招标设计、技术施工设计等阶段水土保持方面的审查，并提出指导性的意见。

（2）协助业主现场管理机构落实国家水利部及地方相关部门对电力工程施工区水土保持的有关要求，督查各参建单位按照水土保持方案报告书及其批复意见的要求，落实各项水土保持措施，确保水土保持"三同时"的有效执行。

（3）负责编制水土保持监理工作规划和年度工作计划，负责制定水土保持监理制度，明确工作范围、工作程序、工作内容、工作方法等相关要求。

（4）协助、配合土建监理做好土建项目监理工作中水土保持方面的相关工作，参与项目水土保持工程量的确认和投资结算、统计，并做好水土保持相关资料的收集、整理、分析、归档，组织编制相关简报和专题报告。根据监理情况（如水土保持监测、水土保护措施等）提出合理建议。

（5）检查工程使用的种苗、草种及与种植有关的化肥、药品等的质量及数量，检查其生产销售许可证、检疫证等证件是否齐全，并对其进行抽检和复验。

（6）负责施工区日常水土保持工作巡视和检查，编制监理日志。抽查工程施工质量，对重要工程部位（如基础开挖、隐蔽工程等）和主要工序（如进场材料检验、苗木检验等）进行旁站监理，确保水土保持控制方案落实，参与工程质量事故的分析和处理；在监理过程中，应对水土保持设施的单元工程、分部工程、单位工程提出质量评定意见，作为环保、水土保持设施评估及验收的基础。

（7）组织开展水土保持措施"三同时"落实工作的检查、考核，按照合同约定和工程管理制度，对施工区水土保持违规、违约行为提出处理建议。

（8）负责水土保持管理信息系统相应资料的采集、录入、整理及管理。结合施工现场水土保持监理的情况，做好信息的收集、传输、分类整理和存档工作，并按各类信息反馈、传递时限要求，确保信息管理的连贯性和信息反馈的真实可靠性，使各项工作得以迅速落实。

收集的资料有施工合同、工程措施布置图、监理规划、监理实施细则、工程材料质量证明文件、工程进度支付申请表、工程款支付证书、监理工作联系单、各类会议记录、有关往来证件、监理日志、监理月报、工程验收及隐蔽工程实测原始记录等。

（9）协助业主现场管理机构做好水土保持阶段验收和竣工验收，督促、检查施工方及时整理竣工文件和验收资料，审查工程竣工验收报告，根据有关规定审查设计和施工单位编制的竣工图纸和资料，向建设单位移交工程档案等。

（10）负责编制水土保持监理总结报告，提出工程质量评估报告。

（11）协助业主现场管理机构配合各级水土保持行政主管部门的监督、检查。

（12）负责其他与水土保持有关的监理工作。

二、水土保持监理工作方法及措施

（1）收集水土保持工程的相关资料，并进行整理和分析，充分了解水土保持工程的各项建设目标和要求。

（2）开工前督促施工单位建立质量保证体系，进行现场技术交底，组织施工图和施工组织设计的审查，明确放线控制点，对进场材料抽检生产许可证件和产品质量证明。严格执行"三检"制度和工序交接检验，"三检"合格后报监理工程师复核确认方可进行下道工序。审核施工质量检验报告及有关技术文件，检查各单元工程的质量情况，对工程质量进行评定。

（3）对水土保持重点区域的施工，应实施旁站监理。水土保持监理实施细则中列为旁站的工程建设内容施工前，施工单位须提前3个工作日通知水土保持监理单位作好旁站监理准备，并提供具体施工方案。

（4）对进度目标进行风险分析，预测后续施工进度时间，制订相应的防范性控制措施，并对付诸实施的措施计划进行检查，记录实际进度及其相关情况，当发现实际进度滞后于计划进度时，签发现场指令要求施工单位采取调整措施。工程项目的水土保持工作需与建设项目同时设计、同时施工、同时投产使用。只有做到"三同时"，才能及时布设水土流失防治措施，把水土流失控制在容许范围。

（5）监理工程师在严把施工质量、准确计量工程量的基础上，根据批准的工程施工控制性进度计划及其分解目标计划，协助建设单位相关部门编制工程合同支付资金计划。依据工程施工合同文件规定和项目法人授权受理合同索赔和价格调整，对变更、工期调整申报的经济合理性进行审议并提出审议意见，保证工程资金最大限度地发挥其应有效益。

（6）建立完善的资料收集、整理、调用、传递、管理制度，积极、主动地收集、整理各种信息资料，包括有关项目的批复、设计、计划文件及监理工作的第一手资料，按单位工程单独建立资料档案，按期进行整编和归档，并在工程竣工验收或监理服务期结束后移交建设单位。做好监理日志、现场监理记录与信息反馈，在监理月报中单独一节描述水土保持监理的内容。督促、检查施工单位建立并实施工程资料的管理制度，督促设计和施工单位按时提供竣工资料和竣工报告。

（7）组织、协调工作贯穿于水土保持工程建设的全过程，是监理工作的核心之一，也是监理工作的一项重要职责。采取的主要工作方法有以下两点：

1）监理部经常与建设单位、施工单位进行交流、沟通，随时掌握工程动态，针对施工进度、工程投资与施工现场水土流失防治三者之间相互依存、相互制约的动态矛盾关系，及时与建设单位进行沟通和协调，力争最大限度降低施工现场水土流失的同时，加快工程的实施进度，合理节约工程投资。

2）建立定期的工程协调会议制度。监理人员经常深入现场了解各工作面进展情况和存在的问题，并通过定期召开的协调会议，及时向建设单位和施工单位通报工程形象进度，指出各单位应该注意的相关事项，协调、统一各单位对质量、进度、安全等问题的认识。

通过这种定期召开的协调会议，使得工程实施过程中出现的许多问题得到及时地解决，避免问题的扩大化，为促进工程建设的顺利完成奠定良好的基础。

（8）树立超前的监理意识，加强风险意识，提高预控能力。对于水土保持目标风险防范做到：协助、督促各参建单位加强和组织开展水土保持风险意识学习和提高自我保护的教育及宣传活动，根据工程的特点和任务，阶段性地预测各施工阶段质量、安全的关键点、危险点，提前进行细化、分析、制订相应的落实和控制措施，并在工序开始前提前检查落实情况，保证监理工作的有效实施，把监理工作做细和落到实处，对重大安全风险因素必须提前制订专项措施或方案，并责任到人，落实到位，监督到岗，一丝不苟地做好风险防范工作。

（9）加强项目工程建设过程的协调工作，加强与建设单位、承包单位之间的联系，定期沟通。遇到需要与各方协商解决的问题，及时组织各方分析原因，研究讨论达成共识，创建互相信任、通力协作的良好工作环境，促进工程管理效率的提高。

（10）认真做好监理工作交底，定期组织安排监理人员的学习，学习国家及各部、省、市有关工程建设及监理工作的有关规定；贯彻《全国生态环境保护纲要》《水利部关于印发〈水土保持生态建设工程监理管理暂行办法〉的通知》《水利部关于加强大中型开发建设项目水土保持监理工作的通知》、各地方政府及行政主管部门各个时期的水土保持管理文件。定期对工程的水土保持进行评价，对危险点进行辨识；对施工现场的水土保持状态进行分析，找出薄弱环节和隐患，及时采取措施，确保隐患消灭在萌芽状态。

（11）强化体系运行，加强过程控制。不断完善质量管理体系、安全健康与水土保持监督体系，以保持体系的有效运行。了解、熟悉、掌握水土保持工程的控制重点、难点、要点、薄弱点，影响的主要因素并知道应如何控制。结合工程的特点、要求、特性，帮助参建单位分析易发事故和常见事故发生的部位、工序及特点，采取措施，消除隐患和不安全因素。施工前督促施工单位制订预控制措施，施工中加强检查、监督，施工后及时总结经验教训。把监理工作建立在有充分依据的基础上，既要运用自身掌握的专业技能，谨慎、勤勉地工作，又要正确地使用监理手段，及时纠正施工过程已出现的问题，记录、跟踪、监督实施的情况。强调监理方法、注重实际效果，有效地推动工程的质量、安全、环境体系管理工作的良好运作。

（12）建立水土保持目标保证控制体系，在工程施工全过程，监理对水土保持目标的控制要实施"事前预控、事中跟踪监控及事后检查验收"等三个过程控制。

（13）及时收集反映工程建设水土保持情况的彩色照片，包括工程全貌、工程独具特色部位等，为创国优精品工程提供真实、有效的素材。

三、水土保持监理工作重点

（1）针对项目建设中的水土保持工程，首先面对施工单位要求其履行相应的水土流失防治责任，督促其按时建设分部工程中的水土保持工程，然后要积极向业主单位建议，加强工程建设中水土保持工程的实施。监理单位既要对生产建设单位负责，又必须对水土保持监督管理机构负责。

（2）检查并落实水土保持措施的实施和后期管理情况，包括各施工区域、道路范围内各类树（草）种的种植与养护、弃渣、挡土墙、护坡和场地排水工程的施工与管理，协助业主选择设计、施工、管理单位以及招投标文件编制等方面的工作。督促承包商开展水保工作，包括绿化、场地排水、及时碾压、坡面防护及弃渣的堆放和其他可行的水保临时措施，减少施工过程中对植被、地表的破坏。协助业主处理水保纠纷和设计变更，协助地方水行政部门的执法工作。

（3）电力工程建设项目应实行全过程水土保持监理。水土保持监理须贯穿招标设计、工程建设和工程运行维护全过程，以保证水土保持措施按时实施。要注重参与施工区水土保持年度和阶段实施方案、进度计划的编制与审核，审查承包商的水土保持施工进度计划，提出意见并检查落实情况；参与水土保持方案重大变更的审核，并出具监理意见。

（4）工程施工前，应对承包单位进行监理交底并督促承包单位对施工人员进行水土保持技术交底，使每个施工人员都必须了解施工过程不利因素是什么及应注意的事项，以避免盲目施工和减少疏忽，并将各道工序的保证措施发放到施工班组，做到人人皆知。

（5）督促承包单位在编制施工组织设计时，应针对工程的特点要求制订相应的水土保持技术措施。在施工现场采取维护、防范水土流失、预防火灾及施工现场实行封闭管理等实施措施，建立水土保持施工责任制度，同时要做到水土保持责任层层得到落实。对于施工地形十分复杂的工程项目，在工程开工前，应认真分析、调查可能导致水土流失的原因，以便及时制订完善的水土保持预控措施。

（6）鉴于电力工程水土保持工作的特点，监理工作方式以巡检为主，辅以必要的仪器监测，必要时对单项工程进行旁站监理。

（7）依据水土保持各项治理措施的有关质量评定方法和标准，对照施工质量的具体情况，分别对水土保持生态工程建设各项工程的质量等级进行评定。

（8）严格落实组织措施、技术措施、经济措施、合同措施等，定期或不定期地进行动态投资分析，按照合同要求，做到专款专用，水土保持工程量和投资均能达到水土保持方案报告书的要求。

（9）加强招标设计阶段的水土保持工作，完善合同标书中有关水土保持条款。水土保持措施的实施归根结底要由施工单位来完成，在招标设计阶段，深化水土保持工作，完善合同标书中有关水土保持的条款和技术规范，使合同标书为水土保持工作提供法律保证，是搞好电力工程水土保持工作的关键。

思 考 题

1. 什么是工程创优的差异化管理？工程监理如何对差异化策划进行审查？
2. 工程开工前，各参建单位制定创优细则应注意哪些要求？
3. 结合具体情况，阐述工程监理人员如何进行质量通病防治？
4. 在工程进展的不同时期，业主、设计、施工及监理如何执行强制性条文？
5. 绿色施工有哪些技术要点？
6. 电力建设绿色施工示范工程验收评审需要提供哪些资料？
7. 环境监理的控制方法包含哪些具体内容？
8. 水土保持监理的控制方法包含哪些具体内容？

第六章 施工安全监理实务

在工程管理活动中，监理单位受建设单位委托，对工程项目建设过程实施监理服务，其中，安全管理是监理服务的重要内容之一。相对系统地了解、掌握安全管理理论及专业知识，对从事监理工作的总监理工程师及各专业监理工程师在工程监理活动中有效地开展安全监理工作是十分必要的。

安全管理的最终目标是防止和减少生产安全事故，保障人民群众生命和财产安全，促进经济发展。任何事故都有它的致因，有效地对事故致因进行控制，是对事故最好的预防。

第一节 安全管理基础

一、事故致因理论

事故致因理论是从大量典型事故的本质原因的分析中所提炼出的事故机理和事故模型。这些机理和模型反映了事故发生的规律性，能够为事故原因的定性、定量分析，为事故的预测、预防，为改进安全管理工作，从理论上提供科学的、完整的依据。

随着科学技术和生产方式的发展，事故发生的本质规律在不断变化，人们对事故原因的认识也在不断深入，因此先后出现了十几种具有代表性的事故致因理论和事故模型。

（一）事故致因理论的发展

在 20 世纪 50 年代以前，资本主义工业化大生产飞速发展，美国福特公司的大规模流水线生产方式得到广泛应用。这种生产方式利用机械的自动化迫使工人适应机器，包括操作要求和工作节奏，一切以机器为中心，人成为机器的附属和奴隶。与这种情况相对应，人们往往将生产中的事故原因推到操作者的头上。

1936 年，海因里希（Heinrich）提出了应用多米诺骨牌原理研究人身受到伤害的伤亡事故顺序五因素模型，即事故因果连锁论。

1949 年，葛登（Gorden）利用流行病传染机理来论述事故的发生机理，提出了"用于事故的流行病学方法"理论。

1961 年由吉布森（Gibson）提出，并在 1966 年由哈登（Hadden）引申的"能量异常转移"论，是事故致因理论发展过程中的重要一步。该理论认为，事故是一种不正常的，或不希望的能量转移，各种形式的能量构成了伤害事故的直接原因。因此，应该通过控制能量或控制能量的载体来预防伤害事故，防止能量异常转移的有效措施是对能量进行屏蔽。

20 世纪 70 年代后，随着科学技术不断进步，生产设备、工艺及产品越来越复杂，信息论、系统论、控制论相继成熟并在各个领域获得广泛应用。对于复杂系统的安全性问题，采用以往的理论和方法已不能很好地解决，因此出现了许多新的安全理论和方法。在此期间是事故致因理论比较活跃的时期。

1969 年由瑟利（J. Surry）提出，20 世纪 70 年代初得到发展的瑟利模型，是以人对信息的处理过程为基础描述事故发生因果关系的一种事故模型。这种理论认为，人在信息处理过程中出现失误从而导致人的行为失误，进而引发事故。动态和变化的观点是现代事故致因理论的一个基础理论。

1972 年，本尼尔（Benner）提出了在处于动态平衡的生产系统中，由于"扰动"（Perturbation）导致事故的理论，即 P 理论。

近十几年来，比较流行的事故致因理论是"轨迹交叉"论。该理论认为，事故的发生不外乎是人的不安全行为（或失误）和物的不安全状态（或故障）两大因素综合作用的结果，即人、物两大系列时空运动轨迹的交叉点就是事故发生的所在，预防事故的发生就是设法从时空上避免人、物运动轨迹的交叉。与轨迹交叉论类似的理论是"危险场"理论。危险场是指危险源能够对人体造成危害的时间和空间的范围。这种理论多用于研究存在如辐射、冲击波、毒物、粉尘、声波等危害的事故模式。

事故致因理论的发展虽还很不完善，还没有给出对于事故调查分析和预测、预防方面的普遍和有效的方法。然而，通过对事故致因理论的深入研究，必将在安全管理工作中产生以下深远影响：①从本质上阐明事故发生的机理，奠定安全管理的理论基础，为安全管理实践指明正确的方向。②有助于指导事故的调查分析，帮助查明事故原因，预防同类事故的再次发生。③为系统安全分析、危险性评价和安全决策提供充分的信息和依据，增强针对性，减少盲目性。④有利于认定性的物理模型向定量的数学模型发展，为事故的定量分析和预测奠定基础，真正实现安全管理的科学化。⑤增加安全管理的理论知识，丰富安全教育的内容，提高安全教育的水平。

（二）几种有代表性的事故致因理论

1. 事故因果连锁理论

（1）海因里希因果连锁理论。海因里希因果连锁理论认为，伤亡事故的发生不是一个孤立的事件，而是一系列原因事件相继发生的结果，即伤害与各原因相互之间具有连锁关系。海因里希提出的事故因果连锁过程包括5种因素：遗传及社会环境（M）、人的缺点（P）、人的不安全行为或物的不安全状态（H）、事故（D）、伤害（A）。

第一，遗传及社会环境（M）。遗传及社会环境是造成人的缺点的原因。遗传因素可能使人具有鲁莽、固执、粗心等对于安全来说属于不良的性格；社会环境可能妨碍人的安全素质培养，助长不良性格的发展。这种因素是因果链上最基本的因素。

第二，人的缺点（P）。即由于遗传和社会环境因素所造成的人的缺点。人的缺点是使人产生不安全行为或造成物的不安全状态的原因。这些缺点既包括如鲁莽、固执、易过激、神经质、轻率等性格上的先天缺陷，也包括如缺乏安全生产知识和技能等的后天不足。

第三，人的不安全行为或物的不安全状态（H）。这二者是造成事故的直接原因。海因里希认为，人的不安全行为是由于人的缺点而产生的，是造成事故的主要原因。

第四，事故（D）。事故是一种由于物体、物质或放射线等对人体发生作用，使人员受到或可能受到伤害的、出乎意料的、失去控制的事件。

第五，伤害（A）。即直接由事故产生的人身伤害。

上述事故因果连锁关系，可以用5块多米诺骨牌来形象地加以描述，如图6-1所示。如果第一块骨牌倒下（即第一个原因出现），则发生连锁反应。后面的骨牌相继被碰倒（相继发生）。

该理论积极的意义在于，如果移去因果连锁中的任一块骨牌，则连锁被破坏，事故过程被终止。海因里希认为，企业安全工作的中心就是要移去中间的骨牌，以防止人的不安全行为或消除物的不安全状态，从而中断事故连锁的进程，避免发生事故，如图6-2所示。

图6-1　海因里希事故因果连锁论模型

图6-2　事故连锁被打断

288

海因里希的理论有明显的不足，如它对事故致因连锁关系的描述过于绝对化、简单化。事实上，各个骨牌（因素）之间的连锁关系是复杂的、随机的。前面的牌倒下，后面的牌可能倒下，也可能不倒下。事故并不是全都造成伤害，不安全行为或不安全状态也并不是必然造成事故等。尽管如此，海因里希的事故因果连锁理论促进了事故致因理论的发展，成为事故研究科学化的先导，具有重要的历史地位。

（2）博德事故因果连锁理论。博德在海因里希事故因果连锁理论的基础上，提出了与现代安全观点更加吻合的事故因果连锁理论。

博德的事故因果连锁过程同样为五个因素，但每个因素的含义与海因里希的都有所不同。

第一，管理缺陷。对于大多数企业来说，由于各种原因，完全依靠工程技术措施预防事故，既不经济也不现实，只能通过完善安全管理工作，经过较大的努力，才能防止事故的发生。企业管理者必须认识到，只要生产没有实现本质安全化，就有发生事故及伤害的可能性，因此，安全管理是企业管理的重要一环。

安全管理系统要随着生产的发展变化而不断调整、完善，十全十美的管理系统不可能存在。由于安全管理上的缺陷，致使能够造成事故的其他原因出现。

第二，个人及工作条件的原因。这方面的原因是由于管理缺陷造成的。个人原因包括缺乏安全知识或技能，行为动机不正确，生理或心理有问题等；工作条件原因包括安全操作规程不健全，设备、材料不合适，以及存在温度、湿度、粉尘、气体、噪声、照明、工作场地状况（如打滑的地面、障碍物、不可靠支撑物）等有害作业环境因素。只有找出并控制这些原因，才能有效地防止后续原因的发生，从而防止事故的发生。

第三，直接原因。人的不安全行为或物的不安全状态是事故的直接原因。这种原因是安全管理中必须重点加以追究的原因。但是，直接原因只是一种表面现象，是深层次原因的表征。在实际工作中，不能停留在这种表面现象上，而要追究其背后隐藏的管理上的缺陷原因，并采取有效的控制措施，从根本上杜绝事故的发生。

第四，事故。这里的事故被看作是人体或物体与超过其承受阈值的能量接触，或人体与妨碍正常生理活动的物质的接触。因此，防止事故就是防止接触。可以通过对装置、材料、工艺等的改进来防止能量的释放，或者操作者提高识别和回避危险的能力，佩带个人防护用具等来防止接触。

第五，损失。人员伤害及财物损坏统称为损失。人员伤害包括工伤、职业病、精神创伤等。

在许多情况下，可以采取恰当的措施使事故造成的损失最大限度地减小。例如，对受伤人员进行迅速正确地抢救，对设备进行抢修，以及平时对有关人员进行应急训练等。

（3）亚当斯事故因果连锁理论。亚当斯提出了一种与博德事故因果连锁理论类似的因果连锁模型。该模型以表格的形式给出，见表6-1。

表6-1 亚当斯事故因果连锁模型

管理体系	管理失误		现场失误	事故	伤害或损坏
目标 组织 机能	领导者在下述方面决策失误或没作决策： 方针政策 目标 规范 责任 职级 考核 权限授予	安技人员在下述方面管理失误或疏忽： 行为 责任 权限范围 规则 指导 主动性 积极性 业务活动	不安全行为 不安全状态	伤亡事故 损坏故事 无伤害事故	对人 对物

在该理论中，事故和损失因素与博德理论相似。这里把人的不安全行为和物的不安全状态称作现场失误，其目的在于提醒人们注意不安全行为和不安全状态的性质。

亚当斯理论的核心在于对现场失误的背后原因进行了深入的研究。操作者的不安全行为及生产作业中的不安全状态等现场失误，是由于企业领导和安技人员的管理失误造成的。管理人员在管理工作中的差错或疏忽，企业领导人的决策失误，对企业经营管理及安全工作具有决定性的影响。管理失误又由企业管理体系中的问题所导致，这些问题包括如何有组织地进行管理工作、确定怎样的管理目标、如何计划、如何实施等。管理体系反映了作为决策中心的领导人的信念、目标及规范，它决定各级管理人员安排工作的轻重缓急、工作基准及指导方针等重大问题。

2. 能量意外转移理论

（1）能量意外转移理论的概念。在生产过程中能量是必不可少的，人类利用能量做功以实现生产目的。人类为了利用能量做功，必须控制能量。在正常生产过程中，能量在各种约束和限制下，按照人们的意志流动、转换和做功。如果由于某种原因能量失去了控制，发生了异常或意外的释放，则称发生了事故。

如果意外释放的能量转移到人体，并且其能量超过了人体的承受能力，则人体将受到伤害。吉布森和哈登从能量的观点出发，曾经指出：人受伤害的原因只能是某种能量向人体的转移，而事故则是一种能量的异常或意外的释放。

能量的种类有许多，如动能、势能、电能、热能、化学能、原子能、辐射能、声能和生物能等。人受到伤害都可以归结为上述一种或若干种能量的异常或意外转移。麦克法兰特（Mc Farland）认为："所有的伤害事故（或损坏事故）都是因为：

①接触了超过机体组织（或结构）抵抗力的某种形式的过量的能量；②有机体与周围环境的正常能量交换受到了干扰（如窒息、淹溺等）。因而，各种形式的能量构成伤害的直接原因。"根据此观点，可以将能量引起的伤害分为两大类：

第一类伤害是由于转移到人体的能量超过了局部或全身性损伤阈值而产生的。人体各部分对每一种能量的作用都有一定的抵抗能力，即有一定的伤害阈值。作用于人体的能量超过伤害阈值越多，造成伤害的可能性越大。例如，球形弹丸以 4.9N 的冲击力打击人体时，最多轻微地擦伤皮肤，而重物以 68.9N 的冲击力打击人的头部时，会造成头骨骨折。

第二类伤害则是由于影响局部或全身性能量交换引起的。例如，因物理因素或化学因素引起的窒息（如溺水、一氧化碳中毒等），因体温调节障碍引起的生理损害、局部组织损坏或死亡（如冻伤、冻死等）。

能量转移理论的另一个重要概念是：在一定条件下，某种形式的能量能否产生人员伤害，除了与能量大小有关以外，还与人体接触能量的时间和频率、能量的集中程度、身体接触能量的部位等有关。

（2）能量转移的观点分析事故致因的基本方法。首先确认某个系统内的所有能量源；然后确定可能遭受该能量伤害的人员，伤害的严重程度；进而确定控制该类能量异常或意外转移的方法。

能量转移理论与其他事故致因理论相比，具有两个主要优点：一是把各种能量对人体的伤害归结为伤亡事故的直接原因，从而决定了以对能量源及能量传送装置加以控制作为防止或减少伤害发生的最佳手段这一原则；二是依照该理论建立的对伤亡事故的统计分类，是一种可以全面概括、阐明伤亡事故类型和性质的统计分类方法。

能量转移理论的不足之处是：由于意外转移的机械能（动能和势能）是造成工业伤害的主要能量形式，这就使得按能量转移观点对伤亡事故进行统计分类的方法尽管具有理论上的优越性，然而在实际应用上却存在困难。它的实际应用尚有待于对机械能的分类做更加深入细致的研究，以便对机械能造成的伤害进行分类。

（3）应用能量意外转移理论预防伤亡事故。从能量意外转移的观点出发，预防伤亡事故就是防止能量或危险物质的意外释放，从而防止人体与过量的能量或危险物质接触。在工业生产中，经常采用的防止能量意外释放的措施有以下几种：

1）用较安全的能源替代危险大的能源。例如：用水力采煤代替爆破采煤；用液压动力代替电力等。

2）限制能量。例如：利用安全电压设备；降低设备的运转速度；限制露天爆破装药量等。

3）防止能量蓄积。例如：通过良好接地消除静电蓄积；采用通风系统控制易燃易爆气体的浓度等。

4）降低能量释放速度。例如：采用减振装置吸收冲击能量；使用防坠落安全网等。

5）开辟能量异常释放的渠道。例如：给电器安装良好的地线；在压力容器上设置安全阀等。

6）设置屏障。屏障是一些防止人体与能量接触的物体。屏障的设置有三种形式：①屏障被设置在能源上，如机械运动部件的防护罩、电器的外绝缘层、消声器、排风罩等；②屏障设置在人与能源之间，如安全围栏、防火门、防爆墙等；③由人员佩戴的屏障，即个人防护用品，如安全帽、手套、防护服、口罩等。

7）从时间和空间上将人与能量隔离。例如：道路交通的信号灯；冲压设备的防护装置等。

8）设置警告信息。在很多情况下，能量作用于人体之前，并不能被人直接感知到，因此使用各种警告信息是十分必要的，如各种警告标志、声光报警器等。

以上措施往往几种同时使用，以确保安全。此外，这些措施也要尽早使用，做到防患于未然。

3. 轨迹交叉理论

轨迹交叉理论的基本思想是：伤害事故是许多相互联系的事件顺序发展的结果。这些事件概括起来不外乎人和物（包括环境）两大发展系列。当人的不安全行为和物的不安全状态在各自发展过程中（轨迹），在一定时间、空间发生了接触（交叉），能量转移于人体时，伤害事故就会发生。而人的不安全行为和物的不安全状态之所以产生和发展，又是受多种因素作用的结果。

轨迹交叉理论的示意图如图6-3所示。图中，起因物与致害物可能是不同的物体，也可能是同一个物体；同样地，肇事者和受害者可能是不同的人，也可能是同一个人。

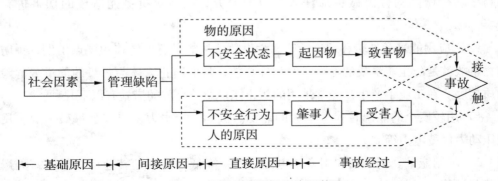

图6-3 轨迹交叉理论的示意图

轨迹交叉理论反映了绝大多数事故的情况。在实际生产过程中，只有少量的事故仅仅由人的不安全行为或物的不安全状态引起，绝大多数的事故是与二者同时相关的。例如：日本劳动省通过对50万起工伤事故调查发现，只有约4%的事故与人的不安全行为无关，而只有约9%的事故与物的不安全状态无关。

在人和物两大系列的运动中，二者往往是相互关联、互为因果、相互转化的。有时人的不安全行为促进了物的不安全状态的发展，或导致新的不安全状态的出现；而物的不安全状态可以诱发人的不安全行为。因此，事故的发生可能并不是如图6-3所示的那样简单地按照人、物两条轨迹独立地运行，而是呈现较为复杂的因果关系。

人的不安全行为和物的不安全状态是造成事故的表面的直接原因，如果对它们进行更进一步的考虑，则可以挖掘出二者背后深层次的原因。这些深层次原因的示例见表6-2。

表6-2 事故发生的原因

基础原因（社会原因）	间接原因（管理缺陷）	直接原因
遗传、经济、文化、教育培训、民族习惯、社会历史、法律	生理和心理状态、知识技能情况、工件态度、规章制度、人际关系、领导水平	人的不安全状态
设计、制造缺陷、标准缺乏	维护保养不当、保管不良、故障、使用错误	物的不安全状态

轨迹交叉理论作为一种事故致因理论，强调人的因素和物的因素在事故致因中占有同样重要的地位。按照该理论，可以通过避免人与物两种因素运动轨迹交叉，来预防事故的发生。同时，该理论对于调查事故发生的原因，也是一种较好的工具。

轨迹交叉理论将事故的发生发展过程描述为：基本原因→间接原因→直接原因→事故→伤害。从事故发展运动的角度，这样的过程被形容为事故致因因素导致事故的运动轨迹，具体包括人的因素运动轨迹和物的因素运动轨迹。

（1）人的因素运动轨迹。人的不安全行为基于生理、心理、环境、行为几个方面而产生：

1）生理、先天身心缺陷；

2）社会环境、企业管理上的缺陷；

3）后天的心理缺陷；

4）视、听、嗅、味、触等感官能量分配上的差异；

5）行为失误。

（2）物的因素运动轨迹。

1）在物的因素运动轨迹中，在生产过程各阶段都可能产生不安全状态；

2）设计上的缺陷，如用材不当、强度计算错误、结构完整性差、采矿方法不适应矿床围岩性质等；

3）制造、工艺流程上的缺陷；

4）维修保养上的缺陷，降低了可靠性；

5）使用上的缺陷；

6）作业场所环境上的缺陷。

在生产过程中，人的因素运动轨迹按其1）→2）→3）→4）→5）的方向顺序进行，物的因素运动轨迹按其1）→2）→3）→5）→6）的方向进行。人、物两轨迹相交的时间与地点，就是发生伤亡事故"时空"，也就导致了事故的发生。

值得注意的是，许多情况下人与物又互为因果。例如，有时物的不安全状态诱发了人的不安全行为，而人的不安全行为又促进了物的不安全状态的发展或导致新的不安全状态出现。因而，实际的事故并非简单地按照上述的人、物两条轨迹进行，而是呈现非常复杂的因果关系。

若设法排除机械设备或处理危险物质过程中的隐患或者消除人为失误和不安全行为，使两事件链锁中断，则两系列运动轨迹不能相交，危险就不能出现，就可避免事故发生。

对人的因素而言，强调工种考核，加强安全教育和技术培训，进行科学的安全管理，从生理、心理和操作管理上控制人的不安全行为的产生，就等于砍断了事故产生的人的因素轨迹。但是，对自由度很大且身心性格气质差异较大的人是难以控制的，偶然失误很难避免。

在多数情况下，由于企业管理不善，使工人缺乏教育和训练，或者机械设备缺乏维护检修以及安全装置不完备，导致了人的不安全行为或物的不安全状态。

轨迹交叉理论突出强调的是砍断物的事件链，提倡采用可靠性高、结构完整性强的系统和设备，大力推广保险系统、防护系统和信号系统及高度自动化和遥控装置。这样，即使人为失误，构成人的因素1）→5）系列，也会因安全闭锁等可靠性高的安全系统的作用，控制住物的因素1）→5）系列的发展，可完全避免伤亡事故的发生。

一些领导和管理人员总是错误地把一切伤亡事故归咎于操作人员"违章作业"；实际上，人的不安全行为也是由于教育培训不足等管理欠缺造成的。管理的重点应放在控制物的不安全状态上，即消除"起因物"，当然就不会出现"施害物"，"砍断"物的因素运动轨迹，使人与物的轨迹不相交叉，事故即可避免。

实践证明，消除生产作业中物的不安全状态，可以大幅度地减少伤亡事故的发生。

4. 管理失误论

这一事故致因模型侧重研究管理上的责任，强调管理失误是构成事故的主要原因。

事故的直接原因是人的不安全行为和物的不安全状态。但是，造成"人失误"和"物故障"的直接原因却常常是管理上的缺陷。后者虽是间接原因，但它却是背景因素，而常又是发生事故的本质原因。

人的不安全行为可以促成物的不安全状态；而物的不安全状态又会在客观上造成人之所以有不安全行为的环境条件（如图6－4间断线所示）。

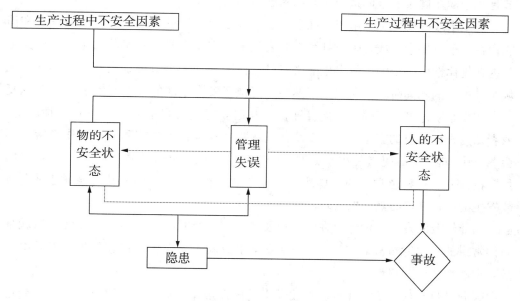

图6－4 管理失误为主因的事故模型

"隐患"来自物的不安全状态，即危险源，而且和管理上的缺陷或管理人失误共同偶合才能形成；如果管理得当，及时控制，变不安全状态为安全状态，则不会形成隐患。

客观上一旦出现隐患，主观上又有不安全行为，就会立即显现为伤亡事故。

认识事故致因系统和建设安全管理系统是辨证统一的。对事故致因系统要素的认识是建立在大量血的教训之上的，是被动和滞后的认知，却对安全管理系统的建设具有超前的和预警的意义；安全管理系统的建设是通过针对性地打破或改变事故致因要素诱因的条件或环境来保障安全的方法和措施，是建立在更具理性和科学性的安全原理指导下的实践。

因此，安全风险管理中，监理工程师除了要对事故致因系统要素有效、充分地了解外，还应对现代安全管理的基本理论和原理进行必要学习和掌握，这对定位监

二、安全风险评价

现代安全管理的目的是预防事故的发生，控制和减少事故发生所带来的危害。系统安全理论认为，危险源是导致事故的根源，系统之所以发生事故，是由于系统中危险源的存在。在建立和实施职业健康安全管理体系的过程中，按照《职业健康安全管理体系—规范》GB/T 28001—2011 的要求，组织应辨识自身活动的所有危险源，并对危险源进行风险评价，以策划出对职业健康安全风险的控制措施。这个环节是整个职业健康安全体系的核心和基础。

安全事故的发生都是由于存在事故要素并孕育发展的结果，在未及时发现和消除存在的事故要素，或者阻止其孕育和发展的情况下，则事故必将发生，这就是由其内在规律性所决定的事故发生的必然性。由于相同的事故要素会存在于不同的区域及其过程的不同阶段，所以其必然性又形成了安全事故的多发（常发）性和反复性。在安全防范意识不强、不能警钟长鸣和居安思危（可能发生事故）的情况下，或者认为根据当时的安全工作、安全作业条件、安全技术措施和安全工作经验"不会""不可能""不应当"出事故时，一旦出了事故，就会产生"意外"或者"偶然"的感觉。这种感觉上的"偶然性"和"意外性"，其实都是没有很好地掌握事故发生的内在规律必然性的表现。

当能够及时发现和消除存在的事故要素，或者及时阻止其孕育和发展（这就是我们常讲的"消除事故隐患"）时，则安全事故就不会发生，这就是生产安全事故的可预防性或可防止性。

因此，只有认真研究和掌握事故发生的内在规律，对安全风险进行评价，制订实施预控措施，才能更有效地确保生产安全和防止事故的发生。

（一）定义与术语

1. 安全和危险

安全和危险是一对互为存在前提的术语。

安全是指不会发生损失或伤害的一种状态。安全的实质就是防止事故，消除导致死亡、伤害、急性职业危害及各种财产损失发生的条件。

危险则反之，是指易于受到损害或伤害的一种状态。例如，在生产过程中存在导致灾害性事故的人的误判断、误操作、违章作业，设备缺陷，安全装置失效，防护器具故障，作业不对方法及作业环境不良等危险因素。危险因素与危险之间存在因果关系。

2. 危险、有害因素

危险、有害因素是指能产生或增加损失或伤害的频率和程度的条件或因素，是意外或偶发事件发生的潜在原因，是造成损失或伤害的内在或间接原因。

3. 事故

事故是指造成人员死亡、伤害、职业病、财产损失或其他损失的意外或偶发事件，也即人们在实现其目的的行动过程中，突然发生迫使暂停或永远终止其行动目的的意外或偶发事件。事故是由一种或几种危险因素相互作用导致的，造成人员死亡、伤害、职业危害及各种财产损失的事件都属于事故。这些事件是事故的外在原因或直接原因。事故的发生是由于管理失误、人的不安全行为和不安全状态及环境因素等造成的。

4. 损失

损失是指非环境的、非计划的或非预期的经济价值的减少。一般可分为直接损失和间接损失两种。

5. 风险

风险，在现行国家标准《职业健康安全管理体系　规范》GB/T 28001—2011 中被定义为"某一特定危险情况发生的可能性和后果的组合"；《建设工程项目管理规范》GB/T 50326—2006 对项目风险的定义是"通过调查、分析、论证，预测其发生频率、后果很可能使项目发生损失的未来不确定性因素"。鉴于后者的范畴更为宽泛，包含了安全生产风险在内，本书仅在前者的风险范围内予以展开。

6. 安全风险

安全风险是危险、危害事故发生的可能性与其所造成损失的严重程度的综合度量。

7. 危险源

危险源是指可能导致死亡、伤害、职业病、财产损失、工作环境破坏或这些情况组合的根源或状态。在《职业健康安全管理体系　要求》GB/T 28001—2011 中的定义为："可能导致人身伤害和（或）健康损害的根源、状态或行为，或其组合"。危险源由三个要素构成：潜在危险性、存在条件和触发因素。

8. 安全系统工程

安全系统工程是指以预测和预防事故为中心，以识别、分析、评价和控制系统风险为重点，开发、研究出来的安全理论和方法体系。它将工程和系统的安全问题作为一个整体，作为对整个工程目标系统所实施的管理活动的一个组成部分，应用科学的方法对构成系统的各个要素进行全面分析，判明各种状态下危险因素的特点及其可能导致的灾害性后果，通过定性和定量分析对系统的安全性作出预测和评价，将系统安全风险降低至可接受的程度。

安全系统工程涉及两个系统对象：事故致因系统和安全管理系统。事故致因系统涉及四个要素，通常称"4M"要素：人（Men），人的不安全行为是事故产生的最直接因素；机（Machine），机器的不安全状态也是事故的直接因素；环境（Medium），不良的生产环境影响人的行为，同时对机械设备安全产生不良作用；管理（Management），管理的缺欠。安全管理系统的要素是：人，人的安全素质（心理与生理素质、安全能力素质、文化素质）；物，设备和环境的安全可靠性（设计安全性、制造安全性、使用安全性）；能量，生产过程中能量的安全作用（能量的有效控制）；信息，充分可靠的安全系统（管理能效的充分发挥）。

9. 安全风险评价

安全风险评价是利用系统工程方法对拟建或已有工程、系统可能存在的危险性及其可能产生的后果进行综合评价和预测，并根据可能导致的事故风险大小，提出相应的安全对策、措施，以达到工程、系统安全的过程。

安全风险评价的目的是应用安全系统工程原理和方法，对工程、系统中存在的危险、有害因素进行查找、识别和分析，判断工程、系统发生事故和急性职业危害的可能性及其严重程度，提出合理、可行的安全对策、措施，指导危险源监控和事故预防，以达到最低事故率、最小损失和最优的安全投资效益，为工程、系统制订防范措施和管理决策提供科学依据。

（二）危险源的分类

在一般情况下，对危险因素和有害因素不加以区分，统称为危险、有害因素。危险、有害因素主要是指客观存在的危险、有害物质或能量超过一定限值的设备、设施和场所，也就是所谓危险源。

尽管危险、有害因素各有其表现形式，但从本质上讲，造成危险、有害的后果的原因无非是：存在危险、有害的物质或能量（称为第一类危险源）；危险、有害的物质或能量可能失去控制（称为第二类危险源），导致危险、有害物质的泄漏、散发或能量的意外释放。因此，存在危险、有害物质或能量和危险、有害物质或能量失去控制是危险、有害因素转换为事故的根本原因。

一起事故的发生往往是两类危险源共同作用的结果所造成的。两类危险源相互关联、相互依存。第一类危险源的存在是事故发生的前提，在事故发生时释放出的危险、有害物质或能量是导致人员伤害或财物损坏的主体，决定事故后果的严重程度；第二类危险源是第一类危险源造成事故的必要条件，决定事故发生的可能性。因此，危险源识别的首要任务是识别第一类危险源，在此基础上再识别第二类危险源。

危险源的分类是为了便于对危险源进行识别和分析，危险源的分类方法有多种。

1. 按诱发危险、有害因素失控的条件分类

危险、有害物质和能量失控主要体现在人的不安全行为、物的不安全状态和管理缺陷等 3 个方面。

在《企业职工伤亡事故分类》GB 6441—1986 中，将人的不安全行为分为操作失误、造成安全装置失效、使用不安全设备等 13 大类；将物的不安全状态分为防护、保险、信号等装置缺乏或有缺陷；设备、设施、工具、附件有缺陷；个人防护用品、用具缺少或有缺陷；以及生产（施工）场地环境不良等四大类。人的不安全行为和物的不安全状态分类见表 6 – 3 和表 6 – 4。

表 6 – 3　人的不安全行为

分类号	分类	分类号	分类
01	操作错误、忽视安全、忽视警告	05	物体（指成品、半成品、材料、工具、切屑和生产用品等）存放不当
01.1	未经许可开动、关停、移动机器	06	冒险进入危险场所
01.2	开动、关停机器时未给信号	06.1	冒险进入涵洞
01.3	开关未锁紧，造成意外转动、通电或泄漏等	06.2	接近漏料处（无安全设施）
01.4	忘记关闭设备	06.3	采伐、集材、运材、装车时，未离危险区
01.5	忽视警告标志、警告信号	06.4	未经安全监察人员允许进入油罐或井中
01.6	操作错误（指按钮、阀门、扳手、把柄等的操作）	06.5	未"敲帮问顶"开始作业
01.7	奔跑作业	06.6	冒进信号
01.8	供料或送料速度过快	06.7	调车场超速山下车
01.9	机器超速运转	06.8	易燃易爆场合明火
01.10	违章驾驶机动车	06.9	私自搭乘矿车
01.11	酒后作业	06.10	在绞车道行车
01.12	客货混载	06.11	未及时瞭望
01.13	冲压机作业时，手伸进冲压模	07	攀、坐不安全位置（如平台护栏、汽车挡板、吊车吊钩）
01.14	工作坚固不牢	08	在起吊物下作业、停留
01.15	用压缩空气吹铁屑	09	机器运转时加油、修理、检查、调整、焊接、清扫等工作
01.16	其他	10	有分散注意力行为
02	造成安全装置失效	11	在必须使用个人防护用品用具的作业或场合中，忽视其使用
02.1	拆除了安全装置	11.1	未戴护目镜或面罩
02.2	安全装置堵塞、失掉了作用	11.2	未戴防护手套
02.3	调整的错误造成安全装置失效	11.3	未穿安全鞋
02.4	其他	11.4	未戴安全帽
03	使用不安全设备	11.5	未佩戴呼吸护具
03.1	临时使用不牢固的设施	11.6	未佩戴安全带

分类号	分类	分类号	分类
03.2	使用无安全装置的设备	11.7	未戴工作帽
03.3	其他	11.8	其他
04	手代替工具操作	12	不安全装束
04.1	用手代替手动工具	12.1	在有旋转零件的设备旁作业穿过肥大服装
04.2	用手清除切屑	12.2	操纵带有旋转零部件的设备时戴手套
04.3	不用夹具固定、用手拿工件进行机加工	13	对易然、易爆等危险物品处理错误

表6-4　物的不安全状态

分类号	分类	分类号	分类
01	防护、保险、信号等装置缺乏或有缺陷	02.3.2	超负荷运转
01.1	无防护	02.3.3	其他
01.1.1	无防护罩	02.4	维修、调正不良
01.1.2	无安全保险装置	02.4.1	设备失修
01.1.3	无报警装置	02.4.2	地面不平
01.1.4	无安全标志	02.4.3	保养不当、设备失灵
01.1.5	无护栏或护栏损坏	02.4.4	其他
01.1.6	（电气）未接地	03	个人防护用品、用具——防护服、手套、护目镜及面罩、呼吸器官护具、听力护具、安全带、安全帽、安全鞋等缺少或有缺陷
01.1.7	绝缘不良	03.1	无个人防护用品、用具
01.1.8	局扇无消声系统、噪声大	03.2	所用防护用品、用具不符合安全要求
01.1.9	危房内作业	04	生产（施工）场地环境不良
01.1.10	未安装防止"跑车"的挡车器或挡车栏	04.1	照明光线不良
01.1.11	其他	04.1.1	照度不足
01.2	防护不当	04.1.2	作业场地烟雾尘弥漫，视物不清
01.2.1	防护罩未在适应位置	04.1.3	光线过强
01.2.2	防护装置调整不当	04.2	通风不良
01.2.3	坑道掘进、隧道开凿支撑不当	04.2.1	无通风
01.2.4	防爆装置不当	04.2.2	通风系统效率低
01.2.5	采伐、集材作业安全距离不够	04.2.3	风流短路
01.2.6	爆破作业隐蔽所有缺陷	04.2.4	停电停风时爆破作业
01.2.7	电气装置带电部分裸露	04.2.5	瓦斯排放未达到安全浓度爆破作业
01.2.8	其他	04.2.6	瓦斯超限
02	设备、设施、工具、附件有缺陷	04.2.7	其他
02.1	设计不当，结构不符合安全要求	04.3	作业场所狭窄
02.1.1	通道门遮挡视线	04.4	作业场地杂乱

分类号	分类	分类号	分类
02.1.2	制动装置有缺陷	04.4.1	工具、制品、材料堆放不安全
02.1.3	安全间距不够	04.4.2	采伐时，未开"安全道"
02.1.4	拦车网有缺陷	04.4.3	迎门树、坐殿树、搭挂树未作处理
02.1.5	工件有锋利毛刺、毛边	04.4.4	其他
02.1.6	设施上有锋利倒棱	04.5	交通线路的配置不安全
02.1.7	其他	04.6	操作工序设计或配置不安全
02.2	强度不够	04.7	地面滑
02.2.1	机械强度不够	04.7.1	地面有油或其他液体
02.2.2	绝缘强度不够	04.7.2	冰雪覆盖
02.2.3	起吊重物的绳索不符合安全要求	04.7.3	地面有其他易滑物
02.2.4	其他	04.8	贮存方法不安全
02.3	设备在非正常状态下运行	04.9	环境温度、湿度不当
02.3.1	设备带"病"运转		

管理缺陷方面可参考以下分类：

（1）对物（含作业环境）性能控制的缺陷，如设计、监测和不符合处置方面要求的缺陷。

（2）对人的失误控制的缺陷，如教育、培训、指示、雇佣选择、行为监测方面的缺陷。

（3）工艺过程、作业程序的缺陷，如工艺、技术错误或不当，无作业程序或作业程序有错误。

（4）用人单位的缺陷，如人事安排不合理、负荷超限、无必要的监督和联络、禁忌作业等。

（5）对来自相关方（供应商、承包商等）的风险管理的缺陷，如合同签订、采购等活动中忽略了安全健康方面的要求。

（6）违反安全人机工程原理，如使用的机器不适合人的生理或心理特点。此外一些客观因素，如温度，湿度，风、雨、雪，照明，视野，噪声，振动，通风换气，色彩等也会引起设备故障或人员失误，是导致危险、有害物质和能量失控的间接因素。

2. 按导致事故和职业危害的直接原因进行分类

根据《生产过程危险和有害因素分类与代码》GB/T 13861—2009 的规定，将生产过程中的危险、有害因素分为 6 类。此种分类方法所列的危险、有害因素具体、详细、科学合理，适用于安全管理人员对危险源识别和分析，经过适当的选择、调整后，可作为危险源提示表使用。

（1）理性危险、有害因素。

1）设备、设施缺陷，如强度不够、刚度不够、稳定性差、密封不良、应力集中、外形缺陷、外露运动部件缺陷、制动器缺陷、控制器缺陷、设备、设施的其他缺陷等；

2）护缺陷，如无防护、防护装置和设施缺陷、防护不当、支撑不当、防护距离不够及其他防护缺陷等；

3）电危害，如带电部位裸露、漏电、雷电、静电、电火花及其他电危害等；

4）噪声危害，如机械性噪声、电磁性噪声、流体动力性噪声及其他噪声等；

5）振动危害，如机械性振动、电磁性振动、流体动力性振动及其他振动等；

6）电磁辐射，如电离辐射，包括 X 射线、γ 射线、α 粒子、β 粒子、质子、中子、高能电子束等；非电离辐射，包括紫外线、激光、射频辐射、超高压电场等；

7）运动物危害，如固体抛射物、液体飞溅物、反弹物、岩土滑动、料堆垛滑动、气流卷动、冲击地压及其他运动物危害等；

8）明火；

9）能造成灼伤的高温物质，如高温气体、固体、液体及其他高温物质等；

10）能造成冻伤的低温物质，如低温气体、固体、液体及其他低温物质等；

11）粉尘与气溶胶，不包括爆炸性、有毒性粉尘与气溶胶；

12）作业环境不良，如基础下沉、安全过道缺陷、采光照明不良、有害光照、通风不良、缺氧、空气质量不良、给排水不良、涌水、强迫体位、气温过高或过低、气压过高或过低、高温高湿、自然灾害及其他作业环境不良等；

13）信号缺陷，如无信号设施、信号选用不当、信号位置不当、信号不清、信号显示不准及其他信号缺陷等；

14）标志缺陷，如无标志、标志不清楚、标志不规范、标志选用不当、标志位置缺陷及其他标志缺陷等；

15）其他物理性危险、有害因素。

（2）化学性危险、有害因素。

1）易燃、易爆性物质，如易燃、易爆性气体、液体、固体，易燃、易爆性粉尘与气溶胶及其他易燃、易爆性物质等；

2）自燃性物质；

3）有毒物质，如有毒气体、液体、固体，有毒粉尘与气溶胶及其他有毒物质等；

4）腐蚀性物质，如腐蚀性气体、液体、固体及其他腐蚀性物质等；

5）其他化学性危险、有害因素。

（3）生物性危害危险、有害因素。

1）致病微生物，如细菌、病毒及其他致病性微生物等；

2）传染病媒介物；

3）致害动物；

4）致害植物；

5）其他生物性危险、有害因素。

（4）心理、生理性危险、有害因素。

1）负荷超限，如体力、听力、视力及其他负荷超限；

2）健康状况异常；

3）从事禁忌作业；

4）心理异常，如情绪异常、冒险心理、过度紧张及其他心理异常；

5）辨识功能缺陷，如感知延迟、辨识错误及其他辨识功能缺陷；

6）其他心理、生理性危害因素。

（5）行为性危险、有害因素

1）指挥错误，如指挥失误、违章指挥及其他指挥错误；

2）操作错误，如误操作、违章作业及其他操作错误；

3）监护错误；

4）其他错误；

5）其他行为性危险、有害因素。

（6）其他危险、有害因素。

1）搬举重物；

2）作业空间；

3）工具不合适；

4）标志不清。

3. 按引起的事故类型分类

参照《企业职工伤亡事故分类》GB 6441—1986，综合考虑事故的起因物、致害物、伤害方式等特点，将危险源及危险源造成的事故分为16类。此种分类方法所列的危险源与企业职工伤亡事故处理调查、分析、统计、职业病处理及职工安全教育的口径基本一致，也易于接受和理解，便于实际应用。

（1）物体打击，是指落物、滚石、锤击、碎裂崩块、碰伤等伤害，包括因爆炸而引起的物体打击；

（2）车辆伤害，是指企业机动车辆在行驶中引起的人体坠落和物体倒塌、飞落、挤压、伤亡事故，不包括起重设备提升、牵引车辆和车辆停驶时发生的事故；

（3）机械伤害，是指机械设备运动（静止）部件、工具、加工件直接与人体接触引起的夹击、碰撞、剪切、卷入、绞、碾、割、刺等伤害，不包括车辆、起重机械引起的机械伤害；

（4）起重伤害，是指各种起重作用（包括起重机安装、检修、试验）中发生的挤压、坠落、（吊具、吊重）物体打击和触电等伤害；

（5）触电，包括雷击伤害；

（6）淹溺，包括高处坠落淹溺，不包括矿山、井下透水淹溺；

（7）灼烫，是指火焰烧伤、高温物体烫伤、化学灼伤（酸、碱、盐、有机物引起的体内外灼伤）、物理灼伤（光、放射性物质引起的体内外灼伤），不包括电灼伤和火灾引起的烧伤；

（8）火灾；

（9）高处坠落，是指在高处作业中发生坠落造成的伤亡事故，不包括触电坠落事故；

（10）坍塌，是指物体在外力或重力作用下，超过自身的强度极限或因结构稳定性破坏而造成的事故，如挖沟时的土石塌方、脚手架坍塌、堆置物倒塌等，不适用于矿山冒顶片帮和车辆、起重机械、爆破引起的坍塌；

（11）放炮，是指爆破作业中发生的伤亡事故；

（12）火药爆炸，是指生产、运输、储藏过程中发生的爆炸；

（13）化学性爆炸，是指可燃性气体、粉尘等与空气混合形成爆炸性混合物，接触引爆能源时，发生的爆炸事故（包括气体分解、喷雾爆炸）；

（14）物理性爆炸，包括锅炉爆炸、容器超压爆炸、轮胎爆炸等；

（15）中毒和窒息，包括中毒、缺氧窒息、中毒性窒息；

（16）其他伤害，是指除上述以外的危险因素，如摔、扭、挫、擦、刺、割伤和非机动车碰撞、轧伤等。矿山、井下、坑道作业还有冒顶片帮、透水、瓦斯爆炸危险因素。

4. 按职业健康分类

参照卫生部、劳动与社会保障部、总工会等颁发的《职业病范围和职业病患者处理办法的规定》和《职业病目录》，危险源可分为生产性粉尘、毒物、噪声和振动、高温、低温、辐射（电离辐射、非电离辐射）及其他危险、有害因素七类。

（三）危险源的识别

1. 危险源识别的方法

识别施工现场危险源方法有许多，如现场调查、工作任务分析、安全检查表、危险与可操作性研究、事件树分析、故障树分析等，现场调查法是安全管理人员采取的主要方法。

（1）现场调查方法。通过询问交谈、现场观察、查阅有关记录，获取外部信息，并加以分析、研究，可识别有关的危险源。

（2）工作任务分析。通过分析施工现场人员工作任务中所涉及的危害，可识别出有关的危险源。

（3）安全检查表。运用编制好的安全检查表，对施工现场和工作人员进行系统的安全检查，可识别出存在的危险源。

（4）危险与可操作性研究。危险与可操作性研究是一种对工艺过程中的危险源实行严格审查和控制的技术。它是通过指导语句和标准格式寻找工艺偏差，以识别系统存在的危险源，并确定控制危险源风险的对策。

（5）事件树分析。事件树分析是一种从初始原因事件起，分析各环节事件"成功（正常）"或"失败（失效）"的发展变化过程，并预测各种可能结果的方法，即时逻辑分析判断方法。应用这种方法，通过对系统各环节事件的分析，可识别出系统的危险源。

（6）故障树分析。故障树分析是一种根据系统可能发生的或已经发生的事故结果，去寻找与事故发生有关的原因、条件和规律。通过这样一个过程分析，可识别出系统中导致事故的有关危险源。

上述几种危险源识别方法从着眼点和分析过程上，都有其各自特点，也有各自的适用范围或局限性。因此，安全管理人员在识别危险源的过程中，往往使用一种方法，还不足以全面地识别其所存在的危险源，必须综合地运用两种或两种以上方法。

2. 危险源辨识的步骤

危险源辨识的步骤可分为以下几步：

（1）划分作业活动；

（2）危险源辨识；

（3）风险评价；

（4）判断风险是否容许；

（5）制订风险控制措施计划。

3. 危险源识别应注意的事项

（1）应充分了解危险源的分布。

1）从范围上讲，应包括施工现场内受到影响的全部人员、活动与场所，以及受到影响的社区、排水系统等，也包括分包商、供应商等相关方的人员、活动与场所可施加的影响。

2）从状态上，应考虑以下三种状态：正常状态，指固定、例行性且计划中的作业与程序；异常状态，指在计划中，但不是例行性的作业；紧急状态，指可能或已发生的紧急事件。

3）从时态上，应考虑以下三种时态：过去，以往发生或遗留的问题；现在，现在正在发生的，并持续到未来的问题；将来，不可预见什么时候发生且对安全和环境造成较大的影响。

4）从内容上，应包括涉及所有可能的伤害与影响，包括人为失误，物料与设备过期、老化、性能下降造成的问题。

（2）弄清危险源伤害与影响的方式或途径。

（3）确认危险源伤害与影响的范围。

（4）要特别关注重大危险源与重大环境因素，防止遗漏。

（5）对危险源与环境因素保持高度警觉，持续进行动态识别。

（6）充分发挥全体员工对危险源识别的作用，广泛听取意见和建议。

依据作业活动信息，对照危害的分类，可以发现存在如下危害：

（1）物的不安全状态：设计不良，例如高压线距建筑物过近。

（2）人的不安全行动。

1）不采取安全措施：钢管距高压线过近而未采取隔离措施；

2）不按规定的方法操作：把立杆往斜上方拉；

3）使用保护用具的缺陷：不穿安全服装。

（3）作业环境的缺陷：工作场所间隔不足。

（4）安全管理的缺陷。

1）没有危险作业的作业程序；

2）作业组织不合理；

3）人事安排不合理：工人不具备安全生产的知识和能力；

4）从事危险作业任务而无现场监督。

在上述危险源中，（1）、（3）两点是"先天"造成的，而其余的危害是可以避免的。

（四）事故五要素及事故的组合

1. 引发事故的五个基本因素及其存在或表现形式

不安全状态、不安全行为、起因物、致害物和伤害方式是引发生产安全事故的五个基本因素，简称"事故五要素"，其定义与存在或表现形式分述如下：

（1）不安全状态。在建设工程施工中存在的不安全状态，是指在施工场所和作业项目之中存有事故的起因物和致害物，或者能使起因物和致害物起作用（造成事故和伤害）的状态。

施工场所状态为施工场所提供的工作（作业）与生活条件的状态，包括涉及安全要求的场地（地面、地下、空中）、周围环境、原有和临时设施以及使用安排状态；作业项目状态为分部分项工程进行施工时的状态，包括施工中的工程状态，脚手架、模板和其他施工设施的设置状态和各项施工作业的进行状态等。

一般来说，凡是违反或者不符合安全生产法律、法规，工程建设标准和企业（单位）安全生产制度规定的状态，都是不安全状态。但建设工程安全生产法律、法规、标准和制度没有或未予规定的状态，也会成为不安全状态。因此，应当针对具体的工程条件、现场安排和施工措施情况，研究、认识可能存在的不安全状态，并及时予以排除。

不安全状态有 4 个属性：事故属性（属于何种事故）、场所属性（在何种场所存在）、状态属性（属于何种状态）和作业属性（属于何种施工作业项目），并可按这 4 个属性划分相应不安全状态的类型，列入表 6-5 中。从表中可以看出，4 种划分方法从 4 个不同的侧面反映出不安全状态的存在与表现形式，且在它们之间存在着相互补充、交叉、渗透、作用和影响的关系。由于其中的任何一个侧面都不能全面和完整地反映出在建筑施工中可能存在的不安全状态，因此，不应只按一种划分去研究和把握，而应将其综合起来，并根据主管工作的范围有所重点地去实施管理（即消除不安全状态的安全管理工作），使相应的侧面成为主要负责人、管理部门和有关管理人员分抓的重点，或者作为企业（单位）在某一时期、某一工程项目、某一施工场所或某种作业的安全生产工作中的重点。

一般情况下，负责全面工作的企业主要负责人和大的、综合性工程项目负责人，宜以其事故属性为主（为核心）并兼顾其他属性抓好消除不安全状态的工作；企业安全管理部门和从事安全措施技术与设计工作的人员宜以其状态属性为主，兼顾其他属性做好相应工作；而现场管理和施工指挥人员则应以其场所和作业属性并兼顾其他属性做好工作。所谓"兼顾"，就是将主抓属性中未能涉及的或直接涉及的其他属性的项目与要求考虑进来。

表 6-5　建筑施工不安全状态的类型

划分方法（不同属性）	不安全状态的类型
按引发事故的类型划分（事故属性）	（1）引发坍塌和倒塌事故的不安全状态；（2）引发倾倒和倾翻事故的不安全状态；（3）引发冒水、透水和塌陷事故的不安全状态；（4）引发触电事故的不安全状态；（5）引发断电和其他电气事故的不安全状态；（6）引发爆炸事故的不安全状态；（7）引发火灾事故的不安全状态；（8）引发坠落事故的不安全状态；（9）引发高空落物伤人事故的不安全状态；（10）引发起重安装事故的不安全状态；（11）引发机械设备事故的不安全状态；（12）引发物击事故的不安全状态；（13）引发中毒和窒息事故的不安全状态；（14）引发其他事故的不安全状态
按施工场所的安全条件划分（场所属性）	（1）现场周边围挡防护的不安全状态；（2）周边毗邻建筑、通道保护的不安全状态；（3）对现场内原高压线和地下管线保护的不安全状态；（4）现场功能区块划分及设施情况的不安全状态；（5）现场场地和障碍物处理的不安全状态；（6）现场道路、排水和消防设施设置的不安全状态；（7）现场临时建筑和施工设施设置的不安全状态；（8）现场施工临电线路、电气装置和照明设置的不安全状态；（9）洞口、通道口、楼电梯口和临边防护设施的不安全状态；（10）现场警戒区和警示牌设置的不安全状态；（11）深基坑、深沟槽和毗邻建（构）筑物坑槽开挖场所的不安全状态；（12）起重吊装施工区域的不安全状态；（13）预应力张拉施工区域的不安全状态；（14）试压和高压作业区域的不安全状态；（15）安装和拆除施工区域的不安全状态；（16）整体式施工设施升降作业区域的不安全状态；（17）爆破作业安全警戒区域的不安全状态；（18）特种和危险作业场所的不安全状态；（19）生活区域、设备及材料存放区域设置的不安全状态；（20）其他的场所不安全状态
按设置和工作状态划分（状态属性）	（1）施工用临时建筑自身结构构造和设置中的不安全状态；（2）脚手架、模板和其他支架结构构造和设置中的不安全状态；（3）施工中的工程结构、脚手架、支架等承受施工荷载的不安全状态；（4）附着升降脚手架、滑模、提模等升降式施工设施在升降和固定工况下的不安全状态；（5）塔式起重机、施工升降机、垂直运输设施（井架、泵送混凝土管道等）设置的不安全状态；（6）起重、垂直和水平运输机械工作和受载的不安全状态；（7）现场材料、模板、机具和设备堆（存）放的不安全状态；（8）易燃、易爆、有毒材料保管的不安全状态；（9）缺氧、有毒（气）作业场所安全保障和监控措施设置的不安全状态；（10）高处作业、水下作业安全防护措施设置的不安全状态；（11）施工机械、电动工具和其他施工设施安全防护、保险装置设置的不安全状态；（12）坑槽上口边侧土方堆置的不安全状态；（13）采用新工艺、改变工程结构正常形成程序措施执行中的不安全状态；（14）施工措施执行中出现某种问题和障碍时所形成的不安全状态；（15）其他设置和工作状态中的不安全状态
按施工作业划分（作业属性）	（1）立体交叉作业的不安全状态；（2）夜间作业的不安全状态；（3）冬期、雨期、风期作业的不安全状态；（4）应急救援作业的不安全状态；（5）爆破作业的不安全状态；（6）降水、排水、堵漏、止流沙、抗滑坡作业的不安全状态；（7）土石方挖掘和运输作业的不安全状态；（8）材料、设备、物品装卸作业的不安全状态；（9）洞室作业的不安全状态；（10）起重和安装作业的不安全状态；（11）整体升降作业的不安全状态；（12）拆除作业的不安全状态；（13）电气作业的不安全状态；（14）电热法作业的不安全状态；（15）电、气焊作业的不安全状态；（16）洞室、压力容器和狭窄场地作业的不安全状态；（17）高处和架上作业的不安全状态；（18）预应力作业的不安全状态；（19）脚手架、支架装拆作业的不安全状态；（20）模板及支架装拆作业的不安全状态；（21）钢筋加工和安装作业的不安全状态；（22）试验作业的不安全状态；（23）水平和垂直运输作业的不安全状态；（24）顶进和整体移位作业的不安全状态；（25）深基坑支护作业的不安全状态；（26）混凝土浇筑作业的不安全状态；（27）维修、检修作业的不安全状态；（28）水上、水下作业的不安全状态；（29）其他作业的不安全状态

消除不安全状态的工作关系示意图如图6-5所示。

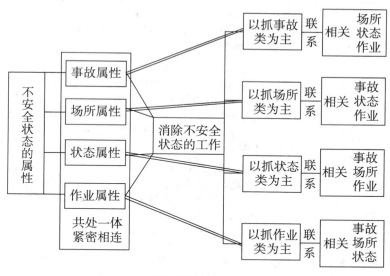

图6-5 消除不安全状态的工作关系

（2）不安全行为。在建筑工程施工中存在的不安全行为，是指在施工作业中存在的违章指挥、违章作业，以及其他可能引发和招致生产安全事故发生的行为。

不安全行为可以分成以下4类：

1）违章指挥。在施工作业中，违反安全生产法律、法规，工程建设和安全技术标准，安全生产制度和规定的指挥。

2）违章作业。违反安全生产法律、法规、标准、制度和规定的作业。

3）其他主动性不安全行为。其他由当事人发出的不安全行为。

4）其他被动性不安全行为。当事人缺乏自我保护意识和素质的行为（会受到伤害物或主动不安全行为的伤害）。

其中的"其他主动性不安全行为"包括违反上岗身体条件、违反上岗规定和不按规定使用安全护品等三种行为，故共有六种（类）不安全行为，列入表6-6中。

表6-6 常见不安全行为的表现形式

类别	常见表现形式
违反上岗身体条件规定	（1）患有不适合从事高空和其他施工作业相应的疾病（精神病、癫痫病、高血压、心脏病等）；（2）未经过严格的身体检查，不具备从事高空、井下、高温、高压、水下等相应施工作业规定的身体条件；（3）妇女在经期、孕期、哺乳期间从事禁止和不适合的作业；（4）未成年工从事禁止和不适合的作业；（5）疲劳作业和带病作业；（6）情绪异常状态下作业

类别	常见表现形式
违反上岗规定	（1）无证人员从事需证岗位作业；（2）非定机、定岗人员擅自操作；（3）单人在无人辅助、轮换和监护情况下进行高、深、重、险等不安全作业；（4）在无人监管电闸的情况下从事检修、调试高压、电气设备作业；（5）在无人辅助拖线情况下从事宜扯断动力线的电动机具作业
不按规定使用安全护品	（1）进入施工现场不戴安全帽、不穿安全鞋；（2）高空作业不佩挂安全带或挂置不可靠；（3）进行高压电气作业或在雨天、潮湿环境中进行有电作业不使用绝缘护品；（4）进入有毒气环境作业不使用防毒用具；（5）电气焊作业不使用电焊帽、电焊手套、防护镜；（6）在潮湿环境不使用安全（电压）灯和在有可燃气体环境作业不使用防爆灯；（7）水上作业不穿救生衣；（8）其他不使用相应安全护品的行为
违章指挥	（1）在作业条件未达到规范、设计和施工要求的情况下，组织和指挥施工；（2）在已出现不能保证作业安全的天气变化和其他情况时，坚持继续进行施工；（3）在已发现事故隐患或不安全征兆、未予消除和排除的情况下继续指挥冒险施工；（4）在安全设施不合格，工人未使用安全护品和其他安全施工措施不落实的情况下，强行组织和指挥施工；（5）违反有关规范规定（包括修改、降低或取消）的指挥；（6）违反施工方案和技术措施的指挥；（7）在施工中出现异常情况时，作出了不当的处置（可能导致出现事故或使事态扩大）决定；（8）在技术人员、安全人员和工人提出对施工中不安全问题的意见和建议时，未予重视、研究并作出相应的处置，不顾安全地继续指挥施工
违章作业	（1）违反程序规定的作业；（2）违反操作规定的作业；（3）违反安全防（监）护规定的作业；（4）违反防爆、防毒、防触电和防火规定的作业；（5）使用带病机械、工具和设备进行作业；（6）在不具备安全作业条件下进行作业；（7）在已发现有事故隐患和征兆的情况下，继续进行作业
缺乏安全意识，不注意自我保护和保护他人的行为	（1）在缺乏安全警惕性的情况下发生的误扶、误入、误碰、误触、误食、误闻情况以及滑、跌、闪失、坠落的行为；（2）在作业中出现的工具脱手、物品飞溅掉落、碰撞和拖拉别人等行为；（3）在出现异常和险情时不及时通知别人的行为；（4）在前道工序中留下隐患而未予消除或转告下道工序作业者的行为

不安全行为在施工工地不同程度的存在，带有普遍性，常与其安全工作的环境氛围有关。当安全工作的环境氛围淡薄时，不安全行为就会大量存在和不断滋长。适于不安全行为存在和滋长的环境如下：

1）不正规的工程施工工地和施工队伍；

2）违法转包和建设费用缺口很大的工地；

3）领导不重视、安全无要求、安全工作无专人管理的工地；

4）无安全工作制度和安全工作岗位责任制度或者制度不健全的工地；

5）不按规定进行集中和日常安全教育培训的工地；

6）在一段时间内未出生产安全事故，思想麻痹、安全工作放松的工地。

因此，营造良好的安全工作氛围是减少和消除不安全行为存在和滋长的重要条件。

（3）事故的起因物、致害物和伤害方式。直接引发生产安全事故的物体（品），称为"起因物"；在生产安全事故中直接招致（造成）伤害发生的物体（品），称为"致害物"；致害物作用于被伤害者（人和物）的方式，称为"伤害方式"。

在某一特定的生产安全事故中，起因物可能是唯一的或者为多个。当有多个起因物存在时，按其作用情况会有主次和前后（序次）之分、组合和单独作用之分。在某一特定的伤害事故中，致害物也可能是一个或多个。在同一生产安全事故中，起因物和致害物可能是不同的物体（品）或同一物体（品）。

起因物和致害物的存在构成了不安全状态和安全（事故）隐患，如果不及时发现并消除它们，就有可能引发或发展成为事故。而一旦发生生产安全事故时，对起因物和致害物的分析确定工作，又是判定事故性质和确定事故责任的重要依据。

起因物和致害物的类别有两种划分方法：一种是按其自身的特征划分，见表6－7，表中同时注出了其变为起因物和致害物的条件；另一种是按其引发的事故划分，见表6－8，并分别列出了相应事故的起因物和致害物。

表6－7　按其自身特征划分的起因物和致害物

自身特征	可成为起因物和致害物的物体（品）
单件硬物	（1）工程结构件；（2）脚手架的杆（构）配件；（3）模板及其支撑件；（4）机械设备的传动件、工作件和其他零部件；（5）附着固定件；（6）支撑（顶）和拉结件；（7）围挡防护件；（8）底座和支垫件；（9）连（拼）平衡（配重）件；（10）安全限控、保险件；（11）平衡（配重）件；（12）电器；（13）吊具、索具和吊物；（14）梯笼、吊盘、吊斗；（15）手持和电动工具；（16）照明器材；（17）钢材、管件、铁件、铁钉及其他硬物件；（18）阀门和压力控制设备
线路管道	（1）电气线路；（2）控制线路和系统；（3）泵送混凝土管道；（4）煤汽和压缩空气管道；（5）氧气和乙炔气管道；（6）液压和油品管道；（7）压力水管道；（8）其他管线
机械设备	（1）塔吊和起重机械（具）；（2）土方机械；（3）运输车辆；（4）泵车；（5）搅拌机；（6）其他机械设备；（7）附着升降脚手架；（8）脚手架和支架；（9）生产和建筑设备；（10）整体提（滑、倒）升模板；（11）其他机械和整体式施工设施
易燃和危险物品	（1）易燃的材料、物品；（2）易爆的材料物品；（3）外露带电物体；（4）亚硝酸钠和其他有毒化学品；（5）一氧化碳、瓦斯和其他有毒气体；（6）炸药、雷管
作业场所、地物和地层状态	（1）高温、高湿作业环境；（2）密闭容器、洞室和狭窄、通风不畅作业环境；（3）地基；（4）毗邻开挖坑槽的房屋和墙体等地物；（5）涌水层、滑坡层、流沙层等不稳定地层；（6）临时施工设施；（7）挡水、挡土、护坡措施；（8）各种地面堆物
其他	（1）飓风、暴雨、大雪、雷电等恶劣和灾害天气；（2）突然停、断电；（3）爆炸的冲击波和抛射物；（4）地震作用；（5）其他突发的不可抗力事态
注释（成为起因物和致害物的诱发条件）	当表列物体（品）有以下情况之一时，就有可能成为事故的起因物、致害物：（1）本身的规格、材质和加工不符合标准（或规定）要求；（2）本身已发生变形、损伤或磨损；（3）设计缺陷；（4）安装和维修缺陷；（5）各种带病使用情况；（6）超额定状态（超载、超速、超位、超时等）或设计要求工作；（7）超检（维）修期工作；（8）出现各种不正常工作状态；（9）杆构件和零部件脱离正常工作位置；（10）出现变形、沉降和失衡状态；（11）发生超出设计考虑的意外事态；（12）任意改变施工方案和安全施工措施的规定；（13）出现不安全行为；（14）安全防（保）护措施和安全装置失效情况；（15）出现破断、下坠事态；（16）危险场所和危险作业的安全保障、监控工作不到位；（17）其他诱发条件

表 6-8 部分常见伤害事故的起因物和致害物

事故类型	起因物	致害物
物体（击）打击	由各种原因引起的同一落物、崩块、冲击物、滚动体、摆动体以及其他足以产生打击伤害的运动硬物	产生状态突变的模板、支撑、钢筋、块体材料和器具等，以及作业人员
	引发其他物体状态突变（弹出、倾倒、掉落、滚动、扭转等）的物体，如撬杠、绳索、拉曳物和障碍物等	
高处坠落	由于不当操作或其他原因造成失稳、倾倒、掉落并拖带施工人员发生高空坠落的手推车和其他器物	坠落的施工人员受自身重力运动伤害
	脚手架面未满铺脚手板，脚手架侧面和"临边"未按规定设防护	
	洞口、电梯口未加设盖板或其他覆盖物	
	失控掉落的梯笼和其他载人设备	
	高处作业未佩挂安全带	
机械和起重伤害	进行车、刨、钻、铣、锻、磨、镗加工时的工作部件	脱（飞）出的加工件
	未上紧的夹持件	
	没有、拆去或质量与装设不符合要求的安全罩	机械的转动和工作部件
	超重的吊物	失稳、倾翻的起重机
	软弱和受力不均衡的地基、支垫物	
	变形、破坏的吊具（架）	倾翻、掉落、折断、前冲的吊物
	破断、松脱、失控的索具	
	失控、失效的限控、保险和操作装置	失控的臂杆、起重小车，索具吊钩、吊笼（盘）和机械的其他部件
	滑脱、折断的撬杠	失控、倾翻、掉落的重物和安装物
	失稳、破坏的支架	
	启闭失控的料笼、容器	掉落、散落的材料、物品
	拴挂不平衡的吊索	严重摆动、不稳定回转和下落的吊物
	失控的回转和限速机构	
触电伤害	未加可靠保护、破皮损伤的电线、电缆	
	架空高压裸线	误触高压线的起重机臂杆和其他运动中的导电物体
	未设或设置不合格的接零（地）、漏电保护设施	带（漏）电的电动工具和设备
	未设门或未上锁的电闸箱	易发生误触的电器开关

事故类型	起因物	致害物
坍塌伤害	由流沙、涌水、沉陷和滑坡引起的塌方	坍落的土方、机械、车辆和堆物
	过高、过陡和基地不牢的堆置物	
	停于坑槽边的机械、车辆和过重堆物	
	没有或不符合要求的降水和支护措施	
	受坑槽开挖伤害的建（构）筑物的基础和地基	整体或局部沉降、倾斜、倒塌的建（构）筑物
	设计和施工存在不安全问题的临时建筑和设施	整体或局部坍塌、破坏的工程建筑，临时设施及其杆部件和载存物品
	发生不均匀沉降和显著变形的地基	
	附近有强烈的震动和冲击源	
	强劲的自然力（风、雨、雪等）	
	因违规拆除结构件、拉结件或其他原因造成破坏的局部杆件和结构	
	受载后发生变形、失稳或破坏的支架或支撑杆件	发生倾倒、坍塌的现浇结构，模板，设备和材料物品
火灾伤害	火源与靠近火源的易燃物	
	雷击、导电物体与易燃物	
	爆炸引起的溢漏的易燃物（液体、气体）和火源	
中毒、窒息和爆炸伤害	一氧化碳、瓦斯和其他有毒气体	
	亚硝酸钠和其他有毒化学品	
	密闭容器，洞室和其他高温、不通风作业场所	
	爆炸（破）引起的飞石和冲击波	
	保管不当的雷管和其他引爆源	爆炸的雷管和炸药
	"瞎炮"与引起其爆炸的引爆物	飞溅块体和气浪
其他	朝天钉子、突出的铁件、散落的钢筋、管子和其他硬物以及伸入作业空间的杆件和其他硬物	

313

伤害方式包括伤害作用发生的方式、部位和后果。对人员伤害的部位为身体的各部（包括内脏器官），伤害的后果分为轻伤、重伤和死亡。而伤害作用发生的方式则有以下 18 种：①碰撞；②击打；③冲击；④砸压；⑤切割；⑥绞缠；⑦掩埋；⑧坠落；⑨滑跌；⑩滚压；⑪电击；⑫灼（烧）伤；⑬爆炸；⑭射入；⑮弹出；⑯中毒；⑰窒息；⑱穿透。

对伤害方式的研究，一方面可改进和完善劳动（安全）保护用品的品种和使用；另一方面可相应加强针对那些没有适用安全护品的伤害方式的安全预防和保护措施。

2. 事故要素作用的 7 种组合

第六章　施工安全监理实务

在发生的生产安全事故中，五种事故要素可能同时存在，或者部分存在。某些由人为作用引起的事故，其不安全行为同时也是起因物和致害物，而起因物和致害物有时是同一个，因此，形成引发事故的 7 种作用组合，见表 6-9。

表 6-9　事故要素在引发事故时的 7 种组合

类型	事故要素的组合
E 型	不安全状态，不安全行为，起因物，致害物，伤害方式
D-1 型	不安全状态，起因物，致害物，伤害方式
D-2 型	不安全行为，起因物，致害物，伤害方式
D-3 型	不安全状态，不安全行为，起因（致害）物，伤害方式
C-1 型	不安全状态，起因（致害物），伤害方式
C-2 型	不安全行为，起因（致害物），伤害方式
B 型	不安全行为（起因、致害物），伤害方式

不安全状态或不安全行为的存在（或者二者同时存在）是事故的"起因"，伤害方式直接导致"后果"，而起因物和致害物则是"事故的载体"，它将起因和后果连接起来。当没有不安全状态和不安全行为存在时，也就没有起因物和致害物的存在，或者即使存在，也不能起作用而引发事故（例如，架空的高压裸线是起因物，没有不安全状态和不安全行为造成触及高压线时，就不会引发触电事故）；而当有效地控制起因物和致害物、使其不能起作用时，即使有不安全状态和不安全行为存在，也不会导致伤害事故的发生（但不安全行为又是起因物和致害物的情况除外）。

（五）风险管理的基本要求和遵循原则

由于工程建设项目的特点，决定了项目实施过程中存在着大量的不确定因素，这些因素无疑会给项目的目标实现带来影响，其中有些影响甚至是灾难性的。工程项目的风险就是指那些在项目实施过程中可能出现的灾难性事件或不满意的结果。任何风险都包括两个基本要素：一是风险因素发生的不确定性；二是风险发生带来的损失。

风险事件发生的不确定性，是由于外部环境千变万化，也因为项目本身的复杂性和人们预测能力的局限性。风险事件是一种潜在性的可能事件，风险的大小可用风险量表示：

$$R = f(p, q)$$

式中：R——风险量；

p——风险事件可能发生的概率；

q——风险的损失值；

f——风险函数。

确定了风险量，可为风险处理方式的选择提供有用信息。

风险管理是一个识别和度量项目风险，制订、选择和管理风险处理方案的系列过程。风险管理流程如图6-6所示。

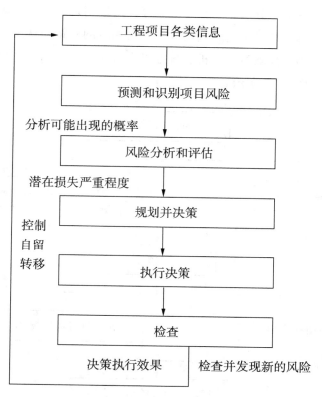

图6-6　风险管理流程

1. 风险的预测和识别

风险的预测和识别是指通过一定的方式，系统而全面地识别出影响建设工程目标实现的风险事件并加以适当归类的过程，必要时，还需要对风险事件的后果作出定性的估计。

风险的预测和识别的过程主要立足于数据收集、分析和预测。要重视经验在预测中的特殊作用（即定性预测）。为了使风险识别做到准确、完善和有系统性，应从项目风险管理的目标出发，通过风险调查、信息分析、专家咨询及实验论证等手段进行多维分解，从而全面认识风险，形成风险清单。

风险识别的结果是建立风险清单，识别的核心工作是"工程风险分解"和"识别工程风险因素、风险事件及后果"。

2. 风险分析和评估

这一过程将工程风险事件发生的可能性和损失后果进行定量化，评价其潜在的影响。它包括的内容是：确定风险事件发生的概率和对项目目标影响的严重程度，如经济损失量、工期迟延量等；评价所有风险的潜在影响，得到项目的风险决策变量值，作为项目决策的重要依据。风险分析评估可以采用定性和定量两类方法。定性风险评价方法有专家打分法、层次分析法等，其作用是区分不同风险的相对严重程度以及根据预先确定的可接受的风险水平作出相应的决策。从广义上讲，定量风险评价方法也有许多，如敏感性分析、盈亏平衡分析、决策树、随机网络等。风险分析与评价流程如图 6 - 7 所示。

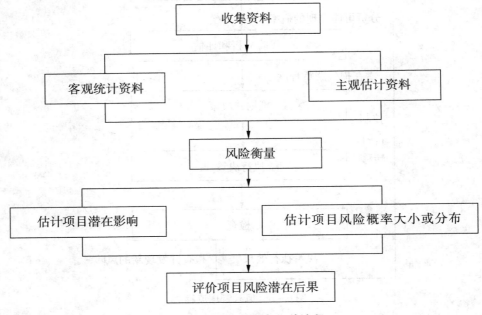

图 6 - 7　风险分析与评价流程

3. 安全评价方法的分类

安全评价方法的分类方法很多，常用的有按评价结果的量化程度分类法、按评价的推理过程分类法、按针对的系统性质分类法、按安全评价要达到的目的分类法等。

按照安全评价结果的量化程度，安全评价方法可分为定性安全评价方法和定量安全评价方法。

（1）定性安全评价方法。定性安全评价方法主要是根据经验和直观判断能力对生产系统的工艺、设备、设施、环境、人员和管理等方面的状况进行定性的分析，评价结果是一些定性的指标，如是否达到了某项安全指标、事故类别和导致事故发生的因素等。属于定性安全评价方法的有安全检查表、专家现场询问观察法、因素图分析法、事故引发和发展分析、作业条件危险性评价法（格雷厄姆—金尼法或

LEC 法）、故障类型和影响分析、危险可操作性研究等。

（2）定量安全评价方法。定量安全评价方法是在大量分析实验结果和事故统计资料基础上获得的指标或规律（数学模型），对生产系统的工艺、设备、设施、环境、人员和管理等方面的状况进行定量的计算。评价结果是一些定量的指标，如事故发生的概率、事故的伤害（或破坏）范围、定量的危险性、事故致因因素的事故关联度或重要度等。

下面将各类评价方法予以对照说明，见表 6-10。

表 6-10　定量安全评价方法比较表

评价方法	评价目标	定性/定量	方法特点	适用范围	应用条件	优、缺点
类比法	危害程度分级、危险性分级	定性	利用类比作业场所检测、统计数据分级和事故统计分析资料类推	职业安全卫生评价作业条件、岗位危险性评价	类比作业场所具有可比性	简便易行、专业检测量大、费用高
安全检查表	危险、有害因素分析安全等级	定性定量	按事先编制的有标准要求的检查表逐项检查按规定赋分标准赋分评定安全等级	各类系统的设计、验收、运行、管理、事故调查	有事先编制的各类检查表有赋分、评级标准	简便、易于掌握、编制检查表难度及工作量大
预先危险性分析（PHA）	危险有害因素分析危险性等级	定性	讨论分析系统存在的危险、有害因素，触发条件，事故类型，评定危险性等级	各类系统设计、施工、生产、维修前的概略分析和评价	分析评价人员熟悉系统，有丰富的知识和实践经验	简便、易行，受分析评价人员主观因素的影响
故障类型和影响分析（FMEA）	故障（事故）原因影响程度等级	定性	列表分析系统（单元、元件）故障类型、故障原因、故障影响，评定影响程序等级	机械电气系统、局部工艺过程、事故分析	同上，有根据分析要求编制的表格	较复杂、详尽，受分析评价人员主观因素的影响
故障类型和影响危险性分析（FMECA）	故障原因、故障等级危险指数	定性定量	同上。在 FMEA 基础上，由元素故障概率、系统重大故障概率计算系统危险性指数	机械电气系统、局部工艺过程、事故分析	同 FMEA，有元素故障率、系统重大故障（事故）概率数据	较 FMEA 复杂、精确
事件树（ETA）	事故原因、触发条件、事故概率	定性定量	归纳法，由初始事件判断系统事故原因及条件内各事件概率计算系统事故概率	各类局部工艺过程、生产设备、装置事故分析	熟悉系统、元素间的因果关系、有各事件发生概率数据	简便、易行，受分析评价人员主观因素影响
事故树（FTA）	事故原因事故概率	定性定量	演绎法，由事故和基本事件逻辑推断事故原因，由基本事件概率计算事故概率	宇航、核电、工艺、设备复杂系统事故分析	熟练掌握方法和事故、基本事件间的联系，有基本事件概率数据	复杂、工作量大、精确。事故树编制有误易失真

评价方法	评价目标	定性/定量	方法特点	适用范围	应用条件	优、缺点
作业条件危险性评价	危险性等级	定性半定量	按规定对系统的事故发生可能性、人员暴露状况、危险程序赋分，计算后评定危险性等级	各类生产作业条件	赋分人员熟悉系统，对安全生产有丰富知识和实践经验	简便、实用，受分析评价人员主观因素、影响
道化学公司法（DOW）	火灾、爆炸、危险性等级、事故损失	定量	根据物质、工艺危险性计算火灾爆炸指数，判定采取措施前后的系统整体危险性，由影响范围、单元破坏系数计算系统整体经济、停产损失	生产、贮存、处理燃爆、化学活泼性、有毒物质的工艺过程及其他有关工艺系统	熟练掌握方法、熟悉系统、有丰富知识和良好的判断能力，须有各类企业装置经济损失目标值	大量使用图表、简捷明了、参数取位宽、因人而异，只能对系统整体宏观评价
帝国化学公司蒙德法（MOND）	火灾、爆炸、毒性及系统整体危险性等级	定量	由物质、工艺、毒性、布置危险计算采取措施前后的火灾、爆炸、毒性和整体危险性指数，评定各类危险性等级	生产、贮存、处理燃爆、化学活泼性、有毒物质的工艺过程及其他有关工艺系统	熟练掌握方法、熟悉系统、有丰富知识和良好的判断能力	大量使用图表、简捷明了、参数取位宽、因人而异，只能对系统整体宏观评价
日本劳动省六阶段法	危险性等级	定性定量	检查表法定性评价，基准局法定量评价，采取措施，用类比资料复评、1级危险性装置用ETA，FTA等方法再评价	化工厂和有关装置	熟悉系统、掌握有关方法、具有相关知识和经验、有类比资料	综合应用几种办法反复评价，准确性高、工作量大
单元危险性快速排序法	危险性等级	定量	由物质、毒性系数、工艺危险性系数计算火灾爆炸指数和毒性指标，评定单元危险性等级	同DOW法的适用范围	熟悉系统、掌握有关方法、具有相关知识和经验	是DOW法的简化方法。简捷方便、易于推广
危险性与可操作性研究	偏离及其原因、后果、对系统的影响	定性	通过讨论，分析系统可能出现的偏离、偏离原因、偏离后果及对整个系统的影响	化工系统、热力、水力系统的安全分析	分析评价人员熟悉系统、有丰富的知议和实践经验	简便、易行，受分析评价人员主观因素的影响
模糊综合评价	安全等级	半定量	利用模糊矩阵运算的科学方法，对于多个子系统和多因素进行综合评价	各类生产作业条件	赋分人员熟悉系统，对安全生产有丰富的知识和实践经验	简便、实用，受分析评价人员主观因素的影响

三、OHSAS 18001 职业健康安全管理体系

职业健康安全管理体系是 20 世纪 80 年代后期在国际上兴起的现代安全生产管理模式，它与 ISO 9000 和 ISO 14000 等一样被称为后工业化时代的管理方法，其产生的一个主要原因是企业自身发展的要求。随着企业的发展壮大，企业必须采取更为现代化的管理模式，将包括质量管理、职业健康安全管理等在内的所有生产经营活动科学化、标准化和法律化。职业健康安全管理体系产生的另一个重要原因是国际一体化进程的加速进行，由于与生产过程密切相关的职业健康安全问题正日益受到国际社会的关注和重视，与此相关的立法更加严格，相关的经济政策和措施也不断出台和完善。

职业健康安全管理体系具有力求通过工作环境的改善，员工安全与健康意识的提高，风险的降低，及其持续改进、不断完善的特点，给组织的相关方带来极大的信心和信任，有利于不断提升企业的整体竞争实力，是国际上广受欢迎的管理工具。

我国的监理企业普遍应用职业健康安全管理体系。作为执行企业管理理念的核心成员，总监理工程师需要对职业健康安全管理体系有深刻的了解。

职业健康安全管理体系作为安全管理的一种方法，与传统的安全管理模式相比，其管理的核心内容本质上是一致的，只是在管理方式、方法上有所区别。职业健康安全管理体系是一种主动型的职业安全管理模式，这种管理模式更为科学和严谨。职业健康安全管理体系的建立和实施就是将日常的安全管理工作纳入到职业健康安全管理体系的运行模式和准则中来。

（一）职业健康安全管理体系的运行模式

职业健康安全管理体系是以戴明模型，或称为 PDCA 模型为运行基础。按照戴明模型，一个组织的活动可分为"计划（PLAN）、行动（DO）、检查（CHECK）、改进（ACT）"4 个相互联系的环节。

如图 6 - 8 所示，职业健康安全管理体系是以职业健康安全方针、策划、实施和运行、检查和纠正措施、管理评审为核心内容，通过周则复始地进行"计划、实施、监测、评审"活动，使体系功能不断加强，从而达到持续改进的目的。

（二）职业健康安全管理体系的基本内容

《职业健康安全管理体系—要求》的核心内容包括 5 个方面、17 个要素。如下所述：

（1）总要求。

（2）职业健康安全方针。

（3）策划。

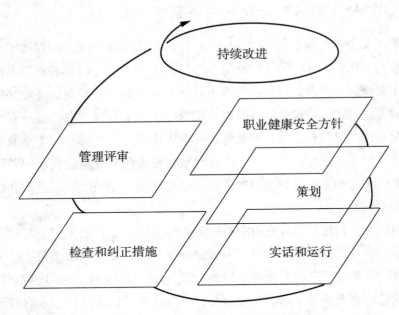

图6-8 职业健康安全管理体系模式

1）危险源辨识、风险评价和确定控制措施。

2）法规和其他要求。

3）目标和管理方案。

（4）实施和运行。

1）资源、作用、职责和权限。

2）能力、培训和意识。

3）沟通、参与和协商。

4）文件化。

5）文件控制。

6）运行控制。

7）应急准备与响应。

（5）检查。

1）绩效监视和测量。

2）合规性评价。

3）事件调查、不符合、纠正措施和预防措施。

4）记录控制。

5）内部审核。

（6）管理评审。

（三）职业健康安全管理体系间要素的逻辑关系

职业健康安全管理体系标准包含着实现不同管理功能的要素，每一要素都不是孤立存在、独立发挥作用的，要素间存在着相关作用，存在着一定的逻辑关系。职业健康安全管理体系是一个系统结构化的管理体系，所以各管理要素要综合起来考虑，协调一致，系统地构成一个有机整体。

组织实施职业健康安全管理体系的目的是辨识组织内部存在的危险源，控制其所带来的风险，从而避免或减少事故的发生。风险控制主要通过两个步骤来实现：对于组织不可接受的风险，通过目标、管理方案的实施，来消除或降低其风险；对可接受的风险，要通过运行控制使其得到控制。职业健康安全风险是否按要求得到有效控制，还需要通过不断的绩效测量和监测，对其进行检查，从而保证职业健康安全风险控制活动得到有效的实施。因此，职业健康安全管理体系标准的危险源辨识、风险评价和确定控制措施、目标和管理方案、运行控制、绩效测量和监测，这些要素成为职业健康安全管理体系的一条主线，其他要素围绕这条主线展开，起到支持、指导、控制这条主线的作用。

第二节　电力建设工程项目安全生产标准化介绍

安全生产标准化是解决我国电力建设工程项目安全管理乱象纷呈的重要举措。监理单位在"标准化"建设和应用中发挥关键作用。监理企业"标准化"参照电力建设工程项目标准化内容正在制定中，标准化中监理工作的核心在于履行各要素的监理职责。本书重点介绍"电力建设施工企业项目"和"电力建设施工企业"的标准化建设工作。

一、电力行业安全生产标准化概况

目前电力行业颁布和计划颁布的安全生产标准化相关的主要标准包括：

（1）发电企业安全生产标准化规范及达标评级标准。

（2）电网企业安全生产标准化规范及达标评级标准。

（3）电力工程建设项目安全生产标准化规范及达标评级标准。

（4）电力建设施工企业安全生产标准化基本规范评分表（未发布）。

其中，"发电企业安全生产标准化规范及达标评级标准"共13项考核指标，三级目录下考核项目55个；"电网企业安全生产标准化规范及达标评级标准"共13项考核指标，三级目录下考核项目57个；"电力工程建设项目安全生产标准化规范及达标评级标准"共13项考核指标，三级目录下考核项目47个。已颁布的三个电力企业或电力工程建设项目安全生产标准化规范及达标评级标准，都是依据《企业安全生产标准化基本规范》AQ/T 9006—2010 编制的。

二、电力工程建设项目安全生产标准化规范及达标评级标准简介

为加强电力建设安全生产监督管理，规范电力工程建设项目安全生产标准化工作，2012 年 8 月 16 日，国家电力监管委员会、国家安全生产监理管理总局联合下发了《电力工程建设项目安全生产标准化规范及达标评级标准》。

其有关内容简介如下。

1. 适用范围

本规范适用于中华人民共和国境内火电、水电、输变电（500kV 以上）等电力工程建设项目，其他电力工程建设项目可参照执行。

2. 规范性引用文件

引用的文件，既是编制"项目标准"时参照的标准，也是标准执行时应遵守的法规性文件。凡是注日期的引用文件，仅注日期的版本适用于"项目标准"。凡是不注日期的引用文件，其最新版本（包括所有的修改单）适用于"项目标准"。具体引用文件见"项目标准"正文。

3. 术语和定义

（1）安全生产标准化。通过建立安全生产责任制，制定安全管理制度和操作规程，排查治理隐患，规范电力工程建设项目安全管理和作业行为，建立风险分析和预控机制，使电力工程建设项目各环节符合有关安全生产法律、法规和标准、规范的要求，人、机、物、环处于良好的状态，并持续改进，不断加强电力工程建设项目安全生产规范化建设。

（2）安全绩效。依据安全工作目标，在工程建设项目安全工作方面取得的可测量结果。

（3）相关方。与电力工程建设项目的安全绩效相关联或受其影响的团体或个人。

（4）资源。实施安全生产标准化所需的人员、资金、设备、设施、机械、材料、技术和方法等。

（5）高处作业。凡在坠落高度基准面 2m 以上（含 2m）有可能坠落的高处进行的作业。

（6）受限空间。受限空间是指施工现场各种设备内部（炉、罐、仓、池、槽车、管道、烟道等）和隧道、下水道、沟、坑、井、池、涵洞、阀门间、污水处理设施等封闭、半封闭的设施及场所（地下隐蔽工程、密闭容器、长期不用的设施或通风不畅的场所等）。符合以下所有物理条件外，还至少存在以下危险特征之一的空间：

1）物理条件包括：

①有足够的空间，让员工可以进入并进行指定的工作；

②进入和撤离受到限制，不能自如进出；

③并非设计用来给员工长时间在内工作的。

2）危险特征包括：

①存在或可能产生有毒、有害气体；

②存在或可能产生掩埋进入者的物料；

③内部结构可能将进入者困在其中（如内有固定设备或四壁向内倾斜收拢）。

（7）特种作业。指容易发生人员伤亡事故，对操作者本人、他人及周围设施的安全可能造成重大危害的作业。从事特种作业的人员必须按国家有关规定，经专业机构的安全作业培训，取得特种作业操作资格证书方可上岗作业。

4. 一般要求

（1）原则。电力工程建设项目开展安全生产标准化工作，遵循"安全第一、预防为主、综合治理"的方针，以隐患排查治理、危险源动态管理、安全文明施工为基础，提高安全生产水平，防范事故，保障人身安全健康，实现电力工程建设活动的顺利进行。

（2）建立和保持。依据本标准要求，结合电力工程建设特点，采用"策划、实施、检查、改进"动态循环的模式，通过自我检查、自我纠正和自我完善，规范安全管理和作业行为，建立并保持安全绩效持续改进的长效管理机制。

（3）评审和监督。电力工程建设项目安全生产标准化工作实行建设有关单位自主评审、外部评审的方式。

建设单位应根据本标准组织开展电力工程建设项目安全生产标准化工作，自主评审后向电力监管机构申请外部评审定级。

标准化达标评级采用对照本标准评分的方式，评审得分 =（实得分/应得分）× 100。其中，实得分为评分项目实际得分值的总和，应得分为评分项目标准分值的总和。

标准化达标评级分为一级、二级、三级，一级评审得分应大于 90 分，二级评审得分应大于 80 分，三级评审得分应大于 70 分。

电力监督机构对评审定级进行监督管理。

（4）评审时间。外部评审时间应为工程施工高峰期。火电工程：首台锅炉板梁吊装至系统调试阶段；水电工程：挡水建筑物完成 50% 至机电设备开始安装；输变电工程：变电工程主变就位前或线路工程导地线架线前；其他电力工程建设项目可根据工程情况适时申请评审。

5. 核心要求（共 13 项考核指标，47 个具体考核项目）

工程项目安全生产标准化核心要求及评分标准共 13 个要素，包含 47 个考核分项，47 个考核子项，共计 317 条具体考核内容。其中，涉及建设方的考核内容 19 项，涉及施工方的考核内容 154 项，涉及各单位的考核内容 126 项，涉及监理方的具体内容 10 项，涉及建设方、施工方双方的内容共计 4 项，涉及监理、施工、建设单位的内容共计 1 项，涉及设计方的具体内容 3 项。总分数为 1000 分，按得分率计算实际得分，应得分为 1000 - 不考核项的应得分数。具体内容见《电力工程建设项目安全生产标准化规范及达标评级标准》。

三、电力建设施工企业安全生产标准化规范及达标评级标准简介

2014 年 4 月 4 日，国家能源局和国家安全监督总局联合下发了《关于印发〈电力勘测设计企业、电力建设施工企业安全生产标准化规范及达标评级标准〉的通知》（国能安全〔2014〕148 号）。现对该标准有关内容进行介绍。

本标准规定了电力建设施工企业安全生产的目标、组织机构和职责、安全生产投入、法律、法规与安全管理制度、教育培训、施工设备管理、作业安全、隐患排查和治理、重大危险源监控、职业健康、应急救援、事故报告调查和处理、绩效评定和持续改进等 13 个方面的内容、要求及达标评级标准，规范了电力建设施工企业安全管理。

1. 适用范围

本规范适用于中华人民共和国境内从事电源、电网建设的施工企业。

2. 规范性引用文件

同前文《电力工程建设项目安全生产标准化规范及达标评级标准》。具体引用文件见"企业标准"正文。

3. 术语和定义

根据《企业安全生产标准化基本规范》AQ/T 9006—2010 中规定的术语和国家、行业现行法规、标准，结合项目特点制定，共九条，其中"3.1 安全生产标准化"、"3.2 安全绩效"、3.3、3.4、3.5、3.6、3.7 与《电力工程建设项目安全生产标准化规范及达标评级标准》内容相同。差异在于：

（1）重大危险源。是指长期地或者临时地生产、搬运、使用或者储存危险物品，且危险物品的数量等于或者超过临界量的单元（包括场所和设施）。

（2）事故隐患。事故隐患分为一般事故隐患和重大事故隐患。一般事故隐患，是指危害和整改难度较小，发现后能够立即整改排除的隐患。重大事故隐患，是指危害和整改难度较大，应当全部或者局部停产停业，并经过一定时间整改治理方能排除的隐患，或者因外部因素影响致使生产经营单位自身难以排除的隐患。

4. 一般要求

（1）原则。电力建设施工企业（以下简称企业）开展安全生产标准化工作，遵循"安全第一、预防为主、综合治理"的方针，以安全文明施工、危险源动态管理、隐患排查治理为基础，提高安全生产水平，防范事故，保障人身安全健康，实现电力建设施工企业安全目标。主要依据《关于深入开展企业安全生产标准化建设的指导意见》（安委［2011］4号）、《关于深入开展电力安全生产标准化工作的指导意见》（电监安全［2011］21号）、《电力安全生产标准化达标评级管理办法（试行)》。

（2）建立和保持。依据本规范要求，结合电力建设施工企业特点，采用"策划、实施、检查、改进"动态循环的模式，通过自我检查、自我纠正和自我完善，规范安全管理和作业行为，建立并保持安全绩效持续改进的长效管理机制。

（3）评审和监督。电力建设施工企业应根据本规范及评级标准对本企业开展安全生产标准化工作，自评后向能源局派出机构申请评审定级。

标准化达标评级采用对照本标准评分的方式，评审得分＝（实得分/应得分）×100。其中，实得分为受评企业实际得分值的总和，应得分为受评企业适用项标准分值的总和。

标准化达标评级分为一级、二级、三级，评审得分90分及以上为一级，得分80分及以上为二级，得分70分及以上为三级。

能源局派出机构对评审定级进行监督管理。

（4）评审范围。评审范围包括企业总部和本企业承揽的工程项目（一般抽查20%项目。申报一级企业，最少抽查2个处于施工高峰期的项目，最多抽5个；申报二级、三级的企业，评审期内处于施工高峰期的项目数不能为零，且最少抽查1个项目；所参建的项目中已有通过建设方组织的工程建设项目达标评级的，可以核减一个项目；国外项目可参加安全标准化评审）。

（5）评审时间。外部评审时间：企业自评后进行安全生产标准化达标申报，经能源局派出机构审批后，与评审机构确定评审时间。抽查的项目应已核准并处于施工高峰期（火电工程：首台锅炉大板梁吊装至系统调试阶段；水电工程：挡水建筑物完成50%至机电设备开始安装；输变电工程：变电工程主变压器安装就位前或线路工程导地线架线前；其他电力工程建设项目部可根据工程情况确定）。

5. 核心要求（共13项考核指标，47个具体考核项目）

施工企业安全生产标准化核心要求及评分标准共13个要素，包含47个考核分项，46个考核子项，共计508项具体内容。其中，涉及由企业具体实施的内容78项，涉及由项目具体实施的内容46项，企业与项目共同涉及或实施的内容384项。总分数为1000分，按得分率计算实际得分，应得分为1000－不考核项的应得分数。

具体内容见《电力建设施工企业安全生产标准化规范及达标评级标准》。

第三节　施工现场安全生产管理体系的审查要点

《建设工程监理规范》GB 50319—2013，明确工程监理在施工阶段要履行建设工程安全生产法定职责。

什么是工程监理单位安全生产法定职责？早在2004年，《建设工程安全生产管理条例》就以法规形式提出了工程监理的建设工程安全生产法定职责。《建设工程安全生产管理条例》第十四条指出：

工程监理单位应当审查施工组织设计中的安全技术措施或者专项施工方案是否符合工程建设强制性标准。

工程监理单位在实施监理过程中，发现存在安全事故隐患的，应当要求施工单位整改；情况严重的，应当要求施工单位暂时停止施工，并及时报告建设单位。施工单位拒不整改或者不停止施工的，工程监理单位应当及时向有关主管部门报告。

工程监理单位和监理工程师应当按照法律、法规和工程建设强制性标准实施监理，并对建设工程安全生产承担监理责任。

《建设工程安全生产管理条例》要求工程监理依照法律、法规和工程建设强制性标准，对施工单位的安全技术措施进行审查，对安全隐患发出监理指令，并监督施工单位进行整改。如果施工单位拒不整改或不停止施工的，工程监理单位应该向建设主管部门报告。十多年来，工程监理在建设工程安全生产方面始终按照法规的要求，尽职尽力地履行自己的法定职责，对推进施工生产安全起着重要作用。

《建筑施工安全技术统一规范》GB 50870—2013进一步在以下条款中对建设工程安全生产管理提出要求：

（1）1.0.5　企业应建立安全技术管理制度，制定安全技术措施的编制、审定、监督实施程序，对施工方案及需设计计算部分应建立审核制度和安全技术资料归档制度。

（2）1.0.6　企业在编制施工组织设计时，应当根据建筑工程的特点制订相应的安全技术措施；对专业性较强的施工项目，如爆破，起重吊装，深基础，高支模作业和高层脚手架（包括整体提升架）、垂直运输设备（塔吊、升降机等）的拆、装，建筑物（或构筑物）拆除以及结构复杂、危险性大的施工项目，应当编制专项安全施工组织设计，有图纸、计算书和单项工程安全技术措施，并应加强监督。

（3）1.0.7　企业应实行逐级安全技术交底制度。开工前，技术负责人应将工程概况、施工方法、安全技术措施等向全体职工进行详细交底；施工队长、工长应按工程进度向有关班组进行作业的安全交底；班组长每天应向班组进行施工要求和作业环境的安全交底。

（4）1.0.8 企业应该建立验收确认制度，对脚手架、高支模、施工用电、垂直运输设备（塔吊、升降机等）、起重机、施工机械及各种安全防护设施，在施工现场安装后，应按规定进行检查、验收。对外购的设备、设施、产品，在正式使用前，应按相关标准进行验收确认。

（5）1.0.9 企业应对参加施工的职工，根据不同工种和劳动条件发给符合标准的劳动防护用品，并教育正确使用。

为了更好地指导工程监理履行好建设工程安全生产法定职责，加强对施工现场安全管理体系和专业性较强的施工项目的安全技术措施的审查，本章重点介绍有关方案的审查要点。

工程监理对施工现场安全生产管理体系审查，主要是安全生产管理组织和责任体系，安全生产管理制度，安全生产教育培训，安全生产资金管理，施工设施、设备和临时建（构）筑物的安全管理、安全技术管理、分包安全生产管理、施工现场安全管理等方面的审查。

一、安全生产管理组织和责任体系的审查要点

（1）施工企业必须建立和健全安全生产组织体系，明确各管理层、职能部门、岗位的安全生产责任。

（2）施工企业安全生产管理组织体系应包括各管理层的主要负责人，专职安全生产管理机构及各相关职能部门，专职安全管理及相关岗位人员。

（3）施工企业安全生产责任体系应符合下列要求：

1）施工企业应设立由企业主要负责人及各部门负责人组成的安全生产决策机构，负责领导企业安全管理工作，组织制定企业安全生产中长期管理目标，审议、决策重大安全事项。

2）各管理层主要负责人中应明确安全生产的第一责任人，对本管理层的安全生产工作全面负责。

3）各管理层主要负责人应明确并组织落实本管理层各职能部门和岗位的安全生产职责，实现本管理层的安全管理目标。

4）各管理层的职能部门及岗位负责落实职能范围内与安全生产相关的职责，实现相关安全管理目标。

（4）各管理层专职安全生产管理机构承担的安全职责应包括以下内容：

1）宣传和贯彻国家安全生产法律、法规和标准、规范；

2）编制并适时更新安全生产管理制度并监督实施；

3）组织或参与企业安全生产相关活动；

4）协调、配备工程项目专职安全生产管理人员；

5）制订企业安全生产考核计划，查处安全生产问题，建立管理档案。

（5）施工企业各管理层、职能部门、岗位的安全生产责任应形成责任书，并经责任部门或责任人确认。责任书的内容应包括安全生产职责、目标、考核和奖惩规定等。

二、安全生产管理制度的审查要点

（1）施工企业应以安全生产责任制为核心，建立、健全安全生产管理制度。

（2）施工企业应建立安全生产教育培训、安全生产资金保障、安全生产技术管理、施工设施、设备及临时建（构）筑物的安全管理、分包（供）安全生产管理、施工现场安全管理、事故应急救援、生产安全事故管理、安全检查和改进、安全考核和奖惩等制度。

（3）施工企业的各项安全管理制度应明确规定以下内容：

1）工作内容；

2）责任人（部门）的职责与权限；

3）基本工作程序及标准。

（4）施工企业安全生产管理制度在企业生产经营状况、管理体制、有关法律、法规发生变化时，应适时更新、修订完善。

三、开展安全生产教育培训的审查要点

（1）施工企业安全生产教育培训应贯穿于生产经营的全过程，教育培训包括计划编制、组织实施和人员资格审定等工作内容。

（2）施工企业安全生产教育培训计划应依据类型、对象、内容、时间安排、形式等需求进行编制。

（3）安全教育和培训的类型应包括岗前教育、日常教育、年度继续教育，以及各类证书的初审、复审培训。

（4）施工企业新上岗操作工人必须进行岗前教育培训，教育培训应包括以下内容：

1）安全生产法律、法规和规章制度；

2）安全操作规程；

3）针对性的安全防范措施；

4）违章指挥、违章作业、违反劳动纪律产生的后果；

5）预防、减少安全风险以及紧急情况下应急救援的基本措施。

（5）施工企业应结合季节施工要求及安全生产形势对从业人员进行日常安全生

产教育培训。

（6）施工企业每年应按规定对所有相关人员进行安全生产继续教育，教育培训应包括以下内容：

1）新颁布的安全生产法律、法规，安全技术标准、规范，安全生产规范性文件；

2）先进的安全生产管理经验和典型事故案例分析。

（7）企业的下列人员上岗前还应满足下列要求：

1）企业主要负责人、项目负责人和专职安全生产管理人员必须经安全生产知识和管理能力考核合格，依法取得安全生产考核合格证书；

2）企业的技术和相关管理人员必须具备与岗位相适应的安全管理知识和能力，依法取得必要的岗位资格证书；

3）特种作业人员必须通过安全技术理论和操作技能考核合格，依法取得建筑施工特种作业人员操作资格证书。

（8）施工企业应及时统计、汇总从业人员的安全教育培训和资格认定等相关记录，定期对从业人员持证上岗情况进行审核、检查。

四、安全生产费用管理的审查要点

（1）安全生产费用管理应包括资金的储备、申请、审核审批、支付、使用、统计、分析、审计检查等工作内容。

（2）施工企业应按规定储备安全生产所需的费用。安全生产资金包括安全技术措施、安全教育培训、劳动保护、应急救援等，以及必要的安全评价、监测、检测、论证所需的费用。

（3）施工企业各管理层应根据安全生产管理的需要，编制相应的安全生产费用使用计划，明确费用使用的项目、类别、额度、实施单位及责任者、完成期限等内容，经审核批准后执行。

（4）施工企业各管理层相关负责人必须在其管辖范围内，按专款专用、及时足额的要求，组织实施安全生产费用使用计划。

（5）施工企业各管理层应定期对安全生产费用使用计划的实施情况进行监督、审查。

（6）施工企业各管理层应建立安全生产费用分类使用台账，定期统计上报。

（7）施工企业各管理层应对安全生产费用的使用情况进行年度汇总分析，及时调整安全生产费用的使用比例。

五、施工设施、设备和劳动防护用品安全管理的审查要点

1）施工企业施工设施、设备和劳动防护用品的安全管理应包括购置、租赁、

装拆、验收、检测、使用、保养、维修、改造和报废等内容。

2）施工企业应根据生产经营特点和规模，配备符合安全要求的施工设施、设备，劳动防护用品及相关的安全检测器具。

3）施工企业各管理层应配备机械设备安全管理专业的专职管理人员。

4）施工企业应建立并保存施工设施、设备，劳动防护用品及相关的安全检测器具的安全管理档案，并记录以下内容：

①来源、类型、数量、技术性能、使用年限等静态管理信息，以及目前使用地点、使用状态、使用责任人、检测、日常维修保养等动态管理信息；

②采购、租赁、改造、报废计划及实施情况。

5）施工企业应依据企业安全技术管理制度，对施工设施、设备，劳动防护用品及相关的安全检测器具实施技术管理，定期分析安全状态，确定指导、检查的重点，采取必要的改进措施。

6）安全防护设施应标准化、定型化、工具化。

六、安全技术管理的审查要点

1）施工企业安全技术管理应包括危险源识别，安全技术措施和专项方案的编制、审核、交底、过程监督、验收、检查、改进等工作内容。

2）施工企业各管理层的技术负责人应对管理范围的安全技术工作负责。

3）施工企业应当在施工组织设计中编制安全技术措施和施工现场临时用电方案；对危险性较大分部分项工程，编制专项安全施工方案；对其中超过一定规模的应按规定组织专家论证。

4）企业应明确各管理层施工组织设计、专项施工方案、安全技术方案（措施）方案编制、修改、审核和审批的权限、程序及时限。

5）根据权限，按方案涉及内容，由企业的技术负责人组织相关职能部门审核，技术负责人审批。审核、审批应有明确意见并签名盖章。编制、审批应在施工前完成。

6）施工企业应明确安全技术交底分级的原则、内容、方法及确认手续。

7）施工企业应根据施工组织设计和专项安全施工方案（措施）编制和设置审批权限，组织相关编制人员参与安全技术交底、验收和检查，并明确其他参与交底、验收和检查的人员。

8）施工企业可结合实际制定内部安全技术标准和图集，定期进行技术分析和改造，完善安全生产作业条件，改善作业环境。

七、对分包商安全生产管理的审查要点

施工企业对分包单位的安全管理应符合下列要求：

（1）选择合法的分包单位；

（2）与分包单位签订安全协议；

（3）对分包单位施工过程的安全生产实施检查和考核；

（4）及时清退不符合安全生产要求的分包单位；

（5）分包工程竣工后对分包单位安全生产能力进行评价。

八、施工现场安全管理状况的审查要点

（1）施工企业各管理层职能部门和岗位，按职责分工，对工程项目实施安全管理。

（2）施工企业的工程项目部应根据企业安全管理制度，实施施工现场安全生产管理，内容应包括：

1）制定项目安全管理目标，建立安全生产责任体系，实施责任考核；

2）配置满足要求的安全生产、文明施工措施、资金、从业人员和劳动防护用品；

3）选用符合要求的安全技术措施、应急预案、设施与设备；

4）有效落实施工过程的安全生产要求，隐患整改；

5）组织施工现场场容场貌、作业环境和生活设施安全文明达标；

6）组织事故应急救援抢险；

6）对施工安全生产管理活动进行必要的记录，保存应有的资料和记录。

（3）施工现场安全生产责任体系应符合以下要求：

1）项目经理是工程项目施工现场安全生产第一责任人，负责组织落实安全生产责任，实施考核，实现项目安全生产管理目标；

2）工程项目施工实行总承包的，应成立由总承包单位、专业承包和劳务分包单位的项目经理、技术负责人和专职安全生产管理人员组成的安全管理领导小组；

（3）按规定配备项目专职安全生产管理人员，负责施工现场安全生产日常监督管理；

4）工程项目部其他管理人员应承担本岗位管理范围内与安全生产相关的职责；

5）分包单位应服从总包单位管理，落实总包企业的安全生产要求；

6）施工作业班组应在作业过程中实施安全生产要求；

7）作业人员应严格遵守安全操作规程，做到不伤害自己、不伤害他人和不被他人所伤害。

（4）项目专职安全生产管理人员应由企业委派，并承担以下主要的安全生产职责。

1）监督项目安全生产管理要求的实施，建立项目安全生产管理档案；

2）对危险性较大分部分项工程，实施现场监护并做好记录；

3）阻止和处理违章指挥、违章作业和违反劳动纪律等现象；

4）定期向企业安全生产管理机构报告项目安全生产管理情况。

（5）工程项目开工前，工程项目部应根据施工特征，组织编制项目安全技术措施和专项施工方案，包括应急预案，并按规定审批、论证、交底、验收、检查。

方案内容应包括工程概况、编制依据、施工计划、施工工艺、施工安全技术措施、检查验收内容及标准、计算书及附图等。

（6）工程项目部应接受企业上级各管理层、建设行政主管部门及其他相关部门的业务指导与监督检查，对发现的问题按要求组织整改。

（7）施工企业应与工程项目部及时交流与沟通安全生产信息，治理安全隐患和回应相关方诉求。

第四节　施工事故应急管理体系的审查要点

我国政府高度重视安全生产工作，吸取国外事故应急救援的经验教训，建立了国家、省、市、县"四位一体"的应急预案体系，积极整合应急资源，组织各项应急演练，提高应急队伍的实战能力，取得了一定的成效。随着《电力安全事故应急处置和调查处理条例》（国务院 599 号令）的颁布实施，对电力建设安全生产在应急组织体系、应急预案制定、应急队伍建设、应急处置方法、应急综合调度以及事故调查等方面给予了明确的要求和指导，提高了电力生产应急能力，规范了电力行业安全生产应急建设。

工程监理在施工应急事故管理中应主动协助建设单位建立应急体系，负责应急预案的审核，协助应急队伍建设、应急预案演练和应急处置。

一、建立应急体系

根据《生产经营单位安全生产事故应急预案编制导则》GB/T 29639—2013、《电力安全事故应急处置和调查处理条例》（国务院 599 号令）的规定，应急处置是在出现紧急状况时迅速调动人力、物力、设备等资源于最短时间内按一定的程序消除紧急状态，恢复正常生产。为了使这些要求顺利实现，必须建立系统、完善的应急体系，对组织措施、技术措施、经济措施等方面加以系统管理。应急体系包括应急组织体系和应急预案体系。

应急组织体系包括应急指挥机构（中心）、应急日常工作机构、应急培训机构、机具物资调配机构、后勤保障机构、新闻宣传机构。应急指挥机构（中心）是应急处置的核心，负责发布应急处置指令；应急日常工作机构负责应急指令的下达，应急处置技术、安全措施的评估、确定，以及负责应急处置进展信息的收集和上传；应急培训机构负责进行应急处置专项技能的日常培训，针对应急演练中发现的缺陷进行有针对性的特别培训；机具物资调配机构负责所需应急物资储备情况的统计、调配和应急物资采购，负责应急处置机具的调配；后勤保障机构负责应急处置过程参与人员的衣、食、住和个人劳保用品等方面的工作；新闻宣传机构负责对应急处置过程信息的处理，及时向有关方面发布应急处置进展信息。组织体系机构人员的设置根据处置等级的具体情况不同而不同。

应急预案体系包括综合应急预案、专项应急预案和现场处置方案。预案应针对各级各类可能发生的事故和所有危险源制订专项应急预案和现场应急处置方案，并明确事前、事发、事中、事后的各个过程中相关部门和有关人员的职责。

综合应急预案是应对各类事故的综合性文件，从总体上阐述事故的应急方针、政策，应急组织机构和相关应急职责，以及应急行动、措施和保障等基本要求和程序。

专项应急预案是针对具体的事故类别（如坍塌、电网大面积停电等事故）、危险源和应急保障而制订的计划或方案，是综合应急预案的组成部分，应按照综合应急预案的程序和要求组织制订，并作为综合应急预案的附件。专项应急预案应制订明确的救援程序和具体的应急救援措施。

现场处置方案是针对具体的装置、场所或设施、岗位所制订的应急处置措施。现场处置方案应具体、简单、针对性强。现场处置方案应根据风险评估及危险性控制措施逐一编制，做到事故相关人员应知应会，熟练掌握，并通过应急演练，做到迅速反应、正确处置。

各级预案应做到紧密结合实际、横向到边、纵向到底、不断修订完善、实现动态管理。

二、建立应急工作机制

2006 年 10 月，党的十六届六中全会做出的《中共中央关于构建社会主义和谐社会若干重大问题的决定》中对应急管理工作提出了新的更高的要求。进一步明确提出："完善应急管理体制机制，有效应对各种风险。建立健全分类管理、分级负责、条块结合、属地为主的应急管理体制，形成统一指挥、反应灵敏、协调有序、运转高效的应急管理机制，有效应对自然灾害、事故灾难、公共卫生事件、社会安全事件，提高危机管理和抗风险能力。按照预防与应急并重、常态与非常态结合的原则，建立统一、高效的应急信息平台，建设精干、实用的专业应急救援队伍，健全应急预案体系，完善应急管理法律法规，加强应急管理宣传教育，提高公众参与和自救能力，实现社会预警、社会动员、快速反应、应急处置的整体联动。"

在应急管理上建立预警机制、信息报告机制、决策处置机制、资源配置和管理机制、善后管理与评估机制、新闻发布机制、宣传和培训机制。

信息是影响危机管理成效的关键性因素。要建立和完善信息搜集、报送及反馈工作机制，并明确规定重要信息报送的内容、时限和方式。

国务院《关于全面加强应急管理工作的意见》指出，大力宣传各类应急预案，全面普及预防、避险、自救、互救、减灾等知识和技能，逐步推广应急识别系统，提高社会公众维护公共安全的意识和应对突发公共事件的能力。

三、建立突发事件应急预案

电力设施与设备所处的地理环境决定了电力建设具有作业地域广、作业点多、施工作业条件复杂、流动性大等特点，突发事件牵涉面也相对较多，从类别上可将突发事件应急预案分为自然灾害类、事故灾难类、公共卫生事件类及社会安全事件类四类。各类应急预案如下：

1. 自然灾害类

（1）自然灾害事故专项应急预案。

（2）恶劣天气专项应急预案。

（3）洪水灾害专项应急预案。

（4）防风、防汛专项应急预案。

（5）地质灾害专项应急预案（如防泥石流）。

（6）地震灾害专项应急预案。

2. 事故灾难类

（1）人身伤亡事故专项应急预案。

（2）触电事故专项应急预案。

（3）安全生产事故专项应急预案。

（4）垮（坍）塌事故专项应急预案。

（5）大型施工机械设备事故专项应急预案。

（6）缆机缆索断绳事故专项应急预案。

（7）液氨泄漏事故专项应急预案。

（8）爆破作业意外事故专项应急预案。

（9）火灾、爆炸事故专项应急预案。

（10）交通事故专项应急预案。

（11）环境污染事故专项应急预案。

（12）民爆物品爆炸事故专项应急预案。

3. 公共卫生事件类

（1）突发公共卫生事件专项应急预案。

（2）群体性食物中毒事件专项应急预案。

（3）急性传染病专项应急预案。

4. 社会安全事件类

（1）移民征地矛盾事件专项应急预案。

（2）社会安全事件专项应急预案。

电力行业突发事件应急预案编制需根据《生产经营单位安全生产事故应急预案编制导则》GB/T 29639—2013、《电力企业综合应急预案编制导则》（试行）、《电力企业专项应急预案编制导则》（试行）、《电力企业现场处置方案编制导则》（试行）等规定进行编制。工程监理应组织审核。

（一）综合应急预案的审核要点

电力建设施工企业结合自身安全生产和应急管理工作实际情况编制一个综合应急响应预案。综合应急预案的内容应满足以下基本要求：

（1）符合与应急相关的法律、法规、规章和技术标准的要求；

（2）与事故风险分析与应急能力相适应；

（3）职责分工明确、责任落实到位；

（4）与相关企业和政府部门的应急预案有机衔接。

综合应急预案的主要内容包括总则、风险分析、应急组织机构的职责、预防与预警、应急响应、信息发布、后期处置、应急保障、培训和演练、奖惩、附则、附件。

总则需明确综合应急预案编制的目的和作用；明确综合应急预案编制的主要依据，即国家相关法律、法规，国务院有关部委制定的管理规定和指导意见，行业管理标准的规章，地方政府有关部门或上级单位制定的规定、标准、规程和应急预案；明确综合应急预案的适用对象和适用条件；明确本单位应急处置工作的指导原则和总体思路；还需要明确本单位的应急预案构成体系。

风险分析是针对本单位的实际情况，对存在潜在的危险源或风险进行辨识和评价，确定危险目标，明确本单位对突发事件的分级原则和标准，明确应急组织体系，包括应急指挥机构和应急日常管理机构等。

应急组织机构的职责需明确本单位应急指挥机构、应急日常管理机构以及相关部门的应急工作职责，应急指挥机构可以根据应急工作需要设置相应的应急工作小组，并明确各小组的工作任务和职责。

预防与预警应明确危险源监控、预警行动和信息报告与处置等内容。危险源监控需明确本单位对危险源监控的方式、方法；预警行动需明确本单位发布预警信息的条件、对象、程序和相应的预防措施；信息报告和处置需明确本单位发生突发事件后信息报告与处置工作的基本要求。

应急响应包括应急响应分级、响应程序和应急结束。根据突发事件分级标准，结合本单位控制事态和应急处置能力，确定应急响应分级原则和标准。针对不同级别的响应，分别明确启动条件、应急指挥、应急处置和现场救援、应急资源调配、扩大应急等应急响应程序的总体要求。

应急结束的条件一般应满足以下要求：突发事件得以控制，导致次生、衍生事故隐患消除，环境符合有关标准，并经应急指挥部批准。

信息发布应明确应急处置期间相关信息的发布原则、发布时限、发布部门和发布程序。

后期处置应明确应急结束后，突发事件后果影响消除、生产秩序恢复、污染物处理、善后理赔、应急能力评估、对应急预案的评价和改进等方面的后期处置工作要求。

应急保障应明确本单位应急队伍、应急经费、应急物资装备、通信与信息等方面的应急资源和保障措施。

培训和演练应明确本单位人员开展应急培训的计划、方式和周期要求，明确应急演练的频度、范围和主要内容。

奖惩应明确应急处置工作中奖励和惩罚的条件和内容。

（二）专项应急预案的审核要点

专项应急预案的内容包括总则、应急处置基本原则、事件类型与危害程度分析、事件分级、应急指挥机构及职责、预防与预警、信息报告、应急响应、后期处置、应急保障、应急队伍、培训与演练、附则、附件。

总则应明确本预案的编制目的、编制依据和适用范围等内容。

应急处置基本原则应从应急响应、指挥领导、处置措施、与政府的联动、资源调配等方面说明本预案所涉及的突发事件发生后，应急处置工作的指导原则和总体思路。

事件类型与危害程度分析主要是分析突发事件风险的来源、特性等，明确突发事件可能导致紧急情况的类型、影响范围及后果。

事件分级是根据突发事件的危害程度和影响范围，依照国家有关规定和上级应急预案等，对突发事件进行分级，并明确具体事件分级标准。

应急指挥机构需明确本预案所涉突发事件的应急指挥机构组成情况，并设置相应的应急处置工作组，明确各应急处置工作组的设置情况和人员构成情况，明确应急指挥平台的建设要求。应急指挥机构职责应明确应急机构、各应急处置工作组和相关人员的具体职责，明确本预案所涉及各有关部门的应急工作职责。

预防与预警包括风险监测、预警发布与预警行动以及预警结束。风险监测是指专项应急预案所针对的突发事件可以实施预警时，应建立风险监测机制，明确风险监测的责任部门和人员，明确风险监测的方法和信息收集渠道，明确风险监测所获得信息的报告程序；专项应急预案针对的突发事件可以实施预警时，预警发布和预警行动应明确根据实际情况进行预警分级，明确预警的发布程序和相关要求，明确预警发布后的应对程序和措施；预警结束应明确结束预警状态的条件、程序和方式。

信息报告应明确本单位 24h 应急值班电话，明确本预案所涉突发事件发生后，本单位内部和向上级单位进行突发事件信息报告的程序、方式、内容和时限，同时还应明确本预案所涉突发事件发生后，向政府有关部门、电力监管机构进行突发事件报告的程序、方式、内容和时限。

应急响应包括响应分级、响应程序、应急处置和应急结束。响应分级是根据突发事件分级标准，结合企业控制事态和应急处置能力明确具体响应分级标准、应急响应责任主体及联动单位和部门。针对不同级别的响应，分别明确响应流程，绘制流程图。应急处置是针对事件类别和可能发生的次发事件危险性的特点，明确应急处置措施，包括先期处置、应急处置和扩大应急处置。应急结束应明确应急结束条件、应急响应结束程序。

后期处置应明确后期处置、现场恢复的原则和内容，负责保险和理赔的责任部门，事故或事件调查的原则、内容、方法和目的，对预案及本次应急工作进行总结、评价、改进等内容。

应急保障应明确单位应急资源和保障措施。

应急队伍明确本预案所涉应急救援队伍、应急专家队伍和社会救援资源的建设、准备和培训要求。应急物资与装备应明确应急处置所需主要物资、装备的储备地点及重要应急物资供应单位的基本情况和管理要求。通信与信息应明确与应急相关的政府部门、上级应急指挥机构、系统内外主要应急队伍等机构和单位、人员的通信渠道和手段，以及极端条件下保证通信畅通的措施。经费应明确本预案所需应急专项经费的来源、管理及在应急状态下确保及时到位的保障措施。同时，可以根据实际情况明确应急交通运输保障、安全保障、治安保障、医疗卫生保障、后勤保障及其他保障的具体措施。

培训和演练应明确本单位人员开展应急培训的计划、方式和周期要求，明确应急演练的频度、范围和主要内容。

（三）现场处置方案的审核要点

现场处置方案的主要内容包括总则、事件特征、应急组织及职责、应急处置、注意事项、附件。

总则需明确方案的编制目的、编制依据和适用范围等内容。

事件特征主要包括危险性分析，可能发生的事件类型，事件可能发生的区域、地点或装置的名称，事件可能发生的季节（时间）和可能造成的危害程度，事前可能出现的征兆。

应急组织及职责主要包括基本单位（部门）应急组织形式及人员构成情况，应急组织机构、人员的具体职责，应同基层单位或部门、班组人员的工作职责紧密配合，明确相关岗位和人员的应急工作职责。

应急处置主要包括现场应急处置程序、处置措施和事件报告流程。

现场应急处置程序是指根据可能发生的典型事件类别及现场情况，明确报警、各项应急措施启动、应急救护人员的引导、事件扩大时与相关应急预案衔接的程序。

处置措施是指针对可能发生的人身、电网、设备、火灾等，从操作措施、工艺流程、现场处置、事故控制、人员救护、消防、现场恢复等方面制订明确的应急处置措施，并应符合有关操作规程和事故处置规程的规定。

事故报告流程是指应明确报警电话及上级管理部门、相关应急救援联络方式和联系人员、事件报告的基本要求和内容。

注意事项主要包括佩戴个人防护器具方面的注意事项、使用抢险救援器材方面的注意事项、采取救援对策或措施方面的注意事项、现场自救和互救的注意事项、现场应急处置能力确认和人员安全防护等事项、应急救援结束后的注意事项，以及其他需要特别警示的事项。

（四）应急预案演练的监理

应急演练对应急事故处置、抑制事故扩大起到关键作用。监理单位应协助建设方开展项目的应急演练，督促承包单位按演练方案实施演练，核查演练效果。

第五节　专项施工方案审查要点

《危险性较大的分部分项工程安全管理办法》建质［2009］87号文指出，危险性较大的分部分项工程是指建筑工程在施工过程中存在的、可能导致作业人员群死群伤或造成重大不良社会影响的分部分项工程。同时又指出，危险性较大的分部分项工程安全专项施工方案，是指施工单位在编制施工组织（总）设计的基础上，针对危险性较大的分部分项工程单独编制的安全技术措施文件。

工程监理对危险性较大的分部分项工程安全专项施工方案的审查，首先是审批手续是否符合规定。专项方案应当由施工单位技术部门组织本单位施工技术、安全、质量等部门的专业技术人员进行审核。经审核合格的，由施工单位技术负责人签字。实行施工总承包的，专项方案应当由总承包单位技术负责人及相关专业承包单位技术负责人签字。

工程监理在专项施工方案审批手续符合规定后，对施工单位编制的专项施工方案内容应进行认真审查，内容审查的要点是：

（1）工程概况：危险性较大的分部分项工程概况、施工平面布置、施工要求和技术保证条件。

（2）编制依据：相关法律、法规、规范性文件、标准、规范及图纸（国标图集）、施工组织设计等。

（3）施工计划：包括项目管理组织机构一览表，主要机械设备及一览表，主要工程数量，以及工期安排。

（4）施工工艺技术：技术参数、工艺流程、施工方法、检查验收等。

（5）施工安全保证措施：组织保障、技术措施、应急预案、监测监控等施工安全保证措施应符合有关工程建设强制性标准的规定。

（6）劳动力计划：专职安全生产管理人员、特种作业人员等。例如：生产、技术管理人员：6 人；设备操作人员：6 人；壮工：30 人；电工：2 人；钢筋工：6 人；测量工：2 人，共计 52 人。为便于管理，使用时劳动力，根据专业工作性质，将其编为三个作业队，即钢支撑加工作业队、钢支撑安装作业队、土方开挖施工作业队，进行默契配合，交叉流水作业。

（7）计算书及相关图纸。

超过一定规模的危险性较大的分部分项工程专项施工方案应当由施工单位组织召开专家论证会。实行施工总承包的，由施工总承包单位组织召开专家论证会。专家组成员应当由 5 名及以上符合相关专业要求的专家组成，本项目参建各方的人员不得以专家身份参加专家论证会。专项方案经论证后，专家组应当提交论证报告，对论证的内容提出明确的意见，并在论证报告上签字，该报告作为专项方案修改完善的指导意见。

施工单位应当根据论证报告修改、完善专项施工方案，并经施工单位技术负责人、项目总监理工程师、建设单位项目负责人签字后，方可组织实施。

专项方案经论证后需做重大修改的，施工单位应当按照论证报告修改，并重新组织专家进行论证。如因设计、结构、外部环境等因素发生变化、确需修改的，修改后的专项方案应当重新审核。对于超过一定规模的危险性较大工程的专项方案，施工单位应当重新组织专家进行论证。

一、施工现场安全色与安全标志的审查要点

（一）审查依据

（1）《安全色》GB 2893—2008。

（2）《安全标志及其使用导则》GB 2894—2008。

（3）《消防安全标志》GB 13495—1992。

（4）《工作场所职业病危害警示标志》GBZ 158—2003。

（5）《关于落实建设工程安全生产监理责任的若干意见》（建质〔2006〕248号）指出，监理单位在施工阶段做好五个方面的检查督促工作之一：检查施工现场各种安全标志和安全防护措施是否符合强制性标准要求，并检查安全生产费用的使用情况。

（二）审查要点

1. 安全色

（1）红色：各种禁止标志；交通禁令标志；消防设备标志；机械的停止按钮、刹车及停车装置的操纵手柄；机械设备转动部件的裸露部位；仪表刻度盘上极限位置的刻度；各种危险信号旗等。

（2）黄色：各种警告标志；道路交通标志和标线中警告标志；警告信号旗等。

（3）蓝色：各种指令标志；道路交通标志和标线中指示标志等。

（4）绿色：各种提示标志；机器启动按钮；安全信号旗；急救站、疏散通道、避险处、应急避难场所等。

安全色的搭配使用见表 6 - 11。

表 6 - 11　安全色的搭配使用

安全色	对比色
红色	白色
蓝色	白色
黄色	黑色
绿色	白色

2. 安全标志

（1）禁止标志：不准或禁止人们不安全行动的图形标志，如图 6 - 9 所示。

（2）警告标志：提醒人们对周围环境引起注意的图形标志，如图 6 - 10 所示。

（3）指令标志：强制人们必须遵守某项规定。做出某种动作或采用防范措施的图形标志，如图 6 - 11 所示。

（4）提示标志：向人们提供某种信息的图形标志，如图 6 - 12 所示。

安全标志牌的尺寸见表 6 - 12。

●禁止吸烟　●禁止烟火　●禁止带火种　●禁止用水灭火　●禁止放易燃物　●禁止启动

●禁止合闸　●禁止转动　●禁止触摸　●禁止跨越　●禁止攀登　●禁止跳下

●禁止入内　●禁止停留　●禁止通行　●禁止靠近　●禁止乘人　●禁止堆放

●禁止抛物　●禁止戴手套　●禁止穿化纤服装　●禁止穿带钉鞋　●禁止饮用

图6-9　禁止标志

●当心安全　●当心火灾　●当心爆炸　●当心腐蚀　●当心中毒　●当心感染

●当心触电　●当心电缆　●当心机械伤人　●当心伤手　●当心扎脚　●当心吊物

●当心坠落　●当心落物　●当心坑洞

图6-10　警告标志

●必须戴防护眼镜　●必须戴防毒面具　●必须戴防尘口罩　●必须戴护耳器　●必须戴安全帽　●必须戴防护帽

●必须戴防护手套　●必须防护鞋　●必须系安全带　●必须穿救生衣　●必须穿防护服

图6-11　指令标志

●紧急出口　●可动火区　●避险处

图6-12　提示标志

表6-12 安全标志牌的尺寸（m）

型号	观察距离 L	圆形标志的外径	三角形标志的外边长	正方形标志的边长
1	0 < L ≤ 2.5	0.070	0.088	0.063
2	2.5 < L ≤ 4.0	0.110	0.1420	0.100
3	4.0 < L ≤ 6.3	0.175	0.220	0.160
4	6.3 < L ≤ 10.0	0.280	0.350	0.250
5	10.0 < L ≤ 16.0	0.450	0.560	0.400
6	16.0 < L ≤ 25.0	0.700	0.880	0.630
7	25.0 < L ≤ 40.0	1.110	1.400	1.000

二、安全防护用品配备与正确施用的审查要点

（一）审查依据

（1）《建筑施工作业劳动防护用品配备及使用标准》JGJ 184—2009。

（2）《个体防护装备选用规范》GB/T 11651—2008。

（3）《个体防护装备配备基本要求》GB/T 29510—2013。

（4）《劳动防护用品监督管理规定》（国家安全生产监督管理总局令第1号）。

（5）《特种劳动防护用品安全标志实施细则》（安监总规划字〔2005〕149号）。

（6）《特种劳动防护用品生产许可证实施细则》（国家质量监督检验检疫总局2011年1月19日公布实施）。

（二）审查要点

主要是根据《建筑施工作业劳动防护用品配备及使用标准》JGJ 184—2009进行审查，下面是涉及的强制性条款，为方便使用，全文引入。

2.0.4 进入施工现场人员必须佩戴安全帽。作业人员必须戴安全帽，穿工作鞋和工作服，应按作业要求正确使用劳动防护用品。在2m及以上的无可靠安全防护设施的高处、悬崖和陡坡作业时，必须系挂安全带。

3.0.1 架子工、起重吊装工、信号指挥工的劳动防护用品配备应符合下列规定：

1. 架子工、塔式起重机操作人员、起重吊装工应配备灵便紧口的工作服，系带防滑鞋和工作手套。

2. 信号指挥工应配备专用标志服装。在自然强光环境条件作业时，应配备有色防护眼镜。

3.0.2 电工的劳动防护用品配备应符合下列规定：

1. 维修电工应配备绝缘鞋，绝缘手套和灵便紧口工作服。

2. 安装电工应配备手套和防护眼镜。

3. 高压电气作业时，应配备相应等级的绝缘鞋，绝缘手套和有色防护眼镜。

3.0.3 电焊工，气割工的劳动防护品配备应符合下列规定：

1. 电焊工，气割工应配备阻燃防护服、绝缘鞋、鞋盖、电焊手套和焊接防护面罩。在高处作业时，应配备安全帽与面罩连接式焊接防护面罩和阻燃安全带。

2. 从事清除焊接作业时，应配备防护眼镜。

3. 从事磨削钨极作业时，应配备手套、防尘口罩和防护眼镜。

4. 从事酸碱等腐蚀性作业时，应配备防腐蚀性工作服、耐酸碱胶鞋、耐酸碱手套、防护口罩和防护眼镜。

5. 在密闭环境中或通风不良的环境下，应配备送风式防护面罩。

3.0.4 锅炉，压力容器及管道安装工的劳动防护用品配备应符合下列规定：

1. 锅炉及压力容器安装工，管道安装工应配备紧口工作服和保护足趾的安全鞋。在强光环境条件作业时，应配备有色防护眼镜。

2. 在地下或潮湿场所，应配备紧口工作服、绝缘鞋和绝缘手套。

3.0.5 油漆工在从事涂刷，喷漆作业时，应配备防静电工作服、防静电鞋、防静电手套、防毒口罩和防护眼镜；从事砂纸打磨作业时，应配备防尘口罩和密闭式防护眼镜。

3.0.6 普通工在从事淋灰，筛灰作业时，应配备高腰工作鞋、鞋盖、手套和防尘口罩，应配备防护眼镜；从事抬、扛物料作业时，应配备垫肩；从事人工挖扩桩孔井下作业时，应配备雨靴、手套和安全绳；从事拆除工作时，应配备保护足趾的安全鞋、手套。

3.0.10 磨石工应配备紧口工作服、绝缘胶鞋、绝缘手套和防尘口罩。

3.0.14 防水工的劳动防护用品配备应符合下列规定：

1. 从事涂刷作业时，应配备防静电工作服、防静电鞋和鞋盖、防护手套、防毒口罩和防护眼镜。

2. 从事沥青熔化，运送作业时，应配备防烫工作服、高腰布面胶底防滑鞋和鞋盖、工作帽、耐高温长手套、防毒口罩和防护眼镜。

3.0.17 钳工、铆工、通风工的劳动防护用品配备应符合下列规定：

1. 从事使用锉刀、刮刀、錾子、扁铲等工具作业时，应配备紧口工作服和防护眼镜。

2. 从事剔凿作业时，应配备手套和防护眼镜；从事搬抬作业时，应配备保护足趾安全鞋和手套。

3. 从事石棉、玻璃棉等含尘毒材料作业时，操作人员应配备防异物工作服、防尘口罩、风帽、风镜和薄膜手套。

3.0.19 电梯安装工、起重机械安装拆卸工从事安装、拆卸和维修作业时，应配备紧口工作服、保护足趾的安全鞋和手套。

（三）安全防护用品的三证一标志管理

为了防止质量低劣的特种劳动防护用品进入流通领域，危及劳动者的安全健康，国家规定对特种劳动防护用品实行定点经营。特种劳动防护用品应该具备的"三证一标志"就是生产许可证、产品合格证、安全鉴定证和安全标志。特种劳动防护用品安全标志证书由国家安全生产监督管理总局监制，加盖特种劳动防护用品安全标志管理中心印章。

标志规格与适用范围包括：

（1）焊接护目镜、焊接面罩、防冲击护眼具：18mm（包括编号）×12mm。

（2）安全帽、防尘口罩、过滤式防毒面具面罩、过滤式防毒面具滤毒罐（盒）、自给式空气呼吸器、长管面具：27mm（包括编号）×18mm。

（3）阻燃防护服、防酸工作服、防静电工作服、防静电鞋、导电鞋、保护足趾安全鞋、胶面防砸安全鞋、耐酸碱皮鞋、耐酸碱胶靴、耐酸碱塑料模压靴、防穿刺鞋、电绝缘鞋：39mm（包括编号）×26mm。

（4）安全带、安全网、密目式安全立网：69mm（包括编号）×46mm。

三、施工现场临时用电审查

（一）审查依据

（1）《用电安全导则》GB/T 13869—2008。

（2）《建设工程施工现场供用电安全规范》GB 50194—1993。

（3）《施工现场临时用电安全技术规范》JGJ 46—2005。

（二）涉及的强制性条款

主要涉及《施工现场临时用电安全技术规范》JGJ 46—2005 中的强制性条款。

（三）审查要点

（1）施工现场临时用电设备在 5 台及以上或设备总容量在 50kW 及以上者，应编制用电组织设计。施工现场临时用电设备在 5 台以下或设备总容量在 50kW 以下者，应制定安全用电和电气防火措施。

（2）施工临时用电四项原则。

1）采用 TN－S 接零保护系统。

①TN－S 系统：就是工作零线与保护零线分开设置的接零保护系统。

②T 表示电源中性点直接接地。

③N 表示电气设备外露可导电部分通过零线接地。

④S 表示工作零线（N 线）与保护零线（PE 线）分开的系统。

2）接地与系统一致。当施工现场与外电线路共用同一供电系统时，同一系统中的电气设备接地应与系统一致，严禁一部分采用接地保护，另一部分采用接零保护。

3）采用三级配电系统。三级配电系统是指施工现场从电源进线开始至用电设备之间，经过三级配电装置配送电力，即由总配电箱（一级箱）或配电室的配电柜开始，依次经由分配电箱（二级箱）、开关箱（三级箱）到用电设备。这种分三个层次逐级配送电力的系统就称为三级配电系统。

①分级分路原则。从一级总配电箱（配电柜）向二级分配电箱配电可以分路。即一个总配电箱（配电柜）可以分若干分路向若干分配电箱配电；每一分路也可分支支接若干分配电箱。

从二级分配电箱向三级开关箱配电同样也可以分路。即一个分配电箱也可以分若干分路向若干开关箱配电，而其每一分路也可以支接或链接若干开关箱。

从三级开关箱向用电设备配电必须实行"一机一闸"制，不存在分路问题。即每一个开关箱只能连接控制一台与其相关的用电设备（含插座），包括一组不超过30A负荷的照明器，或每一台用电设备必须有其独立专用的开关箱。

②动、照分设原则。动力配电箱与照明配电箱宜分别设置；若动力与照明合置于同一配电箱内共箱配电，则动力与照明应分路配电。这里所说的配电箱包括总配电箱和分配电箱（下同）。

动力开关箱与照明开关箱必须分箱设置，不存在共箱分路设置问题。

③压缩配电间距原则。压缩配电间距规则是指除总配电箱、配电室（配电柜）外，分配电箱与开关箱之间，开关箱与用电设备之间的空间间距应尽量缩短。

a. 分配电箱应设在用电设备或负荷相对集中的场所。

b. 分配电箱与开关箱的距离不得超过30m。

c. 开关箱与其供电的固定式用电设备的水平距离不宜超过3m。

d. 环境安全原则。

环境安全规则是指配电系统对其设置和运行环境安全因素的要求。

（a）环境保持干燥、通风、常温。

（b）周围无易燃易爆物及腐蚀介质。

（c）能避开外物撞击、强烈振动、液体浸溅和热源烘烤。

（d）周围无灌木、杂草丛生。

（e）周围不堆放器材、杂物。

④采用二级漏电保护系统采用二级漏电保护系统是指在施工现场基本供配电系统的总配电箱（配电柜）和开关箱首、末二级配电装置中设置漏电保护器。其中，总配电箱（配电柜）中的漏电保护器可以设置于总路，也可以设置于各分路，但不

必重叠设置。

　　a. 一般场所 $I_\Delta \leqslant 30\text{mA}$。

　　b. 潮湿与腐蚀介质场所 $I_\Delta \leqslant 15\text{mA}$。

　　（3）配电线路。

　　1）导线种类的选择。架空线必须采用绝缘导线，即为绝缘铜线或绝缘铝线。严禁采用裸导线。

　　铜的导电性能远远优于铝，有条件时可优先选用绝缘铜线，其优点是与铝线相比，电气连接性好，电阻率低，机械强度大，并有利于降低线路电压损失。

　　2）导线截面的选择。依据线路负荷计算结果，按绝缘导线允许温升初选导线截面，然后按线路电压偏移和机械强度要求校验，按工作制核准，最后综合确定导线截面。

　　架空线的绝缘色标准：Ll（A 相）—黄色；L2（B 相）—绿色；L3（C 相）—红色；N 线—淡蓝色；PE 线—绿/黄双色。

　　3）电缆的选择。根据其敷设方式、环境条件选择。埋地敷设时，宜选用铠装电缆，或具有防腐、防水性能的无铠装电缆，或无铠装电缆，但有配套防腐、防水措施。架空电缆宜选用无铠装护套电缆。截面的选择：①按允许温升初选电缆芯线截面；②按电压偏移校验电缆的芯线截面；③按机械强度校验电缆芯线截面。

　　4）芯线的选择。根据基本供配电系统的要求，电缆中必须包含线路工作制所需要的全部工作芯线和 PE 线。特别需要指出，需要三相四线制配电的电缆线路必须采用五芯电缆。五芯电缆中，除包含三条相线外，还必须包含用作 N 线的淡蓝色芯线和用作 PE 线的绿/黄双色芯线。

　　（4）施工现场临时用电设施完成后，必须通过编制、审批、安装、使用单位共同验收合格后方可投入使用。

四、施工现场临时消防专项方案审查

（一）审查依据

（1）《建筑灭火器配置设计规范》GB 50140—2005。

（2）《建筑工程施工现场消防安全技术规范》GB 50720—2011。

（二）涉及的强制性条款

主要涉及《建筑灭火器配置设计规范》GB 50140—2005 和《建筑工程施工现场消防安全技术规范》GB 50720—2011 中的强制性条款。

（三）审查要点

（1）对施工现场消防方案进行审查，重点是施工现场总平面布置、施工临时建筑、安全疏散、临时消防设施的布局、相互之间的距离、消防器材的配置；同时应对现场消防管理制度实行统一规划，避免发生参建单位之间各自为政，管理缺失，责任不明的情况发生，确保施工现场防火管理落到实处。

（2）禁火区域划分。

1）凡属下列情况之一的属于一级动火：

①禁火区域内；

②油罐、油箱、油槽车和贮存过可燃气体，易燃气体的容器以及连接在一起的辅助设备；

③各种受压设备；

④危险性较大的登高焊、割作业；

⑤比较密封的室内、容器内、地下室等场所；

⑥堆有大量可燃和易燃物资的场所。

2）凡属下列情况之一的为二级动火：

①在具有一定危险因素的非禁火区域内进行临时焊、割等作业；

②小型油箱等容器；

③登高焊、割作业。

3）在非固定的、无明显危险因素的场所进行用火作业，均属三级动火作业。

（3）动火审批。

1）一级动火作业应由所在单位主管防火工作的负责人填写动火申请表并附上安全技术措施方案，报上一级主管及所在地区消防部门审查批准后，方可动火。一级动火的最长审批期限不得超过一天，期满应重新办证，否则视作无证动火。

2）二级动火作业由所在工地负责人填写动火申请表和编制安全技术措施方案，报本单位主管部门审查批准后，方可动火。二级动火的最长审批期限不得超过三天，期满应重新办证，否则视作无证动火。

3）三级动火作业由所在班组负责人填写动火申请表，经工地负责人审查批准后，方可动火。三级动火的最长审批期限不得超过七天，期满应重新办证，否则视作无证动火。

（4）焊接作业区防火安全措施。

1）焊接作业区和焊机周围 6m 以内，严禁堆放装饰材料、油料、木材、氧气瓶、溶解乙炔气瓶、液化石油气瓶等易燃、易爆物品。

2）除必须在施工工作面焊接外，钢筋应在专门搭设的防雨、防潮、防晒的工作房内焊接；工房的屋顶应有安全防护和排水设施，地面应干燥，应有防止飞溅的金属火花伤人的设施。

3）高空作业的下方和焊接火星所及范围内，必须彻底清除易燃、易爆物品。

4）焊接作业区应配备足够的灭火设备，如水池、砂箱、水龙带、消火栓、手提灭火器。

（5）施工现场消防重点部位应登记在册。

五、地下管线专项方案审查

（一）审查依据

（1）《城市地下管线探测技术规程》CJJ 61—2003。

（2）《关于进一步加强城市地下管线保护工作的通知》（建质〔2010〕126 号）。

（二）涉及的强制性条款

主要涉及《城市地下管线探测技术规程》CJJ 61—2003 中的强制性条款。

（三）审查要点

（1）地下管线资料的收集。

（2）实地勘察情况。

（3）管线开挖方案。

（4）管线保护措施。

（5）管线事故的处理：

1）电缆、光缆挖断及通信线路故障事故的处理；

2）雨水、污水管道挖断事故的处理；

3）给水管线挖断事故的处理。

（6）管线保护责任制。

六、土方开挖与基坑支护专项方案审查

（一）审查依据

（1）《建筑地基基础工程施工质量验收规范》GB 50202—2002。

（2）《建筑边坡工程技术规程》GB 50330—2013。

（3）《建筑基坑工程监测技术规范》GB 50497—2009。

（4）《湿陷性黄土地区建筑基坑工程安全技术规程》JGJ 167—2009。

（5）《建筑施工土石方工程安全技术规范》JGJ 180—2009。

（6）《建筑深基坑工程施工安全技术规范》JGJ 311—2013。

（二）涉及的强制性条款

主要涉及《建筑地基基础工程施工质量验收规范》GB 50202—2002、《建筑边坡工程技术规程》GB 50330—2013、《建筑基坑工程监测技术规范》GB 50497—2009、《湿陷性黄土地区建筑基坑工程安全技术规程》JGJ 167—2009、《建筑施工土

石方工程安全技术规范》JGJ 180—2009、《建筑深基坑工程施工安全技术规范》JGJ 311—2013 中的强制性条款。

（三）审查要点

近几年来，高大建筑的迅速兴起，促进了深基坑支护技术的发展。现在的城市建筑间距很小，给电力设施施工带来极大难度，有的基坑边缘距已有建筑仅数十米，甚至几米。另外，原来的深基坑支护结构的设计理论、设计原则、运算公式、施工工艺等，已不符合深基坑开挖与支护结构的实际情况，导致一些基坑工程出现事故，造成巨大的损失。因此，对于深基坑支护的安全问题，工程技术人员应予以高度重视。

1. 方案的审批情况

检查方案的编制、审核、审批手续是否齐全。是否经施工单位技术负责人审批签字，加盖公司一级图章，不得有代签的现象。

2. 周边环境的描述

对基坑周边的建筑物、构筑物、重要管线、围墙、临时设施、塔吊位置、出土口、施工道路等都要描述清楚，越详细越好。特别是周边有河流和池塘的，更应该描述清楚。

3. 重点、难点的情况

基坑的重点、难点是否描述清楚，如砂性土中的土钉墙支护，基坑降水的处理就是一个关键点。对井点降水等要有详细的叙述，要有确保降水成功的措施，还要有备用井点、备用发电机等。在软黏土中的挖土也是一个关键点，应有详细的措施，确保工程桩不歪斜、不断裂，确保支护结构的安全性等。

4. 深基坑支护存在问题分析或专家论证的情况

土方开挖深度超过 5m（含 5m），或地下室三层以上（含三层），或深度虽未超过 5m，但地质条件和周围环境及地下管线极其复杂的工程，其基坑支护设计方案必须经过专家论证。检查须经过专家论证的方案是否有书面基坑支护专项施工方案专家论证意见书，以及专家论证意见书中提出的问题是否有设计院对论证意见的回复，以及是否在方案中得到修改。例如：

（1）支护结构设计中土体的物理力学参数选择是否适当。深基坑支护结构所承担的土压力大小直接影响其安全度，但由于地质情况多变且十分复杂，要精确地计算土压力，目前还十分困难。关于土体物理参数的选择是一个非常复杂的问题，尤其是在深基坑开挖后，含水率、内摩擦角和黏聚力三个参数是可变值，很难准确计算出支护结构的实际受力。

在深基坑支护结构设计中，如果对地基土体的物理力学参数取值不准，将对设计的结果产生很大影响。土力学试验数据表明：内摩擦角值相差 5，其产生的主动土压力不同；原土体的内凝聚力与开挖后土体的内凝聚力，则差别更大。施工工艺和支护结构形式不同，对土体的物理力学参数的选择也有很大影响。

（2）基坑土体的取样具有不完全性。在深基坑支护结构设计之前，必须对地基土层进行取样分析，以取得土体比较合理的物理力学指标，为减少勘探的工作量和降低工程造价，不可能钻孔过多。因此，所取得的土样具有一定的随机性和不完全性。但是，地质构造是极其复杂、多变的，取得的土样不可能全面反映土层的真实性。因此，支护结构的设计也就不一定完全符合实际的地质情况。

（3）基坑开挖存在的空间效应考虑不周。深基坑开挖中大量的实测资料表明：基坑周边向基坑内发生的水平位移是中间大，两边小。深基坑边坡的失稳，常常以长边的居中位置发生，这是将深基坑开挖看作是一个空间问题。传统的深基坑支护结构的设计是按平面应变问题处理的。对一些细长条基坑来讲，这种平面应变假设是比较符合实际的，而对近似方形或长方形深基坑则差别比较大。所以，在未进行空间问题处理前而按平面应变假设设计时，支护结构要适当进行调整，以适应开挖空间效应的要求。

（4）支护结构设计计算与实际受力不一定完全相符。目前，深基坑支护结构的设计计算仍基于极限平衡理论，但支护结构的实际受力并不那么简单。工程实践证明，有的支护结构按极限平衡理论设计计算的安全系数，从理论上讲是绝对安全的，但有时却发生破坏；有的支护结构安全系数虽然比较小，甚至达不到规范的要求，但在实际工程中却满足要求。

极限平衡理论是深基坑支护结构的一种静态设计，而实际上开挖后的土体是一种动态平衡状态，也是一个土体逐渐松弛的过程，随着时间的增长，土体强度逐渐下降，并产生一定的变形。所以，在设计中必须充分考虑这一点。

5. 方案的设计情况

基坑围护的设计单位应具有相应资质条件，其中深基坑设计方案应经专家论证，并取得专家意见书，设计单位再根据专家论证意见出设计变更联系单，连同设计方案一起去属地市建委办理备案手续。

6. 总体部署的问题

基坑支护中土钉墙、降水、挖土等是交叉穿插进行的，应有总体的施工流程，还要有总体进度计划的安排，各工序开始时间、交叉时间、结束时间，总进度计划表，安排的管理力量、劳动力、机械设备能否满足总进度计划的要求等。

7. 土方开挖施工流程

土方开挖是基坑支护中很重要的一道工序，应该进行详细的叙述，而有的方案只是原则性地写了土方开挖的情况，但具体如何开挖却没有叙述。围护桩支护与土钉墙支护土方开挖的流程是不同的。大型的土方工程更应该详细说明土方开挖的平面流向、分层分段的情况、出土口的布置、机械设备的配备、对工程桩及围护结构的保护措施和施工组织、进度计划等。有内支撑的基坑还应有对内支撑和格构柱的保护措施，以及局部内支撑下面大型挖掘机无法工作。

8. 安全技术规定

（1）基坑周围地面应采取防水、排水措施，避免地表水渗入基坑周围土体和流入坑内。坑内应设置排水沟和集水井，及时抽除积水。基坑土方开挖应在降水排水施工完成且运转正常达到预期要求后方可进行。

（2）尽量减少无支护暴露时间，开挖必须遵循"自上而下，先撑后挖，分层开挖，严禁超挖"的原则。利用锚杆做支护结构时，应按设计要求，及时进行锚杆施工，而且必须待锚杆张拉锁定后方可进行下一步开挖。基坑开挖应连续施工。

（3）坑边不宜堆放土方和建筑材料。软土地区不宜在坑边堆置弃土。当重型机构在坑边作业时，应设置专门的平台或深基础等。同时，应限制或隔离坑顶周围振动荷载的作用。

（4）安排好挖土顺序等，不得在挖土过程中碰撞围护结构。并做好机械上、下基坑坡道部位的支护，做好挖土机械、车辆的通道布置。

（5）基坑开挖完毕后，应及时清底验槽并铺设垫层，以防止暴晒和雨水浸刷而破坏原状结构。如果基底超挖，应用素混凝土回填或夯实回填，使基底土承载性能达到设计要求。

（6）严禁从坑顶扔抛物体。坑内应设安全出口，便于人员撤离。所有机械行驶、停放要平稳，坡道应牢固可靠，必要时进行加固。

（7）配合机构作业的清底、平整场地、修坡等施工人员，应在机械回转半径以外工作：当必须在回转半径以内工作时，应停止机械回转并制动好后方可作业。

（8）机械运行中，严禁接触转动部位和进行检修：在修理工作装置时，应使其降到最低位置，并应在悬空部位垫上垫土，严禁在离电缆1m距离以内作业。

（9）挖掘机正铲作业时，其最大开挖高度和深度不超过机械本身性能的规定。反铲作业时，履带距工作面边缘距离应大于1.5m。

9. 安全措施

（1）对深度超过2m及以上的基坑施工，应在基坑四周设置高度大于0.15m的防水围挡，并应设置防护栏杆，防护栏杆埋深应大于0.60m，高度宜为1.00～1.10m，栏杆柱距不得大于2.0m，距离坑边水平距离不得小于0.50m。

（2）基坑周边1.2m范围内不得堆载，3m以内限制堆载，坑边严禁重型车辆通行。当支护设计中已考虑堆载和车辆运行时，必须按设计要求进行，严禁超载。

（3）在基坑边1倍基坑深度范围内建造临时住房或仓库时，应经基坑支护设计单位允许，并经施工企业技术负责人、工程项目总监批准，方可实施。

（4）基坑的上、下部和四周必须设置排水系统，流水坡向应明显，不得积水。基坑上部排水沟与基坑边缘的距离应大于2m，沟底和两侧必须做防渗处理。基坑底部四周应设置排水沟和集水坑。

（5）雨期施工时，应有防洪、防暴雨的排水措施，及材料设备、备用电源应处在良好的技术状态。

（6）在基坑的危险部位或在临边、临空位置，设置明显的安全警示标志或警戒。

（7）当夜间进行基坑施工时，设置的照明充足，灯光布局合理，防止强光影响作业人员视力，必要时应配备应急照明。

（8）基坑开挖时支护单位应编制基坑安全应急预案，并经项目总监批准。应急预案中所涉及的机械设备与物料，应确保完好，存放在现场并便于立即投入使用。

10. 安全控制

（1）工程监理单位对基坑开挖、支护等作业应实施全过程旁站监理，对施工中存在的不安全隐患，应及时制止，要求立即整改。对拒不整改的，应向建设单位和安全监督机构报告，并下达停工令。

（2）在基坑支护或开挖前，必须先对基坑周边环境进行检查，发现对施工作业有影响的不安全因素，应事先排除，达到安全生产条件后，方可实施作业。

（3）施工单位在作业前，必须对从事作业的人员进行安全技术交底，并应进行事故应急救援演练。

（4）施工中，应定期检查基坑周围原有的排水管、沟，不得有渗水、漏水迹象；当地表水、雨水渗入土坡或挡土结构外侧土层时，应立即采取截、排处理措施。

（5）施工单位应有专人对基坑安全进行巡查，每天早、晚各1次，雨季应增加巡查次数，并应做好记录，发现异常情况应及时报告。

（6）对基坑监测数据应及时进行分析整理；当变形值超过设计警戒值时，应发出预警，停止施工，撤离人员，并应按应急预案中的措施进行处理。

（7）传力带、支撑拆除和土方回填措施。传力带、支撑拆除时应有确保安全的措施。土方回填中应有如何保证密实的措施以及对地下室外墙防水层的保护措施等。

11. 基坑监测的情况

基坑监测是非常重要的。一个完整的监测方案应包括监控目的、监测项目、监测仪器、监控报警值、监测方法、监测点的布置、监测周期、信息反馈等。检查监测项目是否齐全，监测点的布置、监测周期是否合理。施工单位应有专人进行监测，除了专业的仪器监测外，每天专人巡回目测是更简捷、更有效的监测。每天反馈信息，一旦超出报警值，便采取措施。

12. 应急措施

应急措施是方案中极其重要的部分，方案中要有对危险源的辨识、可能发生的险情及针对各种险情采取的应急措施，还应有应急领导小组成员名单及分工、应急抢险材料物资、机械设备的准备要求等。

13. 基坑支护的验收

基坑支护一定要经过验收后，方可交付施工。

七、脚手架专项施工方案审查

（一）审查依据

（1）《建筑施工门式钢管脚手架安全技术规范》JGJ 128—2010。

（2）《建筑施工扣件式钢管脚手架安全技术规范》JGJ 130—2011。

（3）《建筑施工木脚手架安全技术规范》JGJ 164—2008。

（4）《建筑施工碗扣式钢管脚手架安全技术规范》JGJ 166—2008。

（5）《液压升降整体脚手架安全技术规程》JGJ 183—2009。

（6）《建筑施工工具式脚手架安全技术规范》JGJ 202—2010。

（7）《建筑施工承插型盘扣件钢管支架安全技术规程》JGJ 231—2010。

（8）《建筑施工竹脚手架安全技术规范》JGJ 254—2011。

（9）《高处作业吊篮安全规则》JGJ 5027—1992。

（二）涉及的强制性条款

主要涉及《建筑施工门式钢管脚手架安全技术规范》JGJ 128—2010、《建筑施工扣件式钢管脚手架安全技术规范》JGJ 130—2011、《建筑施工木脚手架安全技术规范》JGJ 164—2008、《建筑施工碗扣式钢管脚手架安全技术规范》JGJ 166—2008、《建筑施工工具式脚手架安全技术规范》JGJ 202—2010、《建筑施工承插型盘扣式钢管支架安全技术规程》JGJ 231—2010 中的强制性条款。

（三）审查要点

脚手架事故在建筑工程中发生率较高，而扣件式钢管脚手架在工程施工中广泛采用，是工程监理的重点监控对象。脚手架专向施工方案分为文件审查和现场检查两部分。

1. 程序性审查

高度大于24m的落地式脚手架、悬挑式脚手架、卸料平台应有安全验算结果。高度不大于24m的落地式脚手架专项施工方案必须经施工单位技术负责人批准。

2. 脚手架多发事故类型分析

（1）整架倾倒、垂直坍塌或局部垮架。造成原因分析如下：

1）材料质量：扣件钢管、预埋件不符合要求。

2）搭接问题：没有按要求设置连墙件或设置不符合要求，构架连接不符合要求，构架尺寸过大，承载能力不足，架体不垂直，没有底座和垫木。

3）使用原因：在使用过程中拆除必不可少的杆件连墙件，严重超载。

4）地质原因：地基出现过大的不均匀沉降。

5）拆除原因：不按要求拆除架体，如先全部拆除连墙件或单面全部拆除。

（2）人员高空坠落，造成原因分析如下：

1）不设置安全网或设置不合格。

2）作业层未满铺脚手板或架面与墙之间的间隙过大。

3）脚手板霉烂，脚手板和杆件搁置不稳，扎结不牢或发生断裂而坠落。

4）搭设架体时未按要求悬挂安全带。

5）操作不当：如同力过猛，致使身体失去平衡；在架面上拉连退着行走；作业面拥挤碰撞；集中多人搬运重物或安装较重构件；架面上冰雪未清除，造成滑跌；在不安全的天气条件下作业等。

（3）落物伤人，造成原因分析如下：

1）脚手板或架体上堆放杂物，或不按规定堆放材料；

2）围护不当，安全网破损；

3）作业人员向下扔东西；

4）拆除脚手架时往下扔构配件。

3. 符合性审查

（1）审查安全措施是否符合有关强制性条文标准。

（2）审查所采用验算公式、荷载计算是否符合规范要求，验算结果是否满足要求。一般来说应有下列设计计算书：

1）纵向、横向水平杆等受弯构件的强度计算和连接扣件的抗滑承载力计算；

2）立杆的稳定性计算；

3）连墙件的强度、稳定性和连接强度的计算；

4）立杆地基承载力计算；

5）悬挑支撑验算。

（3）立杆间距的情况。

1）立杆间距是否符合规范要求。规范规定，立杆间距不大于1200mm。对于高度超过8m，跨度超过18m，或施工总荷载大于$10kN/m^2$，或集中线荷载大于$15kN/m^2$的模板支架，不应大于900mm。但有的方案中梁的立杆间距竟然达到1500mm×1500mm。

2）梁的立杆间距和板的立杆间距是否协调。梁的立杆间距和板的立杆间距应该在一个方向统一。但有的梁立杆间距为 800mm×800mm，板立杆间距 1000mm×1000mm，实际上无法按这个方案搭设。事实上在搭设中也不可能这样。

3）方案中的立杆间距和计算中的立杆间距是否一致。有的方案中，梁的立杆间距为 900mm×1000mm，而在计算中梁的立杆间距变成 800mm×1200mm。完全对不起来。

（4）方案是否需要经过专家论证。

1）高度是否超过 8m。

2）集中线荷载是否超过 15kN/m。主要看梁截面是否达到 0.6m²。如有的工程中，梁截面为 500mm×1200mm、600mm×1000mm，都达到 0.6m²，集中线荷载均超过 15kN/m。此种情况实际上很多又很容易被疏忽。有的工程中梁截面更是达到 900mm×1500mm，大大超过 15kN/m。

3）跨度是否超过 18m。

4）施工总荷载是否大于 10kN/m²。

4. 材料质量证明书检查

（1）钢管：应有产品质量合格证，质量检验报告，现场抽样送检见证检验报告。

（2）扣件：应有生产许可证，法定检测单位的测试报告和产品质量合格证。

（3）安全网：产品合格证，建设主管部门准用证明。

5. 登高架设作业人员上岗证［主要审查有效性（年审情况）］

6. 验收记录

脚手架使用前必须经验收合格，并做好记录。监理审查时，主要是检查验收人员是否具有相应资格，是否同意使用，是否签字齐全。

7. 现场检查

现场检查又可分为搭设、使用、拆除三方面检查。

（1）搭设检查。

1）材料检查：

①钢管：表面应平直光滑，不应有裂缝、结疤、分层、错位、硬弯、毛刺、压痕和深的划道，钢管外径、壁厚、端面等的偏差应符合规范规定，钢管必须涂有防锈漆。

②扣件：裂缝、变形的严禁使用，出现滑丝的螺栓必须更换，扣件要进行防锈处理。

③安全网：表面清洁，无损坏。

④脚手板：材料应符合规范要求，霉变、断裂不允许使用。

2）搭设人员：应持证上岗，并按规定戴好安全帽，挂好安全带。

3）落地式基础：基础是否平整、夯实、积水，地基承载力是否符合要求，基础应有底座和垫木，垫木规格不少于 2000mm×100mm×50mm，有纵、横向扫地杆并符合要求。

4）架体搭设：立杆横距、立杆纵距、立杆步距应符合方案要求，立杆与纵向水平杆交点必须设置横向水平杆，立杆接长除顶层顶步可采用搭接外，其余各层各步必须采用对接扣件连接，对接扣件应交错布置并符合规范要求。搭接时搭接长度不应小于 1m，采用不少于 2 个旋转扣件连接。立杆垂直度必须符合要求。

5）连墙件：对高度小于 24m 脚手架，可采用拉筋和顶撑配合使用的连墙件，严禁使用仅有拉筋的柔性连墙件；高度不小于 24m 脚手架必须采用刚性连墙件。连墙件布置应符合方案要求。

6）架体稳定：①剪力撑：架体高度不大于 24m 时，两端设置，中间每隔不大于 15m 设置一道；架体高度大于 24m 时，全高全长连续设置；②模板支架、缆风绳、泵送混凝土的输送管等不固定在脚手架上；③卸料平台自成体系，不与脚手架连接。

7）架体封闭：①首层和作业层满铺脚手板，中间每隔 12m 满铺一道脚手板，或每隔 10m 设置一道安全平网；②采用密目式安全网进行全封闭，临街工地必须使用新的密目式安全网，张挂高度大于作业面 1.2m；③作业层脚手架内侧与建筑物楼板间的空隙满铺脚手板。

8）悬挑式：①立杆底部固定牢固，支座稳定，不得固定在水平杆上；②其余检查同上。

（2）使用检查。

1）作业人员不能赤脚或穿拖鞋上架作业，作业人员应避免集中一起作业，以免产生碰撞，不允许上下同时作业，确实需要上下同时作业时，应做好防护措施；

2）脚手板上不能超载，不能堆放建筑垃圾；

3）是否任意拆除连墙件、安全网；

4）地基是否有积水，底座是否松动，立杆是否悬空，扣件螺栓是否松动；

5）电缆、施工临时用水管是否搭设在脚手架上；

6）电焊作业是否做好安全防护。

（3）拆除检查。

1）拆除工人是否持证上岗，是否对工人进行拆除安全技术交底，拆除施工单位是否派专人监护。

2）拆除作业必须由上而下逐层进行，严禁上下同时作业。

3）连墙件必须随脚手架逐层拆除，严禁先将连墙件整层或数层拆除后再拆除脚手架；分段拆除高差不应大于 2 步，如高差大于 2 步时，应增设连墙件加固。

4）拆除后各构配件不能抛掷至地面，并及时清理归类。

5）拆除区应设置警戒线。

八、跨越架搭设专项施工方案审查

（一）审查依据

（1）《电力建设安全工作规程　第2部分：架空电力线路》DL 5009.2—2013。

（2）《电力安全工作规程　电力线路部分》GB 26859—2011。

（二）涉及的强制性条款

主要涉及《电力建设安全工作规程　第2部分：架空电力线路》DL 5009.2—2013中的强制性条款。

如：12.2 特殊跨越

有下列特点之一的跨越称为特殊跨越：

1. 跨越多排轨铁路、高速公路；

2. 跨越运行电力线架空避雷线（光缆），跨越高度大于30m；

3. 跨越220kV及以上运行线路；

4. 跨越电力运行线路其交叉角小于30°或跨越宽度大于70m；

5. 跨越大江，大河或通航河流极其复杂地型。

（三）审查要点

1. 跨越架的一般规定

（1）跨越架应具有在安全施工允许的条件下本身自立的强度，并能满足施工设计强度的要求。

（2）跨越架的组立必须牢固可靠、所处位置准确。

（3）跨越不停电电力线的跨越架，应适当加固并应用绝缘材料封顶。

（4）跨越架架顶的横辊要有足够的强度，且横辊表面必须使用对导线磨损小的绝缘材料。如用金属杆件作横辊，则必须在其上包胶。

（5）跨越架应按有关规定保持对被跨越物的安全距离，即保持对被跨越物的有效遮护。

（6）跨越架经使用单位验收合格后方可使用。

（7）跨越架上应按有关规定悬挂醒目标志。

（8）强风、暴雨过后应对跨越设施进行检查，确认合格后方可使用。

（9）搭设和拆除跨越架时应设安全监护人。

（10）参加跨越不停电线路的施工人员必须熟练掌握跨越施工方法并熟悉安全措施，经本单位组织培训和技术交底后方可参加跨越施工。

2. 跨越江河的跨越架

特殊跨越必须编制施工技术方案或施工作业指导书，并按规定履行审批手续后报经相关方审核批准。跨越大江、大河或通航的河流除应遵守 DL 5009.2—2013 中 12.2.2 条的规定外，在施工期间应请航监部门派人协助封航。

3. 参加特殊跨越作业的人员要求

凡参加特殊跨越的施工人员必须熟练掌握跨越施工方法并熟悉安全施工措施，经本单位组织培训和技术交底后方可参加跨越施工。

4. 跨越不停电电力架空线的安全措施

（1）跨越不停电电力线架线施工前，应向运行部门书面申请"退出重合闸"，落实后方可进行不停电跨越施工。施工期间该线路发生设备跳闸时，调度员未取得现场指挥同意前，不得强行送电。

（2）跨越不停电电力线的施工过程中，必须邀请被跨越电力线的运行部门进行现场监护。施工单位也应设安全监护人。

（3）在跨越相邻两侧的杆塔上，被跨电力线路的导、地线应通过杆塔设置可靠的接地装置。

（4）临近带电体作业时，上下传递物体必须使用绝缘绳索，作业全过程应设专人监护。

（5）在带电体附近作业时，人体与带电体之间的最小安全距离应满足规程 DL5009.2—2013 中表7.1.9的规定。

（6）跨越不停电电力线路架线施工应在良好天气下进行，遇雷电、雨、雪、霜、雾，相对湿度大于85%或5级以上大风时，应停止工作。如施工中遇到上述情况，则应将已展放好的网、绳加以安全保护，避免造成意外。

5. 搭设金属结构跨越架的安全措施

（1）金属结构跨越架的金属拉线和展放中的导、地线，牵引绳与被跨电力线的最小安全距离，必须满足规范要求。

（2）金属结构跨越架架体的临时拉线必须由有经验的技术工人看护。

（3）金属结构跨越架提升架的拉线、连接金具的安全系数不得小于3。

（4）在金属结构跨越架架体组立过程中，必须确保上层内侧拉线与不停电导线的安全距离，严禁大幅度晃动。

（5）在特殊情况下，金属结构跨越架的拉线与被跨越线路间的距离不能满足安全距离时，应采取特殊安全措施。

（6）跨越架组立完成后，必须立即采取可靠的接地措施。跨越架架体的接地线必须用多股软铜线，其截面不得小于$25mm^2$，接地棒埋深不得小于0.6m。接地线与架体、接地棒连接牢固，不得缠绕。

（7）绝缘网的弛度不得大于 2.5m，且距架空地线的最小净间距按规程 DL5009.2—2013 中表 5.1.14 选择。在雨期施工时应考虑绝缘网受潮后弛度的增加。

（8）在多雨季节和空气潮湿工况下，应在封网用承力绳与架体横担连接处采取分流保护措施。

6. 搭设钢管、木质、毛竹跨越架的安全措施

（1）跨越架顶端两侧应设外伸羊角，宽度应超出新建线路两边线各 2m。

（2）跨越电气化铁路和 35kV 以上的电力线的跨越架，应使用绝缘材料封顶。

（3）绑扎用铁丝单根展开长度不得大于 1.6m。

（4）拆除跨越架时，应由上向下逐根拆除。拆下的材料应有人传送，不得向下抛扔。

7. 索道跨越方法的安全措施

（1）若利用架空地线充当承力索，在索道跨越施工前，应对充当承力索的架空地线做全面检查，该地线不得有断股、假焊和表面严重损伤现象。

（2）展放用滑车、挂钩在使用前应全面检查，查看是否有挂钩保险失灵、滑车变形、损伤、转动不灵活等现象。

（3）在承力索两端固定点内侧应各加设保险绳套。

（4）施工中选用的所有绝缘绳网，使用前必须保持干燥，并按要求进行摇表复测。

九、高处作业专项方案审查

（一）审查依据

（1）《高处作业分级》GB/T 3608—2008。

（2）《高处作业吊篮》GB 19155—2003。

（3）《座板式单人吊具悬吊作业安全技术规范》GB 19155—2003。

（4）《坠落防护装备安全使用规范》GB/T 23468—2009。

（5）《建筑施工高处作业安全技术规范》JGJ 80—1991。

（二）涉及的强制性条款

主要涉及《建筑施工高处作业安全技术规范》JGJ 80—1991 中的强制性条款。

（三）审查要点

（1）现场组织机构设置是否合理，专项方案审批手续是否符合规定。

（2）工程高处作业类型分析。施工中的高处作业主要包括临边、洞口、攀登、悬空、交叉等五种基本类型，这些类型的高处作业是伤亡事故可能发生的主要地点。

1）临边作业，是指施工现场中工作面边沿无围护设施或围护设施高度低于

80cm 时的高处作业。下列作业条件属于临边作业：

①基坑周边，无防护的阳台、料台与挑平台等；

②无防护楼层、楼面周边；

③无防护的楼梯口和梯段口；

④井架、施工电梯和脚手架等的通道两侧面；

⑤各种垂直运输卸料平台的周边。

2）洞口作业，是指凡深度在 2m 及 2m 以上的桩孔、人孔、沟槽与管道等孔洞边沿上的高处作业。

3）攀登作业，是指借助建筑结构或脚手架上的登高设施或采用梯子或其他登高设施在攀条件下进行的高处作业。

①在建筑物周围搭拆脚手架，张挂安全网，装拆塔机、龙门架、井字架、施工电梯、桩架，登高安装钢结构构件等作业都属于这种作业。

②进行攀登作业时作业人员由于没有作业平台，只能攀登在可借助物的架子上作业，要借助一手攀一只脚勾或用腰绳来保持平衡，身体重心垂线不通过脚下，作业难度大，危险性大，若有不慎就可能坠落。

4）悬空作业，是指在周边临空状态下进行高处作业。其特点是在作业人员无立足点或无牢靠立足点条件下进行高处作业。建筑施工中的构件吊装，利用吊篮进行外装修，悬挑或悬空梁板、雨篷等特殊部位支拆模板、扎筋、浇筑混凝土等项作业都属于悬空作业，由于是在不稳定的条件下施工作业，危险性很大。

5）交叉作业，是指在施工现场的上下不同层次，在空间贯通状态下同时进行的高处作业。现场施工上部搭设脚手架、吊运物料，地面上的人员搬运材料、制作钢筋，或外墙装修下面打底抹灰、上面进行面层装饰等，都是施工现场的交叉作业。交叉作业中，若高处作业不慎碰掉物料，失手掉下工具或吊运物体散落，都可能砸到下面的作业人员，发生物体打击伤亡事故。

（3）高处作业的安全防护措施。

1）临边作业安全防护主要措施。

①基坑周边，尚未安装栏杆或栏板的阳台、料台与挑平台周边，雨篷与挑檐边，无外脚的屋面与楼层周边，以及水箱与水塔周边等处，都必须设置防护栏杆。

②头层墙高度超过 3.2m 的二层楼面周边，以及无外脚手的高度超过 3.2m 的楼层周边，必须在外围架设安全平网一道。

③分层施工的楼梯口和梯段边，必须安装临时护栏。顶层楼梯口应随工程结构进度安装正式防护栏杆。

④井架与施工用电梯和脚手架等与建筑物通道的两侧边，必须设防护栏杆。地面通道上部应装设安全防护棚。双笼井架通道中间，应予分隔封闭。

⑤各种垂直运输接料平台，除两侧设防护栏杆外，平台口还应设置安全门或活动防护栏杆。

2）临边防护栏杆杆的规格及连接要求，应符合下列规定：

①毛竹横杆小头有效直径不小于70mm，栏杆柱小头直径不小于80mm，并须用小于16号的镀锌钢丝绑扎，不少于3圈，并不泻滑。

②原木横杆上杆梢径不小于70mm，下杆梢径不小于60mm，栏杆柱梢径不小于75mm。并用相应长度的圆钉钉紧，或用不小于12号的镀锌钢丝绑扎，要求表面平顺和稳固无动摇。

③钢筋横杆上杆直径不小于16mm，下杆直径不小于14mm。钢管横杆及栏杆柱直径不小于18mm，采用电焊或镀锌钢丝绑扎固定。

④钢管栏杆及栏杆柱均采用 ∅48 ×（2.75 ~ 3.5）mm 的管材，以扣件或电焊固定。

⑤以其他钢材，如角钢等作防护栏杆件时，应选用强度相当的规格，以电焊固定。

3）搭设临边防护栏杆时，必须符合下列要求：

①防护栏杆应由上、下两道横杆及栏杆柱组成，上杆离地高度为 1.0 ~ 1.2m，下杆离地高度为 0.5 ~ 0.6m。坡度大于1:2.2 的屋面，防护栏杆应高 1.5m，并加挂安全立网。除经设计计算外，横杆长度大于 2.0m 时，必须加设栏杆柱。

②栏杆柱的固定应符合下列要求：

a. 当在基坑四周固定时，采用钢管并打入地面 50 ~ 70cm 深。钢管离边口的距离不小于 50cm。当基坑周边采用板桩时，钢管可打在板桩外侧。

b. 当在混凝土楼面、屋面或墙面固定时，可用预埋件与钢管或钢筋焊牢。采用竹、木栏杆时，在预埋件上焊接 30cm 长的∟ 50 ×5 角钢，其上下各钻一孔，然后用10mm 螺栓与竹、木杆件拴牢。

c. 当在砖或砌块等砌体上固定时，可预先砌入规格相适应的 80 ×6 弯转扁钢作预埋铁的混凝土块，然后用上项方法固定。

③栏杆柱的固定及其与横杆的连接，其整体构造应使防护栏杆在上杆任何处，能经受任何方向的 1000N 外力。当栏杆所处位置有发生人群拥挤、车辆冲击或物件碰撞等可能时，应加大横杆截面或加密柱距。

④防护栏杆必须自上而下用安全立网封闭，或在栏杆下边设置严密固定的高度不低于 18cm 的挡脚板或 40cm 的挡脚笆。挡脚板与挡脚笆上如有孔眼，不应大于25mm。板与笆下边距离底面的空隙不应大于 10mm。接料平台两侧的栏杆，必须自上而下加挂安全立网或满扎竹笆。

⑤当临边的外侧面临街道时，除防护栏杆外，敞口立面必须采取满挂安全网或

其他可靠措施作全封闭处理。

（4）洞口作业安全防护的主要措施。

1）进行洞口作业以及在因工程和工序需要而产生的，使人与物有坠落危险或危及人身安全的其他洞口进行高处作业时，必须按下列规定设置防护设施：

①板与墙的洞口，必须设置牢固的盖板、防护栏杆、安全网或其他防坠落的防护设施。

②电梯井口必须设防护栏杆或固定栅门；电梯井内应每隔两层并最多隔10m设一安全网。

③钢管桩、钻孔桩等桩孔上口，杯形、条形基础上口，未填土的坑槽，以及人孔、天窗、地板门等处，均应按洞口防护设置稳固的盖件。

④施工现场通道附近的各类洞口与坑槽等处，除设置防护设施与安全标志外，夜间还应设红灯示警。

2）洞口根据具体情况采取设防护栏杆、加盖件、张挂安全网与装栅门等措施时，必须符合下列要求：

①楼板、屋面和平台等面上短边尺寸小于25cm但大于2.5cm的孔口，必须用坚实的盖板盖没。盖板应能防止挪动移位。

②楼板面等处边长为25～50cm的洞口、安装预制构件时的洞口以及缺件临时形成的洞口，可用竹、木等作盖板盖住洞口。盖板须能保持四周搁置均衡，并有固定其位置的措施。

③边长为50～150cm的洞口，必须设置以扣件扣接钢管而成的网格，并在其上满铺竹笆或脚手板。也可采用贯穿于混凝土板内的钢筋构成防护网，钢筋网格间距大于20cm。

④边长在150cm以上的洞口，四周设防护栏杆，洞口下张设安全平网。

⑤垃圾井道和烟道，应随楼层的砌筑或安装而消除洞口，或参照预留洞口作防护。管道井施工时，除按上办理外，还应加设明显的标志。如有临时性拆移，需经施工负责人核准，工作完毕后必须恢复防护设施。

⑥位于车辆行驶道旁的洞口、深沟与管道坑、槽，所加盖板应能承受不小于当地额定卡车后轮有效承载力2倍的荷载。

⑦墙面等处的竖向洞口，凡落地的洞口应加装开关式、工具式或固定式的防护门，门栅网格的间距不应大于15cm，也可采用防护栏杆，下设挡脚板（笆）。

⑧下边沿至楼板或底面低于80cm的窗台等竖向洞口，如侧边落差大于2m时，应加设1.2m高的临时护栏。

⑨对邻近的人与物有坠落危险性的其他竖向的孔、洞口，均应予以盖设或加以防护，并有固定其位置的措施。

（5）攀登与悬空作业的安全防护措施。

1）攀登作业。

①在施工组织设计中应确定用于现场施工的登高和攀登设施。现场登高应借助建筑结构或脚手架上的登高设施，也可采用载人的垂直运输设备。进行攀登作业时可使用梯子或采用其他攀登设施。

②柱、梁和行车梁等构件吊装所需的直爬梯及其他登高用拉攀件，应在构件施工图或说明内作出规定。

③攀登的用具，结构构造上必须牢固、可靠。供人上下的踏板，其使用荷载不应大于1100N。当梯面上有特殊作业，重量超过上述荷载时，应按实际情况加以验算。

④移动式梯子，均应按现行的国家标准验收其质量。

⑤梯脚底部应坚实，不得垫高使用。梯子的上端应有固定措施。立梯工作角度以75°±5°为宜，踏板上下间距以30cm为宜，不得有缺档。

⑥梯子如需接长使用，必须有可靠的连接措施，且接头不得超过1处。连接后梯梁的强度，不应低于单梯梯梁的强度。

⑦折梯使用时上部夹角以35°~45°为宜，铰链必须牢固，并应有可靠的拉撑措施。

⑧固定式直爬梯应用金属材料制成。梯宽不大于50cm，支撑采用不小于∟70×6的角钢，埋设与焊接均必须牢固。梯子顶端的踏棍与攀登的顶面齐平，并加设1~1.5m高的扶手。

⑨使用直爬梯进行攀登作业时，攀登高度以5m为宜。超过2m时，宜加设护笼，超过8m时，必须设置梯间平台。

⑩作业人员应从规定的通道上下，不得在阳台之间等非规定通道进行攀登，也不得任意利用吊车臂架等施工设备进行攀登。上下梯子时，必须面向梯子，且不得手持器物。

2）悬空作业。

①悬空作业处应有牢靠的立足处，并必须视具体情况，配置防护栏网、栏杆或其他安全设施。

②悬空作业所用的索具、脚手板、吊篮、吊笼、平台等设备，均需经过技术鉴定或检证方可使用。

3）板支撑和拆卸时的悬空作业。

①模板应按规定的作业程序进行，模板未固定前不得进行下一道工序。严禁在连接件和支撑件上攀登上下，并严禁在上下同一垂直面上装、拆模板。结构复杂的模板，装、拆应严格按照施工组织设计的措施进行。

②设高度在 3m 以上的柱模板，四周应设斜撑，并应设立操作平台。低于 3m 的可使用马凳操作。

③设悬挑形式的模板时，应有稳固的立足点。支设临空构筑物模板时，应搭设支架或脚手架。模板上有预留洞时，应在安装后将洞盖设。混凝土板上拆模后形成的临边或洞口，应按规范进行防护。

④拆模高处作业，应配置登高用具或搭设支架。

4）钢筋绑扎时的悬空作业。

①绑扎钢筋和安装钢筋骨架时，必须搭设脚手架和马凳。

②绑扎圈梁、挑梁、挑檐、外墙和边柱等钢筋时，应搭设操作台架和张挂安全网。悬空大梁钢筋的绑扎，必须在满铺脚手板的支架或操作平台上操作。

③绑扎立柱和墙体钢筋时，不得站在钢筋骨架上或攀登骨架上下。3m 以内的柱钢筋，可在地面或楼面上绑扎，整体竖立。绑扎 3m 以上的柱钢筋，必须搭设操作平台。

5）凝土浇筑时的悬空作业。

①浇筑离地 2m 以上框架、过梁、雨篷和小平台时，应设操作平台，不得直接站在模板或支撑件上操作。

②浇筑拱形结构，应自两边拱脚对称地相向进行。浇筑储仓，下口应先行封闭，并搭设脚手架以防人员坠落。

③特殊情况下，如无可靠的安全设施，必须系好安全带并扣好保险钩，或架设安全网。

6）预应力张拉的悬空作业。

①进行预应力张拉时，应搭设站立操作人员和设置张拉设备用的牢固可靠的脚手架或操作平台。雨天张拉时，还应架设防雨篷。

②应力张拉区域应标示明显的安全标志，禁止非操作人员进入。张拉钢筋的两端必须设置挡板。挡板距所张拉钢筋的端部 1.5~2m，且应高出最上一组张拉钢筋 0.5m，其宽度距张拉钢筋两外侧各不小于 1m。

7）悬空进行门窗作业。

①安装门、窗，油漆及安装玻璃时，严禁操作人员站在樘子、阳台栏板上操作。门、窗临时固定，封填材料未达到强度，以及电焊时，严禁手拉门、窗进行攀登。

②高处外墙安装门、窗，无外脚手架时，应张挂安全网。无安全网时，操作人员应系好安全带，其保险钩应挂在操作人员上方的可靠物件上。

③进行各项窗口作业时，操作人员的重心应位于室内，不得在窗台上站立，必要时应系好安全带进行操作。

8）操作平台作业。

①移动式操作平台。

a. 操作平台应由专业技术人员按现行的相应规范进行设计，计算书及图纸应编入施工组织设计。

b. 操作平台的面积不超过 10 ㎡，高度不超过 5m。还应进行稳定验算，并采取措施减少立柱的长细比。

c. 装设轮子的移动式操作平台，轮子与平台的接合处应牢固可靠，立柱底端离地面不得超过 80mm。

d. 操作平台可用 ϕ（48~51）×3.5 mm钢管以扣件连接，也可采用门架式或承插式钢管脚手架部件，按产品使用要求进行组装。平台的次梁，间距不大于 40 ㎝；台面应满铺 3 ㎝厚的木板或竹笆。

e. 操作平台四周必须按临边作业要求设置防护栏杆，并布置登高扶梯。

②悬挑式钢平台。

a. 悬挑式钢平台应按现行的相应规范进行设计，其结构构造应能防止左右晃动，计算书及图纸应编入施工组织设计。

b. 悬挑式钢平台的搁置点与上部拉结点，必须位于建筑物上，不得设置在脚手架等施工设备上。

c. 斜拉杆或钢丝绳，构造上宜两边各设前后两道，两道中的每一道均应做单道受力计算。

d. 应设置 4 个经过验算的吊环。吊运平台时应使用卡环，不得使吊钩直接钩挂吊环。吊环应用甲类 3 号沸腾钢制作。

e. 钢平台安装时，钢丝绳应采用专用的挂钩挂牢，采取其他方式时卡头的卡子不得少于 3 个。建筑物锐角利口围系钢丝绳处应加衬软垫物，钢平台外口应略高于内口。

f. 钢平台左右两侧必须装置固定的防护栏杆。

g. 钢平台吊装，需待横梁支撑点电焊固定，接好钢丝绳，调整完毕，经过检查验收，方可松卸起重吊钩，上下操作。

h. 钢平台使用时，应有专人进行检查，发现钢丝绳有锈蚀损坏应及时调换，焊缝脱焊应及时修复。操作平台上显著地标明容许荷载值。操作平台上人员和物料的总重量，严禁超过设计的容许荷载。并配备专人加以监督。

9）交叉作业。

①支模、粉刷、砌墙等各工种进行上下立体交叉作业时，不得在同一垂直方向上操作。下层作业的位置，必须处于依上层高度确定的可能坠落范围半径之外。不符合以上条件时，应设置安全防护层。

②钢模板、脚手架等拆除时，下方不得有其他操作人员。

③钢模板部件拆除后，临时堆放处离楼层边沿不小于1m，堆放高度不超过1m。楼层边口、通道口、脚手架边缘等处，严禁堆放任何拆下物件。

④结构施工自二层起，凡人员进出的通道口（包括井架、施工用电梯的进出通道口），均应搭设安全防护棚。高度超过24m的层次上的交叉作业，应设双层防护。

⑤由于上方施工可能坠落物件或处于起重机把杆回转范围之内的通道，在其受影响的范围内，必须搭设顶部能防止穿透的双层防护廊。

（6）高处作业安全防护设施的验收。

1）建筑施工进行高处作业之前，应进行安全防护设施的逐项检查和验收。验收合格后方可进行高处作业。验收也可分层进行，或分阶段进行。

2）安全防护设施，应由单位工程负责人验收，并组织有关人员参加。

3）安全防护设施的验收，应具备下列资料：

①施工组织设计及有关验算数据。

②安全防护设施验收记录。

③安全防护设施变更记录及签证。

④防护设施的验收，主要包括以下内容：

a. 洞口等各类技术措施的设置状况。

b. 技术措施所用的配件、材料和工具的规格和材质。

c. 技术措施的节点构造及其与建筑物的固定情况。

d. 安全防护设施的用品及设备的性能与质量是否合格的验证。

e. 安全防护设施的验收应按类别逐项查验，并作出验收记录。凡不符合规定者，必须修整合格后再行查验。施工工期内还应定期进行抽查。

（7）事故应急预案。为了积极应对施工中可能发生高处作业事故，并能高效、有序地组织开展事故抢险救灾工作，最大限度地减少人员伤亡和财产损失，按照《中华人民共和国安全生产法》《建设工程安全生产管理条例》和《国务院关于特大生产安全事故行政责任追究的规定》的要求，结合本项目施工实际情况，成立高处坠落事故应急救援小组。具体包括：

1）应急救援组织机构、人员、电话；

2）应急救援的实施程序；

3）应急救援的注意事项。

十、模板工程专项施工方案审查

（一）审查依据

（1）《组合钢模板技术规范》GB 50214—2001。

（2）《建筑工程大模板技术规程》JGJ 46—2003。

（3）《液压滑动模板施工安全技术规范》JGJ 65—1989。

（4）《建筑工程大模板技术规程》JGJ 74—2003。

（5）《钢框胶合板模板技术规程》JGJ 96—2011。

（6）《建筑施工模板安全技术规范》JGJ 162—2008。

（7）《钢管满堂支架预压技术规程》JGJ/T 194—2009。

（8）《钢管扣件水平模板支撑系统安全技术规程》DG/T J08—016—2004。

（9）《建设工程高大模板支撑系统施工安全监督管理导则》（建质〔2009〕254号）。

（二）涉及的强制性条款

主要涉及《建筑工程大模板技术规程》JGJ 46—2003、《建筑施工模板安全技术规程》JGJ 162—2008 中的强制性条款。

（三）审查要点

（1）引发模板安全生产事故的原因

原因是多方面的，要针对事故多发的因素对方案的技术措施和安全措施进行审查。

1）方案编制审批手续符合规定，严禁无方案搭设。

2）按一般满堂脚手架做法搭设重载和高大支架要经计算。

3）对进场材料要进行检查验收。

4）不使用不合格、有变形和缺陷的材料。

5）设计安全保证度，强度计算达到安全系数 $K \geqslant 1.65$；稳定计算达到 $K \geqslant 2.2$。

6）要设扫地杆或防止设置过高，必须双向设置，离地高度不大于 350mm。

7）控制立杆的伸出长度，立杆的计算应力 $\sigma \leqslant 160\text{N}/\text{mm}^2$，$a \leqslant 0.5\mu h$，且不大于 550mm。

8）控制可调支座丝杆的直径和工作长度，丝杆直径不小于 36mm，丝杆工作长度不大于 300mm。

9）立杆不得采用搭接接长。

10）扣件拧紧扭力矩不小于 40N·m。

11）严禁临时加设悬空（连在横杆上）支顶立杆。

12）横杆长（跨）度大于 2m、横杆线荷载标准值大于 10kN/m 或相当的荷载作用、支座的计算弯矩大于 5kN·m 或超过节点的抗弯允许值、位于截面积大于 0.4m² 的梁下支架、横杆受弯的计算挠度超过规定值时，横杆不得直接承重梁板荷载。

13) 相接架体构架尺寸要配合，单型（墩式、排式、满堂）架体双向结构横杆不得全部拉通，混合型架体确保满堂架横杆不得全部拉通，墩式和排式的加密横杆至少在其刚度较弱方向满堂架延伸 1 跨。

14) 确保杆件的长细比 λ：立杆和横杆，$\lambda \leqslant 200$；构造斜杆，$\lambda \leqslant 210$；受压斜杆，$\lambda \leqslant 180$。

15) 水平斜杆加强层扫地杆和顶步架上横杆层必须设置，其间隔不大于 6m 设一道，水平加强层的角部必须设置斜杆，毗连的不设斜杆框格数不得大于 2 个（边部）和 4 个（中部）。

16) 不得随意去掉构架结构的横杆和斜杆（剪刀撑）。

17) 节点要按规定要求装设和紧固。

18) 立杆底部不设座、垫，部分立杆悬空或不稳；支架底部应具有足够的承载力，不足的模板应设支撑，支垫应稳固。

19) 架体垂直和水平偏差不易过大。

20) 不得随意改变浇筑工艺和程序。

21) 不得在局部作业面上集中过多的人员和机具。

22) 不得随意增加架面荷载。

23) 控制混凝土浇筑分层厚度，板位应不大于 300；梁位应不大于 600mm（当梁和板下支架采用同一构架尺寸时，按板控制）。

24) 控制同时作业的振捣棒数，每平方米（板位）或延米（梁位）均不得超过 1 根。

25) 混凝土龄期强度小于 75% 设计值时，不得拆除其下支撑。

26) 未经监理同意，不得进行搭设和浇筑；并应设专人进行搭设和浇筑安全监护。

（2）加强管理，控制安全关键环节。

1) 不得违规分包、不得以包代管、不得推卸管理责任。必须按重要安全控制项目纳入工程项目的管理之中。

2) 必须按安全和实施要求认真编制、论证、审定和执行。

3) 搭设前必须由方案编制人向作业人员做技术交底，明确各项控制要求和处置规定。

4) 在第一步架形成和支架完成后，必须进行检查验收，高支架应每搭 15m 高左右增加一次检查。

5) 不准任意改变构架尺寸、减少结构杆件和加大安装偏差；必须纳入方案措施并与支架的设计计算情况一致。不得任意调整、改变。

6) 不得在一处集中过多的作业人员和机具，不得在有异常情况时继续浇筑。

十一、起重吊装作业专项施工方案审查

（一）审查依据

（1）《中华人民共和国特种设备安全法》（2014年1月1日实施）（中华人民共和国主席令4号）。

（2）《特种设备安全监察条例》（中华人民共和国国务院令第549号）。

（3）《塔式起重机安全规程》GB 5144—2006。

（4）《起重机安全规程第1部分总则》GB 6067.1—2010。

（5）《施工升降机安全规程》GB 10055—2007。

（6）《起重机安全标志和危险图形符号总则》GB 15052—2010。

（7）《简易升降机安全规程》GB 28755—2012。

（8）《汽车起重机与轮胎起重机安全规程》JB 8716—1998。

（9）《手拉葫芦安全规则》JB 9010—1999。

（10）《履带起重机安全规程》JG 5055—1994。

（11）《龙门架与井架物料提升机安全技术规范》JGJ 88—2010。

（12）《施工现场机械设备检查技术规程》JGJ 160—2008。

（13）《建筑施工塔式起重机安装、使用、拆卸安全技术规程》JGJ 196—2010。

（14）《建筑施工升降机安装、使用、拆卸安全技术规程》JGJ 215—2010。

（15）《建筑施工起重吊装安全技术规范》JGJ 276—2012。

（16）《起重机械吊具与索具安全规程》LD 48—1993。

（二）涉及的强制性条款

主要涉及《特种设备安全监察条例》《建筑施工塔式起重机安装、使用、拆卸安全技术规程》JGJ 196—2010、《建筑施工升降机安装、使用、拆卸安全技术规程》JGJ 215—2010、《施工现场机械设备检查技术规程》JGJ 160—2008中的强制性条款。

（三）审查要点

（1）工程概况。

1）吊装工程概况，施工场地内及周边电缆、管道情况；

2）工程地质状况、地耐力；

3）吊装工程结构、尺寸、吊装高度，单体重量与外形几何尺寸；

4）施工现场平面布置图；

5）吊装工序流程图。

（2）吊装工作的组织管理。现场管理机构、人员、职责、制度等。

（3）吊装作业资质及特种作业人员名单、上岗证编号，包括吊车司机、指挥、司索、电工、焊工等。

（4）吊装前准备工作。

1）熟悉吊装作业环境，弄清作业现场内的各吊车作业点的地耐力和处理措施；

2）了解施工现场的水电、电信电缆、管道情况；

3）吊装工序交底；

4）吊装作业的通信工具与联络方式。

（5）吊装工艺流程。

1）吊点、吊距、起吊物重心；

2）吊装作业顺序；

3）吊装设备起吊位置与地耐力处理；

4）吊装过程中起吊物稳定措施；

5）起吊物就位、固定方法及措施；

6）地锚的设置方法和要求；

7）吊装设备进退场路线及起吊位置布置图；

8）构件堆放要求及重量明细表。

（6）吊装设备选型。

1）吊装设备的规格、型号；

2）吊索、卸甲的规格、型号及选型计算；

3）吊装作业中所需工具、材料的种类数量；

4）吊装设备的起重力矩曲线图。

（7）安全技术措施。

1）吊装设备的检验合格证明与验收；

2）吊装设备的超高和力矩限制器、吊钩及滑脱装置；

3）钢丝绳的安全使用及报废；

4）滑轮的规格及要求；

5）试吊工作的进行方法；

6）人员上下通道的设置方式或爬梯的设置与固定；

7）作业平台的设置与高处作业防坠落措施；

8）高处作业人员身体体检；

9）安全技术教育和安全技术交底；

10）吊装作业警戒区的设立与警戒人员。

（8）质量技术的要求。

（9）应急预案及演练。

十二、焊接作业专项方案审查

（一）审查依据

《钢筋焊接及验收规程》JGJ 18—2012。

（二）涉及的强制性条款

主要涉及《钢筋焊接及验收规程》JGJ 18—2012 中的强制性条款。

例如，7.0.4　焊接作业区防火安全应符合下列规定：

1. 焊接作业区和焊机周围 6m 以内，严禁堆放装饰材料、油料、木材、氧气瓶、溶解乙炔气瓶、液化石油气瓶等易燃、易爆物品；

2. 除必须在施工作业面焊接外，钢筋应在专门搭设的防雨、防潮、防晒的工房内焊接；工房的屋顶应有安全防护和排水设施，地面应干燥，应有防止飞溅的金属火花伤人的设施；

3. 高空作业的下方和焊接火星所及范围内，必须彻底清除易燃、易爆物品；

4. 焊接作业区应配备足够的灭火设备，如水池、水箱、水龙带、消火栓、手提灭火器等。

（三）审查要点

1. 焊接场地检查

（1）焊接场地检查的必要性。由于焊接场地不符合安全要求造成火灾、爆炸、触电等事故时有发生，破坏性和危害性很大。要防患于未然，必须对焊接场地进行检查。

（2）焊接场地检查的内容。

1）检查焊接与切割作业场地的设备、工具、材料是否配备整齐。

2）检查焊接场地是否保持必要的通道。

3）检查所有气焊胶管、焊接电缆线是否互相缠线。

4）检查气瓶用后是否已移出工作场地。

5）检查焊工作业面积是否足够，工作场地要有良好的自然采光或局部照明。

6）检查焊割场地周围 10m 范围内，各类可燃、易燃物品是否清除干净。对焊接切割场地检查要做到：仔细观察环境，针对各类情况，认真加强防护。

2. 电焊机使用常识及安全要点

（1）外壳必须有保护接零，应有二次空载降压保护器和触电保护器。

（2）电源应使用自动开关，接线板应无损坏，有防护罩。一次线长度不得超过 5m，二次线长度不得超过 30m。

（3）焊接现场 10m 范围内，不得有易燃、易爆物品。

（4）雨天不得室外作业。在潮湿地点焊接时，要站在胶板或其他绝缘材料上。移动电焊机时，应切断电源，不得用拖拉电缆的方法移动。当焊接中突然停电时，应立即切断电源。

（5）交流电焊机安全操作规程。

1）使用前，应检查并确认初、次极线接线正确，输入电压符合电焊机的铭牌规定。接通电源后，严禁接触初级线路的带电部分。

2）次级抽头连接铜板应压紧，接线柱应有垫圈。合闸前，应详细检查接线螺帽、螺栓及其他部件并确认齐全、无松动或损坏。

3）多台电焊机集中使用时，应分接在三相电源网络上，使三相负载平衡。多台电焊机的接地装置应分别由接地处引接，不得串联。

4）移动电焊机时，应切断电源，不得用拖拉电缆的方法移动电焊机。当焊接中突然停电时，应立即切断电源。

5）野外作业时，电焊机应放在避雨、通风较好的地方。

6）焊接时，不允许用铁板搭接的代替电焊机的搭铁线。

3．交流电焊机安全操作规程

（1）焊接操作及配合人员必须按规定穿戴劳动防护用品，并必须采取防止触电、高空坠落、瓦斯中毒火灾等事故的安全措施。

（2）现场使用的电焊机，应设有防雨、防潮、防晒的机棚，并应装设相应的消防器材。

（3）焊接现场 10m 范围内，不得堆放油类、木材、氧气瓶、乙炔发生器等易燃、易爆物品。

（4）使用前，应检查并确认初、次级线接线正确，输入电压符合电焊机的铭牌规定。接通电源后，严禁接触初级线路的带电部分。初、次级接线处必须装有防护罩。

（5）次级抽头连接铜板应压紧，接线柱应有垫圈。合闸前，应详细检查接线螺帽、螺栓及其他部件并确认完好齐全、无松动或损坏。接线柱处均有保护罩。

（6）多台电焊机集中使用时，应分接在三相电源网络上，使三相负载平衡。多台焊机的接地装置，应分别由接地极处引接，不得串联。

（7）移动电焊机时，应切断电源，不得用拖拉电缆的方法移动焊机。当焊接中突然停电时，应立即切断电源。

（8）严禁在运行中的压力管道、装有易燃易爆物的容器和受力构件上进行焊接。

（9）焊接铜、铝、锌、锡、铅等有色金属时，必须在通风良好的地方进行，焊接人员应戴防毒面具或呼吸滤清器。

（10）在容器内施焊时，必须采取以下的措施：容器上必须有进、出风口，并设置通风设备；容器内的照明电压不得超过 12V，焊接时必须有人在场监护。严禁在已喷涂过油漆或胶料的容器内焊接。

（11）应设挡板隔离预热焊件发出的辐射热。

（12）高空焊接时，必须挂好安全带，焊件周围和下方应采取防火措施并有专人监护。

（13）电焊线通过道路时，必须架高或穿入防护管内埋设在地下，如通过轨道时，必须从轨道下面穿过。

（14）接地线及手把线都不得搭在易燃、易爆和带有热源的物品上，接地线不得接在管道、机床设备和建筑物金属构架或铁轨上，绝缘应良好，机壳接地电阻不大于 4Ω。

（15）雨天不得露天电焊。在潮湿地带工作时，操作人员应站在铺有绝缘物品的地方并穿好绝缘鞋。

（16）长期停电用的电焊机，使用时须用摇表检查其绝缘电阻不得低于 0.5MΩ，接线部分不得有腐蚀和受潮现象。

（17）电焊钳应有良好的绝缘和隔热能力。电焊钳握柄必须绝缘良好，握柄与导线连接应牢靠，接触良好，连接处应采用绝缘布包好并不得外露。操作人员不得用胳膊夹持焊钳。

（18）清除焊缝焊渣时，应戴防护眼镜，头部应避开敲击焊渣飞溅方向。

（19）在负荷运行中，焊接人员应经常检查电焊机的升温，如超过 A 级 60℃、B 级 80℃时，必须停止运转并降温。

（20）作业结束后，清理场地、灭绝火种，消防焊件余热后，切断电源，锁好闸箱，方可离开。

4. 登高焊接作业安全措施

（1）登高焊割作业应根据作业高度及环境条件定出危险区范围。一般在地面周围 10m 内为危险区，禁止在作业下方及危险区内存放可燃、易燃物品及停留人员。在工作工程中应设有专人监护。作业现场必须备有消防器材。

（2）登高焊割作业人员必须戴好符合规定的安全帽，使用标准的防火安全带（安全带应符合《安全带》GB 6095—2009 的要求），长度不超过 2m，穿防护胶鞋。安全带安全绳的挂钩应挂牢。

（3）登高焊割作业人员应使用符合安全要求的梯子。

（4）登高焊割作业所使用的工具、焊条等物品应装在工具袋内，应防止操作时落下伤人。不得在高处向下抛掷材料、物料或焊条头，以免砸伤、烫伤地面工作人员。

（5）登高焊割作业不得使用带有高频振荡器的焊接设备。登高作业时，禁止把焊接电缆、气体胶管及钢丝绳等混绞在一起，或缠在焊工身上操作。在高处接近10kV高压线或裸导线排时，水平、垂直距离不得小于3m；在10kV以下的水平、垂直距离不得小于1.5m，否则必须搭设防护架或停电，并经检查确无触电危险后，方可操作。

（6）登高焊割作业应设专人监护，如有异常，应立即采取措施。

（7）登高焊割作业结束后，应整理好工具及物件，防止坠落伤人。此外，还必须仔细检查工作地及下方地面是否留有火种，确认无隐患后，方可离开现场。

（8）患有高血压、心脏病、精神病、癫痫病者以及医生认为不宜登高作业的人员，应禁止进行登高焊割作业。

（9）六级以上大风、雨、雪及雾等气候条件下，禁止登高焊割作业。

（10）酒后或安全条件不符合要求时，不能登高焊割作业。

十三、季节性施工安全措施的审查

工程监理对施工单位季节性施工方案中安全技术措施审查，必须注意以下要点：

（1）工地应该按照作业条件针对季节性施工的特点，制订相应的安全技术措施。

（2）雨期施工应考虑施工作业的防雨、排水及防雷措施。如雨天挖坑槽、露天使用的电气设备、爆破作业遇雷电天气以及沿河流域的工地做好防洪准备，傍山的施工现场做好防滑坡塌方的工作和做好临时设施及脚手架等的防强风措施。雷雨季节到来之前，应对现场防雷装置的完好情况进行检查，防止雷击伤害。

（3）冬期施工应采取防滑、防冻措施。作业区附近应设置休息处所和职工生活区休息处所，一切取暖设施应符合防火和防煤气中毒要求；对采用蓄热法浇筑混凝土的现场应有防火措施。

（4）遇六级以上（含六级）强风、大雪、浓雾等恶劣气候，严禁露天起重吊装和高处作业。

思 考 题

1. 简述四类事故致因理论的利弊。哪种理论较适合电力建设安全基层管理？
2. 如何通过安全系统工程理解安全风险评价的意义？
3. 简析工程建设项目应建立的安全管理各项制度的相互关系。

4. 工程监理对施工现场安全管理状况应审查哪些内容？

5. 工程监理对应急管理体系应审查哪些内容？

6. 什么是危险性较大的分部分项工程？

7. 工程监理对专项施工方案审查的要求有哪些？

8. 工程监理对各类专项方案审查应把握哪些审查要点？

第七章 建设工程合同管理

第一节 建设工程合同管理概述

一、建设工程合同管理

（一）建设工程合同

建设工程合同是指合同双方为实现建设工程目标，明确相互责任、权利、义务关系的协议。建设工程合同是一个综合的概念，由一系列合同组成，主要包括勘察合同、设计合同、监理合同、施工合同等。建设工程合同的订立确定了合同双方的权利、义务关系，是合同双方在建设工程中的最高行为准则，是规范合同当事人的经济活动、协调双方工作关系、解决合同纠纷的法律依据，是保证工程建设活动顺利进行的重要文件。

（二）建设工程合同管理

建设工程合同管理是指各级工商行政管理机关、建设主管部门、金融机构以及工程项目建设单位、承包单位和监理单位，依据法律、法规、规章制度，采取法律的、行政的和经济的手段对建设工程合同进行组织、协调、监督其履行，保护合同当事人的合法权益，处理合同执行过程中发生的纠纷，防止和制裁违法合同行为，保证合同贯彻实施等一系列活动。

（三）建设工程合同示范文本

为了规范建设工程合同管理，维护合同双方的合法权益，促进建设市场健康、有序的发展，国家推荐使用建设工程合同示范文本。自1999年以来，颁布了一系列建设工程合同示范文本。例如，《建设工程勘察合同（示范文本）》《建设工程设计合同（示范文本）》《建设工程施工合同（示范文本）》等，其中也修订颁布。由于合同示范文本考虑了建设工程合同在订立和履行中有可能涉及的各种问题，并给出了较为公正的解决方法，能够有效地减少合同的争议，所以，合同示范文本对完善建设工程合同管理制度起到了极大的推动作用。

（四）建设工程合同管理的"双轨制"

按照国务院的"三定"方针，凡政府投资和国有资金投资为主的基础设施建设归口国家发展改革委员会牵头管理，非政府投资的房建项目归口住房和城乡建设部牵头管理。从 2008 年起，我国已建立了建设工程项目和施工合同的"双轨制"管理。与国际惯例接轨，按施工总承包和工程总承包的不同承包模式，有关主管部门已按"两两对应"方式颁发了 4 个合同示范文本。这些合同示范文本属性不同，适用范围也不同。

（1）2008 年 5 月，国家发改委等九部委施行《〈标准施工招标资格预审文件〉和〈标准施工招标文件〉试行规定》，即 56 号文。其中的《通用合同条款》共 24 条 131 款，属于"应当不加修改地引用"的内容。在政府投资和国有资金投资为主的项目中试行，适用于一定规模以上，且设计和施工不是由同一承包商承担的工程施工招标。

（2）2012 年 5 月，国家发改委等九部委施行《标准设计施工总承包招标文件》。其中的《通用合同条款》共 24 条 139 款，属于"应当不加修改地引用"的内容。适用于政府投资和国有资金投资为主的、设计施工一体化总承包项目。

（3）2013 年 7 月 1 日，住房和城乡建设部和国家工商总局施行《建设工程施工合同（示范文本）》GF—2013－0201，其中的《通用合同条款》共 20 条 116 款。适用于市场投资的房屋建筑工程、土木工程、线路管道和设备安装工程、装修工程等建设工程的施工承发包活动。

（4）2011 年 11 月，住房和城乡建设部和国家工商总局施行《建设项目工程总承包合同示范文本（试行）》GF—2011－0216。其中的《通用合同条款》共 20 条 108 款，为非强制性使用文本。适用于市场投资的建设项目工程总承包承发包方式。

二、建设工程合同管理主要任务

（一）建设工程合同管理的重要性

市场经济是法制经济、契约经济，在市场经济条件下，工程建设活动应当严格按照法律、法规和合同进行管理。在工程建设实践中，建设工程合同的订立、履行过程中还存在着很多的问题，其中既有勘察、设计、施工单位非法转包、违法分包、不认真执行工程建设强制性标准、偷工减料、忽视工程质量的问题，也有监理单位监理不到位的问题，还有建设单位不认真履行合同、特别是拖欠工程款的问题。这些问题的存在，不仅严重破坏了建设市场的正常秩序，影响工程建设的顺利进行，同时对建设工程质量和安全监管也提出了严峻的挑战。这就要求建设工程项目管理单位、总承包单位、监理单位必须严格依法、依规加强建设工程合同管理，不断提高建设工程合同管理的水平，才能有效地解决工程建设领域存在的诸多问题，促进建设市场规范健康的发展。

（二）建设工程合同管理的主要任务

1. 普及相关法律知识，培训合同管理人才

在市场经济条件下，工程建设领域的从业人员应当增强法律意识和合同观念，这就要求我们普及相关法律知识，培训合同管理人才。不论是建设工程合同的当事人，以及与工程建设有关合同的当事人，还有项目管理单位、总承包管理单位、监理单位等人员都应当熟悉合同管理的相关法律、法规知识，熟悉合同示范文本的主要内容，掌握合同管理的主要方法，努力做好建设工程合同管理工作，使合同管理工作适应工程建设需要。

2. 设立合同管理机构，配备合同管理人员

加强建设工程合同管理的主要工作之一就是合同管理组织机构和人员队伍的建设。建设工程合同当事人以及项目管理单位、总承包管理单位、监理单位的内部要建立合同管理机构，配备合同管理人员。

3. 建立合同管理制度，夯实合同基础工作

合同管理目标是指合同管理活动应当达到的预期结果和最终目的。建设工程合同管理需要设立管理目标，并且可以分解为管理的各个阶段的目标。为确保合同管理目标实现，应当建立建设工程合同管理制度，如合同分析制度、合同统计制度、合同报告制度、合同评估制度等。规范合同管理工作，建立合同管理台账，完善合同管理流程，发挥合同管理在工程建设活动中的提示、约束、惩处等作用，提高建设工程合同当事人履约的自觉性，提高工程建设管理水平。

4. 推行合同示范文本制度，规范合同管理工作

我国在工程建设领域推行合同示范文本制度，一方面有助于当事人了解、掌握有关法律、法规，使具体实施项目的建设工程合同符合法律、法规的要求，避免缺款少项，防止出现显失公平的条款；也有助于合同当事人熟悉合同的运行。项目管理单位、总承包管理单位、监理单位在使用标准化的范本签订合同时，要注意合同示范文本的属性以及适用范围，充分利用合同示范文本来规范合同管理工作，最大限度地维护合同当事人的利益。

三、建设工程担保

担保是为了保证债务的履行，确保债权的实现，在债务人的信用或特定的财产之上设定的特殊的民事法律关系。其法律关系的特殊性表现在，一般民事法律关系的内容（即权利和义务）基本处于一种确定的状态，而担保的内容处于不确定的状

态，即当债权人不按主合同约定履行债务导致债权无法实现时，担保的权利和义务才能确定并成为现实。

我国担保法规定的担保方式有五种：保证、抵押、质押、置留和定金。

建设工程中经常采用的担保种类有投标担保、履约担保、预付款担保、支付担保。

（一）投标担保

投标担保或投标保证金，是指投标人保证在中标后履行签订承发包合同的义务。在提交投标文件截止时间后到招标文件规定的投标有效期终止之前，投标人不得撤销其投标文件，否则招标人可以不退还其投标保证金。依据《中华人民共和国招标投标法实施条例》的规定，投标保证金不得超过招标项目估算价的2%。投标保证金有效期应当与投标有效期一致。

投标保证金除现金外，可以是银行出具的银行保函、保兑支票、银行汇票或现金支票。

招标人最迟应当在与中标人签订合同后五日内，向中标人和未中标的投标人退还投标保证金及银行同期存款利息。

（二）履约担保

履约担保是指招标人在招标文件中规定的要求中标的投标人提交的保证履行合同义务和责任的担保。履约担保是担保承包人完全履行合同，完成工程建设任务，从而保护发包人的合法权益。一旦承包人违约，担保人要代为履约或者赔偿经济损失。履约担保金额的大小取决于招标项目的类型与规模，保证金额一般为合同总额的5%～10%。

履约担保可以采用银行保函或者履约担保书的形式。在保修期内，工程保修担保可以采用预留保留金的方式。

（三）预付款担保

预付款担保是指承包人与发包人签订合同后领取预付款之前，为保证正确、合理使用发包人支付的预付款而提供的担保。保证承包人能够按合同规定进行施工，偿还发包人已付支付的全部预付款金额。如果承包人中途毁约、中止工程，使发包人不能在规定期限内从应付工程款中扣除全部预付款，则发包人作为保函的受益人有权凭预付款担保向银行索赔该保函的担保金额作为补偿。预付款一般为合同的10%。

预付款担保的主要形式是银行保函。预付款的担保金额通常与发包人的预付款是等值的。

预付款保函的担保金额根据预付款扣回的数额相应递减，但在预付款全部扣回之前一直保持有效。发包人应在预付款扣完后的 14 天内将预付款保函退还给承包人。承包人将其退回银行注销，解除担保责任。

（四）支付担保

支付担保是中标人要求招标人提供的保证履行合同中约定的工程款支付义务的担保。通过对发包人资信状况进行审查并落实各项目担保措施，确保工程费用及时支付到位；一旦发包人违约，付款担保人将代为履行。支付担保的额度为工程合同总额的 20% ~ 25% 。

支付担保通常采用的形式有银行保函、履约保证金、担保公司担保。

实施履约金分段滚动担保。本段清算后进入下段。已完成担保额度，发包人未能按时支付，承包人可依据担保合同暂停施工，并要求担保人承担支付责任和相应的经济损失。

第二节　建设工程监理合同

一、建设工程监理合同概述

（一）建设工程监理合同

建设工程监理合同是指委托人与监理人就委托的工程项目管理内容签订的明确双方权利、义务的协议。建设工程监理合同简称监理合同。

（二）监理合同示范文本

1. 监理合同范本

2012 年 3 月 27 日，住房和城乡建设部、国家工商行政管理总局联合颁布了《建设工程监理合同（示范文本）》GF—2012 – 0202，简称 2012 版《监理合同范本》，自颁布之日起执行。

2. 监理合同范本的框架

2012 版《监理合同范本》由合同协议书、通用条件、专用条件、附录 A、附录 B 组成。

（1）协议书。监理合同协议书是确定合同关系的总括性文件，是纲领性的法律文件。

监理合同协议书明确了当事人双方确定的委托监理工程的概况（工程名称、地点、工程规模、工程概算投资额或建筑安装工程费）；明确了总监理工程师、签约酬金；定义了监理委托人和监理人，界定了监理项目及监理合同文件构成，原则性地约定了双方承诺，规定了合同的履行期。最后由双方法定代表人或其代理人签章，并盖法人章后合同正式成立。

（2）通用条件。通用条件是监理合同的普遍性和通用性文件，适用于各种行业和专业项目的建设工程监理。各个委托人、监理人都应遵守。

通用条件内容涵盖了合同中所用词语定义与解释，适用范围和法规，签约双方的义务、违约和支付，合同生效、变更、暂停、解除与终止，争议的解决，以及其他约定。

（3）专用条件。专用条件是通用条件在具体工程项目上具体化，结合地域特点、专业特点和监理项目的工程特点，对通用条件中的某些条款进行补充、修正。

为了保证合同的完整性，凡通用条件条款说明需在专用条件约定的内容，在专用条件中均以相同的条款序号给出需要约定的内容或相应的计算方法，以便于合同的订立。

（4）附录A。为便于工程监理单位拓展服务范围，将工程监理单位在工程勘察、设计、招标、保修等阶段的服务及其他咨询服务定义为"相关服务"。如果委托人将全部或部分相关服务委托监理人完成时，应在附录A中明确约定委托的工作内容和范围。委托人根据工程建设管理需要，可以自主委托全部内容，也可以委托某个阶段的工作或部分服务内容。若委托人仅委托施工监理，则不需要填写附录A。

（5）附录B。委托人为监理人开展正常监理工作无偿提供的人员、房屋、资料、设备和设施，应在附录B中明确约定提供的内容、数量和时间。

二、监理合同文件组成及解释顺序

（一）监理合同文件的组成

在签订监理合同时，已经形成的合同文件包括协议书、中标通知书或委托书、投标文件或监理与相关服务建议书、专用条件、通用条件、附录A与附录B等。在监理合同履行过程中签订的补充协议也是合同文件的组成部分。

（二）监理合同文件的解释顺序

在通用条件中规定了监理合同文件的解释顺序。组成本合同的下列文件彼此应能相互解释、互为说明。除专用条件另有约定外，本合同文件的解释顺序如下：

（1）协议书；

（2）中标通知书（适用于招标工程）或委托书（适用于非招标工程）；

（3）专用条件及附录A、附录B；

（4）通用条件；

（5）投标文件（适用于招标工程）或监理与相关服务建议书（适用于非招标工程）。

双方签订的补充与其他文件发生矛盾或歧义时，属于同一类内容的文件，应以最新签署的为准。

三、双方义务及违约责任

（一）工程监理与相关服务

1. 工程监理

工程监理是指监理人受委托人的委托，根据法律、法规、工程建设标准、勘察设计文件及合同，在施工阶段对建设工程质量、造价、进度进行控制，对合同、信息进行管理，对工程建设相关方的关系进行协调，并履行建设工程安全生产管理法定职责的服务活动。

工程监理的定义明确了工程监理的主要依据，施工阶段监理工作的主要内容是"三控""两管""一协调"，还应履行建设工程安全生产管理的法定职责。

2. 相关服务

相关服务是指监理人受委托人的委托，按照建设工程监理合同约定，在建设工程勘察、设计、保修等阶段提供的服务活动。

之所以称为相关服务，是指这些服务与建设工程监理相关，即这些服务是以工程监理为基础的服务，是委托人在委托建设工程监理的同时委托给监理人的服务。

（二）监理人义务

在通用条件中规定了监理人的七项义务，包括监理范围和工作内容、监理与相关服务依据、项目监理机构和人员、履行职责、提交报告、文件资料、使用委托人的财产。

1. 监理范围

建设工程监理范围可能是整个建设工程，也可能是建设工程中一个或若干施工标段，还可能是一个或若干施工标段中的部分工程（如土建工程、机电设备安装工程、玻璃幕墙工程、桩基工程等）。合同双方当事人需要在专用条件中明确建设工程监理的具体范围。

2. 监理工作内容

对于强制实施监理的建设工程，通用条件中约定了 22 项工作属于监理人需要完成的基本工作，也是确保建设工程监理取得成效的重要基础。监理人需要完成的基本工作如下：

（1）收到工程设计文件后编制监理规划，并在第一次工地会议 7 天前报委托人，根据有关规定和监理工作需要，编制监理实施细则；

（2）熟悉工程设计文件，并参加由委托人主持的图纸会审和设计交底会议；

（3）参加由委托人主持的第一次工地会议；主持监理例会并根据工程需要主持或参加专题会议；

（4）审查施工承包人提交的施工组织设计，重点审查其中的质量、安全技术措施，专项施工方案与工程建设强制性标准的符合性；

（5）检查施工承包人工程质量、安全生产管理制度及组织机构和人员资格；

（6）检查施工承包人专职安全生产管理人员的配备情况；

（7）审查施工承包人提交的施工进度计划，核查施工承包人对施工进度计划的调整；

（8）检查施工承包人的试验室；

（9）审核施工分包人的资质条件；

（10）查验施工承包人的施工测量放线成果；

（11）审查工程开工条件，对条件具备的签发开工令；

（12）审查施工承包人报送的工程材料、构配件、设备质量证明文件的有效性和符合性，并按规定对用于工程的材料采取平行检验或见证取样方式进行抽检；

（13）审核施工承包人提交的工程款支付申请，签发或出具工程款支付证书，并报委托人审核、批准；

（14）在巡视、旁站和检验过程中，发现工程质量、施工安全存在事故隐患的，要求施工承包人整改并报委托人；

（15）经委托人同意，签发工程暂停令和复工令；

（16）审查施工承包人提交的采用新材料、新工艺、新技术、新设备的论证材料及相关验收标准；

（17）验收隐蔽工程、分部分项工程；

（18）审查施工承包人提交的工程变更申请，协调处理施工进度调整、费用索赔、合同争议等事项；

（19）审查施工承包人提交的竣工验收申请，编写工程质量评估报告；

（20）参加工程竣工验收，签署竣工验收意见；

（21）审查施工承包人提交的竣工结算申请并报委托人；

（22）编制、整理工程监理归档文件并报委托人。

3. 相关服务的范围和内容

委托人需要监理人提供相关服务的（如勘察阶段、设计阶段、保修阶段服务及其他专业技术咨询、外部协调工作等），其范围和内容应在附录 A 中约定。

4. 项目监理机构

项目监理机构是指监理人派驻工程负责履行本合同的组织机构。

监理人应组建满足工作需要的项目监理机构，配备必要的检测设备。项目监理机构的主要人员应具有相应的资格条件。

项目监理机构的监理人员应由总监理工程师、专业监理工程师和监理员组成，且专业配套、数量应满足监理工作和建设工程监理合同对监理工作深度及建设工程监理目标控制的要求。

5. 项目监理机构人员的更换规定

（1）在监理合同履行过程中，总监理工程师及重要岗位监理人员应保持相对稳定，以保证监理工作正常进行。

（2）监理人可根据工程进展和工作需要调整项目监理机构人员。需要更换总监理工程师时，应提前7天向委托人书面报告，经委托人同意后方可更换；监理人更换项目监理机构其他监理人员，应以相当资格与能力的人员替换，并通知委托人。

（3）监理人应及时更换有下列情形之一的监理人员：

1）严重过失行为的；

2）有违法行为不能履行职责的；

3）涉嫌犯罪的；

4）不能胜任岗位职责的；

5）严重违反职业道德的；

6）专用条件约定的其他情形。

（4）委托人可要求监理人更换不能胜任本职工作的项目监理机构人员。

6. 履行职责

监理人应遵守职业道德准则和行为规范，严格按照法律、法规、工程建设有关标准及本合同履行职责。

（1）有关各方意见和要求的处置。在监理与相关服务范围内，委托人和承包人提出的意见、要求，监理人应及时提出处置意见。当委托人与承包人之间发生合同争议时，监理人应充分发挥协调作用，协助委托人、承包人协商解决。

（2）证明资料的提供。当委托人与承包人之间的合同有争议的，首先应通过协商、调解等方式解决。如果协商、调解不成而通过仲裁或诉讼途径解决的，监理人应按仲裁机构仲裁或人民法院要求提供必要的证明资料。

（3）合同变更的处理。监理人应在专用条件约定的授权范围（工程延期的授权范围、合同价款变更的授权范围）内，处理委托人与承包人所签订合同的变更事宜。如果变更超过授权范围，应以书面形式报委托人批准。

（4）现场处置权。在紧急情况下，为了保护财产和人身安全，监理人可不经请委托人而直接发布指令，但应在发出指令后的24h内以书面形式报委托人。

（5）承包人的人员调换权。除专用条件另有约定外，承包人的人员不称职，会影响建设工程的顺利实施。为此，监理人有权要求承包人调换其不能胜任本职工作的人员。

7. 提交报告

监理人应按专用条件约定的种类、时间和份数向委托人提交监理与相关服务的报告，包括监理规划、监理月报，还可根据需要提交专项报告等。

8. 文件资料

在监理合同履行期内，监理人应在现场保留工作所用的图纸、报告及记录监理工作的相关文件。工程竣工后，应当按照档案管理规定将监理有关文件归档。

建设工程监理工作中所用的图纸、报告是建设工程监理工作的重要依据，记录建设工程监理工作的相关文件是建设工程监理工作的重要证据，也是衡量建设工程监理效果的主要依据之一。发生工程质量、生产安全事故时，也是判别建设工程监理责任的重要依据。项目监理机构应设专人负责建设工程监理文件资料管理工作。

9. 使用委托人的财产

在建设工程监理与相关服务过程中，委托人派遣的人员以及提供给监理人无偿使用的房屋、资料、设备应在附录 B 中予以明确。监理人应妥善使用和保管，在本合同终止时将这些房屋、设备的清单提交委托人，并按专用条件约定的时间和方式移交。

（三）委托人义务

在通用条件中规定的委托人义务包括告知、提供资料、提供工作条件、委托人代表、委托人意见或要求、答复、支付等七项。

1. 告知

委托人应在委托人与承包人签订的合同中明确监理人、总监理工程师和授予项目监理机构的权限。如果监理人、总监理工程师以及委托人授予项目监理机构的权限有变更，委托人应以书面形式及时通知承包人及其他合同当事人。

2. 提供资料

委托人应按照附录 B 约定，无偿向监理人提供工程有关的资料。在本合同履行过程中，委托人应及时向监理人提供最新的与工程有关的资料。

3. 提供工作条件

（1）委托人应按照附录 B 约定派遣人员并提供房屋、设备，如果所派遣的人员不能胜任所安排的工作，监理人可要求委托人调换。如果在使用过程中所发生的水、电、煤、油及通信费用等需要监理人支付的，应在专用条件中约定。

（2）委托人应负责协调工程建设中所有外部关系，为监理人履行本合同提供必要的外部条件。外部关系是指与工程有关的各级政府建设主管部门、建设工程安全质量监督机构，以及城市规划、卫生防疫、人防、技术监督、交警、乡镇街道等管理部门之间的关系，还有与工程有关的各管理单位等之间的关系。如果委托人将工程建设中所有或部分外部关系协调工作委托监理人完成，应与监理单位协商，并在专用条件中约定或签订补充协议，支付相关费用。

4. 委托人代表

委托人应授权一名熟悉工程情况的代表，负责与监理人联系。委托人应在双方签订本合同后 7 天内，将委托人代表的姓名和职责书面告知监理人。当委托人更换委托人代表时，应提前 7 天通知监理人。

5. 委托人的意见或要求

在监理合同约定的监理与相关服务工作范围内，委托人对承包人的任何意见或要求应通知监理人，由监理人向承包人发出相应指令。

6. 答复

对于监理人以书面形式提交委托人并要求作出决定的事宜，委托人应在专用条件约定的时间内给予书面答复。逾期未答复的，视为委托人认可。

7. 支付

委托人应按本合同（包括补充协议）约定的额度、时间和方式，向监理人支付酬金。

（四）违约责任

1. 监理人的违约责任

监理人未履行本合同义务的，应承担相应的责任。

（1）违反合同约定造成的损失赔偿。因监理人违反本合同约定给委托人造成损失的，监理人应当赔偿委托人损失。赔偿金额的确定方法在专用条件中约定。监理人承担部分赔偿责任的，其承担赔偿金额由双方协商确定。

监理人的违约情况包括不履行合同义务的故意行为和未正确履行合同义务的过错行为。

监理人不履行合同义务的故意行为包括：无正当理由单方解除合同；无正当理由不履行合同约定的义务。

未正确履行合同义务的过错行为包括：未完成合同约定范围内的工作；未按规范程序进行监理；未按正确数据进行判断而向施工承包人及其他合同当事人发出错误指令；未能及时发出相关指令，导致工程实施进程发生重大延误或混乱；发出错误指令，导致工程受到损失。

（2）索赔不成立时的费用补偿。监理人向委托人的索赔不成立时，监理人应赔偿委托人由此发生的费用。

2. 委托人的违约责任

委托人未履行本合同义务的，应承担相应的责任。

（1）违反合同约定造成的损失赔偿。委托人违反本合同约定造成监理人损失的，委托人应予以赔偿。

（2）索赔不成立时的费用补偿。委托人向监理人的索赔不成立时，应赔偿监理人由此引起的费用。

（3）逾期支付补偿。委托人未能按合同约定的时间支付相应酬金超过 28 天，应按专用条件约定支付逾期付款利息。

逾期付款利息应按专用条件约定的方法计算（拖延支付天数应从应支付日算起），即逾期付款利息 = 当期应付款总额 × 银行同期贷款利率 × 拖延支付天数。

3. 除外责任

因非监理人的原因，且监理人无过错，发生工程质量事故、安全事故、工期延误等造成的损失，监理人不承担赔偿责任。这是由于监理人不承包工程的实施，因此，在监理人无过错的前提下，由于第三方原因使建设工程遭受损失的，监理人不承担赔偿责任。

因不可抗力导致本合同全部或部分不能履行时，双方各自承担因此而造成的损失、损害。不可抗力是指合同双方当事人均不能预见、不能避免、不能克服的客观原因引起的事件，按照公平、合理原则，合同双方当事人应各自承担其因不可抗力而造成的损失、损害。

监理人应自行投保现场监理人员的意外伤害保险。

四、监理酬金及其支付

2012 版《监理合同范本》增加了签约酬金的概念，明确了酬金的计算方式，细化了酬金的支付方式，规定了监理人的支付申请。

（一）签约酬金

签约酬金是指委托人与监理人在签订监理合同时商定的酬金，包括建设工程监理酬金和相关服务酬金两部分。其中，相关服务酬金可包括工程勘察、设计、保修阶段服务酬金及其他相关服务酬金；如果监理人受委托人委托，仅实施建设工程监理，则签约酬金只包括建设工程监理酬金。

在建设工程监理合同履行过程中，由于建设工程监理或相关服务的范围、内容的变化，会引起建设工程监理酬金、相关服务酬金发生变化，因此，合同双方当事人最终结算的酬金额可能并不等于签约时商定的酬金额。

（二）电力工程监理费的确定

根据《电网工程建设预算编制与计算规定》（2013 版）和《火力发电工程建设预算编制与计算规定》（2013 版）（以下简称《2013 版预规》）（国能电力〔2013〕289 号），电力工程监理费计算方式如下：

1. 火力发电工程监理费的确定

火力发电工程监理费计算公式:

工程监理费 = (建筑工程费 + 安装工程费) × 费率

(1) 燃煤发电工程监理费费率见表7-1。

表7-1 燃煤发电工程监理费费率表

单机容量/MW		50	125	200	300	600	1000
费率/%	两台	2.26	2.05	1.84	1.73	1.60	1.42
	两台以上	1.81	1.64	1.47	1.38	1.27	1.13

注:1 燃煤发电工程新建、扩建一台按两台费率乘以1.1系数。

2 成套进口设备项目,乘以1.1系数。

3 外方独资项目监理费可参照国际惯例。

(2) 燃气—蒸汽联合循环电厂工程监理费费率见表7-2。

表7-2 燃气—蒸汽联合循环电厂工程监理费费率表

本期建设容量/MW	100以下	200以下	400以下	800以下
费率/%	2.65	2.22	1.98	1.87

2. 电网工程监理费的确定

(1) 变电站(开关站)、串补站、换流站、电缆线路、系统通信工程监理费计算公式:

变电站(开关站)、串补站、换流站、电缆线路工程监理费

= (建筑工程费 + 安装工程费) × 费率

系统通信工程监理费 = (建筑工程费 + 安装工程费 + 设备购置费) × 费率

变电站(开关站)、串补站、换流站、电缆线路、系统通信工程监理费费率见表7-3。

表7-3 监理费费率

工程类别	电压等级/kV	35	110	220	330	500	750	1000	±500	±800
变电、串补、换流站	费率/%	6.45	5.34	4.46	4.1	3.86	3.58	3.02	3.62	2.84
电缆工程		3.1								
系统通信		1.54								

注:35kV及以上箱式变电站按每站1.5万~3.5万元计列。

（2）架空线路工程监理费费率根据线路长度按表7-4计算。

表7-4　架空线路工程监理费费率表

工程类别	电压等级/kV	35	110	220	330	500	750	1000	±500	±800
单回路	费率/（万元/km）	0.68	0.78	1.32	1.66	1.98	2.58	3.07	1.9	2.45
同杆（塔）双回		0.82	0.99	1.65	2.06	2.62	3.39	4.05		

注：1. 线路长度不足5km的按5km计算。
　　2. 费用按平地、丘陵地形考虑，河网泥沼、沙漠、一般山地乘以1.1系数，高山乘以1.2系数，峻岭乘以1.3系数。
　　3. 大跨越工程，按安装工程费的2.55%计算。
　　4. 穿越城区的电网工程，可根据施工难度乘以1.1~1.2系数。
　　5. 高海拔地区、酷热地区乘以1.1~1.3系数。
　　6. 当线路长度超过500km时，超过部分每增加100km，费率乘以0.92系数。

3. 相关服务酬金的确定

相关服务酬金一般按相关服务工作所需工日和《建设工程监理与相关服务人员人工日费用标准》计取。

（三）相关费用

按照通用条件的规定，在实施建设工程监理与相关服务过程中，监理人可能发生外出考察、材料设备检测、咨询等费用。监理人在服务过程中提出合理化建议而使委托人获得经济效益的，还可获得经济奖励。

1. 外出考察费用

因工程建设需要，监理人员经委托人同意，可以外出考察承包人或专业分包单位业绩、材料与设备供应单位、类似工程技术方案等。监理人员外出考察发生的费用由委托人审核后及时支付。

2. 检测费用

委托人要求有相应检测资质的监理人进行材料和设备检测的，所发生的费用，由委托人支付，支付时间在专用条件中约定。需要说明的是，这里的检测费用不包括法律法规及规范要求监理人进行平行检验及委托人与监理人在合同中约定的正常工作范围内的检验所发生的费用。

3. 咨询费用

经委托人同意，根据工程需要由监理人组织的相关咨询论证会以及聘请相关专家等发生的费用由委托人支付。咨询论证会包括专项技术方案论证会、专项材料或设备采购评标会、质量事故分析论证会等。聘请相关专家前，应与委托人协商，事先以书面形式确定咨询论证会费用清单。费用发生后，由委托人及时支付。

4. 奖励

监理人在服务过程中提出的合理化建议，使委托人获得经济效益的，双方在专用条件中约定奖励金额的确定方法。奖励金额在合理化建议被采纳后，与最近一期的正常工作酬金同期支付。奖励金额的比例应由委托人与监理人在专用条件中约定。

（四）酬金支付

在通用条件中对合同酬金支付的规定如下：

1. 支付货币

除专用条件另有约定外，酬金均以人民币支付。涉及外币支付的，所采用的货币种类、比例和汇率在专用条件中约定。

2. 支付申请

监理人为确保按时获得酬金，应在本合同约定的每次应付款时间的 7 天前，向委托人提交支付申请书。支付申请书应当说明当期应付款总额，并列出当期应支付的款项及其金额。

3. 支付酬金

委托人应按合同约定的时间、金额和方式向监理人支付酬金。

在合同履行过程中，由于建设工程投资规模、监理范围发生变化，建设工程监理与相关服务工作的内容、时间发生变化，以及其他相关因素等的影响，委托人应支付的酬金可能会不同于签订合同时约定的酬金（即签约酬金）。实际支付的酬金可包括正常工作酬金、附加工作酬金、合理化建议奖励金额及费用。

4. 有争议部分的付款

委托人对监理人提交的支付申请书有异议时，应当在收到监理人提交的支付申请书后 7 天内，以书面形式向监理人发出异议通知。无异议部分的款项应按期支付，以免影响监理人的正常工作；有异议部分的款项按争议解决的约定办理。

五、合同生效、变更与终止

（一）合同生效

监理合同属于无生效条件的委托合同，因此，合同双方当事人依法订立后合同即生效。即除法律另有规定或者专用条件另有约定外，委托人和监理人的法定代表人或其授权代理人在协议书上签字并盖单位章后合同生效。

（二）合同变更

在合同履行期间，由于主观或客观条件的变化，当事人任何一方均可提出变更合同的要求。经过双方协商达成一致后可以变更合同。

1. 合同履行期限延长、工作内容增加

除不可抗力外，因非监理人原因导致监理人履行合同期限延长、内容增加时，监理单位应及时通知建设单位，计算附加工作的酬金。附加工作酬金的确定方法在专用条件中约定。

附加工作分为延长监理或相关服务时间、增加服务工作内容两类。延长监理或相关服务时间的附加工作酬金，应按下式计算：

$$附加工作酬金 = 合同期限延长时间（天） \times 正常工作酬金/协议书约定的监理与相关服务期限（天）$$

增加服务工作内容的附加工作酬金，由合同双方当事人根据实际增加的工作内容协商确定。

2. 合同暂停履行、终止后的善后工作及恢复服务的准备工作

监理合同生效后，如果实际情况发生了变化，使得监理人不能完成全部或部分工作的情形可能包括：

（1）因委托人原因致使监理人服务的工程被迫终止；

（2）因委托人原因致使被监理合同终止；

（3）因施工承包人或其他合同当事人原因致使被监理合同终止，实施工程需要更换施工承包人或其他合同当事人；

（4）不可抗力原因致使监理合同被暂停履行或终止等。

在上述情况下，附加工作酬金按下式计算：

$$附加工作酬金 = 善后工作及恢复服务的准备工作时间（天） \times 正常工作酬金/协议书约定的监理与相关服务期限（天）$$

3. 相关的法律、法规、标准颁布或修订引起的变更

因法律、法规、标准颁布或修订导致监理与相关服务的范围、时间发生变化（增加或减少）时，应按合同变更对待，双方协商增加附加工作酬金或减少正常工作酬金。

4. 工程概算投资额或建筑安装工程费增加引起的变更

因非监理人原因造成工程概算投资额或建筑安装工程费（监理酬金的取费基数）增加时，正常工作酬金应做相应调整。调整额按下式计算：

$$正常工作酬金增加额 = 工程投资额或建筑安装工程费增加额 \times 正常工作酬金/工程概算投资额（或建筑安装工程费）$$

5. 工程规模或监理范围的变化导致正常工作减少

工程规模或监理范围的变化导致正常工作减少时，应对协议书中约定的正常工作酬金作出调整。减少的基本原则：按减少工作量的比例从协议书约定的正常工作酬金中扣减相同比例的酬金。

（三）合同暂停履行与解除

除双方协商一致可以解除本合同外，当一方无正当理由未履行本合同约定的义务时，另一方可以根据本合同约定暂停履行本合同，直至解除本合同。

1. 解除合同或部分义务

在合同有效期内，由于双方无法预见和控制的原因导致合同全部或部分无法继续履行或继续履行已无意义，经双方协商一致，可以解除合同或监理人的部分义务。除不可抗力等原因依法可以免除责任外，因委托人原因致使正在实施的工程取消或暂停等，监理人有权获得因合同解除导致损失的补偿。

2. 暂停全部或部分工作

因非监理人的原因导致工程施工全部或部分暂停时，委托人应书面通知监理人暂停全部或部分工作。除不可抗力原因外，委托人应补偿监理人的损失。暂停全部或部分监理与相关服务时间超过 182 天，监理人可自主选择继续等待委托人恢复服务的通知，也可以向委托人发出解除全部或部分义务的通知。若暂停部分服务工作，监理人不需要再履行相应义务；若暂停全部服务工作，视为委托人违约，监理人可单方解除合同。委托人因违约行为给监理人造成损失的，应承担违约赔偿责任。

3. 监理人未履行合同义务

当监理人无正当理由未履行合同义务时，委托人应通知监理人限期改正。委托人在发出通知后 7 天内没有收到监理人书面形式的合理解释，可进一步发出解除合同的通知。监理人因违约行为给委托人造成的损失，应承担违约赔偿责任。

4. 委托人延期支付

监理人在专用条件约定支付日的 28 天后未收到应支付的款项，可发出酬金催付通知。委托人接到通知 14 天后仍未支付或未提出监理人可以接受的延期支付安排，监理人可向委托人发出暂停工作的通知，并可自行暂停全部或部分工作。暂停工作后 14 天内监理人仍未获得委托人应付酬金或合理答复，可发出解除合同的通知。委托人应对支付酬金的违约行为承担违约赔偿责任。

5. 不可抗力造成合同暂停或解除

因不可抗力致使合同部分或全部不能履行时，一方应立即通知另一方，可暂停或解除本合同。根据《合同法》对不可抗力的免责规定，双方受到的损失、伤害各负其责。

6. 合同解除后结算、清理、争议解决

合同解除生效后，合同约定的有关结算、清理条款仍然有效。单方解除合同的解除通知到达对方时生效，任何一方对对方解除合同的行为有异议，仍可按照约定的合同争议条款采取调解、仲裁或诉讼的程序保护自己的合法权益。

（四）合同终止

以下条件全部满足时，监理合同即告终止：监理单位完成合同约定的全部工作；建设单位与监理单位结清并支付全部酬金。

六、合同争议解决方式

建设单位与监理单位发生合同争议，可采取协商、调解、仲裁或诉讼的方式解决。

第三节　建设工程施工合同

一、建设工程施工合同概述

（一）建设工程施工合同

建设工程施工合同是发包人与承包人就完成具体工程项目的建筑施工、设备安装、设备调试、工程保修等工作内容，确定双方权利和义务的协议，简称施工合同。

（二）建设工程施工合同示范文本

1. 施工合同范本

2013 年 4 月 3 日，住房和城乡建设部、工商行政管理总局联合颁布了《建设工程施工合同（示范文本）》GF—2013－0201（简称 2013 版《施工合同范本》）。自 2013 年 7 月 1 日起施行。

《施工合同范本》适用于房屋建筑工程、土木工程、线路管道和设备安装工程、装修工程等建设工程的施工承发包活动。作为非强制性使用文本，合同当事人可结合建设工程具体情况，根据《施工合同范本》订立合同，并按照法律、法规规定和合同约定承担相应的法律责任及合同权利、义务。

2. 施工合同范本的框架

2013 版《施工合同范本》由合同协议书、通用合同条款和专用合同条款三个部分组成，并附有 11 个附件。

（1）合同协议书。合同协议书共计 13 条，主要包括工程概况、合同工期、质量标准、签约合同价和合同价格形式、项目经理、合同文件构成、承诺以及合同生效条件等重要内容，集中约定了合同当事人基本的合同权利、义务。

合同协议书具有两个主要的作用：第一是合同的纲领性文件，基本涵盖合同的基本条款；第二是合同的生效形式要件反映。

（2）通用合同条款。通用合同条款共计 20 条，具体条款分别为一般约定、发包人、承包人、监理人、工程质量、安全文明施工与环境保护、工期和进度、材料与设备、试验与检验、变更、价格调整、合同价格、计量与支付、验收和工程试车、竣工结算、缺陷责任与保修、违约、不可抗力、保险、索赔和争议解决。

通用合同条款是合同当事人根据《中华人民共和国建筑法》《中华人民共和国合同法》等法律、法规的规定，就工程建设的实施及相关事项，对合同当事人的权利、义务作出的原则性约定。

（3）专用合同条款。专用合同条款是对通用合同条款原则性约定的细化、完善、补充、修改或另行约定的条款。合同当事人可以根据不同建设工程的特点及具体情况，通过双方的谈判、协商对相应的专用合同条款进行补充和完善。

对专用合同条款的使用，原则上应当尊重通用合同条款的原则要求和权利义务的基本安排。

（4）附件11个。协议书附件1个，包含承包人承揽工程项目一览表；专用合同条款附件10个，包括发包人供应材料设备一览表、工程质量保修书、主要建设工程文件目录、承包人用于本工程施工的机械设备表、承包人主要施工管理人员表、分包人主要施工管理人员表、履约担保格式、预付款担保格式、支付担保格式、暂估价一览表。

二、施工合同文件组成及解释顺序

（一）施工合同文件的组成

施工合同文件除了合同协议书、通用合同条款、专用合同条款及其附件以外，一般还包括中标通知书、投标函及其附录、有关技术标准、图纸、已标价工程量清单或预算书、其他合同文件等。

（二）施工合同文件的优先顺序

组成合同的各项文件应能互相解释，互为说明。除专用合同条款另有约定外，解释合同文件的优先顺序如下：

（1）合同协议书；

（2）中标通知书（如果有）；

（3）投标函及其附录（如果有）；

（4）专用合同条款及其附件；

（5）通用合同条款；

（6）技术标准和要求；

（7）图纸；

（8）已标价工程量清单或预算书；

（9）其他合同文件。

上述各项合同文件包括合同当事人就该项合同文件所作出的补充和修改，属于同一类内容的文件，应以最新签署的为准。

在合同订立及履行过程中形成的与合同有关的文件均构成合同文件组成部分，并根据其性质确定优先解释顺序。

三、合同价格、计量与支付

（一）签约合同价

签约合同价是指发包人和承包人在合同协议书中确定的总金额，包括安全文明施工费、暂估价及暂列金额等。

（二）合同价格形式

发包人和承包人应在合同协议书中约定下列一种合同价格形式。

1. 单价合同

单价合同是指合同当事人约定以工程量清单及其综合单价进行合同价格计算、调整和确认的建设工程施工合同，在约定的范围内合同单价不作调整。合同当事人应在专用合同条款中约定综合单价包含的风险范围和风险费用的计算方法，并约定风险范围以外的合同价格的调整方法。

因市场价格波动引起的调整方法有三种：第一种是采用价格指数进行价格调整；第二种是采用造价信息进行价格调整；第三种是专用合同条款约定的其他方式。

2. 总价合同

总价合同是指合同当事人约定以施工图、已标价工程量清单或预算书及有关条件进行合同价格计算、调整和确认的建设工程施工合同，在约定的范围内合同总价不作调整。合同当事人应在专用合同条款中约定总价包含的风险范围和风险费用的计算方法，并约定风险范围以外的合同价格的调整方法。

其中因市场价格波动引起的调整（同单价合同），因法律变化引起的调整按下列约定执行：因法律变化引起的调整是：基准日期后，法律变化导致承包人在合同履行过程中所需要的费用发生除市场价格波动引起的调整约定以外的增加时，由发包人承担由此增加的费用；减少时，应从合同价格中予以扣减。基准日期后，因法律变化造成工期延误时，工期应予以顺延。

3. 其他价格形式

合同当事人可在专用合同条款中约定其他合同价格形式。

（三）预付款

1. 预付款的支付

按照专用合同条款约定执行，但最迟应在开工通知载明的开工日期7天前支付。除专用合同条款另有约定外，预付款在进度付款中同比例扣回。在颁发工程接收证书前，提前解除合同的，尚未扣完的预付款应与合同价款一并结算。

发包人逾期支付预付款超过7天的，承包人有权向发包人发出要求预付的催告通知，发包人收到通知后7天内仍未支付的，承包人有权暂停施工，并按发包人违约的情形执行。

2. 预付款担保

发包人要求承包人提供预付款担保的，承包人应在发包人支付预付款7天前提供预付款担保。预付款担保可采用银行保函、担保公司担保等形式，具体由合同当事人在专用合同条款中约定。发包人在工程款中逐期扣回预付款后，预付款担保额度应相应减少，但剩余的预付款担保金额不得低于未被扣回的预付款金额。

（四）计量

1. 计量原则

工程量计量按照合同约定的工程量计算规则、图纸及变更指示等进行计量。工程量计算规则应以相关的国家标准、行业标准等为依据，由合同当事人在专用合同条款中约定。

2. 计量周期

除专用合同条款另有约定外，工程量的计量按月进行。

3. 单价合同的计量

除专用合同条款另有约定外，单价合同的计量按照本项约定执行。

（1）承包人应于每月25日向监理人报送上月20日至当月19日已完成的工程量报告，并附具进度付款申请单、已完成工程量报表和有关资料。

（2）监理人应在收到承包人提交的工程量报告后7天内完成审核并报送发包人，以确定当月实际完成的工程量。监理人对工程量有异议的，有权要求承包人进行共同复核或抽样复测。承包人应协助监理人进行复核或抽样复测，并按监理人要求提供补充计量资料。承包人未按监理人要求参加复核或抽样复测的，监理人复核或修正的工程量视为承包人实际完成的工程量。

（3）监理人未在收到承包人提交的工程量报表后的7天内完成审核的，承包人报送的工程量报告中的工程量视为承包人实际完成的工程量，据此计算工程价款。

4. 总价合同的计量

除专用合同条款另有约定外，按月计量支付的总价合同，按照本项约定执行。

（1）承包人应于每月25日向监理人报送上月20日至当月19日已完成的工程量报告，并附具进度付款申请单、已完成工程量报表和有关资料。

（2）监理人应在收到承包人提交的工程量报告后7天内完成对承包人提交的工

程量报表的审核并报送发包人，以确定当月实际完成的工程量。监理人对工程量有异议的，有权要求承包人进行共同复核或抽样复测。承包人应协助监理人进行复核或抽样复测，并按监理人要求提供补充计量资料。承包人未按监理人要求参加复核或抽样复测的，监理人审核或修正的工程量视为承包人实际完成的工程量。

（3）监理人未在收到承包人提交的工程量报表后的7天内完成复核的，承包人提交的工程量报告中的工程量视为承包人实际完成的工程量。

5. 其他价格形式合同的计量

合同当事人可在专用合同条款中约定其他价格形式合同的计量方式和程序。

（五）工程进度款支付

1. 进度款审核和支付

（1）除专用合同条款另有约定外，监理人应在收到承包人进度付款申请单以及相关资料后7天内完成审查并报送发包人，发包人应在收到后7天内完成审批并签发进度款支付证书。发包人逾期未完成审批且未提出异议的，视为已签发进度款支付证书。

发包人和监理人对承包人的进度付款申请单有异议的，有权要求承包人修正和提供补充资料，承包人应提交修正后的进度付款申请单。监理人应在收到承包人修正后的进度付款申请单及相关资料后7天内完成审查并报送发包人，发包人应在收到监理人报送的进度付款申请单及相关资料后7天内，向承包人签发无异议部分的临时进度款支付证书。存在争议的部分，按照争议解决的约定处理。

（2）除专用合同条款另有约定外，发包人应在进度款支付证书或临时进度款支付证书签发后14天内完成支付，发包人逾期支付进度款的，应按照中国人民银行发布的同期同类贷款基准利率支付违约金。

（3）发包人签发进度款支付证书或临时进度款支付证书，不表明发包人已同意、批准或接受了承包人完成的相应部分的工作。

2. 进度付款的修正

在对已签发的进度款支付证书进行阶段汇总和复核中发现错误、遗漏或重复的，发包人和承包人均有权提出修正申请。经发包人和承包人同意的修正，应在下期进度付款中支付或扣除。

（六）保留金

保留金是按合同约定从承包商应得的工程进度款中提留的一部分资金。一般在大型电力工程中应用较为广泛，基本上电力工程都是采用这种作法。

（1）合同价格的15%作为保留金（暂按签约合同价计算，最终合同价确定后，以最终合同价调整），由发包人从进度款中按合同约定的比例分期扣留，直至达到规定金额。保留金包括质量保证金和质量、安全、档案等考核金，其中：

1）质量保证金为合同价格的 5%；

2）质量、安全、档案等考核金总计为合同总价的 10%。其中，档案考核金为合同价格的 1%，其他考核金金额见合同专用条款。

（2）保留金按以下约定支付和扣减：

1）本工程达到合同约定的安全目标的，试运行结束、取得发包人档案验收签证书并办理完工程移交手续后，承包人可通过监理人向发包人申请支付质量、安全、档案等考核金，发包人按考核结果在 10 个工作日内予以支付。

如果工程未能满足合同约定的有关质量、安全、档案目标，发包人可按照合同专用条款的有关规定扣减相关考核金。

2）缺陷责任期结束并签发缺陷责任期终止证书后，承包人可通过监理人向发包人申请支付质量保证金（合同价格的 5%）。非因发包人或监理人原因，未达到公司优质工程标准的，按合同约定扣减质量保证金（金额为合同价格的 2%）；如果工程质量未完全满足合同要求，发包人可按照约定相应扣减质量保证金。

（七）竣工结算

1. 竣工付款申请单

（1）工程接收证书颁发后，承包人应按专用合同条款约定的份数和期限向监理人提交竣工付款申请单，并提供相关竣工结算资料。

（2）监理人对竣工付款申请单有异议的，有权要求承包人进行修正和提供补充资料。经监理人和承包人协商后，由承包人向监理人提交修正后的竣工付款申请单。

2. 竣工付款证书及支付时间

（1）监理人在收到承包人提交的竣工付款申请单后的 14 天内完成核查，提出发包人到期应支付给承包人的价款，送发包人审核并抄送承包人。发包人应在收到后 14 天内审核完毕，由监理人向承包人出具经发包人签认的竣工付款证书。

（2）发包人应在监理人出具竣工付款证书后的 14 天内，通过签订合同补充协议的方式，将应支付款支付给承包人。发包人不按期支付的，应按照中国人民银行公布的同期同档存款利率，从应付之日起计算并向承包人支付全部未付款额的利息，将逾期付款违约金支付给承包人。

（3）承包人对发包人签认的竣工付款证书有异议的，发包人可出具竣工付款申请单中承包人已同意部分的临时付款证书。存在争议的部分，按争议解决方式的约定办理。

（4）竣工付款涉及政府投资资金的，按照国库集中支付等国家相关规定和专用合同条款的约定办理。

四、监理人的工作

1. 监理人的一般规定

工程实行监理的，发包人和承包人应在专用合同条款中明确监理人的监理内容及监理权限等事项。监理人应当根据发包人授权及法律规定，代表发包人对工程施工相关事项进行检查、查验、审核、验收，并签发相关指示，但监理人无权修改合同，且无权减轻或免除合同约定的承包人的任何责任与义务。除专用合同条款另有约定外，监理人在施工现场的办公场所、生活场所由承包人提供，所发生的费用由发包人承担。

2. 监理人员

发包人授予监理人派驻施工现场的监理人员行使工程实施监理的权利。监理人应将授权的总监和监理工程师以书面形式提前通知承包人。更换总监的应提前7天书面通知承包人；更换其他监理人员应提前48h书面通知承包人。

3. 监理人的指示

监理人应按照发包人的授权发出监理指示。监理人的指示应采用书面形式，并经其授权的监理人员签字。紧急情况下，为了保证施工人员的安全或避免工程受损，监理人员可以口头形式发出指示并在24h内补发书面监理指示。

承包人对监理人发出的指示有疑问的，应向监理人提出书面异议，监理人应在48h内对该指示予以确认、更改或撤销，监理人逾期未回复的，承包人有权拒绝执行上述指示。

监理人对承包人的任何工作、工程或其采用的材料和工程设备未在约定的或合理期限内提出意见的，视为批准，但不免除或减轻承包人对该工作、工程、材料、工程设备等应承担的责任和义务。

4. 商定或确定

合同当事人进行商定或确定时，总监理工程师应当会同合同当事人尽量通过协商达成一致，不能达成一致的，由总监理工程师按照合同约定审慎做出公正的确定。

五、双方义务及违约责任

(一)发包人的义务及工作

（1）发包人办理法律规定由其办理的许可、批准或备案，包括但不限于建设用地规划许可证、建设工程规划许可证、建设工程施工许可证、施工所需临时用水、临时用电、中断道路交通、临时占用土地等许可和批准。发包人应协助承包人办理法律规定的有关施工证件和批件。

（2）发包人在专用合同条款中明确发包人代表的姓名、职务、联系方式及授权范围等事项。发包人代表在发包人的授权范围内，负责处理合同履行过程中与发包人有关的具体事宜。发包人更换发包人代表的，应提前 7 天书面通知承包人。

（3）发包人人员遵守法律及有关安全、质量、环境保护、文明施工等规定。发包人人员包括发包人代表及其他由发包人派驻施工现场的人员。

（4）施工现场、施工条件和基础资料的提供。

1）发包人应最迟于开工日期 7 天前向承包人移交施工现场。

2）发包人负责提供施工所需要的条件，如施工用水、电力、通信线路、交通条件；协调处理建筑物、构筑物、古树名木的保护工作。

3）发包人提供工程施工所必需的毗邻区域内地下管线资料，提供气象和水文观测资料、地质勘察资料及相邻工程有关基础资料。

4）因发包人原因未能及时向承包人提供施工现场、施工条件、基础资料的，发包人承担由此增加的费用和（或）延误的工期。

（5）资金来源证明及支付担保。发包人在收到承包人要求提供资金来源证明的书面通知后 28 天内，向承包人提供能够按照合同约定支付合同价款的相应资金来源证明。

发包人要求承包人提供履约担保的，发包人应当向承包人提供支付担保，具体由合同当事人在专用合同条款中约定。

（6）发包人应按合同约定向承包人及时支付合同价款。

（7）发包人应按合同约定及时组织竣工验收。

（8）发包人应与承包人、由发包人直接发包的专业工程的承包人签订施工现场统一管理协议，明确各方的权利、义务。施工现场统一管理协议作为专用合同条款的附件。

（二）承包人的义务

1. 承包人的一般义务

承包人在履行合同过程中应遵守法律和工程建设标准、规范，并履行承包人的一般义务。

（1）办理法律规定应由承包人办理的许可和批准，并将办理结果书面报送发包人留存；

（2）按法律规定和合同约定完成工程，并在保修期内承担保修义务；

（3）按法律规定和合同约定采取施工安全和环境保护措施，办理工伤保险，确保工程及人员、材料、设备和设施的安全；

（4）按合同约定的工作内容和施工进度要求，编制施工组织设计和施工措施计划，并对所有施工作业和施工方法的完备性和安全可靠性负责；

（5）在进行合同约定的各项工作时，不得侵害发包人与他人使用公用道路、水源、市政管网等公共设施的权利，避免对邻近的公共设施产生干扰；承包人占用或使用他人的施工场地，影响他人作业或生活的，应承担相应责任；

（6）按照环境保护约定负责施工场地及其周边环境与生态的保护工作；

（7）按安全文明施工约定采取施工安全措施，确保工程及其人员、材料、设备和设施的安全，防止因工程施工造成的人身伤害和财产损失；

（8）将发包人按合同约定支付的各项价款专用于合同工程，且应及时支付其雇用人员工资，并及时向分包人支付合同价款；

（9）按照法律规定和合同约定编制竣工资料，完成竣工资料立卷及归档，并按专用合同条款约定的竣工资料的套数、内容、时间等要求移交发包人；

（10）应履行的其他义务。

2. 分包的一般规定

承包人不得将其承包的全部工程转包给第三人，或将其承包的全部工程肢解后以分包的名义转包给第三人。承包人不得以劳务分包的名义转包或违法分包工程。

3. 工程照管与成品、半成品保护

自发包人向承包人移交施工现场之日起，直到颁发工程接收证书之日止，承包人负责照管工程及工程相关的材料、工程设备。因承包人原因造成工程、材料、工程设备、成品或半成品损坏的，由承包人负责修复或更换，并承担费用和（或）延误的工期。

4. 履约担保

发包人需要承包人提供履约担保的，由合同当事人在专用合同条款中约定履约担保的方式、金额及期限等。因承包人原因导致工期延长的，继续提供履约担保所增加的费用由承包人承担。

（三）发包人违约

1. 发包人违约的情形

在合同履行过程中发生的下列情形，属于发包人违约：

（1）因发包人原因未能在计划开工日期前7天内下达开工通知的；

（2）因发包人原因未能按合同约定支付合同价款的；

（3）发包人违反变更的范围约定，自行实施被取消的工作或转由他人实施的；

（4）发包人提供的材料、工程设备的规格、数量或质量不符合合同约定，或因发包人原因导致交货日期延误或交货地点变更等情况的；

（5）因发包人违反合同约定造成暂停施工的；

（6）发包人无正当理由没有在约定期限内发出复工指示，导致承包人无法复工的；

（7）发包人明确表示或者以其行为表明不履行合同主要义务的；

（8）发包人未能按照合同约定履行其他义务的。

发生除第（7）项以外的违约情况时，承包人可向发包人发出通知，要求发包人采取有效措施纠正违约行为。发包人在收到承包人通知后28天内仍不纠正违约行为的，承包人有权暂停相应部位工程施工，并通知监理人。

2. 发包人违约的责任

发包人应承担因其违约给承包人增加的费用和（或）延误的工期，并支付承包人合理的利润。此外，合同当事人可在专用合同条款中另行约定发包人违约责任的承担方式和计算方法。

3. 因发包人违约解除合同

承包人按上述发包人违约的情形约定暂停施工满28天后，发包人仍不纠正其违约行为并致使合同目的不能实现的，承包人有权解除合同，发包人应承担由此增加的费用，并支付承包人合理的利润。

（四）承包人违约

1. 承包人违约的情形

在合同履行过程中发生的下列情形，属于承包人违约：

（1）承包人违反合同约定进行转包或违法分包的；

（2）承包人违反合同约定采购和使用不合格的材料和工程设备的；

（3）因承包人原因导致工程质量不符合合同要求的；

（4）承包人违反材料与设备专用要求条款的约定，未经批准，私自将已按照合同约定进入施工现场的材料或设备撤离施工现场的；

（5）承包人未能按施工进度计划及时完成合同约定的工作，造成工期延误的；

（6）承包人在缺陷责任期及保修期内，未能在合理期限对工程缺陷进行修复，或拒绝按发包人要求进行修复的；

（7）承包人明确表示或者以其行为表明不履行合同主要义务的；

（8）承包人未能按照合同约定履行其他义务的。

承包人发生除本项第（7）项约定以外的其他违约情况时，监理人可向承包人发出整改通知，要求其在指定的期限内改正。

2. 承包人违约的责任

承包人应承担因其违约行为而增加的费用和（或）延误的工期。此外，合同当事人可在专用合同条款中另行约定承包人违约责任的承担方式和计算方法。

3. 因承包人违约解除合同

除专用合同条款另有约定外，出现承包人违约的情形第（7）项约定的违约情况时，或监理人发出整改通知后，承包人在期限内仍不纠正违约行为并致使合同目的不能实现的，发包人有权解除合同。

六、工程质量、进度、安全

（一）工程质量

1. 质量要求

工程质量标准必须符合现行国家有关工程施工质量验收规范和标准的要求。有关工程质量的特殊标准或要求由合同当事人在专用合同条款中约定。

（1）因发包人原因造成工程质量未达到合同约定标准的，由发包人承担由此增加的费用和（或）延误的工期，并支付承包人合理的利润。

（2）因承包人原因造成工程质量未达到合同约定标准的，发包人有权要求承包人返工直至工程质量达到合同约定的标准为止，并由承包人承担由此增加的费用和（或）延误的工期。

2. 质量保证措施

（1）发包人应按照法律规定及合同约定完成与工程质量有关的各项工作。

（2）承包人按照施工组织设计约定向发包人和监理人提交工程质量保证体系及措施文件，建立完善的质量检查制度，并提交相应的工程质量文件。承包人应按照法律规定和发包人的要求，对材料、工程设备以及工程的所有部位及其施工工艺进行全过程的质量检查和检验，并作详细记录，编制工程质量报表，报送监理人审查。

（3）监理人的质量检查和检验。监理人对工程的所有部位及其施工工艺、材料和工程设备进行检查和检验。监理人的检查和检验不应影响施工正常进行。

3. 隐蔽工程检查

（1）承包人自检。承包人应当对工程隐蔽部位进行自检，并经自检确认是否具备覆盖条件。

（2）检查程序。承包人应在共同检查前48h书面通知监理人检查，通知中应写明隐蔽检查的内容、时间和地点，并应附有自检记录和必要的检查资料。监理人应按时到场并对隐蔽工程及其施工工艺、材料和工程设备进行检查。质量符合隐蔽要求，监理人在验收记录上签字后承包人才能进行覆盖。质量不合格的，承包人应在监理人指示的时间内完成修复，并由监理人重新检查。

（3）重新检查。承包人覆盖工程隐蔽部位后，发包人或监理人对质量有疑问的，可要求承包人对已覆盖的部位进行钻孔探测或揭开重新检查，承包人应遵照执行，并在检查后重新覆盖、恢复原状。

（4）承包人私自覆盖。承包人未通知监理人到场检查，私自将工程隐蔽部位覆盖的，监理人有权指示承包人钻孔探测或揭开检查，无论工程隐蔽部位质量是否合格，由此增加的费用和（或）延误的工期均由承包人承担。

4. 不合格工程的处理

（1）因承包人原因造成工程不合格的，发包人有权随时要求承包人采取补救措施，直至达到合同要求的质量标准，由此增加的费用和（或）延误的工期由承包人承担。

（2）因发包人原因造成工程不合格的，由此增加的费用和（或）延误的工期由发包人承担，并支付承包人合理的利润。

5. 质量争议检测

合同当事人对工程质量有争议的，由双方协商确定的工程质量检测机构鉴定，由此产生的费用及因此造成的损失，由责任方承担。合同当事人均有责任的，由双方根据其责任分别承担。

（二）安全文明施工与环境保护

1. 安全文明施工

（1）安全生产要求。合同当事人均应遵守国家和工程所在地有关安全生产的要求。合同当事人有特别要求的，应在专用合同条款中明确施工项目安全生产标准化达标目标及相应事项。承包人有权拒绝发包人及监理人强令承包人违章作业、冒险施工的任何指示。

（2）安全生产保证措施。承包人应当按照有关规定编制安全技术措施或者专项施工方案，建立安全生产责任制度、治安保卫制度及安全生产教育培训制度，并按安全生产法律规定及合同约定履行安全职责，如实编制安全生产的有关记录，接受发包人、监理人及政府安全监督部门的检查与监督。

（3）特别安全生产事项。承包人应按照法律规定进行施工，开工前做好安全技术交底工作，施工过程中做好各项安全防护措施。承包人的特殊工种人员应取得政府有关管理机构颁发的上岗证书。在动力设备、输电线路、地下管道、密封防震车间、易燃易爆地段以及临街交通要道附近施工时，施工开始前应向发包人和监理人提出安全防护措施，经发包人认可后实施。实施爆破作业，在放射、毒害性环境中施工（含储存、运输、使用）及使用毒害性、腐蚀性物品施工时，承包人应在施工前7天以书面通知发包人和监理人，并报送相应的安全防护措施，经发包人认可后实施。承包人应单独编制危险性较大分部分项专项工程施工方案，及时组织专家论证。

（4）治安保卫。发包人和承包人除应协助现场治安管理机构或联防组织维护施工场地的社会治安外，还应做好包括生活区在内的各自管辖区的治安保卫工作。

（5）文明施工。承包人在工程施工期间，应当采取措施保持施工现场平整，物料堆放整齐。在工程移交之前，应当从施工现场清除承包人的全部工程设备、多余材料、垃圾和各种临时工程，并保持施工现场清洁整齐。

（6）安全文明施工费。发包人应在开工后 28 天内预付安全文明施工费总额的 50%，其余部分与进度款同期支付。承包人对安全文明施工费应专款专用，单独列项备查，不得挪作他用。

（7）紧急情况和事故处理。在工程实施期间或缺陷责任期内发生危及工程安全的事件，监理人通知承包人进行抢救。发生事故的，承包人应立即通知监理人，监理人应立即通知发包人。发包人和承包人应立即组织人员和设备进行紧急抢救和抢修，减少人员伤亡和财产损失，防止事故扩大，并保护事故现场。发包人和承包人应按国家有关规定，及时如实地向有关部门报告事故发生的情况，以及正在采取的紧急措施等。

2. 职业健康

承包人保障现场施工人员的劳动安全，采取有效的防止粉尘、降低噪声、控制有害气体和保障高温、高寒、高空作业安全等劳动保护措施。承包人雇佣人员在施工中受到伤害的，承包人应立即采取有效措施进行抢救和治疗。

3. 环境保护

承包人应在施工组织设计中列明环境保护的具体措施。承包人应采取合理措施保护施工现场环境。对施工作业过程中可能引起的大气、水、噪声以及固体废物污染采取具体可行的防范措施。承包人应当承担因其原因引起的环境污染侵权损害赔偿责任，因上述环境污染引起纠纷而导致暂停施工的，由此增加的费用和（或）延误的工期由承包人承担。

（三）工期和进度

1. 施工组织设计的提交和修改

承包人应在合同签订后 14 天内向监理人提交详细的施工组织设计，并由监理人报送发包人。发包人和监理人应在 7 天内确认或提出修改意见。

2. 施工进度计划的编制

承包人提交详细的施工进度计划经发包人批准后实施。施工进度计划是控制工程进度的依据，发包人和监理人有权按照施工进度计划检查工程进度情况。

3. 施工进度计划的修订

施工进度计划不符合合同要求或与工程的实际进度不一致的，承包人应向监理人提交修订的施工进度计划，由监理人报送发包人。发包人和监理人应在收到修订的施工进度计划后 7 天内完成审核和批准或提出修改意见。

4. 开工准备

承包人应按照约定的期限，向监理人提交工程开工报审表，经监理人报发包人批准后执行。合同当事人应按约定完成开工准备工作。

5. 开工通知

经发包人同意后，监理人应在计划开工日期 7 天前向承包人发出开工通知，工期自开工通知中载明的开工日期起算。除专用合同条款另有约定外，因发包人原因造成监理人未能在计划开工日期之日起 90 天内发出开工通知的，承包人有权提出价格调整要求，或者解除合同。发包人应当承担相应责任。

6. 测量放线

承包人负责施工过程中的全部施工测量放线工作。承包人发现发包人提供的测量基准点、基准线和水准点及其书面资料存在错误或疏漏的，应及时通知监理人。监理人应及时报告发包人，并会同发包人和承包人予以核实。发包人应就如何处理和是否继续施工作出决定，并通知监理人和承包人。

7. 工期延误

（1）在合同履行过程中，因发包人原因导致工期延误和（或）费用增加的，由发包人承担由此延误的工期和（或）增加的费用，且发包人应支付承包人合理的利润。

1）发包人未能按合同约定提供图纸或所提供图纸不符合合同约定的；

2）发包人未能按合同约定提供施工现场、施工条件、基础资料、许可、批准等开工条件的；

3）发包人提供的测量基准点、基准线和水准点及其书面资料存在错误或疏漏的；

4）发包人未能在计划开工日期之日起 7 天内同意下达开工通知的；

5）发包人未能按合同约定日期支付工程预付款、进度款或竣工结算款的；

6）监理人未按合同约定发出指示、批准等文件的；

7）专用合同条款中约定的其他情形。

（2）因发包人原因未按计划开工日期开工的，发包人应按实际开工日期顺延竣工日期，确保实际工期不低于合同约定的工期总日历天数。

（3）因承包人原因造成工期延误的，可以在专用合同条款中约定逾期竣工违约金的计算方法和逾期竣工违约金的上限。承包人支付逾期竣工违约金后，不免除承包人继续完成工程及修补缺陷的义务。

8. 不利物质条件

不利物质条件是指有经验的承包人在施工现场遇到的不可预见的自然物质条件、非自然的物质障碍和污染物。遇有不利物质条件，承包人应采取合理措施继续施工，并及时通知发包人和监理人。监理人经发包人同意后应当及时发出指示，指示构成变更的，按照"变更"约定执行。承包人因采取合理措施而增加的费用和（或）延误的工期由发包人承担。

9. 暂停施工

（1）指示暂停施工。监理人认为有必要时，并经发包人批准后，可向承包人作出暂停施工的指示，承包人应按监理人指示暂停施工。

（2）紧急情况下的暂停施工。因紧急情况需暂停施工，且监理人未及时下达暂停施工指示的，承包人可先暂停施工，并及时通知监理人。

（3）暂停施工后的复工。暂停施工后，发包人和承包人应采取有效措施积极消除暂停施工的影响。监理人会同发包人和承包人在工程复工前确定因暂停施工造成的损失及复工条件。当工程具备复工条件时，监理人应经发包人批准后向承包人发出复工通知，承包人应按照复工通知要求复工。

（4）暂停施工的持续。暂停施工持续56天以上，除该项停工属于承包人原因引起的暂停施工及不可抗力约定的情形外，承包人可向发包人提交书面通知，要求28天内准许继续施工。发包人逾期不予批准的，将工程受影响的部分视为可取消工作。

暂停施工持续84天以上不复工的，且不属于承包人原因引起的暂停施工及不可抗力约定的情形，并影响到整个工程以及合同目的实现的，承包人有权提出价格调整要求，或者解除合同。

（5）暂停施工期间的工程照管。暂停施工期间，承包人应负责妥善照管工程并提供安全保障，由此增加的费用由责任方承担。

（6）暂停施工的措施。暂停施工期间，发包人和承包人均应采取必要的措施确保工程质量及安全，防止因暂停施工而扩大损失。

10. 提前竣工

（1）发包人要求承包人提前竣工的，发包人应通过监理人向承包人下达提前竣工指示，承包人应向发包人和监理人提交提前竣工建议书，增加的费用由发包人承担。

（2）发包人要求承包人提前竣工的，或承包人提出提前竣工的建议能够给发包人带来效益的，合同当事人可以在专用合同条款中约定提前竣工的奖励。

（四）材料与设备

工程项目使用的建筑材料和设备按照专用条款约定的采购供应责任，可以由承包人负责，也可以由发包人提供全部或部分材料和设备。

1. 发包人供应材料与工程设备

（1）发包人自行供应材料、工程设备的，应在签订合同时在专用合同条款的附件《发包人供应材料设备一览表》中明确材料、工程设备的品种、规格、型号、数量、单价、质量等级和送达地点。承包人应提前30天通过监理人以书面形式通知发包人供应材料与工程设备进场。

（2）发包人应向承包人提供产品合格证明及出厂证明，对其质量负责。发包人应提前24h以书面形式通知承包人、监理人材料和工程设备到货时间，承包人负责材料和工程设备的清点、检验和接收。发包人提供的材料和工程设备的规格、数量或质量不符合合同约定的，或因发包人原因导致交货日期延误或交货地点变更等情况的，按照发包人违约约定办理。

（3）发包人供应的材料和工程设备，承包人清点后由承包人妥善保管，保管费用由发包人承担，但已标价工程量清单或预算书已经列支或专用合同条款另有约定除外。因承包人原因发生丢失毁损的，由承包人负责赔偿；监理人未通知承包人清点的，承包人不负责材料和工程设备的保管，由此导致丢失毁损的由发包人负责。发包人供应的材料和工程设备使用前，由承包人负责检验，检验费用由发包人承担，不合格的不得使用。

2. 承包人采购材料与工程设备

（1）承包人负责采购材料、工程设备的，应按照设计和有关标准要求采购，并提供产品合格证明及出厂证明，对材料、工程设备质量负责。

（2）承包人采购的材料和工程设备，应保证产品质量合格。承包人应在材料和工程设备到货前24h通知监理人检验。承包人采购的材料和工程设备不符合设计或有关标准要求时，承包人应在监理人要求的合理期限内运出施工现场，并重新采购符合要求的材料、工程设备，承包人承担有关责任。

（3）承包人采购的材料和工程设备由承包人妥善保管，保管费用由承包人承担。法律规定材料和工程设备使用前必须进行检验或试验的，承包人应按监理人的要求进行检验或试验，检验或试验费用由承包人承担，不合格的不得使用。发包人或监理人发现承包人使用不符合设计或有关标准要求的材料和工程设备时，有权要求承包人进行修复、拆除或重新采购，由承包人承担有关责任。

3. 禁止使用不合格的材料和工程设备

（1）监理人有权拒绝承包人提供的不合格材料或工程设备，并要求承包人立即进行更换。监理人应在更换后再次进行检查和检验，由承包人承担有关责任。

（2）监理人发现承包人使用了不合格的材料和工程设备，承包人应按照监理人的指示立即改正，并禁止在工程中继续使用不合格的材料和工程设备。

（3）发包人提供的材料或工程设备不符合合同要求的，承包人有权拒绝，并可要求发包人更换，由此增加的费用和（或）延误的工期由发包人承担，并支付承包人合理的利润。

（五）验收和工程试车

1. 分部分项工程验收

（1）分部分项工程质量应符合国家有关工程施工验收规范、标准及合同约定，承包人应按照施工组织设计的要求完成分部分项工程施工。

（2）分部分项工程经承包人自检合格并具备验收条件的，承包人应提前48h通知监理人进行验收。监理人不能按时验收的，应在验收前24h向承包人提交书面延期要求，但延期不能超过48h。监理人未按时进行验收，也未提出延期要求的，承包人有权自行验收，监理人应认可验收结果。分部分项工程未经验收的，不得进入下一道工序施工。

2. 竣工验收

（1）竣工验收条件工程具备以下条件的，承包人可以申请竣工验收：

1）除发包人同意的甩项工作和缺陷修补工作外，合同范围内的全部工程以及有关工作，包括合同要求的试验、试运行以及检验均已完成，并符合合同要求；

2）已按合同约定编制了甩项工作和缺陷修补工作清单以及相应的施工计划；

3）已按合同约定的内容和份数备齐竣工资料。

（2）竣工验收程序。除专用合同条款另有约定外，承包人申请竣工验收的，应当按照以下程序进行：

1）监理人应在收到承包人报送竣工验收申请报告后14天内完成审查并报送发包人。监理人认为尚不具备验收条件的通知承包人，承包人应在完成监理人通知的全部工作内容后，再次提交竣工验收申请报告。

2）发包人应在收到经监理人审核的竣工验收申请报告后28天内审批完毕并组织监理人、承包人、设计人等相关单位完成竣工验收。

3）竣工验收合格的，发包人应在验收合格后14天内向承包人签发工程接收证书。发包人无正当理由逾期不颁发工程接收证书的，自验收合格后第15天起视为已颁发工程接收证书。

4）竣工验收不合格的，监理人应按照验收意见发出指示，要求承包人对不合格工程返工、修复或采取其他补救措施，由此增加的费用和（或）延误的工期由承包人承担。

5）工程未经验收或验收不合格，发包人擅自使用的，应在转移占有工程后7天内向承包人颁发工程接收证书；发包人无正当理由逾期不颁发工程接收证书的，自转移占有后第15天起视为已颁发工程接收证书。发包人不按照本项约定组织竣工验收、颁发工程接收证书的，每逾期一天，应以签约合同价为基数，按照中国人民银行发布的同期同类贷款基准利率支付违约金。

（3）竣工日期。工程经竣工验收合格的，以承包人提交竣工验收申请报告之日为实际竣工日期，并在工程接收证书中载明；因发包人原因，未在监理人收到承包人提交的竣工验收申请报告42天内完成竣工验收，或完成竣工验收不予签发工程接收证书的，以提交竣工验收申请报告的日期为实际竣工日期；工程未经竣工验收，发包人擅自使用的，以转移占有工程之日为实际竣工日期。

（4）拒绝接收全部或部分工程。对于竣工验收不合格的工程，承包人完成整改后，经重新组织验收仍不合格的且无法采取措施补救的，则发包人可以拒绝接收不合格工程。

（5）移交、接收全部与部分工程。合同当事人应当在颁发工程接收证书后7天内完成工程的移交。发包人无正当理由不接收工程的，发包人自应当接收工程之日起，承担工程照管、成品保护、保管等与工程有关的各项费用。承包人无正当理由不移交工程的，承包人应承担工程照管、成品保护、保管等与工程有关的各项费用。合同当事人可以在专用合同条款中另行约定承包人无正当理由不移交工程的违约责任。

3. 工程试车

（1）试车程序。工程需要试车的，除专用合同条款另有约定外，试车内容应与承包人承包范围相一致，试车费用由承包人承担。工程试车应按如下程序进行：

1）单机无负荷试车。由承包人组织试车，并在试车前48h书面通知监理人，通知中应载明试车内容、时间、地点。试车合格的，监理人在试车记录上签字。监理人在试车合格后不在试车记录上签字，自试车结束满24h后视为监理人已经认可试车记录，承包人可继续施工或办理竣工验收手续。

2）无负荷联动试车。发包人组织试车，并在试车前48h以书面形式通知承包人。通知中应载明试车内容、时间、地点和对承包人的要求，承包人按要求做好准备工作。试车合格，合同当事人在试车记录上签字。承包人无正当理由不参加试车的，视为认可试车记录。

（2）试车中的责任。

1）因设计原因导致试车达不到验收要求，发包人应要求设计人修改设计，承包人按修改后的设计重新安装。发包人承担修改设计、拆除及重新安装的全部费用，工期相应顺延。

2）因工程设备制造原因导致试车达不到验收要求的，由采购该工程设备的合同当事人负责重新购置或修理，承包人负责拆除和重新安装，由此增加的修理、重新购置、拆除及重新安装的费用及延误的工期由采购该工程设备的合同当事人承担。

（3）投料试车。

1）如需进行投料试车的，发包人应在工程竣工验收后组织投料试车。发包人要求在工程竣工验收前进行或需要承包人配合时，应征得承包人同意。

2）投料试车合格的，费用由发包人承担；因承包人原因造成投料试车不合格的，承包人应按照发包人要求进行整改，由此产生的整改费用由承包人承担；非因承包人原因导致投料试车不合格的，如发包人要求承包人进行整改的，由此产生的费用由发包人承担。

4. 提前交付单位工程的验收

（1）发包人需要在工程竣工前使用单位工程的，或承包人提出提前交付已经竣工的单位工程且经发包人同意的，可进行单位工程验收。

（2）验收合格后，由监理人向承包人出具经发包人签认的单位工程接收证书。已签发单位工程接收证书的单位工程由发包人负责照管。单位工程的验收成果和结论作为整体工程竣工验收申请报告的附件。

（3）发包人要求在工程竣工前交付单位工程，由此导致承包人费用增加和（或）工期延误的，由发包人承担由此增加的费用和（或）延误的工期，并支付承包人合理的利润。

5. 施工期运行

（1）施工期运行是指合同工程尚未全部竣工，其中某项或某几项单位工程或工程设备安装已竣工，根据专用合同条款约定，需要投入施工期运行的，经发包人按照"提前交付单位工程的验收"约定验收合格，证明能确保安全后，才能在施工期投入运行。

（2）在施工期运行中发现工程或工程设备损坏或存在缺陷的，由承包人按照"缺陷责任期"约定进行修复。

6. 竣工退场

（1）竣工退场。颁发工程接收证书后，承包人应按以下要求对施工现场进行清理：

1）施工现场内残留的垃圾已全部清除出场；

2）临时工程已拆除，场地已进行清理、平整或复原；

3）按合同约定应撤离的人员、承包人施工设备和剩余的材料，包括废弃的施工设备和材料，已按计划撤离施工现场；

4）施工现场周边及其附近道路、河道的施工堆积物，已全部清理；

5）施工现场其他场地清理工作已全部完成。

施工现场的竣工退场费用由承包人承担。承包人应在专用合同条款约定的期限内完成竣工退场，逾期未完成的，发包人有权出售或另行处理承包人遗留的物品，由此支出的费用由承包人承担，发包人出售承包人遗留物品所得款项在扣除必要费用后应返还承包人。

（2）地表还原。承包人应按发包人要求恢复临时占地及清理场地，承包人未按发包人的要求恢复临时占地，或者场地清理未达到合同约定要求的，发包人有权委托其他人恢复或清理，所发生的费用由承包人承担。

（六）缺陷责任与保修

1. 工程保修的原则

在工程移交发包人后，因承包人原因产生的质量缺陷，承包人应承担质量缺陷责任和保修义务。缺陷责任期届满，承包人仍应按合同约定的工程各部位保修年限承担保修义务。

2. 缺陷责任期

缺陷责任期自实际竣工日期起计算，合同当事人应在专用合同条款约定缺陷责任期的具体期限，但该期限最长不超过 24 个月。

（1）单位工程先于全部工程进行验收，经验收合格并交付使用的，该单位工程缺陷责任期自单位工程验收合格之日起算。因发包人原因导致工程无法按合同约定期限进行竣工验收的，缺陷责任期自承包人提交竣工验收申请报告之日起开始计算；发包人未经竣工验收擅自使用工程的，缺陷责任期自工程转移占有之日起开始计算。

（2）工程竣工验收合格后，因承包人原因导致的缺陷或损坏致使工程、单位工程或某项主要设备不能按原定目的使用的，则发包人有权要求承包人延长缺陷责任期，并应在原缺陷责任期届满前发出延长通知，但缺陷责任期最长不能超过 24 个月。

（3）任何一项缺陷或损坏修复后，经检查证明其影响了工程或工程设备的使用性能，承包人应重新进行合同约定的试验和试运行，试验和试运行的全部费用应由责任方承担。

（4）除专用合同条款另有约定外，承包人应于缺陷责任期届满后 7 天内向发包人发出缺陷责任期届满通知，发包人应在收到缺陷责任期满通知后 14 天内核实承包人是否履行缺陷修复义务，承包人未能履行缺陷修复义务的，发包人有权扣除相应金额的维修费用。发包人应在收到缺陷责任期届满通知后 14 天内，向承包人颁发缺陷责任期终止证书。

3. 质量保证金

（1）经合同当事人协商一致扣留质量保证金的，应在专用合同条款中予以明确。

（2）承包人提供质量保证金有三种方式：质量保证金保函；相应比例的工程款；双方约定的其他方式。除专用合同条款另有约定外，质量保证金原则上采用质量保证金保函的方式。

（3）质量保证金的扣留有三种方式：在支付工程进度款时逐次扣留；工程竣工结算时一次性扣留质量保证金；双方约定的其他扣留方式。除专用合同条款另有约定外，质量保证金的扣留原则上采用在支付工程进度款时逐次扣留的方式。

（4）发包人累计扣留的质量保证金不得超过结算合同价格的 5%，如承包人在发包人签发竣工付款证书后28天内提交质量保证金保函，发包人应同时退还扣留的作为质量保证金的工程价款。

（5）质量保证金的退还。发包人应按照"最终结清"的约定退还质量保证金。

4. 保修

（1）保修责任。工程保修期从工程竣工验收合格之日起算，具体分部分项工程的保修期由合同当事人在专用合同条款中约定，但不得低于法定最低保修年限。在工程保修期内，承包人应当根据有关法律规定以及合同约定承担保修责任。

发包人未经竣工验收擅自使用工程的，保修期自转移占有之日起算。

（2）修复费用。保修期内，修复的费用按照以下约定处理：

1）保修期内，因承包人原因造成工程的缺陷、损坏，承包人应负责修复，并承担修复的费用以及因工程的缺陷、损坏造成的人身伤害和财产损失；

2）保修期内，因发包人使用不当造成工程的缺陷、损坏，可以委托承包人修复，但发包人应承担修复的费用，并支付承包人合理的利润；

3）因其他原因造成工程的缺陷、损坏，可以委托承包人修复，发包人应承担修复的费用，并支付承包人合理的利润，因工程的缺陷、损坏造成的人身伤害和财产损失由责任方承担。

七、工程变更、索赔

（一）变更

1. 变更权

项目监理机构应依据建设工程监理合同约定进行施工合同管理，处理工程变更事宜。

发包人和监理人均可提出变更。变更指示均通过监理人发出，监理人发出变更指示前应征得发包人同意。承包人收到经发包人签认的变更指示后，方可实施变更。未经许可，承包人不得擅自对工程任何部分进行变更。

2. 变更的范围

除专用合同条款另有约定外，合同履行过程中发生以下情形的，应按照本条约进行变更：

（1）增加或减少合同中任何工作，或追加额外的工作；

（2）取消合同中任何工作，但转由他人实施的工作除外；

（3）改变合同中任何工作的质量或其他特性；

（4）改变工程的基线、标高、位置和尺寸；

（5）改变工程的时间安排或实施顺序。

3. 变更程序

（1）发包人提出变更的，应通过监理人向承包人发出变更指示，变更指示应说明计划变更的工程范围和变更的内容。

（2）监理人提出变更建议的，需要向发包人以书面形式提出变更计划，说明计划变更工程范围和变更的内容、理由，以及实施该变更对合同价格和工期的影响。发包人同意变更的，由监理人向承包人发出变更指示。发包人不同意变更的，监理人无权擅自发出变更指示。

（3）承包人收到监理人下达的变更指示后，认为不能执行，应立即提出不能执行该变更指示的理由。承包人认为可以执行变更的，应当书面说明实施该变更指示对合同价格和工期的影响，且合同当事人应当按照变更估价条款的约定确定变更估价。

4. 变更估价

（1）变更估价原则。除专用合同条款另有约定外，变更估价按照本款约定处理：

1）已标价工程量清单或预算书有相同项目的，按照相同项目单价认定；

2）已标价工程量清单或预算书中无相同项目，但有类似项目的，参照类似项目的单价认定；

3）变更导致实际完成的变更工程量与已标价工程量清单或预算书中列明的该项目工程量的变化幅度超过15%的，或已标价工程量清单或预算书中无相同项目及类似项目单价的，按照合理的成本与利润构成的原则，由合同当事人按照商定或确定条款确定变更工作的单价。

（2）变更估价程序。承包人应在收到变更指示后14天内，向监理人提交变更估价申请。监理人应在收到承包人提交的变更估价申请后7天内审查完毕并报送发包人，监理人对变更估价申请有异议，应通知承包人修改后重新提交。发包人应在承包人提交变更估价申请后14天内审批完毕。发包人逾期未完成审批或未提出异议的，视为认可承包人提交的变更估价申请。

因变更引起的价格调整应计入最近一期的进度款中支付。

5. 承包人的合理化建议

承包人提出合理化建议的，应向监理人提交合理化建议说明，说明建议的内容和理由，以及实施该建议对合同价格和工期的影响。

除专用合同条款另有约定外，监理人应在收到承包人提交的合理化建议后7天内审查完毕并报送发包人，发现其中存在技术上的缺陷，应通知承包人修改。发包人应在收到监理人报送的合理化建议后7天内审批完毕。合理化建议经发包人批准的，监理人应及时发出变更指示，由此引起的合同价格调整按照变更估价条款的约定执行。发包人不同意变更的，监理人应书面通知承包人。

合理化建议降低了合同价格或者提高了工程经济效益的，发包人可对承包人给予奖励，奖励的方法和金额在专用合同条款中约定。

6. 变更引起的工期调整

因变更引起工期变化的，合同当事人均可要求调整合同工期，由合同当事人按照商定或确定条款规定并参考工程所在地的工期定额标准，并确定增减工期天数。

（二）索赔

1. 承包人的索赔

根据合同约定，承包人认为有权得到追加付款和（或）延长工期的，应按以下程序向发包人提出索赔：

（1）承包人应在知道或应当知道索赔事件发生后 28 天内，向监理人递交索赔意向通知书，并说明发生索赔事件的事由；承包人未在前述 28 天内发出索赔意向通知书的，丧失要求追加付款和（或）延长工期的权利。

（2）承包人应在发出索赔意向通知书后 28 天内，向监理人正式递交索赔报告；索赔报告应详细说明索赔理由以及要求追加的付款金额和（或）延长的工期，并附必要的记录和证明材料。

（3）索赔事件具有持续影响的，承包人应按合理时间间隔继续递交延续索赔通知，说明持续影响的实际情况和记录，列出累计的追加付款金额和（或）工期延长天数。

（4）在索赔事件影响结束后 28 天内，承包人应向监理人递交最终索赔报告，说明最终要求索赔的追加付款金额和（或）延长的工期，并附必要的记录和证明材料。

2. 对承包人索赔的处理

（1）监理人应在收到索赔报告后 14 天内完成审查并报送发包人。监理人对索赔报告存在异议的，有权要求承包人提交全部原始记录副本。

（2）发包人应在监理人收到索赔报告或有关索赔的进一步证明材料后的 28 天内，由监理人向承包人出具经发包人签认的索赔处理结果。发包人逾期答复的，则视为认可承包人的索赔要求。

（3）承包人接受索赔处理结果的，索赔款项在当期进度款中进行支付；承包人不接受索赔处理结果的，按照"争议解决"约定处理。

3. 发包人的索赔

根据合同约定，发包人认为有权得到赔付金额和（或）延长缺陷责任期的，监理人应向承包人发出通知并附有详细的证明。

发包人应在知道或应当知道索赔事件发生后 28 天内通过监理人向承包人提出索

赔意向通知书，发包人未在前述 28 天内发出索赔意向通知书的，丧失要求赔付金额和（或）延长缺陷责任期的权利。发包人应在发出索赔意向通知书后 28 天内，通过监理人向承包人正式递交索赔报告。

4. 对发包人索赔的处理

（1）承包人收到发包人提交的索赔报告后，应及时审查索赔报告的内容、查验发包人的证明材料。

（2）承包人应在收到索赔报告或有关索赔的进一步证明材料后 28 天内，将索赔处理结果答复发包人。如果承包人未在上述期限内作出答复的，则视为对发包人索赔要求的认可。

（3）承包人接受索赔处理结果的，发包人可从应支付给承包人的合同价款中扣除赔付的金额或延长缺陷责任期；发包人不接受索赔处理结果的，按争议解决条款的约定处理。

5. 提出索赔的期限

（1）承包人按竣工结算审核条款的约定接收竣工付款证书后，应被视为已无权再提出在工程接收证书颁发前所发生的任何索赔。

（2）承包人按最终结清条款提交的最终结清申请单中，只限于提出工程接收证书颁发后发生的索赔。提出索赔的期限自接受最终结清证书时终止。

八、电力建设工程施工合同形式

电力建设工程行业管理部门应根据国家的法律、法规，标准、规范及施工合同示范文本的有关规定，结合电力建设工程特点及管理需要，制定电力建设工程施工合同示范文本。

目前，电力建设工程施工合同形式是按照发包人的要求，分别采用各电力公司或电网公司制定的施工合同示范文本（通常也是由合同协议书、通用合同条款、专用合同条款三个部分组成）。由于这类施工合同示范文本属于企业标准或规范，在应用过程中应注意是否与国家法律、法规，标准、规范及施工合同示范文本的强制性规定相符合；注意时效性的规定，工程建设实践中及时做好施工合同文件的补充修订工作。

思 考 题

1. 建设工程中经常采用的担保种类及主要内容是什么？

2. 何谓合同管理双轨制？不同投资渠道、不同承包形式如何选用施工合同范本？

3. 《监理合同范本》中监理人义务主要包括哪些内容？

4. 监理人的违约责任有哪些？

5. 《施工合同范本》中合同形式及各种合同价格的调整方法有哪些？

6. 《施工合同范本》中的监理人工作有哪些？

7. 从监理人的角度如何加强施工合同的索赔管理？

第八章　建设工程造价控制

第一节　工程造价及计价标准体系

一、工程造价

工程造价是指建设一项工程预期开支或实际开支的全部固定资产投资费用，也就是一项工程通过建设形成相应的固定资产、无形资产所需用一次性费用的总和。这一含义是从投资者——建设单位的角度来定义的。从这个意义上说，工程造价就是指工程价格，即为建成一项工程，预计或实际在土地市场、设备市场、技术劳务市场，以及承包市场等交易活动中所形成的建筑安装工程的价格和建设工程总价格。

二、工程计价标准体系

（一）国家颁布的《建筑安装费用项目组成》

为适应深化工程计价改革的需要，根据国家有关法律、法规及相关政策，住房和城乡建设部、财政部对《建筑安装工程费用项目组成》（建标［2003］206 号）进行了修订，于 2013 年 3 月 21 日发布"关于印发《建筑安装工程费用项目组成》的通知"（建标［2013］44 号），统一制订了《建筑安装工程费用参考计算方法》和《建筑安装工程计价程序》，自 2013 年 7 月 1 日起施行。

（二）电力建设工程的行业定额和费用计算规定

按照国家最新的有关法规和政策的要求，结合当前电力工程建设实践和管理特点，电力工程造价与定额管理总站对 2006 版电力建设工程定额和费用计算规定进行了局部调整和修订。2013 年 8 月 1 日，国家能源局以国能电力［2013］289 号文批准、颁布了《2013 版预规》，自 2014 年 1 月 1 日执行。

《2013 版预规》包括以下内容：

（1）《电网工程建设预算编制与计算规定》和《火力发电工程建设预算编制与

计算规定》。

（2）《电力建设工程概算定额—建筑工程（第一册）、热力设备安装工程（第二册）、电气设备安装工程（第三册）、调试工程（第四册）、通信工程（第五册）》。

（3）《电力建设工程预算定额—建筑工程（第一册）、热力设备安装工程（第二册）、电气设备安装工程（第三册）、输电线路工程（第四册）、调试工程（第五册）、通信工程（第六册）、加工配制品（第七册）》。

（三）国家颁布的《建设工程工程量清单计价规范》

自 2003 年国家标准《建设工程工程量清单计价规范》GB 50500—2003 实施以来，工程造价形成机制发生了根本变革。工程计价从"事后算总账"的概预算方式转变为"事前算细账"的工程量清单方式，为有效控制工程造价奠定了坚实基础。为加快我国建筑工程计价模式与国际接轨的步伐，规范建设工程施工发承包计价行为，统一建设工程工程量清单的编制和计价方法，住房和城乡建设部、质量监督检验检疫总局对《建设工程工程量清单计价规范》进行了第二次修订，于 2012 年 12 月 25 日发布了《建设工程工程量清单计价规范》GB 50500—2013 以及《房屋建筑与装饰工程工程量计算规范》GB 50854—2013 等九本工程量计算规范，自 2013 年 7 月 1 日起实施。

（四）电力建设工程工程量清单计价规范

为规范电力建设工程发承包双方的计价行为，进一步建立健全电力统一的建设工程计价规范的标准体系，参照《建设工程工程量清单计价规范》GB 50500—2013，结合电力工程建设特点，本着国家宏观调控、市场竞争形成价格的原则，编制了《电力建设工程工程量清单计价规范》（2013 版）。《电力建设工程工程量清单计价规范》（以下简称《电力工程量清单计价规范》）由《变电工程》《输电线路工程》和《火力发电工程》三个标准组成。

（1）《电力建设工程工程量清单计价规范　变电工程》DL/T 5341—2011，该规范适用于电压等级为 35～1000kV 变电站，±800kV 及以下换流站的新建、扩建工程发承包及其实施阶段的计价活动。

（2）《电力建设工程工程量清单计价规范　输电线路工程》DL/T 5205—2011，该规范适用于 35～1000kV 交流架空线路工程，±800kV 及以下直流架空线路工程和 35～500kV 电缆线路工程的新建、扩建工程发承包及其实施阶段的计价活动。

（3）《电力建设工程工程量清单计价规范　火力发电工程》DL/T 5369—2011，该规范适用于单机容量 50～1000MW 级的火力发电厂的新建、扩建工程发承包及其实施阶段的计价活动。其他容量或级别的核电常规岛、生物质能发电工程、垃圾发电工程、风力发电厂等工程可参照执行。

第二节　电力工程造价构成

一、电力工程建设预算的费用构成

《2013 版预规》包括电力工程建设预算的费用构成与计算、费用性质划分、建设预算项目划分、建设预算编制方法及建设预算的计价格式等主要内容。根据《2013 版预规》，电力工程造价的构成（建设预算的费用构成）如图 8 – 1 所示。

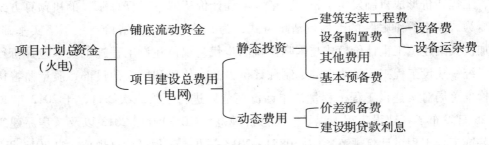

图 8 – 1　电力工程造价的构成（建设预算的费用构成）

项目计划总资金是指项目法人单位为了工程项目的建设和运营所需筹集的总资金，包括项目建设总费用和铺底流动资金。

项目建设总费用是指形成整个工程项目的各项费用总和，由静态投资和动态费用组成。

铺底流动资金是指建设项目投产初期所需，为保证项目建成后进行试运转和初期正常生产运行进行所必需的流动资金。

（一）静态投资

静态投资是指编制建设预算文件（投资估算、初步设计概算、施工图预算）时，以某一基准日历时点工程项目所在地的市场价格水平为依据计算出来的造价瞬时值。静态投资包括建筑安装工程费、设备购置费、其他费用、基本预备费。

1. 建筑安装工程费

建筑安装工程费包括建筑工程费和安装工程费。建筑工程费是指对构成建设项目的各类建筑物、构筑物等设施工程进行施工，使之达到设计要求及功能所需要的费用。安装工程费是指对建设项目中构成生产工艺系统的各种设备、管道、线缆及辅助装置进行的组合、装配和调试，使之达到设计要求的功能指标所需要的费用。

按照《2013 版预规》规定，建筑安装工程费的内容包括直接费、间接费、利润、税金。其中，直接费包括直接工程费、措施费；间接费包括规费、企业管理费、施工企业配合调试费。建筑安装工程费（火电工程、电网工程）如图8-2所示。

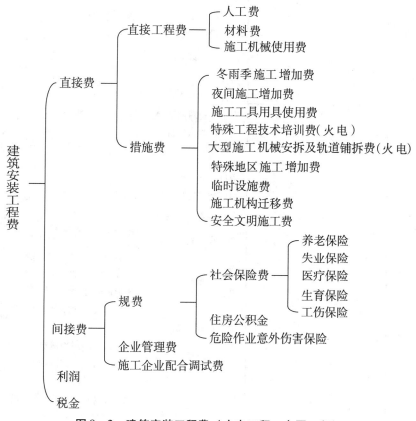

图8-2 建筑安装工程费（火电工程、电网工程）

2. 设备购置费

设备购置费是指为项目建设而购置或自制各种设备，并将设备运至施工现场指定位置所支出的费用，包括设备费和设备运杂费。设备费是按照设备供货价格购买设备所支出的费用（包括包装费）。自制设备按照以供货价格购买此设备计算。设备运杂费包括设备的上站费、下站费、运输费、运输保险费及仓储保管费。

3. 其他费用

其他费用是指为完成工程项目建设所必需的，但不属于建筑工程费、安装工程费、设备购置费的其他相关费用，包括建设场地征用及清理费、项目建设管理费、项目建设技术服务费、整套启动试运费、生产准备费、大件运输措施费。其他费用的构成（火电工程、电网工程）如图8-3所示。

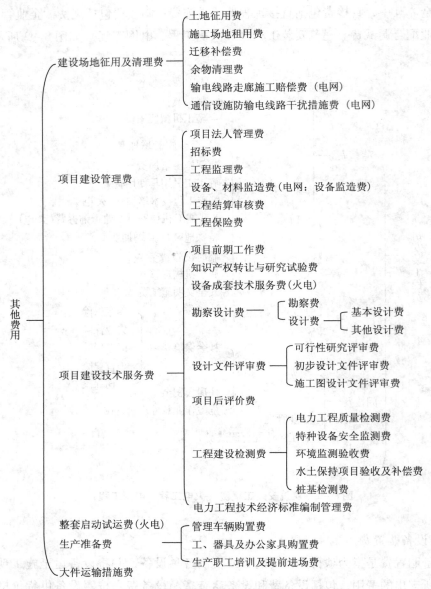

图 8-3 其他费用的构成（火电工程、电网工程）

4. 基本预备费

基本预备费是指因设计变更（含施工过程中工程量增减、设备改型、材料代用）增加的费用，一般自然灾害可能造成的损失和预防自然灾害所采取的临时措施费，以及其他不确定因素可能造成的损失而预留的工程建设资金。

（二）动态费用

动态费用是指对构成工程造价的各要素在建设预算编制基准期至竣工验收期间，因时间和市场价格变化而引起价格增长和资金成本增加所发生的费用，主要包括价差预备费和建设期间贷款利息。

1. 价差预备费

价差预备费是指建设工程项目在建设期间由于价格等变化引起工程造价变化的预测预留费用。

2. 建设期贷款利息

建设期贷款利息是指项目法人筹措债务资金时，在建设期内发生并按照规定允许在投产后计入固定资产原值的利息。

二、电力建设工程造价构成

电力建设工程的变电工程，输电线路工程，火力发电工程发、承包及其实施阶段的工程造价，是按照《电力工程量清单计价规范》的规定，由分部分项工程费、措施项目费、其他项目费、规费和税金组成，又称建筑安装工程费。电力工程建筑安装工程造价构成如图8-4所示。

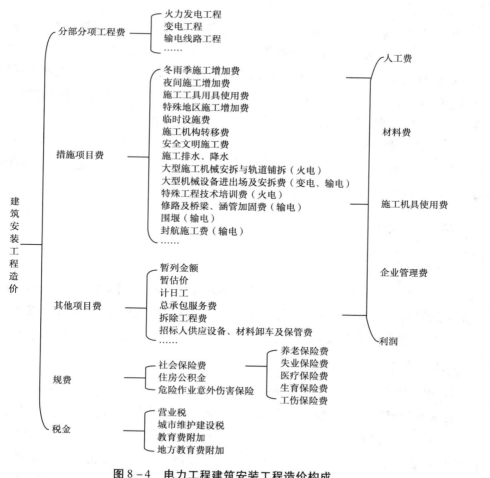

图 8-4 电力工程建筑安装工程造价构成

第三节　电力工程造价控制

一、工程造价控制

工程造价控制就是指在工程建设的设计、招标、施工、竣工各个阶段，合理地确定工程投资，有效地控制工程造价。把工程造价控制在批准的投资限额以内，随时纠正发生的偏差，以保证项目投资管理目标的实现，以求在工程建设中能合理地使用人力、物力和财力，取得较好的经济效益和社会效益。

工程造价的计价具有动态性和阶段性（多次性）的特点，因而决定了工程造价的控制贯穿于工程建设的全过程。工程建设项目从决策到竣工交付使用，是一个较长的建设周期，所以对工程建设的各个阶段需要进行多次计价，以保证工程造价的确定和控制的科学性。

电力工程建设是一个技术密集、资金密集的领域。加强工程造价管理，提高投资效益是电力建设者、工程管理者义不容辞的责任。要充分发挥工程咨询（监理）单位在控制工程造价方面的作用，根据建设项目的特点、管理需要及工程进展情况，分析、研究工程造价，实施科学的管理和有效的控制，把工程造价控制在科学、合理的范围之内，实现项目法人（建设单位）控制工程造价的目标。

在工程建设的各个阶段，工程咨询（监理）单位受项目法人（建设单位）的委托，根据国家有关法律、法规、工程计价依据以及合同的规定，完成工程造价的确定、管理、监督和控制等工作任务。

二、建设预算的编制管理

（一）建设预算

建设预算是指以具体的建设工程项目为对象，依据不同阶段设计，根据预规及相应的估算指标、概算定额、预算定额等计价依据，对工程各项费用的预测和计算。在《2013 版预规》中将投资估算、初步设计概算和施工图预算统称为建设预算。

（二）建设预算的编制管理

1. 建设预算编制前应明确的有关内容

建设预算是项目管理的重要内容，也是各阶段工程设计和实施文件的重要组成部分。在项目建议书、初步可行性研究、可行性研究、初步设计、施工图设计和工程实施阶段，应根据设计图纸和工程资料分别编制投资估算、初步设计概算和施工图预算。在建设预算编制前，应制定统一的编制原则和编制依据，明确建设预算的编制范围、工程量计算依据、定额（指标）和预规的选定、装置性材料价格选用、设备价格获取方式、编制基准期确定、编制基准期价差调整依据、编制基准期价格水平等内容，规范建设预算的编制工作，并为建设预算的审查及使用管理奠定基础。

2. 建设预算的内容组成

建设预算由编制说明、总预（概、估）算表、专业汇总预（概、估）算表、工程预（概、估）算表、其他费用预（概、估）算表、主要技术经济指标表以及相应的附表、附件组成。

电力工程建设总预（概、估）算编制内容及相互关系如图 8-5 所示。

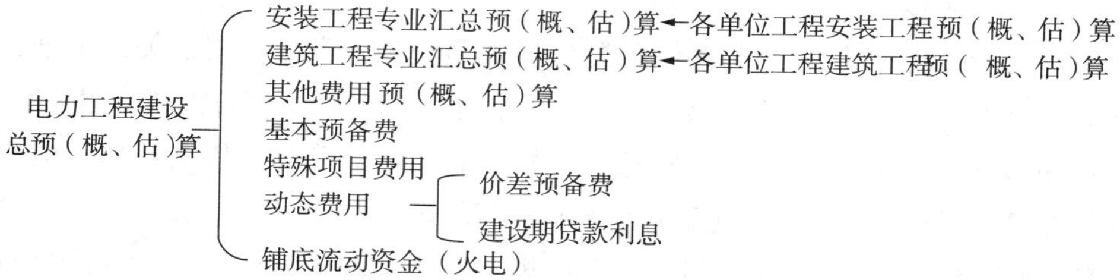

图 8-5　电力工程建设总预（概、估）算编制内容及相互关系

三、建设预算的审查管理

（一）投资估算的审查

1. 投资估算

投资估算是指以可行性研究文件、方案设计为依据，按照现行预规及估算指标或概算定额等计价依据，对拟建项目所需要总投资及其构成进行的预测和计算。经批准的投资估算是项目建议书和可行性阶段确定工程总投资的限额，没有特殊原因不得突破。

2. 投资估算的审查

投资估算的审查要点是：投资估算必须符合火力发电厂工程或电网工程可行性研究报告内容的深度规定，费用计算准确、合理，满足方案比选及控制初步设计概算的要求。应满足工程项目推荐方案和工程设想的主要工艺系统、主要技术方案的要求。可行性研究阶段的投资估算重点是方案比选，同时审查项目经济评价。经济评价的方法必须符合国家现行基本建设项目经济评价方法和财税制度的有关规定。应满足建设预算成品的内容要求。

（二）初步设计概算的审查

1. 初步设计概算

初步设计概算是指以初步设计文件为依据，按照现行预规及概算定额等计价依据，对建设项目总投资及其构成进行的预测和计算。根据设计要求进行的工程造价计算，是初步设计文件的组成部分。初步设计概算总投资应控制在已核准的可行性研究估算投资范围内。

2. 初步设计概算的审查

初步设计概算的审查要点是：初步设计概算的工程量计算准确，应与初步设计图纸、说明书及设备、材料清单保持一致；价格水平符合工程所在地投资编制基准期市场价格水平，取费规定应符合电力行业有关规定；满足选定的生产工艺系统和技术方案的要求；满足建设预算成品的内容要求。

（1）审查初步设计概算的编制依据。

1）合法性的审查。采用的各种编制依据必须经过国家或授权机关的批准，符合国家的编制规定，未经批准的不能使用，不得强调特殊理由擅自提高费用标准。

2）时效性的审查。对定额、指标、价格、取费标准等各种依据，都应根据国家有关部门的现行规定进行，注意有无调整和新的规定。

3）适用范围审查。各种编制依据都有规定的适用范围，特别是地区的材料预算价格区域性差别较大，在审查时应给予高度重视。

（2）审查初步设计概算的主要内容。审查初步设计概算的编制是否符合国家经济建设的方针、政策的要求，根据当地自然条件、施工条件和影响造价的各种因素，实事求是地确定总投资。

审查初步设计概算文件包括以下方面：

1）费用的内容是否完整，工程项目的确定是否满足设计要求，设计文件内的项目是否漏列，设计文件外项目是否列入。

2）建设规模、建筑结构、建筑标准、建筑面积、总投资是否符合设计文件的要求，各单位工程概算投资是否超过总概算。

3）非生产性建设工程是否符合规定要求，结构和材料的选择是否进行了技术经济比较，是否超标。

（3）审查经济效果。除初步设计概算审查外，还要审查建设周期、原材料来源、生产条件、产品销路、资金回收和盈利等效益指标。

（4）审查建筑安装工程费用。

1）采用的定额或指标的审查。审查定额或指标的使用范围、定额基价、指标的调整、定额或指标缺项的补充等。审查补充的定额或指标，其项目划分、内容组成、编制原则等须与现行定额相一致。

2）工程量审查。根据初步设计图纸、概算定额、工程量计算规则的要求进行审查。

3）材料预算价格的审查。以耗用量最大的主要材料为审查重点，同时着重审查材料原价、运输费用及节约材料运输费用的措施。

4）各项费用审查。审查各项费用所包含的具体内容是否有重复计算或遗漏，取费标准是否符合国家有关部门或地方规定的标准。

（5）审查设备费用。应重点审查设备清单。审查设备数量、品种、规模、性能、效率等是否与设计要求相一致，审查设备原价。设备运杂费率应按主管部门或省、自治区、直辖市规定的标准执行。若设备价格中已包括包装费和供销部门手续费时不应重复计算。对于引进单项设备，应根据合同分别审查计算国外段运杂费、保险费、关税及进口相关费用。按照国内设备价格审查计算国内段运杂费等费用。

（6）审查其他费用。主要审查各项费用开支是否符合规定标准的勤俭节约原则，各项技术经济指标是否经济合理。

初步设计概算审查完毕后，对于多估多列部分，予以核减；对于低估漏列部分，应实事求是地予以增列，以正确地确定建设项目的投资。

（三）施工图预算的审查

1. 施工图预算

施工图预算是指以施工图设计文件为依据，按照现行预规及预算定额等计价依据，对工程项目的工程造价进行的预测和计算。施工图预算是工程实施过程中的重要文件，是项目法人控制投资、拨付阶段性工程款和单项工程结算的重要依据。施工图预算应控制在已批准的初步设计概算投资范围内。

2. 施工图预算的审查

施工图预算审查的重点是工程量计算是否准确，定额套用、各项取费标准是否符合现行规定或单价计算是否合理等方面，同时还要对施工图预算的编制依据和限额设计的情况进行核查。

（1）审查工程量。审查工程量是否按照规定的工程量计算规则计算工程量，编制预算时是否考虑了施工方案对工程量的影响，定额中要求扣除项或合并项是否按规定执行，工程计量单位的设定是否与要求的计量单位一致。

（2）审查价格。审查价格是套用预算单价时，各分部分项工程的名称、规格、计量单位和所包括的工程内容是否与定额一致；有单价换算时，换算的分项工程是否符合定额规定及换算是否正确。安装工程装置性材料价格是否按照电力行业定额管理机构颁发的规定计算，是否按照合同价格、市场信息价格、编制期同类材料的合同价格计算材料价差。建筑工程材料价格是否按照定额规定的原则计算，是否按照电力行业定额管理机构颁发调整规定及项目所在地定额（造价）管理部门发布的材料价格信息计算材料价差。

（3）审查其他的有关费用。是否按本项目的性质计取费用，有无高套取费标准；各分部分项工程的名称、规格、计量单位和所包括的工程内容是否与定额一致；

有基价换算时，换算的基价是否符合要求，分项工程是否符合定额规定。间接费的计取基础是否符合规定；利润和税金的计取基础和费率是否符合规定，有无多算或重算。

四、招投标阶段的工程造价控制

在工程项目招投标阶段，具有工程招标代理资质的工程咨询（监理）单位受招标人的委托，可以提供招标代理服务业务，包括编制招标文件、审查投标人资格、组织投标人踏勘现场并答疑、组织开标、评标、定标，以及提供招标前期咨询、协调合同的签订。

依据《电力建设工程量清单计价规范　变电工程》DL/T 534—2011、《电力建设工程量清单计价规范　输电线路工程》DL/T 5205—2011、《电力建设工程量清单计价规范　输电线路工程火力发电工程》DL/T 5369—2011 的有关规定，电力建设工程招投标阶段工程造价控制的主要工作包括编制招标工程量清单、编制招标控制价、审查投标报价和合同价款的约定。

（一）招标工程量清单的编制

1. 招标工程量清单

招标工程量清单是指招标人依据国家标准、招标文件、设计文件以及施工现场实际情况编制的，随招标文件发布、供投标报价的工程量清单，包括对其的说明和表格。

2. 招标工程量清单编制的有关要求

在编制工程量清单的工作中，要注意工程量清单编制人及其资质、工程量清单的组成内容、编制依据和各组成内容等编制要求。

（1）招标工程量清单应由具有编制招标文件能力的招标人或受其委托，具有相应资质的电力工程造价咨询人或招标代理人编制。

（2）招标工程量清单必须作为招标文件的组成部分，其准确性和完整性由招标人负责。

（3）招标工程量清单是工程量清单计价的基础，应作为编制招标控制价、投标报价、计算或调整工程量、施工索赔等的依据之一。

（4）招标工程量清单应以单位（项）工程为单位编制，由分部分项工程量清单、措施项目清单、其他项目清单、规费、税金项目清单、投标人采购设备（材料）表、招标人采购材料表组成。

（5）招标工程量清单应依据本标准和相关工程的国家计量规范；国家或省级、电力行业建设主管部门颁发的计价依据和办法；工程设计文件及相关资料；与建设工程有关的标准、规范、技术资料；拟定的招标文件，招标期间的补充通知、答疑纪要等；施工现场情况、地勘水文资料、工程特点及常规施工方案；其他相关资料等进行编制。

（二）招标控制价的编制

1. 招标控制价

招标控制价是指招标人根据国家或电力行业建设主管部门颁发的有关计价依据和办法，按设计图纸计算的，对招标工程限定的最高工程限价。招标工程控制总价扣除招标人采购材料费后的工程造价为招标控制价。

2. 招标控制价的编制

在编制招标控制价的工作中，要注意招标控制价的编制、复核、投诉与处理等有关方面的规定。

（1）国有资金投资的变电工程、输电线路工程和火力发电工程招标，招标人必须编制招标控制价。

（2）招标控制价超过批准概算时，招标人应将其报原概算审批部门批准。

（3）投标人的投标报价高于招标控制价的，其投标应予拒绝。

（4）招标控制价应由具有编制能力的招标人或受其委托具有相应资质的电力工程造价咨询人编制和复核。

（5）招标控制价应按照《电力工程量清单计价规范》规定；国家或省级、行业建设主管部门颁发的计价定额和办法；工程设计文件及相关资料；拟定的招标文件及招标工程量清单；与建设工程相关的标准、规范、技术资料；施工现场情况、工程特点及常规施工方案；工程造价管理机构发布的工程造价信息，工程造价信息没有发布的，参照市场价；其他的相关资料等进行编制与复核，不应上调或下浮。

（6）招标人应在招标时公布招标控制价，同时将招标控制价及有关资料报送有该工程管辖权的电力行业工程造价管理机构备查。

（7）工程造价咨询人接受招标人委托编制招标控制价，不得再就同一工程接受投标人委托编制投标报价。

（8）电力工程造价管理机构对招标控制价的复查结论与原公布的招标控制价误差大于 ±5% 的，招标人应按有关规定予以改正或重新发布招标控制价。

（三）投标报价的审查

1. 投标报价

投标工程总价是指投标人投标时响应招标文件要求所报出的工程造价。由投标人按照招标文件的要求，根据工程特点，并结合自身的施工技术、装备和管理水平，依据有关计价规定自主确定的工程造价，是投标人希望达成工程承包交易的期望价格，它不能高于招标人设定的招标工程控制总价。投标工程总价扣除招标人采购材料费后的工程造价为投标报价。

2. 投标报价的审查

在审查投标报价时，应注意投标报价的编制主体、报价原则与方法等方面的规定和要求。

（1）投标价应由投标人或受其委托具有相应资质的电力工程造价咨询人编制。

（2）投标人应根据招标文件中计价要求，依据本标准的规定；国家或省级、行业建设主管部门颁发的计价依据和办法；企业定额；招标文件、招标工程量清单及其补充通知、答疑纪要等；工程设计文件及相关资料；施工现场情况、工程特点及投标时拟定的施工组织设计或施工方案；与建设工程相关的标准、规范、技术等资料；市场价格信息或工程造价管理机构发布的工程造价信息；其他的相关资料等，自主确定投标报价。

（3）投标报价不得低于工程成本。

（4）投标人必须按招标工程量清单填报价格。项目编码、项目名称、项目特征、计量单位、工程量和工程内容、单位、数量必须与招标工程量清单一致。

（5）投标人的投标报价高于招标控制价的应予废标。

（6）投标人可根据工程实际情况结合施工组织设计，对招标人所列的措施项目清单进行增补。

（7）招标工程量清单与计价表中列明的所有需要填写单价和合价的项目，投标人均应填写且只允许有一个报价。未填写单价和合价的项目，视为此项费用已包含在招标工程量清单中其他项目的单价和合价之中。

（8）投标报价应当与分部分项工程费、措施项目费、其他项目费和规费、税金的合计扣除招标人采购材料费之后的金额一致。投标人在投标报价时，不能进行投标总价优惠（或降价、让利），投标人对招标人的任何优惠（或降价、让利）均应反映在相应清单项目的综合单价中。

（四）合同价款约定

（1）工程合同价款的约定是建设工程合同的主要内容。根据有关法律条款的规定，工程合同价款的约定应对合同的签订时限、原则的有关规定，并根据工程具体情况选择签约合同的形式。

1）合同签订时限。实行招标的工程合同价款应在中标通知书发出之日起30天内，由发、承包双方依据招标文件和中标人的投标文件在书面合同中约定。合同约定不得违背招标、投标文件中关于工期、造价、质量等方面的实质性内容。招标文件与中标人投标文件不一致的地方，应以投标文件为准。

2）合同价格形式。实行工程量清单计价的工程，应采用单价合同。建设规模较小，技术难度较低，工期较短，且施工图设计已审查批准的建设工程可以采用总价合同；紧急抢险、救灾以及施工技术特别复杂的建设工程可以采用成本加酬金合同。

3）不实行招标的工程，其合同价款在发、承包双方认可的工程价款基础上，由发、承包双方在合同中约定。

（2）合同中涉及价款的事项较多，应尽可能详细、具体地约定有关事项，约定的用词应尽可能唯一，如有几种解释，最好对用词进行定义，尽量避免因理解上的歧义造成合同纠纷。在订立合同时，应在合同条款中对下列事项进行约定：

1）预付工程款的数额、支付时限及抵扣方式；

2）安全文明施工措施费的支付，使用要求等；

3）工程计量与交付进度款的方式、数额及时间；

4）工程价款的调整因素、方法、程序及支付及时间；

5）索赔与现场签证的程序、金额确认与支付及时间；

6）承担风险的内容、范围以及超出约定内容、范围的调整办法；

7）工程竣工价款结算编制与核对、支付及时间；

8）工程质量保证金的数额、预扣方式及时间；

9）违约责任以及发生工程价款争议的解决方法及时间；

10）与履行合同、支付价款有关的其他事项。

五、施工阶段的工程造价控制

依据《电力建设工程量清单计价规范　变电工程》DL/T 534—2011、《电力建设工程量清单计价规范　输电线路工程》DL/T 5205—2011、《电力建设工程量清单计价规范　输电线路工程火力发电工程》DL/T 5369—2011 的有关规定，电力建设工程施工阶段工程造价控制的主要工作包括工程计量、合同价款调整、合同价款中期支付、竣工结算与支付等工作。

（一）工程计量

1. 工程计量

工程计量是指发、承包双方根据合同约定，对承包人完成合同工程的数量进行的计算和确认。

2. 工程计量的有关规定

在工程计量工作中，应注意不同合同价格形式（单价合同、总价合同和成本加酬金合同）的工程计量的原则、方法、周期以及例外事项的有关规定。

（1）工程量必须按照本标准规定的工程量计算规则计算。

（2）工程计量可选择按月或按工程形象进度分段计量，具体计量周期在合同中约定。

（3）因承包人原因造成的超范围施工或返工的工程量，发包人不予计量。

以单价合同的计量为例：

（1）工程量必须以承包人完成合同工程应予计量的工程量确定。

（2）施工中工程计量时，若发现招标工程量清单中出现缺项、工程量偏差，或因工程变更引起工程量的增减，应按承包人在履行合同义务中完成的工程量计算。

（3）承包人应当按照合同约定的计量周期和时间，向发包人提交当期已完工程量报告。发包人应在收到报告后7天内核实，并将核实计量结果通知承包人。发包人未在约定时间内履行核实义务的应承担相应后果（默示认可）。

（4）发包人认为需要进行现场计量核实时，应在计量前24h通知承包人，承包人应为计量提供便利条件并派人参加。双方均同意核实结果时，则双方应在上述记录上签字确认。承包人收到通知后不派人参加计量，视为认可发包人的计量核实结果。发包人不按照约定时间通知承包人，致使承包人未能派人参加计量，计量核实结果无效。

（5）如承包人认为发包人的计量结果有误，应在收到计量结果通知后的7天内向发包人提出书面意见，并附上其认为正确的计量结果和详细的计算资料。发包人收到书面意见后，应对承包人的计量结果进行复核后通知承包人。承包人对复核计量结果仍有异议的，按照合同约定的争议解决办法处理。

（6）承包人完成招标工程量清单中每个项目的工程量后，发包人应要求承包人派人共同对每个项目的历次计量报表进行汇总，以核实最终结算工程量。发、承包双方应在汇总表上签字确认。

（二）合同价款调整

1. 合同价款调整

合同价款调整是指在合同价款调整因素出现后，发、承包双方根据合同约定，对合同价款进行变动的提出、计算和确认。

2. 合同价款调整的有关规定。

在合同价款调整工作中要注意合同价款的调整因素、调整程序以及支付原则等规定。

（1）发、承包双方应当按照合同约定调整合同价款的15个事项，大致包括五大类：

1）法规变化类：法律法规变化；

2）工程变更类：工程变更、项目特征描述不符、工程量清单缺项、工程量偏差、计日工；

3）物价变化类：物价变化、暂估价；

4）工程索赔类：不可抗力、提前竣工（赶工补偿）、误期补偿、施工索赔、暂

列金额;

5）其他类——现场签证、发、承包双方约定的其他调整事项。现场签证根据签证内容，有的可归于工程变更类，有的可归于索赔类，有的可能涉及合同价款调整。

（2）出现合同价款调减（增）事项后，发（承）包人应提交合同价款调减（增）报告并附上相关资料的时限（14天内）。未在规定时限内履行提交义务的应承担相应的后果（默示放弃）。

（3）收到合同价款调增（减）报告及相关资料后，发（承）包人核实时限（14天内）；如有疑问，提出协商意见的时限（14天内）；收到协商意见后核实时限（14天内）。未在规定时限内履行核实、确认义务的，应承担相应的后果（默示同意）。

（4）合同价款调整不能达成一致意见的，只要不实质影响发、承包双方履约的，应继续履行合同义务，直到其按照合同约定的争议解决方式得到处理。

（5）经发、承包双方确认调整的合同价款，作为追加（减）合同价款，与工程进度款或结算款同期支付。

例如：因工程变更引起招标工程量清单项目或其工程量发生变化，应按照下列规定调整：

（1）招标工程量清单中有适用于变更工程项目的，采用该项目的综合单价；但当工程变更导致该清单项目的工程量发生变化，且工程量偏差超过15%，调整的原则为：当工程量增加15%以上时，其增加部分的工程量的综合单价应予调低；当工程量减少15%以上时，减少后剩余部分的工程量的综合单价应予调高。

（2）招标工程量清单中没有适用但有类似于变更工程项目的，可在合理范围内参照类似项目的综合单价。

（3）招标工程量清单中没有适用也没有类似于变更工程项目的，由承包人根据变更工程资料、计量规则和计价办法、工程造价管理机构发布的信息价格和承包人报价浮动率提出变更工程项目的综合单价，报发包人确认后调整。

（4）招标工程量清单中没有适用也没有类似于变更工程项目，且工程造价管理机构发布的信息价格缺价的，由承包人根据变更工程资料、计量规则、计价办法和通过市场调查等取得有合法依据的市场价格，并提出变更工程项目的综合单价，报发包人确认后调整。

（三）合同价款中期支付

合同价款中期支付包括预付款、安全文明施工费和进度款的支付。

1. 预付款的支付规定

预付款是指在开工前，发包人按照合同约定，预先支付给承包人用于购买合同工程施工所需的材料、工程设备，以及组织施工机械和人员进场等的款项。在支付时，要注意预付款支付的用途，支付的时限、比例、条件、扣回，以及未按合同约定支付应承担的责任等有关规定。

（1）承包人应将预付款专用于合同工程。

（2）包工包料工程的预付款的支付比例不得低于签约合同价（扣除暂列金额）的10%，不宜高于签约合同价（扣除暂列金额）的30%。

（3）发包人应在收到支付申请的7天内进行核实，向承包人发出预付款支付证书，并在签发支付证书后的7天内向承包人支付预付款。

2. 安全文明施工费支付的有关规定

安全文明施工费是指在合同履行过程中，承包人按照国家法律、法规、标准等规定，为保证安全、文明施工，保护现场内外环境等所采取的措施而发生的费用。在支付时，应注意安全文明施工费支付的额度、时限、用途，以及未按规定支付应承担的责任等有关规定。

（1）安全文明施工费包括的内容和范围，应符合国家有关文件和本标准的规定。

（2）发包人应在工程开工后的28天内预付不低于当年施工进度计划的安全文明施工费总额的60%，其余部分按照提前安排的原则进行分解，并应与进度款同期支付。

3. 进度款支付的有关规定

进度款是指在合同工程施工过程中，发包人按照合同约定对付款周期内承包人完成的合同价款给予支付的款项。在支付时，应注意进度款支付比例、支付程序、支付方法、支付申请包括的内容，以及未按规定及时支付进度款的责任等有关规定。

（1）发、承包双方应按照合同约定的时间、程序和方法，根据工程计量结果，办理期中价款结算，支付进度款。

（2）进度款支付周期，应与合同约定的工程计量周期一致。

（3）进度款的支付比例按照合同约定，按期中结算价款总额计算，不低于60%，不高于90%。

（4）承包人应在每个计量周期到期后的7天内向发包人提交已完工程进度款支付申请。支付申请的内容包括：期初累计已完成的合同价款；期末累计已实际支付的合同价款；本周期合计完成的合同价款（已完成单价项目的金额、应支付的总价项目的金额、已完成的计日工价款、应支付的安全文明施工费、应增加的索赔、现场签证等金额）；本周期合计应扣减的金额（应扣回的预付款、应扣减的金额）；本周期实际应支付的合同价款。

（5）发包人应在收到承包人进度款支付申请后的14天内对申请内容予以核实，确认后出具进度款支付证书。在签发进度款支付证书后的14天内支付进度款。

（6）发现已签发的任何支付证书有错、漏或重复的数额，经发、承包双方复核同意修正的，应在本次到期的进度款中支付或扣除。

（四）竣工结算与支付

（1）竣工结算价。竣工结算价是指发、承包双方依据国家有关法律、法规和标准规定，按照合同约定确定的，包括在履行合同过程中按合同约定进行的合同价款调整，是承包人按合同约定完成了全部承包工作后，发包人应付给承包人的合同总金额。

（2）在确定竣工结算价的工作中，应注意编制与复核、竣工结算、结算价款支付、质量保证金、最终结清等方面的有关规定。

1）竣工结算的时限、主体、争议解决，以及竣工结算的备案制度。工程完工后，发、承包双方必须在合同约定时间内办理工程竣工结算。工程竣工结算由承包人或受其委托具有相应资质的电力工程造价咨询人编制，并应由发包人或受其委托具有相应资质的电力工程造价咨询人核对。有异议时，可向有该工程管辖权的工程造价管理机构投诉，申请对其进行执业质量鉴定。竣工结算办理完毕，发包人应将竣工结算文件报送有该工程管辖权的电力工程造价管理机构备案。

2）竣工结算的编制依据、原则和方法。工程竣工结算的编制和复核依据包括本标准，工程合同，发、承包双方实施过程中已确认的工程量及其结算的合同价款，已确认调整后追加（减）的合同价款，建设工程设计文件及相关资料，投标文件，其他依据等。

3）竣工结算办理的主体、时限、双方的责任和义务，以及例外事项的处理。合同工程完工后，由承包人编制竣工结算文件，并在提交竣工验收申请的同时向发包人提交。未在合同规定的时间内提交，经催告后 14 天内仍未提交或没有明确答复的，发包人有权编制竣工结算文件，并作为办理竣工结算和支付结算款的依据。

发包人应在收到承包人提交的竣工结算文件后的 28 天内核对。需要核实的，应在上述时限内提出核实意见。承包人在收到核实意见后的 28 天内完成补充资料、修改竣工结算文件并再次提交。发包人应在 28 天内予以复核，并将复核结果通知承包人。双方对复核结果无异议的，应在 7 天内在竣工结算文件上签字确认；发包人或承包人对复核结果认为有误的，无异议部分办理不完全竣工结算；有异议部分由发、承包双方协商解决，协商不成的，按照合同约定的争议解决方式处理。发（承）包人在竣工结算中未履行核对责任应承担相应的责任（默示同意）。

4）竣工结算价款支付的时限、程序，竣工结算支付申请的内容，以及未按规定支付结算价款应承担的责任。

承包人应根据办理的竣工结算文件，向发包人提交竣工结算款支付申请。竣工结算款支付申请的内容包括竣工结算合同价款总额，累计已实际支付的合同价款，应预留的质量保证金，实际应支付的竣工付款金额。发包人应在收到承包人提交竣工结算款支付申请后 7 天内予以核实，签发竣工结算支付证书。签发竣工结算支付证书后的 14 天内向承包人支付结算款。

5）质保金的用途及扣留与到期支付。发包人应按照合同约定的质量保证金比例从结算款中预留质量保证金。在合同约定的缺陷责任期终止后，发包人应将剩余的质量保证金返还给承包人。

6）最终结清。缺陷责任期终止后，承包人应按照合同约定向发包人提交最终结清支付申请，发包人应 14 天内予以核实，向承包人签发最终结清支付证书。在签发最终结清支付证书后的 14 天内向承包人支付最终结清款。最终结清时，承包人被预留的质量保证金不足以抵减发包人工程缺陷修复费用的，承包人应承担不足部分的补偿责任。承包人对发包人支付的最终结清款有异议的，按照合同约定的争议解决方式处理。

（五）合同解除的价款结算与支付

（1）合同解除是合同非常态的终止。为了限制合同的解除，法律规定了合同解除制度，分为协议解除和法定解除。鉴于建设工程施工合同的特性，法律不赋予发、承包人享有任意单方解除权，除了协议解除外，施工合同的解除有承包人违约的解除和发包人违约的解除两种。

（2）合同解除的借款结算与支付的有关规定。

1）发、承包双方协商一致解除合同的，按照达成的协议办理结算和支付合同价款。

2）由于不可抗力致使合同无法履行而解除合同的，发包人应向承包人支付合同解除之前已完成工程但尚未支付的合同价款。此外，发包人还应向已实施或部分实施的措施项目支付价款；承包人为合同工程订购且已交付的材料和设备货款；承包人为完成合同工程而预期开支的任何合理款项，且该项费用未包括在本款其他各项支付之内；本标准规定的应由发包人承担的费用；承包人撤离现场所需的合理费用。

（3）因承包人违约解除合同的，发包人应暂停向承包人支付任何价款。因发包人违约解除合同的，发包人除应按照本标准的规定向承包人支付各项价款外，还应按合同约定支付违约金以及给承包人造成损失或损害的索赔金额费用。

思 考 题

1. 简述建设工程造价的概念。
2. 简述电力建设工程造价的构成。

3. 简述建设工程造价控制的含义。

4. 招投标阶段工程造价控制的主要工作有哪些？

5. 施工阶段工程造价控制的主要工作有哪些？

6. 工程价款的调整有哪些规定？

7. 简述工程计量的依据、程序。结合现场实际，工程计量应注意哪些问题？

8. 工程价款的结算依据有哪些？

9. 进度款的支付有哪些规定及注意问题？

第九章 电力工程档案管理

随着电力工程创优活动的普遍开展，提高了电力建设工程质量控制和管理水平，同时也推动了电力工程档案管理水平的不断提高。

由于工程档案是工程质量的记录，是工程评优的重要依据，所以工程建设过程中，如何加强档案管理，已引起了参加各方的广泛重视。

总监理工程师作为监理单位的项目现场负责人，应有相当的档案意识，除了做好对工程造价、进度、质量进行控制履行安全的法宝监理职责之外，还应将工程档案管理纳入工程质量控制范畴，充分发挥监理作用，确保工程质量的"硬件"——实体质量和"软件"——档案质量的双优。

第一节 工程档案管理概述

建设工程项目是以工程建设为载体的项目，是作为被管理对象的一次性工程建设任务。它以建筑物或构筑物为目标产出物，需要支付一定的费用、按照一定的程序、在一定的时间内完成，并应符合质量要求。

而在工程建设过程中形成的工程档案，记录了工程建设的全过程，反映了工程管理和工程质量的全貌，是工程竣工验收和优质工程评定的重要依据，也是工程竣工后生产运行、设备维护、改（扩）建的重要凭证。因此，正确理解工程档案的概念，是做好档案管理的前提。

一、基本术语及概念

（一）工程档案

工程档案的概念是在 1988 年 3 月国家档案局与国家计划委员会联合颁发的《基本建设工程档案资料管理暂行规定》中提出的。《基本建设工程档案资料管理暂行规定》指出，"基本建设工程档案资料是指整个建设项目从酝酿、决策到建成投产（使用）的全过程中形成的、应当归档保存的文件，包括基本建设项目的提出、可行性研究、评估、决策、计划、勘测、设计、施工、调试、生产准备、竣工、试生产（使用）等工作活动中形成的文字材料、图纸、计算材料、声像材料等形式与载体的文件材料。"随着我国改革开发的深入，经济建设的发展，建设工程档案概念的含义得到了不断的丰富，并逐渐完善。2002 年国家档案局发布的行业标准《国家重大建设项目文件归档要求与档案整理规范》DA／T 28 —2002 将项目档案定义为"指经过鉴定、整理并归档的项目文件"。而项目文件是指"建设项目在立项、审批、招投标、勘测、设计、施工、监理及竣工验收全过程形成的文字、图表、声像等形式的全部文件。包括前期文件、项目竣工文件和竣工验收文件等"。

工程档案与资料是不同的概念，不能混为一谈，资料不属于归档范围。

（二）档案整理

档案整理是指按照一定原则对档案实体进行系统分类、组合、排列、编号和基本编目，使之有序化的过程。档案整理是档案管理基础工作之一，是档案工作者的一项日常工作。整理工作包含文件的分类、组卷（组合）、排列、文件编号和编目等工序，它是按照文件形成的规律，以企业档案分类方案为原则，将有内在联系的文件组合在一起，按照档案管理要求对文件逐一编制页号，并以案卷为单位编制卷内目录、案卷目录和备考表，使整理完毕的归档文件有序，便于管理和提供利用的一项工作。

（三）文件归档

工程文件归档是指工程竣工后，将在建设过程中形成并办理完毕且具有保存价值的文件，经系统整理后交档案室或档案馆保存的过程。文件归档是档案管理的一项重要工作内容，是档案管理的核心工作之一。工程文件归档是个过程，它包含文件的收集、归档界定、系统整理、移交、归档保存等工作环节。其中文件的收集是工程文件归档的基础，按照文件价值界定归档与否并划分保管期限是工程文件归档的核心，系统整理是工程文件归档不可缺少的工作内容，移交和保存是完成工程文件归档的必要程序。

上述三个概念是建设工程档案管理最基本的概念，它涵盖了建设工程档案管理的全部工作内容。首先，建设工程档案是以工程建设全过程中形成的各种类型与载体的文件材料为收集对象的；其次，应经过文件归档的价值鉴定，将具有保存价值的保存；最后，按文件形成规律和文件的有机联系经过系统整理，并按档案管理规定办理移交手续，交档案保存单位归档。

工程档案是由工程文件转化而来的，转化的关键首先是要进行价值鉴定。对于工程建设形成并已完成现时作用的项目文件材料：一是要看项目文件的现实价值；二是要看长远的利用价值。现实价值，就是要看归档的项目文件对本工程的项目建设、竣工验收、项目审计以及达标考核、工程创优等活动中是否具有凭证、依据及参考价值；长远价值，就是要看归档的项目文件对投产后的生产运行、设备维护以及电厂改（扩）建工程是否具有参考或凭证、依据价值。在进行价值鉴定时，应注意区分不同保管期限的归档文件，剔除那些没有保存价值的文件，如普发性文件、重份文件、事务性管理文件以及作参考的抄送文件等，防止"有文必档"。其次是要进行系统化的整理。所谓系统化整理，就是根据文件的内在联系按照一定的原则对档案实体进行分类、组合、排列、编号和编目，使归档文件之间有一定的逻辑联系。对于未经过系统整理的项目文件，是一种堆积无序的状态，既不便于保管，又不利于利用；对于缺乏逻辑联系的文件个体，不能反映项目建设的各项活动，文件的价值也不到充分体现。因此，只有当项目文件按一定原则经过系统整理，文件价值才能得到充分的体现。所以说，项目文件转化为工程档案的关键是价值鉴定，而系统整理是必要条件，归档是完成文件转化为档案的途径。

二、工程档案管理的特点

工程档案管理具有成套性、原始性、专业性、多样性、动态性的特点，特别对于电力工程，它投资大、建设周期长、专业要求高，整个工程形成的档案种类多、数量大、特点突出，因此，电力工程档案管理更是一项系统工程。

（一）成套性

工程档案的成套性就是指电力工程在立项、审批、招投标、勘测、设计、施工、监理及竣工验收全过程形成的文字、图表、声像等形式的全部档案，它是一个完整的成套体系。工程档案是随着建设形成的，如果孤立地从文件产生的阶段、专业看，文件之间是有区别的，但从整个建设项目范畴看，各阶段、各专业形成的文件是有关联的，环环相扣构成了一个有密切联系的有机整体，无论是缺少哪一部分，都不能全面地反映项目建设的全貌。

成套性在建设项目活动中，可分为总体的成套性、工作程序的成套性、立档单位的成套性和单位工程的成套性。它们之间由不同阶段、不同专业组成，联系密切，是建设项目整体不可缺少的组成部分，只有完整、齐全、成套的工程档案，才能全面地反映建设项目活动的全貌，这是工程档案最突出的特点。

（二）原始性

工程档案是工程建设的伴生物，是工程在建设与管理等活动中形成的第一手材料，具有原始形成的自然性和历史记录的真实性，以及信息资源的不可再生性的特点。如果在形成过程中不注意收集与积累，有些文件将不能复制（如隐蔽工程、调试、实测检验记录等）。即使事后做了补救，其真实性、可靠性将会大打折扣，不能真实地反映原始状态的情况，将会造成不可避免的损失，这是档案工作的一大忌讳。同时，工程档案原始性的特征，也是档案与情报、资料、图书在本质上的区别之一。

（三）专业性

工程项目是以一个总体设计进行施工的独立整体，由许多个单项工程组成，文件材料涉及不同专业、领域以及不同文件载体，记录了不同专业技术、管理活动，内容涵盖整个项目建设的全过程。其专业性特征突出表现在：其一，工程档案是围绕着一个总体设计的主体工程所产生的，每一个主体工程都反映了建设项目所在的行业特点，如电力工程、煤炭工程、石化工程等；其二，每个建设项目是由相关专业的单位工程汇集串联成一个整体的，如火电建设项目有机、电、炉、土建等专业，这些专业形成的档案也反映了专业的特点；其三，项目建设中形成的每份文件材料都带有行业的烙印和专业特性，这是专业性所赋予工程档案的鲜明特点。

（四）多样性

从建设工程档案的内容上来看，一个建设项目的各阶段（如立项、设计、施工、调试、竣工、试生产等）和所涉及的各领域、各专业（如火电项目机、电、炉三大专业以及土建、热控、化水、通信等）所产生的文件体现内容是不同的；从建设工程档案的形成主体上看，由于参建单位（如建设、设计、施工、调试、监理、生产等单位）的多元化，造成了档案形成主体的多元化；从建设工程档案的记载信息的载体上看，建设工程档案有纸质、照片、录音录像、光盘软盘等各种载体，载体形式具有多样化的特点。这些档案无论是在内容形成主体，还是在载体形式，都集中体现了工程档案的多样性，它们属于建设工程档案总体的一部分。

（五）动态性

建设工程从提出到设计、施工、竣工、验收一直处于活动的状态。由于工程档案管理的复杂多变，因此加大了工程档案工作的难度。以工程图纸管理为例，从初步设计阶段设计方案的提出，到设计阶段施工图的出版，施工阶段的设计变更并实施，竣工阶段的竣工图编制，直至最终通过验收归档，才相对的稳定下来。另外，动态管理还有一个特殊的表现，就是档案被反复利用，不断地形成。以设备档案为例，现场设备开箱文件在设备开箱后即由档案室登记归档，可是在安装、调试过程中，又借出利用并形成大量的安装记录、调试、验收等归档文件。这种经过反复利用、反复形成的过程是工程档案动态性的又一特点。以上两个事例，充分体现了工程档案的动态管理的特性。

三、工程档案工作的性质与原则

工程档案工作既具有专业性，又具有服务性，是项目管理不可缺少的一个工作环节。工程建设（法人）单位应充分发挥管理的主导地位，根据《档案法》规定的统一领导、分级管理原则，以及国家、行业有关工程档案工作规定，工程建设（法人）单位应建立相应的档案工作体制，制定相应的档案工作制度，采取促进档案工作开展的相应措施，通过档案管理网络对参建单位的档案管理进行监督、检查和指导，把工程档案管理"事先介入、事中控制、事后严把验收关"的要求落到实处，使建设工程档案工作与项目建设同步进行，确保工程档案的完整、准确、有效。

（一）工程档案工作的性质

工程档案工作是一项以项目管理为中心的专业性和服务性的工作，它既有项目管理的技术基础工作的特点，又有自己独立的工作对象、特定的工作内容和专门的工作方法，是工程建设各项管理中不可缺少的一个重要环节。

工程档案工作是一项专业性的工作。第一，它必须有技术的专业性做支撑。作为项目管理的技术基础工作，档案人员必须懂得并熟知行业专业技术知识，具有技术工作的专业性。由于项目建设涉及面广，专业性强，往来的技术文件，如图纸、施工文件等，都需要由档案管理部门登记、传递、发放、印制与保管，需要大量的专业技术知识做支撑，才能为工程建设提供文件资料保障。第二，档案学本身就是一项专门的学科。它有自己独立的对象、特定的工作内容和专门的工作方法，这就是工程档案管理的专业性。第三，现代的档案从业者必须具备现代化管理技能。信息化时代，专业性要求档案人员能熟练利用管理软件和网络进行档案管理，提高工作质量和效率。这三方面的专业性决定了工程档案工作是一项专业性的工作。

工程档案工作是一项服务性的工作。由于工程档案工作是以项目管理为中心的一项工作，如图纸的发放、施工技术文件的传递、项目文件的收集、整理、归档和管理等，都是围绕着工程进度、项目管理程序、施工管理要求、工程竣工验收等而展开，充分体现工程档案工作的服务性本质。工程档案工作的服务性是由工程档案工作的本质所决定的。工程档案工作的服务性是以提供文件资料和工程档案服务为保障，以满足项目建设需求为目的。

工程档案工作的专业性和服务性，是一对不可分割的有机体，两者之间体现出相辅相成的关系。由于建设工程档案工作面广，涉及参建单位多，档案人员不但肩负着项目文件的收集、保管和提供利用，还要传递设计单位、监理单位、施工单位、设备厂家的技术文件，以及协调各单位的文件资料管理工作，为整个工程项目管理提供文件资料服务，是项目建设连接各单位的纽带，在工程进度管理、质量管理、物资管理等项目管理中扮演着重要的角色。因此，档案人员既要有专业技术知识，又要有档案专业技能，才能为项目建设提供更好地服务，这也是由其工作性质所决定的。

（二）工程档案工作的原则

1988 年国家档案局与国家计委联合下发了《基本建设工程档案资料管理暂行规定》，该规定明确了建设工程档案工作的原则。《基本建设工程档案资料管理暂行规定》要求各工程建设单位应"按照《档案法》的规定，实行建设工程档案工作统一领导、分级管理的原则，要确保工程档案的完整、准确、系统以及安全保管和有效利用，并保证建设工程档案能够满足竣工后的生产、运行、维护、改（扩）建的需要。"这个规定明确了我国工程档案工作的组织体系、管理模式、工作内容及目的、作用，对建设工程档案工作具有重要的指导意义。

2006年，国家档案局和国家发改委联合下发了《重大建设工程档案验收办法》，将这一原则落实到工程档案验收。《重大建设工程档案验收办法》在强调工程档案工作原则的同时，通过验收检查来强化这一原则的作用，从管理体制上要求工程档案工作与项目建设同步管理，保证工程档案的完整、准确、系统以及安全保管和有效利用，推动我国建设工程档案管理健康发展。

四、工程档案管理的总体要求

1987年9月5日，第六届全国人民代表大会常务委员会第二十二次会议审议通过并颁布了《中华人民共和国档案法》（简称《档案法》），它表明我国档案工作从此结束了无法可依的历史，也标志着我国档案事业发展开始步入依法治档、可持续发展的新阶段。《档案法》对国家档案管理的范围和档案工作的基本原则、档案管理的内容和任务、档案机构及其职责、档案的利用和公布办法、社会组织和公民在档案方面的权利和义务以及法律责任等有关档案和档案工作的关键问题作出了明确规定。因此，档案工作者必须根据国家档案法规规定的原则和精神，学会运用档案法规、标准和规范来处理档案事务，规范管理。

《档案法》是档案工作的根本大法，是规范我国档案工作的法律依据。1999年国务院办公厅依据《档案法》，在《国务院办公厅关于加强基础设施工程质量管理的通知》第二十四条中提出，项目从筹划到工程竣工验收各环节的文件资料，都要严格按照规定收集、整理、归档。工程档案管理单位和档案管理人员要严格履行职责，按《档案法》的有关规定，建立健全工程档案工作，将工程档案工作领导责任制纳入工程质量领导人责任制；将工程档案管理纳入项目法人制、招投标制、工程监理制和合同管理制；将工程档案工作纳入项目管理和工作程序。工程档案工作"四纳入"制度的确立，充分体现了《档案法》的法制精神，从更深层次上加强了工程档案管理，促使建设工程档案工作走上良性发展的轨道。

（一）纳入项目法人制

项目法人制，是加强工程档案管理法制化的重要措施，是实施工程档案工作制度化管理的组织保障。项目建设（法人）单位是项目建设的主体，在项目管理中应发挥龙头作用，档案工作也是如此，应按照《档案法》及建立项目法人制要求，建立档案工作领导责任制和岗位责任制，并将档案工作领导责任制贯穿项目建设全过程，形成以项目建设单位为管理核心，以纳入合同为管理依据，以监理控制为手段，在各参建单位全方位的参与下，对档案实施事前介入、事中控制、事后严把验收关的全程控制管理。

2006 年，国家档案局和国家发改委联合下发《重大建设工程档案验收办法》，把工程档案项目法人制列为第一条。在已经发布实施的火电、风电建设项目档案规范和正在报批的水电、电网建设项目档案规范，都把它作为一项重要内容列入总则，以保证工程档案法人制的贯彻执行。

（二）纳入合同管理制

合同是约束参建各方的法律文件，将档案管理纳入合同管理，是市场经济环境下规范工程档案管理的行之有效的做法。项目建设（法人）单位在与设计、施工、监理等单位签订合同时，应按《中华人民共和国合同法》及其他法规文件的规定，分别设立有关档案的专门条款，明确提交竣工档案的内容、套数、时间、因修改增加新图的责任、质量要求、审核责任和违约责任等，充分发挥合同的法律约束作用，保证工程档案的完整、准确、系统。

《中华人民共和国合同法》第 16 章"建设工程合同"中的第 274 条、第 275 条规定，签订勘查、设计合同和施工合同时应对建设项目文件的交付、质量和验收，在合同内容里作出明确规定。住房和城乡建设部、国家工商局发布的《关于印发建设工程施工合同（示范文本）的通知》第 2 部分"通用条款"的第 9 部分 32 条规定，工程完工后，承包人必须提供完整的竣工资料和竣工图，并应在专用条款内约定提交日期和份数，作出明确规定。档案行业标准和电力行业（火电、水电、网）建设项目档案系列标准也都依据法律作出了相应的规定。

项目建设（法人）单位与设计、施工、监理等单位签订的合同一般分为主合同、合同附件、补充合同（协议）等几部分。关于项目文件归档及档案移交等有关内容，一般在主合同中只做一些原则的约定，具体的、详细的内容多数是在合同附件或合同补充（协议）中以专门条款明确约定，或根据国家、行业有关规定，也可以单独签订档案合同。

（三）纳入工程监理制

所谓建设工程监理，是指工程监理单位受建设单位委托，根据法律、法规、工程建设标准、勘察设计文件及合同，在施工阶段对建设工程质量、造价、进度进行控制，对合同、信息进行管理，对工程相关方的关系进行协调，并履行建设工程安全生产管理法定职责的服务活动。即监理单位受建设单位的委托对工程建设参建单位的行为进行有效的监控、督导和评价，以及采取相应的管理措施，保证建设行为的合法性、合理性和经济性。

将档案工作纳入工程监理制，主要体现在监理单位将档案管理纳入工程质量控制范围，使工程文件的形成质量和竣工档案的案卷质量得到有效的保障。《建设工程监理规范》GB/T 50319—2013 5.2.18 规定，"项目监理机构应审查施工单位提交的单位工程验收报审表及竣工资料，组织工程竣工预验收。"同时，档案行业标准和电力行业（火电、水电、网）建设项目档案系列标准对监理审查竣工档案的要求做了更为具体的规定：监理单位应对设计院编制的竣工图进行审核、签字认可责任，对施工单位收集、编制、整理后的项目竣工文件的完整、准确情况和案卷质量进行审查。因此，监理单位应根据这些规定以及项目建设（法人）单位要求，在合同规定范围内，配合业主制订竣工文件归档、整理、编目办法，并对工程建设项目文件的形成、竣工文件的编制、竣工档案的移交审核，充分发挥监管的控制作用，保证工程档案的完整、准确、系统、有效。

（四）纳入项目管理程序

将工程档案工作纳入项目管理程序，是档案工作与项目建设同步的保障。将项目文件的归档要求贯穿于立项、设计、施工、监理、验收等各环节，能从源头保证工程档案完整、准确、有效。档案部门作为项目管理的一个职能部门，按项目管理程序介入项目管理的各个环节，如参与开工交底、阶段性检查、交工验收等节点控制检查，能实时掌握项目文件形成、收集、积累情况，对检查发现的问题，及时提出整改要求，采取措施加强控制。同时统一文件编制标准，提出规范整理要求，可以避免工作被动和归档滞后的现象。工程档案工作纳入项目管理程序的具体措施，就是要将工程档案工作的"三纳入""四同步""四参加"制度落到实处，融入到项目管理程序中，才能真正实现档案与建设同步管理。

第二节　监理档案工作职责及基本要求

监理单位作为工程建设的质量、进度、造价控制和履行安全生产管理职责的单位，应该了解监理档案工作职责及基本要求，以达到档案管理的目标。

一、监理档案工作职责

监理档案工作职责，一般是指对在工程建设中监理活动形成的监理文件的收集、整理、移交与归档。但是，随着建设工程监理管理机制的日臻完善，工程档案作为监理工程质量控制的一项工作内容，已渗透到监理的每项工作。监理对归档文件和竣工档案质量审查的职责，在国家标准、行业标准中进一步得到明确，使得监理档案工作职责得到了逐渐的完善。

（一）监理档案工作职责的有关规定

国家及电力行业对监理档案工作职责的有关规定汇总见表 9-1。

表9−1　国家及电力行业对监理档案工作职责的有关规定汇总

标准名称及标准号	主编单位及发布机构	条款内容
《建设工程监理规范》GB/T 50319—2013	中国建设监理协会主编，中华人民共和国住房和城乡建设部、国家质量监督检验检疫总局批准发布	3.2 监理人员职责 3.2.3 专业监理工程师应履行下列职责： 11 收集、汇总、参与整理监理文件资料
		5.2 工程质量控制 5.2.18 项目监理机构应审查施工单位提交的单位工程竣工验收报审表及竣工资料，组织工程竣工预验收
《建设工程文件归档整理规范》GB/T 50328—2001	中华人民共和国建设部、国家质量监督检验检疫总局发布	3.0.1 建设、勘察、设计、施工、监理等单位应将工程文件的形成和积累纳入工程建设管理的各个环节和有关人员的职责范围
		4.2.8 所有竣工图均应加盖竣工图章。 竣工图章的基本内容应包括"竣工图"字样、施工单位、编制人、审核人、技术负责人、编制日期、监理单位、现场监理、总监
		6.0.3 勘察、设计、施工单位在收齐工程文件并整理立卷后，建设单位、监理单位应根据城建档案管理机构的要求对档案文件的完整、准确、系统情况和案卷质量进行审查。审查合格后向建设单位移交
《电力工程监理规范》DL/T 5434—2009	中国电力建设企业协会主编，国家能源局批准发布	5.2 监理人员的职责 5.2.4 专业监理工程师应履行以下职责： 8 负责本专业监理文件的收集、汇总及整理，参与编写监理月报
		16.4.4 项目监理机构应审核施工单位和设计单位编制的竣工文件及竣工图的完整性和准确性
《国家重大建设项目文件归档要求与档案整理规范》DA/T 28—2002	国家档案局编制并发布	5.2 项目建设各阶段文件的收集及其责任 5.2.2 项目施工阶段 建设单位委托的项目监理单位负责监督、检查项目建设中文件收集、积累和完整、准确、系统情况，审核、签署竣工文件，并向建设单位提交有关专项报告、验证材料及其他监理文件
		6.1 项目竣工编制要求 6.1.2 竣工文件由施工单位负责编制，监理单位负责审核。主要内容有施工综合管理文件、测量文件、原始记录及质量评定文件、材料（构）配件）质量保证书及复试文件、测试（调试）及随工检查记录、建筑及安装工程总量表、工程说明、竣工图、重要工程质量事故报告等
		6.2 竣工图编制要求 6.2.1 如行业主管部门规定设计单位编制或施工单位委托设计单位编制竣工图的，应明确规定施工单位和监理单位的审核和签字认可责任
		6.8 合同要求 6.8.4 监理合同中应明确监理单位对竣工文件审核和向建设单位提交监理档案的责任
		7.9 项目文件的归档审查 施工单位在项目竣工文件收集、编制和整理后，应依次由竣工文件的编制方、质监部门、监理部门对文件的完整、准确情况和案卷质量进行审查或三方会审；经建设单位确认并办理交接手续后连同审查记录全部交建设单位档案管理机构

标准名称及标准号	主编单位及发布机构	条款内容
《火电建设项目文件收集及档案整理规范》DL/T 241—2012	中国电力建设企业协会主编，国家能源局批准发布	5.4 监理单位 5.4.1 应按 DL/T 5434—2009 规定，将设计、施工、调试单位形成文件质量和案卷质量纳入工程质量监控范围，对参建单位整理和移交的竣工档案质量情况负责审查，并签署审查意见。 5.4.2 应按本规范规定和合同约定，对项目监理活动中形成的文件进行收集、整理向建设单位移交。 5.4.3 设备监造单位应按合同约定，收集、整理在设备监造活动中形成的文件，在设备投运后，向建设单位移交。 5.4.4 在项目建设活动中形成的监理文件，应按国家、行业有关规定收集、整理，经项目总监理工程师审核后移交本单位档案部门归档
《水电建设项目文件收集与档案整理规范》（报批稿）	中国电力建设企业协会主编，国家能源局批准发布	5.4 监理（设备监造）单位 5.4.1 应对项目监理活动中形成的文件进行收集、整理，并向建设单位移交。 5.4.2 应对有关单位形成的文件进行审核，并按要求签署意见
《电网建设项目文件归档与档案整理规范》（报批稿）	中国电力建设企业协会主编，国家能源局批准发布	5.4 监理单位 5.4.1 应按合同约定将设计、施工、调试、设备制造厂家等单位形成的项目文件、案卷质量纳入工程质量管控范围。 5.4.2 应对参建单位整理和移交的项目文件质量情况进行审查，并签署审查意见。 5.4.3 应收集、整理在监理活动中形成的文件，向建设单位移交
《风力发电企业科技文件归档与整理规范》BN/T 31021—2012	中国电力投资集团公司主编，国家能源局批准发布	5.3.4 风力发电场项目形成的文件应在项目完工后三个月内，由建设单位或总承包单位或工程管理单位汇总、整理完毕，经监理单位审查合格后移交档案部门归档
		5.5.5 风力发电场建设以及技术改造项目形成的竣工图，应按 DA/T 28—2002 规定加盖并签署竣工图章
		8.2.4 风电项目建设档案应经编制单位自检，监理单位审查，建设单位验收合格后，由移交单位编制并填写《风电项目档案交接签证》和案卷移交目录，与档案部门办理交接手续

综合上述，监理档案工作职责主要体现在两方面：一是对监理自身档案的工作职责，即现场监理机构在工程竣工后，按合同约定将监理活动中形成的设计监理文件、施工（调试）监理文件、设备监造文件进行收集、整理后，向建设（法人）单位和本单位移交并归档；二是对监理对象档案的工作职责，确切的说是监理的审查职责，即对施工单位形成的文件质量和提交的竣工档案质量进行审查的职责。

（二）监理档案工作的主要内容

监理档案工作的主要内容包括自身档案工作内容和监理对象档案审查的工作内容。

自身档案工作由工程建设监理文件收集、整理和档案移交、归档构成，主要工作内容包括：①负责建立、完善监理文件管理制度；②采用信息技术对监理文件进行日常管理（文件的流转、登记等）；③及时收集工程监理活动中形成的所有监理文件；④按档案整理规范进行系统整理；⑤按档案移交程序向建设（法人）单位移交和向本单位档案部门移交、归档。

监理对象档案的审查工作由工程监理文件和档案质量审查构成，主要工作内容包括：①在建设期间，按监理质量控制要求对施工单位形成项目文件内容的准确性和符合规范性的质量审查；②在竣工阶段，对施工单位提交的竣工档案（包括竣工图）的齐全、完整、准确、规范性的质量审查，并在移交签证上填写审查意见。

二、监理档案工作的基本要求

监理档案工作作为监理质量管理的组成部分，随着工程质量活动的深入开展，其工作的重要性日益显现。下面从几方面阐述监理档案工作的基本要求，使监理人员能了解和掌握基本要求，更好地履行监理档案工作职责。

（一）熟知并掌握工程档案工作常用的法规与标准

对于监理人员来说，熟知并掌握国家、行业关于工程档案工作常用的法规与标准，是做好监理档案工作的最基本要求。近几年电力建设新建、扩建项目发展迅速，工程监理业务范围和人员队伍都在不断扩大，档案管理成为监理质量管理的短板效应也日益突出。因为对国家、行业工程档案管理法规和标准的不甚了解，同时缺乏工程档案管理的知识与工作经验，很难在工程档案工作中发挥监理质量管控的作用。因此，开展有效的培训，让监理人员熟知和掌握工程档案工作的有关法规和标准，是提高监理单位履行档案管理职责的最好途径。

工程档案管理涉及的常用法规与标准文件如下：

《建设工程监理规范》GB/T 50319—2013；

《科学技术档案案卷构成的一般要求》GB/T 11822—2009；

《建设工程文件归档整理规范》GB/T 50328—2000；

《照片档案管理规范》GB/T 11821—2002；

《电子文件归档与管理规范》GB/T 18894—2002；

《技术制图复制图的折叠方法》GB/T 10609.3—2009；

《国家重大建设项目文件归档要求与档案整理规范》DA/T 28—2002；

《火电建设项目文件收集与档案整理规范》DL/T 241—2012；

《水电建设项目文件收集与档案整理规范》（报批稿）；

《电网建设项目文件归档与档案整理规范》（报批稿）；

《风力发电企业科技文件归档与整理规范》BN/T 31021—2012；

《电力工程竣工图文件编制规定》DL/T 5229—2000；

《电力建设工程监理规范》DL/T 5434—2009；

《重大建设项目档案验收办法》（档发［2006］2号）。

（二）在监理规划及实施细则中纳入档案管理内容并建立工作制度

监理规划作为工程监理的工作大纲，是现场开展各项监理活动的工作指南，也是制定监理实施细则和各项监理制度的基础。将制定工程文件管理、档案管理实施细则列入监理规划内容，建立与之相适应的文件质量控制和档案审查制度，是做好监理档案工作和确保文件档案质量控制的保障。因此将档案管理纳入监理质量控制范围，应从监理规划着手。

其次，完善、健全监理档案工作制度，为监理工程师履行档案职责提供制度化管理，可以使管理做到有理有节，档案质量控制措施有据可依，这也是提高监理工作质量的最好途径。

（三）对文件质量实施全过程控制

工程档案是随着工程建设逐渐形成的，要做好文件质量的全过程控制，就要从工程开工伊始就采取措施，并在工程建设中加强控制，在工程竣工时严格审查，这是监理人员履行档案工作职责的关键。

1. 事前控制

主要控制措施有：①协助业主档案部门建立与制定工程档案管理制度。如工程档案管理实施细则、工程文件归档制度、竣工档案整理制度、档案人员"四参加"制度（参加质量检查、参加设备开箱、参加工程竣工验收、参加科技成果验收）等有关文件收集、整理等档案质量控制方面的制度。②协助业主档案部门开展开工前档案交底工作。档案交底目的是两方面的：一是通过交底，使各参建单位档案人员了解工程建设的程序，以及每个工程节点文件形成的主要内容和文件归档质量要求，做到及时收集和保证归档文件的规范性；二是通过交底，要求施工技术人员注意文件形成的质量要求、归档文件的内容与范围、竣工文件的整编要求等，保证工程建设原始记录的真实、可靠性。工程档案交底制，能起到双向的效果，是加强文件过程控制的行之有效的办法。

2. 事中控制

对于现场监理人员来说，建设期间每个单项、单位工程的质量控制点、施工关键节点都是工程质量控制的重点，其形成的施工、安装记录均经过监理工程师签字确认，因此监理本身也是施工文件的形成者之一。在这个过程中，监理的质量行为只是形成了监理质量控制的记录而已，不足以代替单位（单元）、分部、分项工程完工后，对归档文件的完整齐全、及时收集和整编质量进行有效的控制。因此，现场监理人员不仅要真实形成施工文件、监理文件，还要在分项、分部、单位（单元）工程完工后对文件及时收集和整理。

3. 事后控制

《火电建设项目档案标准》DL/T 241—2012 规定，在单位工程完工后，监理要对单位工程及整个工程归档文件的齐全完整、记录数据的准确可靠、记录格式及填写的规范进行审查并签字确认。要特别注意电力工程建设周期长，单位工程多，施工单位多，在单位工程完工后即将人员调离，造成无法保证归档文件的齐全完整的问题。

把控制单位工程文件的齐全完整、准确、规范作为重点，按照"事先介入，事中控制，事后严把验收关"的质量管理要求，以单位工程为单元及时对归档文件质量进行审查，既能分散工程竣工后集中审查的工作量，又能在过程控制中对文件、档案质量实施层层把关。

此外，监理根据工程进度以及工程完工情况，将施工文件质量审查与结算审查结合，对未按施工同步形成的文件，或发现文件存在质量问题的情况，及时要求限期整改，直到符合要求后，方予以通过结算款的支付审查。这种将监理支付审查与文件质量审查挂钩的措施，是质量控制行之有效的一种手段。

（四）做好竣工档案的审查工作

档案作为记录工程质量的载体，是工程质量过程控制和管理的见证。监理人员作为实施工程质量管控的执行者，除了严把工程实体的质量关，还要把好工程档案的审查关，这是监理履行档案管理职责的一项重要表现。

根据工程监理规范的规定，对施工单位提交的竣工档案进行审查，是监理人员的一项重要工作。对竣工档案的审查作为工程质量控制的一项内容：一方面，监理人员是项目建设的直接参与者，对项目建设程序、施工工序及应执行的标准、规范非常熟悉，负责审查竣工档案是严把质量关的具体体现；另一方面，监理又是工程文件的形成者，包括施工技术文件、施工记录、试验检测报告、质量验收情况、强制性条文执行检查等工程文件的形成，都必须巡视、旁站、验收签字，留有质量控制与管理的痕迹。

正因为监理在工程建设中具有上述的双重身份，对工程文件的形成，文件记录的内容，技术数据的真实可靠性，施工工序、质量检验及验收评定程序以及现场实际情况最为了解，所以，由监理审查竣工档案，是落实严把工程质量关的一道重要措施。

三、监理档案工作需注意的问题

目前，一些监理单位对档案工作重视程度不够，根据电力工程达标创优过程以及质量监督检查中发现的一些普遍问题，总结归纳如下，希望在今后的监理工作中得以改善。

（一）注意人员配置与培训

《建设工程监理规范》GB/T 50319—2013 和《电力工程建设监理规范》DL/T 5434—2009 规定，专业监理工程师应对施工单位提交的竣工资料审查，并负责本专业监理文件的收集、汇总及整理工作。但是，在实际工作中，根据电力建设工程规模，现场监理机构配备档案工作人员的差别较大。一般规模较小的电力工程，如风电、输变电、生物发电等，工程多数是由监理工程师兼职；规模大的火电工程和水电工程，虽配有专职档案工作人员，但多数是由信息员承担。在目前普遍缺乏档案培训的情况下，无论是专职档案的信息员，还是兼职的监理工程师，由于对国家、行业档案标准、规范不熟悉，造成现场档案管理工作被动，监理归档文件不规范、不齐全。

人是工作之本。项目总监工程师在确定现场监理机构人员时，应根据国家和行业的有关规定，根据工程档案工作要求配备与工程规模相适应的人员，同时对专职和兼职人员加强培训，使负责档案工作的监理人员能熟悉国家、行业档案管理的标准和规范，掌握档案管理的基本要求，满足工程对档案管理的需求。

（二）注意监理规划编制脱离实际的现象

监理规划是项目监理机构全面开展建设工程监理工作的指导性文件。《建设工程监理规范》GB/T 50319—2013 和《电力工程建设监理规范》DL/T 5434—2009 规定，监理规划应针对工程建设实际情况，是由总监工程师主持，专业监理工程师参加编制的。但是，根据监理规划编制的现状，多数项目监理机构采用套用范本的方法，造成监理规划脱离实际，没有针对性，而且更新不及时，不能起到指导性文件的作用。因此，项目总监工程师应重视监理规划的编制工作，根据业主工程管理要求和创优目标，编制切合实际、针对强，并能指导项目监理机构全面开展建设工程监理工作的监理规划。

（三）注意将档案管理纳入监理质量控制体系，实行制度化管理

随着电力工程创优的深入开展，对档案管理的要求提到一个新的高度，电力行业（火、水、网）建设项目档案系列标准对监理档案管理职责作出了明确规定，这为监理协助工程建设（法人）单位达到工程设计目标和工程质量创优目标提供了档案工作的依据。因此，项目监理机构应该将档案管理纳入监理质量控制体系，实行制度化管理，将监理规划及监理实施细则纳入档案管理的内容。

（四）注意工程文件编号的制订

制订工程文件编号是现场文件管理的重要手段，多数工程都委托监理单位编制。由于监理工程师对文件编号的含义和作用不甚了解，制订的文件编号不能反映文件的基本特征，无法起到对工程文件系统管理的作用。

所谓文件编号是指用文字和数字的形式表示文件内容特征的一组技术语言。文件施工编号形式多样，一般编号由单位拼音（或机组代号）、专业、单位工程（分部、分项、检验批）编号、流水号组成。

文件编号应符合唯一性原则，同一项目文件编号不重复；能反映并体现文件的特征和内容；便于文件流转和管理；简单易记，方便施工管理。建立科学、规范的文件编号体系，有利于施工文件的管理、整理、组卷和查询。

对于项目总监工程师来说，重视文件编号的制订，组织专业监理工程师培训学习，掌握施工文件编号的规律，为归档文件的质量控制打下坚实的基础。

（五）注意档案"以监代管"的问题

由于"小业主、大监理"的管理模式在电力工程建设中广泛采用，一些建设（法人）单位将一些业主单位的管理职能委托现场监理机构承担，造成"以监代管"现象时有发生。例如，施工监理单位代替业主单位主持设计交底，由监理承担整个工程的档案管理等。作为项目总监工程师，应按合同条款和依据《建设工程监理规范》GB/T 50319—2013 和《电力工程建设监理规范》DL/T 5434—2009 规定，对建设（法人）单位提出超越合同和资质范围的工作给予解释，防止超越监理资质范围现象的发生，给监理工作带来无效的结果，进而给工程达标、投产验收和工程创优造成影响。

（六）注意监理文件的整理与移交对象的不同

监理文件是监理单位在工程建设监理活动中形成的文件，按其性质可分为监理管理性文件、监理审查性文件、监理记录性文件、监理其他文件四类。

（1）监理管理性文件是指监理在各项管理活动中形成的文件。内容包括监理大纲、监理规划、监理实施细则、施工阶段质量评估报告等专题报告、监理工作总结等。

（2）监理审查性文件是监理单位按照国家相关建设法规及合同要求，对项目造价、进度、质量等进行控制管理而形成的文件，内容包括一系列的报审表。

（3）监理记录性文件是监理在工程监理活动中形成的记录性文件。内容包括监理日志、监理旁站记录（见证记录）、监理工程师通知单、监理工作联系单等。

（4）监理其他文件主要指监理统计、报表和会议纪要等。

监理档案职责赋予监理在工程竣工后，要将工程监理活动中形成的文件进行收集、整理与归档。根据国家、行业工程监理规范和电力档案标准的有关规定，监理移交业主单位的与本单位的档案整理是有区别的，在监理档案的整理与移交时，应注意加以区别。

根据电力档案标准规定，工程文件应遵循谁形成的谁收集、整理的原则。对工程文件的整理，本着降低管理成本，减轻档案工作压力，避免重复归档的宗旨，规定由文件主要责任者进行收集、整理与移交，即施工单位报审（报验）的文件由施工单位负责整理与移交。这样既符合按文件形成规律和文件有机联系整理的原则，又能保证这些需要报审（报验）表及所附报审文件的完整性，同时方便了利用。因此，监理整理、移交给业主单位的监理档案不包括一系列的报审（报验）表。

项目监理机构移交本单位的监理档案应包括：①监理管理性文件：包括监理大纲、监理规划、监理实施细则、施工阶段质量评估报告等专题报告、监理工作总结等。②监理审查性文件：包括监理规范规定的一系列的报审（报验）表。③监理记录性文件：包括监理日志、监理旁站记录（见证记录）、监理工程师通知单、监理工作联系单等。④监理其他文件：包括监理统计、报表和会议纪要等。

第三节　对电力建设项目档案系列标准的理解与掌握

工程档案管理是工程监理质量控制和信息管理的一项重要内容。如何正确理解和掌握电力行业（火电、水电、网电、风电）建设项目档案标准（以下简称"电力建设项目档案系列标准"），应该从认识与理解标准和标准化概念以及编制电力建设项目档案的指导思想开始，从分析火电、水电、网建设项目档案标准的共同点和条款之间的差异，来加深对标准的正确理解和灵活掌握，这是项目总监工程师将档案管理纳入工程质量控制和信息管理，带领各专业监理工程师协助业主规范工程档案管理的关键。

一、对标准及标准化概念的认识与理解

2002 年我国发布的《标准化工作指南》对我国标准的编制、发布和实施作出了统一的规定，并对标准、标准化及相关活动的通用词做了定义。这标志着我国标准化活动达到了一个新的高度。

（一）对标准与标准化概念的认识

根据《标准化工作指南第 1 部分：标准化和相关活动的通用词汇》GB/T 20000.1 对标准的定义："标准是为了在一定范围内获得最佳秩序，经协商一致制定并由公认机构批准，共同使用的和重复使用的一种规范性文件。"从定义的表述看，任何标准都有一定的适用范围；按标准编写程序，要经过初稿、定稿、征求意见稿、送审稿、报批稿的过程，由编写主管单位组织专家讨论、审查达成一致意见，经国家规定的标准审批部门批准发布，才能完成标准的编制。同时，定义明确标准是"一种规范性文件"，是一种可以"共同使用和重复使用的"规范性文件，其目的是

通过标准这种规范性文件，达到适用范围内最佳的秩序。

标准的制定，在一定程度上反映的是一个历史时期内人们对社会各方面，如生产、技术、管理等水平的认知程度，是有广泛的社会背景和深厚的知识和经验的沉淀，它是以科学、技术和经验的综合成果为基础的。

《标准化工作指南第 1 部分：标准化和相关活动的通用词汇》GB/T 20000.1 对标准化的定义："标准化是为了在一定范围内获得最佳秩序，对现实问题和潜在问题制定共同使用和重复使用的条款的活动。"标准化工作包括标准的制定、发布及实施。标准化是指在经济、技术、科学和管理等社会实践中，对实际工作和管理中存在的普遍问题及隐性问题，对重复性的事物和概念，通过制定、发布和实施标准达到高度的统一，以获得最佳秩序和社会效益。标准化是通过标准的制定、发布及实施，修订、发布、实施循环往复中的螺旋形式，实现最佳秩序和社会效益的。

对比以上标准和标准化的概念，我们发现，标准和标准化都是以"在一定范围内获得最佳秩序"为目的的，而区别在于标准是"一种规范性文件"，而标准化工作是一项制定、发布与实施标准的一项活动。

（二）对电力建设项目档案系列标准编制指导思想的理解

标准编制的指导思想是标准编写的纲领，它规定了标准编写的主要构架，明确了标准制定的基本要求和应要达到的目的，体现了标准化工作的内涵。正确理解电力建设项目档案标准编制的指导思想，对标准的贯彻执行及实施有着重大的意义。

1. 标准编制的指导思想

电力建设项目档案标准编制的指导思想，是基于加强电力企业档案标准化、现代化管理，切合实际，以提高电力工程档案管理的科学性、先进性和操作性，更好地服务于工程建设、生产和经营管理的需要，标准内容必须涵盖电力建设对新技术、新设备、新管理的应用，具有可操作性，能对工程档案管理具有实际指导意义的总体要求提出的。标准编制的指导思想是标准制定应切合实际，具有可操作性可解决管理中的"五归"问题，对工程档案管理具有实际的指导意义。

电力建设项目档案系列标准把解决电力建设工程档案管理的"五归"问题作为突破口，它有着广泛的调研基础和实践基础，是对当前电力工程档案管理普遍存在问题的高度总结和概括。电力建设项目档案系列标准提出了对电力工程档案管理的基本要求，提出了管理职责、收集与归档范围、文件质量要求、归档整理方法与要求，并且指出了工程档案移交与验收等工作中存在的现实问题和潜在问题，制定了共同使用和重复使用的条款，以使工程档案管理与相关的内外因素相协调，达到工程管理的最佳效果。

2. 对"五归"的解读

所谓"五归",是指电力工程档案管理的"归什么、谁来归、如何归、归哪里、何时归"。"五归"是对当前电力建设工程档案管理存在问题症结的高度概况和总结,标准的编制就是围绕解决"五归"而展开的。

(1)归什么,就是要解决项目文件归档范围不明确问题。确定项目文件收集与归档范围,作为标准亟待解决的首要问题,就是要根据国家、行业有关项目建设档案管理标准规定,结合电力建设项目文件形成的特点,将建设项目在立项、审批、招投标、勘察、设计、施工、监理及竣工验收全过程中形成的文字、图表、声像等形式的全部文件纳入收集范围,将具有保存价值的项目文件纳入归档范围,使其成为大家共同使用,用于考量项目文件归档齐全完整以及指导文件收集工作的依据。

(2)谁来归,就是要求解决档案管理职责不明确,管理缺失或不到位的问题。电力建设工程是按一个总体规划设计、建设的工程。由于建设、设计、施工(调试)、监理参建各方对档案管理要求的不了解,不能按其职能对档案进行有效的管理。因此,遵守档案管理谁形成、谁归档的原则,明确参建各方的档案管理职责,规定将参建各方在工程建设中形成文件的收集、整理和移交、归档的责任纳入合同管理,用法律文件来约束和落实档案管理职责,达到保证工程档案的齐全完整、准确、系统、有效的目的。

(3)如何归,就是要解决文件收集、整理和归档的规范性问题。国家对工程建设档案的收集、整理与归档制定了一列的业务标准和规范,依据有关档案的国家和行业标准,结合电力建设工程实际和参照电力建设相关技术规范,对文件收集的时间、份数和质量,对文件整理的原则、流程和方法,以及档案移交、归档等各个环节制定了规范和要求,保证了文件收集、整理和档案移交、归档的规范化。

(4)归哪里,就是要解决计划经济下制定的分类体系,不能满足市场经济体制对档案管理的需求问题。分类体系是工程文件系统整理的纲领性文件。分类作为整理工作的第一步,分类是否科学、合理,不但会影响案卷的质量,更重要的是对今后档案的保管和利用影响很大。依据国家对建立档案分类体系的有关规定,根据参建单位的不同职能和文件形成阶段,建立新的分类体系,保证工程文件的系统整理和科学管理。

(5)何时归,就是要解决电力工程建设周期长,人员流动频繁,造成的归档文件不齐全的问题。在标准里,依据国家和档案行业标准规定,根据参建单位的职能以及文件形成阶段,对文件的收集时间和档案移交时间作出明确规定,从文件形成源头解决文件及时收集的问题,保证了档案与建设的同步。

(三)电力建设项目档案系列标准体现的新理念

任何新事物的产生,都会引起新旧观念的激烈碰撞,电力档案规范的制定同样存在新旧理念更替的问题。就标准的本身来说，标准是具有一定的先进性、前瞻性和可操作性，这就要有新的理念融入，要能体现创新精神，才能适应时代发展的需求。

1. 融入技术元素，体现全员参与的观念

档案管理与安全、质量管理一样，是一项需要全员参与的工作。在标准制定之初，编写组就确立了以档案人员为主，专业技术人员参与的编制形式。这是基于广大的专业技术人员和管理人员是档案形成主体的理念，只有他们的参与才能从文件形成的源头控制档案的质量，否则，做好档案工作只是一句空话。因此，标准的制定采取分工协作，档案部分由档案人员负责，专业部分由专业技术人员提供，通过专家层层审查把关，确保标准内容的全面、系统性和可操作性。正因为有了专业技术人员和管理人员的参与，并融入了大量技术标准，才使标准的可操作性得到大幅度提高，因此它们是档案人员和专业技术人员共同参与的成果。

电力档案标准大量地引用与工程建设相关的技术标准、建筑行业标准以及其他行业标准，专业性之强、涉及面之广是其他档案标准前所未有的。正应为档案标准有技术元素的融入，极大地丰富了标准的内容和增加了档案工作的技术含量，使项目档案管理从纯粹的管理向与技术相融合发展，是创新管理的一次重大突破。同时，使标准成为档案人员、专业技术人员和管理人员共同遵守并执行的标准，它不但体现全员参与档案管理的理念，而且开创了档案管理的新局面，是全员参与档案管理一次成功的尝试。

2. 充分利用信息化管理平台，体现了弱化分类，强化编目的观念

档案作为一种信息源，传统的查询方式体现对分类表的依赖，使得档案分类在档案管理中处于重要的地位。如今互联网时代给人们信息的查询带来了极大的便利，同样档案在网络技术的支持下，利用者通过企业局域网在自己的权限范围内通过关键词查询，能方便、快捷地查询档案，这种变化改变了传统依赖分类表调卷的查询方式。

档案分类表利用功能的弱化，给档案信息的录入（文件与案卷编目）提出了更高的要求。标准在编制时，主编人员充分考虑了档案查询方式的变化，从现代化企业对档案利用的需求，将弱化分类、强化编目的理念融入标准。在"总则"中提出按现代化管理要求采用计算机及软件管理的要求；在"项目文件整理"章节中细化文件与案卷的编目要求；对建立目录数据库，以机读目录为检索主要工具等作出了明确的规定，充分突出了以方便利用为目的，充分利用现代化管理手段，提高电力建设工程档案管理信息化和现代化管理水平。弱化分类、强化编目的理念，是标准在信息化和现代化管理方面的一大亮点。

3. 建立分类新体系，体现"生产基建一体化管理"观念

目前，多数电厂采用建设与生产分设两个部门或机构进行管理的模式，但是发电企业作为一个整体，建设与生产属于电厂发展不同时期的两个阶段，它们之间存在着密切的联系。由于管理体制问题，项目竣工在移交生产过程中，经常会因为基建遗留问题和管理衔接问题，发生相互推诿而出现摩擦。所谓"生产基建一体化管理"，就是从工程前期、建设、生产、经营四个方面通盘考虑，形成统一的管理模式。这种管理模式能从根本上解决过去建设、生产两张皮的问题，使"基建为生产"的要求真正得到落实。

标准在制定分类方案时，充分运用"生产基建一体化管理"理念，综合考虑生产的因素，根据档案分类原则，在区分基建、生产不同职能的前提下，遵循文件来源的原则，将工程档案与生产档案有机地融合在一起，并在企业档案管理大原则下建立分类体系，取得最佳的效果，符合当今项目档案管理的发展趋势。

4. 强调全过程管理，体现强化验收的观念

全过程质量管理，是要求对质量实行"事先介入、事中控制、事后严把验收关"的管理。档案作为质量管理的组成部分，理应实行全过程质量管理。在标准制定时，将"事先介入"的要求，用档案部门应参与合同审查的规定落实；将"事中控制"的要求，用档案部门应参与工程质量监督等活动的规定落实；将"事后严把验收关"的要求，用竣工档案审查制的规定落实，确保档案的全过程管理。

突出强化验收是对全过程管理的检验，是巩固"事先介入、事中控制"的必要手段。标准在"项目档案移交"章节中用两大措施强化档案的验收：一是强调移交审查在强化验收中的作用，提出专业监理工程师负责档案技术审查的概念。由专业监理工程师承担档案技术的审查，对控制工程档案的真实可靠性，保证工程档案质量起到关键的作用。特别是对竣工图审查并加盖审查章的规定，终结了电力建设工程档案多年争论不休的话题。标准在"竣工图编制要求"中对竣工图的审查以及审查章的签署责任作出明确规定，使竣工图审查职责分明，质量得到了保证。二是把工程档案质量评价作为强化验收的手段，在"项目档案专项验收与评价"中提出创优工程必须通过工程档案质量评价新的要求，是把全过程质量管理落实到档案管理的具体措施，是工程档案管理与时俱进的要求，也是标准创新管理的一个特点。

5. 将特殊载体档案与纸质档案并举，体现项目档案整体管理观念。

项目文件，指建设项目在立项、审批、招投标、勘测、设计、施工、监理及竣工验收全过程中形成的文字、图表、声像等形式的全部文件。由此可见，项目文件不光是纸质文件，还应包括其他各种载体形式的文件，同时由此构成的工程档案，除了纸质档案还应有照片、电子文件、音像等其他载体档案。标准在编制时，对照片、电子和实物档案的收集和整理设立独立章节制定条款加以明确，为的是加强对这部分档案的管理，把它们作为企业档案整体的一部分得到同等的重视。以工程档

案为整体，把特殊档案与纸质档案并举，这也是电力档案标准转变观念的一个重要体现。

电力建设项目档案系列标准的制定，是在企业档案工作的整体框架下，充分考虑电力企业体制，依据国家法律、法规和标准、规范，在结合电力建设工程实际情况的基础上，形成了有电力建设特色的档案管理标准。以上五方面，在保持与时俱进和转变观念方面，对电力建设工程档案管理进行了全新的诠释，是电力行业标准化建设的一次突破，它对加强和提升电力建设工程档案管理有着积极的推动作用。

二、电力建设项目档案系列标准存在的异同

电源建设和电网建设作为电力工业发展的两大支撑，它们的均衡发展，给我国经济建设打下了坚实的基础。为了满足档案管理与电力工业发展的相适应，电力档案标准的制定，对提高管理和提升企业竞争力，具有积极的意义。目前，中国电力建设企业协会组织完成电力建设工程火电、水电、电网建设档案标准的制定工作，其中火电、风电档案标准已于 2012 年 4 月经国家能源局批准发布，7 月 1 日起实施，水电、电网档案标准也已完成编写，报送国家能源局审批，即将发布。

由于电力建设工程的建设性质、专业内容、主要设备以及执行的技术标准不同，火电、水电、电网、风电档案标准之间存在着不少共同点与差异，下面对标准之间的共同点与差异部分做个比较，以帮助读者正确理解标准内容，有利于标准的贯彻实施。

（一）电力建设项目档案系列标准的共同点

火电、水电、电网、风电项目建设档案标准的共同点体现在以下四个方面：

（1）从标准定义看，电力档案标准的基本属性是"一种规范性文件"。

（2）按照国家标准体系的划分，从档案工作的管理性和标准化（实施）对象看，它们属于管理性标准范畴；从档案工作在企业管理中的作用看，它们属于基础标准；从标准的执行力看，它们属于推荐性标准。

（3）从《中华人民共和国标准化法》的规定看，它们同属于推荐性标准，虽不在强制性执行之列，但是由于是由国家权威机构批准、发布，其本身具备法规文件的特性。

（4）从标准编写和所引用的国家及档案行业规范性文件看，标准结构和编写格式，以及对管理要求、管理职责、档案业务流程、档案工作内容（六个环节）、收集、整理、归档工作方法及规范要求、验收程序等所提出的要求是相同的。

总而言之，火电、水电、电网、风电建设项目档案标准上述的四个方面，突出体现了管理标准的通用性特征。

（二）电力建设项目档案系列标准存在的差异部分

火电、水电、电网建设项目档案标准的差异部分同样有四个方面：

（1）火电、水电、电网、风电工程所涉及的企业职能和建设内容不同。根据标准编写结构的设置，第一章是对标准适用范围的规定。由于火电、水电、网电企业是有发电和供电之分，火电以燃烧技术发电，水电利用水能发电，风电利用风能发电，电网通过线路、变电站输送电力，因此决定了火电、水电、电网、风电档案标准适用范围有差异。

（2）火电、水电、电网、风电建设主要设备不同（安装工程）。火电机组主要以机、电、炉设备安装为主；水电机组主要以机电设备安装为主；风电机组以风机设备安装为主；电网建设主要以输电线路设备和变电站（换流站）设备安装为主，这些设备安装凸显了火电、水电、电网、风电工程的区别和特点。标准在列归档范围主要文件清单和分类表的类目设置上，根据火电、水电、电网、风电设备安装及工程特点，加以区别，差异明显。

（3）电源建设和电网建设形式不同。从建设形式和管理看，电源建设犹如集团军作战，参建单位和业主单位同在一地，管理集中；而电网建设犹如小部队作战，业主单位与分段施工的施工单位多数在异地，管理分散。从而可以看出，建设形式的不同决定了管理模式的不同。标准在建立档案分类体系及类目设置时，充分考虑这些差异，电源建设按工程阶段分为前期阶段、施工阶段、竣工阶段、竣工验收阶段，结合文件来源（形成单位）设置类目；电网建设按工程性质分为输电线路工程、变电站、换流站工程，结合文件来源（形成单位）等设置类目，突显出电源和电网建设形式存在的差异。

（4）火电、水电、电网、风电工程所涉及的电力专业不同。火电、水电、电网、风电在电力专业上区分是非常明显的。具体表现在建设内容、执行标准、质量验评内容都区别很大，这决定了施工形成的文件内容是不一样的。火电、水电、电网、风电档案标准在编制主要文件归档范围时，根据实际情况，以执行的技术标准为依据，有差别地列出火电、水电、电网、风电工程建设主要归档文件清单，从专业上就将火电、水电、电网、风电工程归档文件做了区别。

三、火电、水电、电网档案标准条款存在的差异

火电、水电、电网档案标准在档案管理原则、工作流程和方法和规范要求上是一致的，但由于负责编制标准人员对档案知识的掌握，对电力工程现场管理的了解，以及档案工作经验的积累等存在不均衡的原因，难免在制定标准具体条款时会有一些差异。现将火电、水电、电网档案标准具体条文之间的差异汇总，供监理参考，见表9-2。

表 9-2　火电、水电、电网档案标准条款存在的差异汇总表

章节内容	火电档案规范 DL/T 241—2012	水电档案规范（报批稿）	电网档案规范（报批稿）	条文差异
监理单位管理职责	5.4.1 应按 DL/T 5434 规定，将设计、施工、调试单位形成文件质量和案卷质量纳入工程质量监控范围，对参建单位整理和移交的竣工档案质量情况负责审查，并签署审查意见	5.4.1 应对项目监理活动中形成的文件进行收集、整理，并向建设单位移交	5.4.1 应按合同约定将设计、施工、调试、设备制造厂家等单位形成的项目文件、案卷质量纳入工程质量管控范围	火电、电网都将文件与案卷质量控制列入监理管理职责，而水电在监理职责中未做要求
施工调试单位管理职责	5.5.2 凡有工程分包时，应对分包单位形成的项目文件进行审核确认，履行签章手续，并对移交的项目文件质量负责	5.5.2 对分包工程形成的项目文件进行审查，履行签章手续	无	针对电力建设市场施工分包的现象，火电、水电对施工分包作了规定，而电网未对分包作出规定
	5.5.4 应负责收集、整理施工中已实施的设计更改及闭环文件和质量验收不符合项及整改闭环文件，经监理单位审查后，移交建设单位	无	5.5.2 应负责收集、整理施工、调试中已实施的设计变更及闭环文件、质量验收不符合项及整改闭环文件，并提交监理单位审查，审查合格后向建设单位移交	对施工单位闭环文件的收集、整理，火电、电网分别在管理职责了提出要求，水电未对施工单位在管理职责提出要求
文件质量要求	6.4.4 由分承包单位形成的文件，发包单位应负责审核并签字；由劳务分包形成的文件，发包单位应对形成文件承担全部的质量责任并签字确认，否则视为无效文件	无	无	对施工分包形成的文件质量，火电提出了质量要求，水电、电网未提出文件质量要求
项目文件编制要求	7.1.2 需整改闭环或回复的项目文件，执行单位应在完工后按质量管理要求编制相应的闭环文件	无	6.1.6 需整改闭环或回复的项目文件，执行单位应在执行完成后按要求编制相应的闭环文件	对需闭环文件的编制，火电、电网作出了规定，水电未作规定
	7.1.3 原材料质量证明文件，应分门别类按原材料的品种、型号等特征及原材料管理台账编制原材料质量跟踪记录	6.3 原材料质量证明文件，应按种类、型号、使用部位等特征建立跟踪管理台账	6.1.7 原材料质量证明文件，应按原材料的种类、进货批次等特征，结合原材料管理台账分类编制跟踪记录	对原材料编制质量跟踪记录，火电、电网规定一致，水电未做要求，而是以建台账代替
	7.1.5 对单位工程中按专业集中整理的设计更改文件、设备与原材料质量证明文件、计量器具文件，立卷单位应按 DL/T 5210 规定填写登记表，在表中应填写文件所在卷册的档号，建立索引	无	无	对集中组卷的设计变更文件、原材料质量文件、计量器具登记文件，火电规定建立索引，便于对照和原件的查询，水电、电网未做要求

章节内容	火电档案规范 DL/T 241－2012	水电档案规范（报批稿）	电网档案规范（报批稿）	条文差异
竣工图的编制要求	7.2.2 设计单位应按 DL/T 5229 规定编制竣工图，建设单位对竣工图编制深度和出图范围有特殊要求时，应在合同中约定	6.6 竣工图应与项目的实际情况相符，并编制竣工图总说明及各专业编制说明	6.2.2 竣工图由设计单位编制的应符合 DL/T 5229 的规定，由施工单位编制的应符合 DA/T 28 的规定	对编制竣工图的执行标准，火电、电网档案标明了标准名称，水电未标明
	7.2.4 监理单位应对设计单位编制的竣工图进行审查，并在竣工图卷册目录上加盖竣工图审查章	6.8 竣工图章应使用红色印泥，加盖在标题栏上方空白处，图章样式及尺寸见图 1（DA/T 28）	6.2.5.3 （设计院）重新绘制有修改的竣工图，监理单位应进行审查，并在其卷册编制说明上加盖竣工图审查章。竣工图审查章式样应符合图 6 要求。 6.2.6 施工单位编制竣工图的，竣工图章由施工单位加盖，监理单位审查。竣工图章式样应符合图 7 要求	对竣工图监理审查后责任的确认，火电、电网档案明确了做法，水电无文字表述
组卷	8.3.2.7 原材料质量证明文件，应分专业按材料种类、型号组卷	8.2.2.5 原材料质量证明、试验文件，按材料种类、型号组卷	8.2.2.7 原材料质量证明文件应按种类及进货时间组卷	对原材料的组卷，火电、水电、电网条文规定的具体做法差异明显
排列	8.4.6 原材料质量证明文件，应分专业按材料种类排列。卷内文件按质量跟踪记录，原材料进场报审表、出厂质量证明文件、复试委托单及复试报告顺序排列	8.3.1.3 原材料质量证明文件宜根据专业系统按材料种类排列	8.3.6 施工文件按综合管理、原材料质量证明、施工记录及相关试验报告、质量验收顺序排列。 8.3.9 原材料质量证明文件应分专业按材料种类、时间排列，卷内文件按质量跟踪记录、原材料进场报审表、出厂质量证明文件、材料复试等顺序排列	对原材料质量证明文件的案卷及卷内文件排列，火电分别做了规定。水电规定笼统。电网 8.3.6 和 8.3.9 条文规定不清楚。从 8.3.6 条文看，原材料好像是按单位工程组卷排列，从 8.3.9 条文看，好像是集中组卷排列
照片归档范围	无	无	附录 D 照片档案归档范围	照片归档范围，只有电网标准编制了，火电、水电工程未编制，可参照编制

461

章节内容	火电档案规范 DL/T 241-2012	水电档案规范（报批稿）	电网档案规范（报批稿）	条文差异
档案移交	12.1.1 参建单位应按合同规定向建设单位移交档案。移交的项目档案及竣工图宜为两套，需移交城建档案馆的应增加一套。电子文件移交套数应按 GB/T 18894 执行	12.3 移交份数为一套或按合同约定。需移交有关单位的按相关规定执行	11.4.1 应按国家现行有关标准的规定，向建设单位归档一份原件。 11.4.2 当地城建规划范围内的项目，应按档发〔1997〕20号文的规定增加。 12.1.1 移交时间、份数、交接手续按本标准 11.3、11.4、11.5 的规定执行	对档案移交套数的规定，火电、水电、电网的表述有差异。电网规定先归档后移交，有移交归档先后顺序；文件归档份数与档案移交套数概念不同，且规定归档一份原件，与实际有差距
	12.1.2 参建单位应在项目实体竣工后三个月内将整理完毕的项目档案移交建设单位归档。尾工形成的档案应在尾工完工后及时移交	12.4 参建单位应按职责范围和合同约定，分阶段向建设单位移交归档。 ——分部工程验收在90天内完成移交。 ——单位工程验收在120天内完成移交。 ——机组投产在45天内完成移交。 ——竣工验收在120天内完成移交	11.3 归档时间。参建单位应按职责范围和合同约定，在项目投产后90天内将整理完毕的项目文件移交建设单位归档。 12.1.1 移交时间、份数、交接手续按本标准 11.3、11.4、11.5 的规定执行	对档案移交时间的规定，火电、电网规定一致，同时与达标投产验收标准规定也保持一致。水电的规定与水电工程达标投产验收规范（DL 5278）6个月内移交的规定相差大。水电档案标准为推荐性标准，应服从水电工程达标投产验收规范强制性标准的规定
档案移交程序	12.3.2 项目档案应经过施工、调试单位自检，监理单位审查，建设单位核查验收确认并签署意见后，办理移交手续。项目档案交接双方应填写《火电建设项目档案交接签证表》及编制《案卷移交目录》。《火电建设项目档案交接签证表》及《案卷移交目录》格式见附录表 B.15	12.6 项目档案移交时应办理移交手续。移交单位参照附录 D 填写《水电建设项目档案交接签证表》一式二份，经接收单位核查，交接方签字确认，双方各留存一份归档	11.5 归档手续。项目文件归档时，应填写《电网建设项目文件交接登记表》，案卷目录附后，审查和接收单位签署审查、核查意见，办理归档手续，签署各方各留存一份归档。《电网建设项目文件交接登记表》的格式参见本标准附录 C 的 C.7	档案移交签证的规定，火电、水电、电网在档案交接表格设计，交接表的名称及表格内容不同。火电、水电叫档案交接签证表，但格式不同。电网的叫文件交接登记表。混淆了档案学对文件、档案术语的定义
档案专项验收	13.2.1 项目档案专项验收应在基本完成项目档案的收集、整理、归档工作，在消防、环保、安全设施、职业卫生、劳动保障、水土保持等具备专项验收条件后，才能申报验收	无	13 档案专项验收。项目档案专项验收应按国家现行有关标准的规定进行，建设单位应组织参建单位按验收要求进行自检	对项目档案专项验收的规定，火电、电网都有规定，水电未做规定

四、电力档案标准的实施与掌握

标准作为一种规范性文件，是通过实施来获得一定范围内的最佳效果的。因此，正确理解与掌握标准条文含义，对提高工程监理的工作质量是必要的。

（一）对原件、正本、有效文件的理解与掌握

工程文件收集，归纳起来有原件、正本、有效文件、复印件四种，正确辨别哪些文件是符合归档要求的，是监理履行档案职责最基本的要求。

国家档案局在《档案工作基本术语》DA/T 1—2000 对原件、正本做了定义，指出"原件是指最初产生的区别于复印件的原始文件""正本是有规范格式和生效标志的正式文本"。对于有效文件，《企业档案工作规范》DA/T 24—2009 规定，因故无原件归档的，可用有效的复印件归档。这是有效文件作为原件的补充，作为归档文件的依据。

（1）原件，是指施工中形成的第一手材料，是那些带有文件形成责任人亲笔签名特征的文件，如施工记录、试验或检测报告、质量验评表等。

（2）正本，是指那些按照文件编写规定，带有固定程序与格式，经编、审、批三级责任人签署，并有责任单位盖章作为生效标志的文件，如评标文件、合同、工程管理文件及施工技术文件等。

（3）有效文件，是区别于原件，又区别于正本的文件。是指那些可做到原件可追溯的，并有原件存档单位加盖公章确认的复印件，称其为有效文件。有效文件归档，是一种常见现象，如项目核准文件、委托招投标的评标报告、原材料出厂质量证明文件等。建设单位一般拿不到原件，作为工程建设依据性、凭证性文件，是必须归档的文件，因此采用原件存档单位在复印件上加盖公章的方式，满足归档的要求。

以上对原件、正本、有效文件的诠释，可以明确原件、正本和有效文件是可以收集归档的，而复印件是不可以用来归档的。

（二）竣工图章和竣工图审查章的使用和掌握

火电、水电、电网、风电档案标准对监理审查竣工图的规定是一致的，但是在竣工图章使用和监理审查签署的规定是不同的。由于火电、水电、电网、风电工程竣工图编制单位不同，依据的标准不同，造成竣工图章使用和监理审查签署的差别。

监理审查竣工图，作为工程质量控制和对竣工移交档案质量检查的重要工作内容，审查责任需通过监理工程师签字得到确认的。因此，正确掌握竣工图章的使用和根据实际灵活运用、掌握竣工图审查签署，对项目总监工程师来说是必要的。

（1）火电工程。火电工程竣工图大都由设计院编制出版，因此，火电档案标准制定时，依据《电力工程竣工图文件编制规定》DL/T 5229—2005 在条文中规定，设计院编制出版的竣工图应加盖竣工图章。竣工图章如图 9-1 所示。

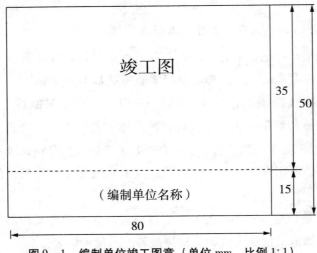

图 9-1　编制单位竣工图章（单位 mm，比例 1:1）

规定监理单位审查后，在竣工图卷册目录上加盖竣工图审查章。竣工图审查章如图 9-2 所示。

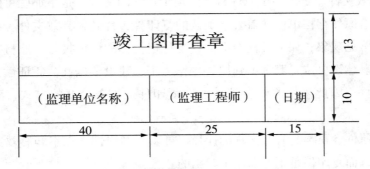

图 9-2　竣工图审查章（单位 mm，比例 1:1）

（2）水电、风电工程。水电、风电工程竣工图大都由施工单位编制。因此，水电、风电档案标准制定时，依据《国家重大建设项目文件归档与档案整理规范》DA/T 28—2002 在条文中规定，施工单位编制竣工图应加盖竣工图章。竣工图章样式及尺寸如图 9-3 所示。

其中，水电档案标准虽然在标准条文中没有用文字表述监理审查的职责，但是从所使用的竣工图章上，已明确监理竣工图审查、签字确认责任的职责。

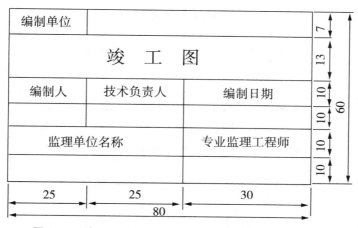

编制单位			
竣　工　图			
编制人	技术负责人	编制日期	
监理单位名称		专业监理工程师	

图 9 - 3　竣工图图章样式及尺寸（单位 mm，比例 1:1）

（3）电网工程。电网工程因分为高电压等级电网建设和低电压等级电网建设，所以对竣工图编制采用了不同方式。根据这一特定情况，电网档案标准制定时，同时引用了《电力工程竣工图文件编制规定》DL/T5 229—2005 和《国家重大建设项目文件归档与档案整理规范》DA/T 28—2002 标准，分别对由设计单位和由施工单位编制竣工图的竣工图章使用，以及监理的审查确认作出不同的规定。

设计院编制出版竣工图的加盖竣工图章，如图 9 - 4 所示。

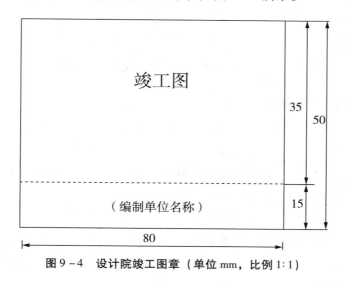

竣工图

（编制单位名称）

图 9 - 4　设计院竣工图章（单位 mm，比例 1:1）

监理审查后，在其卷册编制说明上加盖竣工图审查章。竣工图审查章如图 9 - 5 所示。

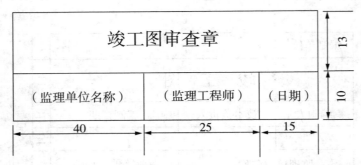

图 9-5　竣工图审查章（单位 mm，比例 1:1）

由施工单位编制竣工图加盖竣工图章，如图 9-6 所示，监理审查体现在竣工图章上。

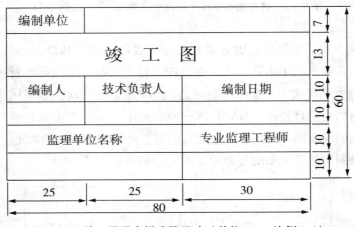

图 9-6　竣工图图章样式及尺寸（单位 mm，比例 1:1）

（三）对闭环文件编制要求的掌握

工程质量控制管理形成的工程设计更改、工程安全、质量问题的整改、设备消缺、工程联系（洽商）单回复等文件，是文件闭环管理的重要内容。火电、水电、电网、风电档案标准在项目文件编制章节中，对文件闭环的编制都制定了相应的条文，虽有小的差别，但是总体原则是一致的。

所谓闭环管理，就是按工程质量管理要求，将工程设计更改，工程安全、质量整改和设备质量问题的消缺情况等形成的相关文件，从提出到完成形成的闭环管理。闭环文件是指设计更改的执行、工程安全、质量问题的整改、设备质量缺陷的消缺，监理工程师通知单和工程联系（洽商）单的回复等闭环管理活动中，形成的提出单位和完成单位相对应的文件。监理作为肩负着工程质量控制职责的单位，理解和掌握电力档案标准关于闭环文件的规定，重视闭环文件的形成与审查，督促参建单位在工作完成后及时编制闭环文件，使工程质量控制管理留下应有的痕迹。

（四）监理对文件质量及案卷质量审查的要点

监理对归档文件及案卷质量的审查，是一种质量管理行为，也是监理档案管理职责的工作内容之一。档案审查从火电、水电、电网、风电档案标准的规定看，可分为文件形成质量的审查和竣工档案案卷质量的审查两部分工作。项目总监工程师在主持编制监理规划及监理实施细则时，就应将监理档案审查职责明确，在工作制度中落实。

1. 文件质量审查的要点

监理对文件质量审查的要点有以下三方面：

（1）对归档文件齐全完整性的审查。监理参照电力档案标准的主要归档文件清单，对已完工的工程，依据技术标准规定和质量验收划分表，对已形成的文件进行审查，及时发现未形成或未收集的情况并提出整改，达到保证归档文件齐全完整的目的。

（2）对归档文件准确性的审查。监理根据工程进度，对已形成归档文件的记录内容、数据是否与现场实际相符以及准确程度的审查，在控制文件质量的同时，促进了工程质量管理。

（3）对归档文件规范性的审查。监理依据工程技术标准、规范，对归档竣工文件的表式、填写内容、签字程序等规范性方面进行审查。在提高归档文件的规范性的同时，保证了文件的有效性，避免了规范文件的返工。

2. 案卷质量审查的要点

工程竣工后，监理案卷质量审查的要点有两方面：

（1）对竣工图编制质量进行审查，并对审查合格的竣工图签字并进行确认。监理依据各施工、调试单位执行过的设计变更单及执行情况反馈单、工程变更（洽商）单及设计代表的回复等工程设计变更文件，对照已设计（施工）单位编制完成的竣工图进行审查并签字。对竣工图存在修改错误、修改不到位、漏修改的和修改不规范的情况提出整改意见，以保证竣工图档案的质量。

（2）对案卷质量进行审查，并在档案移交签证上填写审查意见。监理对施工单位提交的经系统整理的竣工档案，依据工程技术标准和达标投产验收规范标准，以单位（单项）工程为单元，审查是否有缺项；对照归档范围和分类表，审查案卷是否按工程管理程序、施工工序、质量验评表的划分进行分类、组卷、排列和编目，对存在问题提出整改，合格后签署审查意见。

监理工程师是实施工程质量管控的执行者，也是工程建设的参与者，对现场的实际情况最为了解。由他们审查文件的形成质量，施工文件所记录内容的真实性，技术数据的可靠性，以及施工工序、质量检验及评定程序是否符合工程建设程序、施工工序、验收流程，是否符合工程技术（验收）标准、规范，能对归档文件和竣工档案案卷质量做到真正的把关，起到保证工程档案的完整、准确、有效的关键作用。

思 考 题

1. 建设工程档案有哪些特点？
2. 什么是工程档案工作"四纳入"制度？
3. 监理档案工作职责主要体现在哪两个方面？
4. 监理档案工作的主要内容是什么？
5. 监理档案工作的基本要求有哪些内容？
6. 在监理档案工作中需要注意哪些问题？
7. 电力建设项目档案系列标准体现的新理念有哪些？
8. 电力建设项目档案系列标准存在哪些异同？
9. 什么是工程文件收集中的原件、正本和有效文件？
10. 监理对文件质量及案卷质量审查的要点有哪些方面？

参 考 文 献

[1] 中国建设监理协会. 《建设工程监理规范》GB/T 50319—2013 应用指南. 北京：中国建筑工业出版社，2013.

[2] HAF003 核电厂质量保证安全规定.

[3] 刘鹤忠，连正权. 低温省煤器在火电厂的运用探讨. 电力勘测设计，2010（4）.

[4] 赵兴勇. 张秀彬特高压输电技术在我国的实施及展望. 中国电力系统保护与控制学术研讨会论文集，2006.

[5] 刘振亚. 中国特高压交流输电技术创新. 电网技术，2013.

[6] 王建中. ±800kV 奉贤换流站的结构与功能特点. 城市建设理论研究，2011（25）.

[7] 王卓甫. 工程项目风险管理. 北京：中国水利水电出版社，2003.

[8] 乔治·曼宁，肯特·柯蒂斯. 领导艺术. 冯云霞，译. 北京：电子工业出版社，2011.

[9] 中国人民大学工商管理研修中心. 领导艺术.

[10] 周文霞. 管理中的激励. 北京：企业管理出版社，2003.

[11] 吕文学. 国际工程项目管理. 北京：科学出版社，2013.

[12] 王雪青. 国际工程项目管理. 北京：中国建筑工业出版社，2000.

[13] 商务部. 境外人员安全管理指南. 商务部合作司网站，2012 – 01.

[14] 中国电力建设专家委员会. 创建电力优质工程策划与控制（Ⅰ、Ⅱ、Ⅲ、Ⅳ）. 北京：中国电力出版社，2008.

[15] 国家电网公司基建部. 国家电网公司输变电工程标准工艺（一）、（三）：工艺标准库（2012 年版）. 北京：中国电力出版社，2012.

[16] 中国电力建设企业协会. 电力建设工程质量评价管理办法（2012 版）. 北京：中国电力出版社，2012.

[17] GB/T 50905—2014 建筑工程绿色施工规范.

[18] 电力建设绿色施工示范工程管理办法（2014 版试行）.

[19] 隋鹏程，陈宝智，隋旭．安全原理．北京：化学工业出版社，2005．

[20] 陈喜山．系统安全工程学．中国建材工业出版社，2006：2-4．

[21] 吕学成，赵陟峰．浅谈输变电工程的水土保持监理．兰州：甘肃省水土保持科学研究所，2012．

[22] 言斌显，梁煜，高来先，等．输变电工程环境监理工作指南．广州：中国南方电网公司、广东省环境保护厅，2013．

[23] GF—2012—0202 建设工程监理合同（示范文本）．

[24] GF—2013—0201 建设工程施工合同（示范文本）．

[25] 电网工程建设预算编制与计算规定（2013版）．北京：中国电力出版社，2013．

[26] 火力发电工程建设预算编制与计算规定（2013版）．北京：中国电力出版社，2013．

[27] 2013建设工程计价计量规范辅导．北京：中国计划出版社，2013．

[28] GB50500—2013 建设工程工程量清单计价规范．

[29] GB 50854—2013 房屋建筑与装饰工程工程量计算规范．

[30] GB 50855—2013 仿古建筑工程工程量清单计算规范．

[31] GB 50856—2013 通用安装工程工程量计算规范．

[32] GB 50857—2013 市政工程工程量计算规范．

[33] GB 50858—2013 园林绿化工程工程量计算规范．

[34] GB 50859—2013 矿山工程工程量计算规范．

[35] GB 50860—2013 构筑物工程工程量计算规范．

[36] GB 50861—2013 城市轨道交通工程工程量计算规范．

[37] GB 50862—2013 爆破工程工程量计算规范．

[38] DL/T 241—2012 火电建设项目文件收集及档案整理规范．

[39] 王黎平．电力档案标准化管理实施指南．北京：中国水利水电出版社，2013．

[40] DL/T 5229—2005 电力工程竣工图文件编制规定．

[41] 中国电力建设企业协会．注册监理工程师继续教育培训选修课教材．第2版．北京：中国建筑工业出版社，2012．